高等学校电子通信类特色专业系列教材

U0159722

天线与电波传播

张晨新　许河秀　王亚伟
朱　莉　刘　刚　编著

西安电子科技大学出版社

内容简介

本书共分10章，包括矢量分析与场论、电磁场与电磁波、电波传播和天线四部分内容。矢量分析与场论部分介绍了矢量基本运算、标量场分析、矢量场分析、三种常用坐标系。电磁场与电磁波部分介绍了静电场、恒定电流的磁场、时变电磁场与电磁波、平面电磁波的基本理论和基本规律。电波传播部分介绍了无线电波在空间和地球大气中的传播方式、特点、规律和应用。天线部分介绍了天线的基本知识、线天线、口径天线、阵列天线的结构、原理和应用。

本书注重基础理论和体系的建立，每章后面配有习题，可以作为电子通信类本科专业天线与电波传播课程的选修教材，也可以作为科技人员的参考书。

图书在版编目(CIP)数据

天线与电波传播/张晨新等编著. —西安：西安电子科技大学出版社，2020.10(2024.5重印)

ISBN 978-7-5606-5715-8

Ⅰ.①天… Ⅱ.①张… Ⅲ.①天线—高等学校—教材 ②电波传播—高等学校—教材
Ⅳ.①TN82 ②TN011

中国版本图书馆CIP数据核字(2020)第098490号

策　　划　刘玉芳
责任编辑　刘玉芳
出版发行　西安电子科技大学出版社(西安市太白南路2号)
电　　话　(029)88242885　88201467　　邮　　编　710071
网　　址　www.xduph.com　　电子邮箱　xdupfxb001@163.com
经　　销　新华书店
印刷单位　陕西天意印务有限责任公司
版　　次　2020年10月第1版　2024年5月第2次印刷
开　　本　787毫米×1092毫米　1/16　印张14
字　　数　329千字
定　　价　35.00元
ISBN 978-7-5606-5715-8/TN

XDUP 6017001-2

＊＊＊如有印装问题可调换＊＊＊

前言

QIANYAN

天线与电波传播同雷达、通信等密切相关，在军事、经济建设和人们的日常生活中应用广泛，不可或缺，人们的生活、学习、工作越来越离不开它，其重要性不言而喻。

本书注重基础理论和体系的建立。本书首先从矢量分析基础、电磁场与电磁波的基本理论出发，使学生了解电磁场与电磁波的基本概念，掌握基本规律，然后再全面系统地讲授无线电波的传播规律和应用。再后在形成电磁波概念，认识掌握无线电波传播规律的基础上，讲授天线的基础知识和基础理论。最后分类介绍线天线、口径天线和阵列天线，使学生掌握常用天线的结构、原理和应用。

本书的参考学时为 40 学时，可根据实际教学时数选讲本书内容。

全书共 10 章，第 1 章是矢量分析与场论，介绍矢量的基本运算和标量场、矢量场的性质和运算；第 2～5 章介绍电磁场与电磁波的基本理论，包括静电场、恒定电流的磁场、时变电磁场与电磁波及平面电磁波的基本理论和基本规律；第 6 章介绍无线电波在自由空间和大气中的传播方式、规律和应用；第 7～10 章介绍天线的基本知识，并分类介绍线天线、口径天线和阵列天线，包括其结构、原理和应用。每章后配有习题，方便学生自测和巩固所学知识，提高分析问题和解决问题的能力。

本书由朱莉编写第 1 章和第 2 章，张晨新编写第 3 章和第 6 章，王亚伟编写第 4 章和第 5 章，许河秀和刘刚编写第 7～10 章，张晨新负责全书统稿。王光明和梁建刚也提出了许多宝贵意见，在此表示诚挚的感谢。

感谢西安电子科技大学出版社提供了难得的出版机会，并为本书的出版付出了大量辛苦的劳动。

由于时间仓促且编者水平有限，书中难免有不当之处，希望广大读者批评指正。

编　者

2020 年 1 月

目录

MULU

第 1 章　矢量分析与场论 …… 1

1.1　标量场与矢量场 …… 1

1.1.1　标量和矢量 …… 1

1.1.2　矢量的运算 …… 2

1.2　三种常用坐标系 …… 3

1.2.1　直角坐标系 …… 3

1.2.2　圆柱坐标系 …… 4

1.2.3　球坐标系 …… 6

1.3　标量场与矢量场的性质 …… 8

1.3.1　标量场的等值面与梯度 …… 9

1.3.2　矢量场的通量与散度 …… 12

1.3.3　矢量场的环流与旋度 …… 17

1.4　无旋场、无散场与拉普拉斯运算 …… 21

1.5　亥姆霍兹定理 …… 24

习题 …… 25

第 2 章　静电场 …… 27

2.1　电荷及电荷守恒定律 …… 27

2.2　库仑定律与电场强度 …… 28

2.2.1　库仑定律 …… 28

2.2.2　电场强度 …… 29

2.3　电介质的极化 …… 32

2.3.1　静电场中的介质 …… 32

2.3.2　电位移矢量和高斯定律 …… 33

2.4　静电场的基本方程与边界条件 …… 35

2.4.1　静电场的基本方程 …… 35

2.4.2　导体表面边界条件 …… 35

2.4.3　介质分界面边界条件 …… 36

习题 …… 38

第 3 章　恒定电流的磁场 …… 41

3.1　恒定电流与电流连续性 …… 41

3.1.1 恒定电流 …… 41
3.1.2 电流连续性原理 …… 41
3.2 安培力定律、毕奥-萨伐尔定律与磁感应强度 …… 43
3.2.1 安培力定律与磁场 …… 43
3.2.2 毕奥-萨伐尔定律与磁感应强度 …… 44
3.3 磁介质的磁化与磁场强度 …… 48
3.3.1 磁介质的磁化 …… 48
3.3.2 磁场强度 …… 50
3.4 恒定电流磁场的基本方程与边界条件 …… 51
3.4.1 恒定电流磁场的基本方程 …… 51
3.4.2 磁介质分界面的边界条件 …… 55
3.4.3 理想导体表面边界条件 …… 57
3.4.4 理想介质分界面边界条件 …… 57
习题 …… 57
第4章 时变电磁场与电磁波 …… 60
4.1 法拉第电磁感应定律与位移电流 …… 60
4.1.1 电磁感应定律 …… 60
4.1.2 全电流定律 …… 62
4.2 麦克斯韦方程组 …… 64
4.2.1 麦克斯韦方程组的积分形式 …… 64
4.2.2 麦克斯韦方程组的微分形式 …… 65
4.2.3 媒质的本构关系 …… 65
4.3 电磁波与坡印廷矢量 …… 67
4.3.1 电磁波的产生 …… 67
4.3.2 坡印廷矢量 …… 68
4.3.3 波动方程 …… 70
4.4 时谐场的概念与复数表示 …… 70
4.4.1 时谐电磁场 …… 70
4.4.2 时谐电磁场的复数表示 …… 71
4.4.3 亥姆霍兹方程 …… 72
习题 …… 73
第5章 平面电磁波 …… 75
5.1 均匀平面波 …… 75
5.1.1 波的基本概念 …… 75
5.1.2 均匀平面波 …… 75
5.1.3 平面波的表示 …… 79
5.2 波的极化 …… 80
5.2.1 波的极化 …… 80
5.2.2 极化方式 …… 80
5.3 媒质中的平面波 …… 83
5.3.1 理想媒质中的平面波 …… 83

5.3.2 损耗媒质中的平面波 …… 84
5.3.3 良导体中的平面波 …… 86
5.4 平面波的反射与透射 …… 88
5.4.1 平面波的垂直入射 …… 88
5.4.2 平面波的斜入射 …… 91
习题 …… 97
第 6 章 电波传播 …… 99
6.1 电磁频谱的划分 …… 99
6.1.1 电磁频谱 …… 99
6.1.2 无线电波 …… 100
6.2 电波传播基础 …… 104
6.2.1 无线电波在自由空间的传播 …… 104
6.2.2 大气对电波传播的影响 …… 105
6.3 电波传播的方式 …… 107
6.3.1 地面波传播 …… 107
6.3.2 天波传播 …… 114
6.3.3 视距传播 …… 119
6.3.4 散射传播 …… 125
6.3.5 星际传播 …… 127
习题 …… 128
第 7 章 天线基础知识 …… 129
7.1 天线发展简史 …… 129
7.2 天线的功能与分类 …… 132
7.2.1 天线的功能 …… 132
7.2.2 天线的分类 …… 132
7.2.3 天线的组成与分析方法 …… 133
7.3 天线的基本特性参数 …… 133
7.3.1 天线的方向性 …… 134
7.3.2 天线的效率 …… 138
7.3.3 天线的增益 …… 139
7.3.4 天线的阻抗 …… 139
7.3.5 天线的极化 …… 140
7.3.6 天线的工作带宽 …… 141
7.3.7 天线的互易 …… 142
7.3.8 天线的有效长度 …… 142
7.4 天线的发射与接收 …… 143
7.5 基本振子的辐射 …… 145
7.5.1 电基本振子的辐射场 …… 145
7.5.2 辐射场的划分 …… 146
习题 …… 148
第 8 章 线天线 …… 150
8.1 对称振子天线 …… 150

8.1.1 对称振子天线的结构与电流分布 …… 150
8.1.2 对称振子的辐射场 …… 151
8.1.3 长度对天线方向函数、方向图和波瓣宽度的影响 …… 152
8.2 其他常用线天线 …… 154
8.2.1 单极天线 …… 154
8.2.2 加载天线 …… 155
8.2.3 折合振子天线 …… 157
8.2.4 螺旋天线 …… 159
习题 …… 161
第9章 口径天线 …… 162
9.1 面天线的基本概念与惠更斯-菲涅尔原理 …… 162
9.1.1 面天线的基本概念 …… 162
9.1.2 惠更斯-菲涅尔原理 …… 163
9.2 面元的辐射 …… 164
9.2.1 磁基本振子 …… 164
9.2.2 面元的辐射场 …… 166
9.2.3 口径场与口径天线的等效面积 …… 167
9.3 常见口径天线 …… 170
9.3.1 缝隙天线 …… 170
9.3.2 微带贴片天线 …… 172
9.3.3 喇叭天线 …… 177
9.3.4 抛物面天线 …… 187
习题 …… 190
第10章 阵列天线 …… 191
10.1 阵列天线的方向性 …… 191
10.1.1 方向性增强原理 …… 191
10.1.2 天线阵影响方向性的因素 …… 192
10.1.3 n元均匀直线式天线阵 …… 194
10.2 常见直线式天线阵 …… 195
10.2.1 边射阵 …… 195
10.2.2 端射阵 …… 196
10.3 相控阵天线 …… 204
10.3.1 一维扫描阵 …… 205
10.3.2 二维扫描阵 …… 206
10.3.3 阵元间的互耦 …… 208
10.4 八木天线 …… 210
10.4.1 结构 …… 210
10.4.2 原理 …… 211
习题 …… 214
参考文献 …… 216

第 1 章　矢量分析与场论

在电磁理论中，需要研究某些物理量(如电位、电场强度、磁场强度等)在空间的分布和变化规律，为此，引入了场的概念。如果每一时刻，一个物理量在空间中的每一点都有一个确定的值，则称在此空间中确定了该物理量的场。

电磁场是分布在三维空间的矢量场，矢量分析是研究电磁场在空间的分布和变化规律的基本数学工具之一。标量场在空间的变化规律由梯度来描述，而矢量场在空间的变化规律则通过场的散度和旋度来描述。本章首先介绍标量场和矢量场的概念，然后着重讨论标量场的梯度、矢量场的散度和旋度等概念及其运算规律，并在此基础上介绍亥姆霍兹定理。

1.1　标量场与矢量场

1.1.1　标量和矢量

数学上，任一代数量 a 都可称为标量。在物理学中，任一代数量一旦被赋予“物理单位”，则称其为一个具有物理意义的标量，即所谓的物理量，如电压 u、电荷量 q、质量 m、能量 W 等都是标量。

一般地，三维空间内某一点 P 处存在一个既有大小又有方向特性的量称为矢量。本书中用黑斜体字母表示矢量，例如 $\boldsymbol{A}$，而用 A 来表示矢量 $\boldsymbol{A}$ 的大小(或 $\boldsymbol{A}$ 的模)。矢量一旦被赋予“物理单位”，则称其为一个具有物理意义的矢量，如电场强度 $\boldsymbol{E}$、磁场强度 $\boldsymbol{H}$、作用力 $\boldsymbol{F}$、速度 $\boldsymbol{v}$ 等。

一个矢量 $\boldsymbol{A}$ 可用一条有方向的线段来表示，线段的长度表示矢量 $\boldsymbol{A}$ 的模 A，箭头指向表示矢量 $\boldsymbol{A}$ 的方向，如图 1.1 所示。

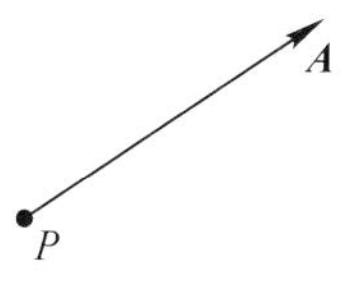

图 1.1　矢量的表示

一个模为 1 的矢量称为单位矢量。本书中用 $\boldsymbol{e}_A$ 表示与矢量 $\boldsymbol{A}$ 同方向的单位矢量，显然

$$\boldsymbol{e}_A=\frac{\boldsymbol{A}}{A} \tag{1.1}$$

而矢量 $\boldsymbol{A}$ 则可表示为

$$\boldsymbol{A}=\boldsymbol{e}_A A \tag{1.2}$$

1.1.2 矢量的运算

1. 矢量的加法与减法

两个矢量 $\boldsymbol{A}$ 与 $\boldsymbol{B}$ 相加，其和是另一个矢量 $\boldsymbol{D}$。$\boldsymbol{D}=\boldsymbol{A}+\boldsymbol{B}$，可按平行四边形法则得到：从同一点画出矢量 $\boldsymbol{A}$ 与 $\boldsymbol{B}$，构成一个平行四边形，其对角线矢量即为矢量 $\boldsymbol{D}$，如图 1.2 所示。

矢量的加法服从交换律和结合律，即有

$$\boldsymbol{A}+\boldsymbol{B}=\boldsymbol{B}+\boldsymbol{A} \quad (\text{交换律}) \tag{1.3}$$

$$(\boldsymbol{A}+\boldsymbol{B})+\boldsymbol{C}=\boldsymbol{A}+(\boldsymbol{B}+\boldsymbol{C}) \quad (\text{结合律}) \tag{1.4}$$

矢量的减法定义为

$$\boldsymbol{A}-\boldsymbol{B}=\boldsymbol{A}+(-\boldsymbol{B}) \tag{1.5}$$

式中，$-\boldsymbol{B}$ 的大小与 $\boldsymbol{B}$ 的大小相等，但方向与 $\boldsymbol{B}$ 相反，如图 1.3 所示。

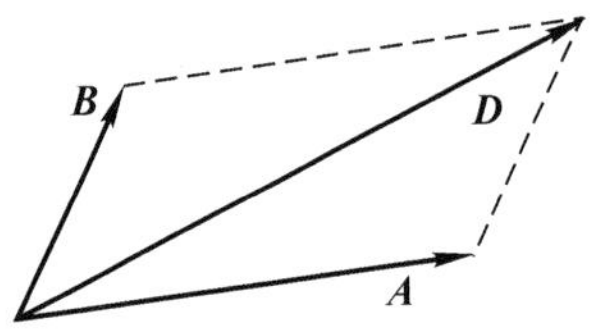

图 1.2 矢量的加法

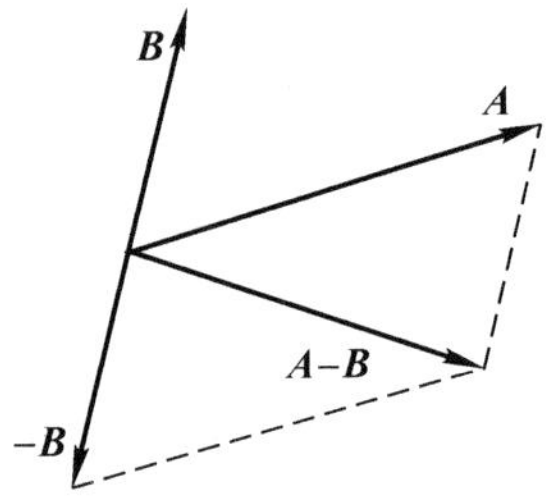

图 1.3 矢量的减法

2. 矢量的乘法

一个标量 k 与一个矢量 $\boldsymbol{A}$ 的乘积 $k\boldsymbol{A}$ 仍为一个矢量，其大小为 $|k|A$。若 $k>0$，则 $k\boldsymbol{A}$ 与 $\boldsymbol{A}$ 同方向；若 $k<0$，则 $k\boldsymbol{A}$ 与 $\boldsymbol{A}$ 反方向。

两个矢量 $\boldsymbol{A}$ 与 $\boldsymbol{B}$ 的乘法有两种：点积（或标积）$\boldsymbol{A}\cdot\boldsymbol{B}$ 和叉积（或矢积）$\boldsymbol{A}\times\boldsymbol{B}$。

点积 $\boldsymbol{A}\cdot\boldsymbol{B}$ 是一个标量，定义为矢量 $\boldsymbol{A}$ 和 $\boldsymbol{B}$ 的大小与它们之间较小的夹角 $\theta(0\leqslant\theta\leqslant\pi)$ 的余弦之积，如图 1.4 所示，即

$$\boldsymbol{A}\cdot\boldsymbol{B}=AB\cos\theta \tag{1.6}$$

矢量的点积服从交换律和分配律，即

$$\boldsymbol{A}\cdot\boldsymbol{B}=\boldsymbol{B}\cdot\boldsymbol{A} \quad (\text{交换律}) \tag{1.7}$$

$$\boldsymbol{A}\cdot(\boldsymbol{B}+\boldsymbol{C})=\boldsymbol{A}\cdot\boldsymbol{B}+\boldsymbol{A}\cdot\boldsymbol{C} \quad (\text{分配律}) \tag{1.8}$$

叉积 $\boldsymbol{A}\times\boldsymbol{B}$ 是一个矢量，它垂直于包含矢量 $\boldsymbol{A}$ 和 $\boldsymbol{B}$ 的平面，其大小定义为 $AB\sin\theta$，方向遵循右手螺旋法则，即为当右手四个手指从矢量 $\boldsymbol{A}$ 到 $\boldsymbol{B}$ 旋转 θ 时大拇指的方向，如图 1.5 所示，即

$$\boldsymbol{A}\times\boldsymbol{B}=\boldsymbol{e}_n AB\sin\theta \tag{1.9}$$

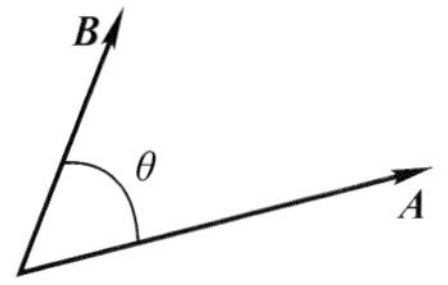

图 1.4　矢量 **A** 与 **B** 的点积

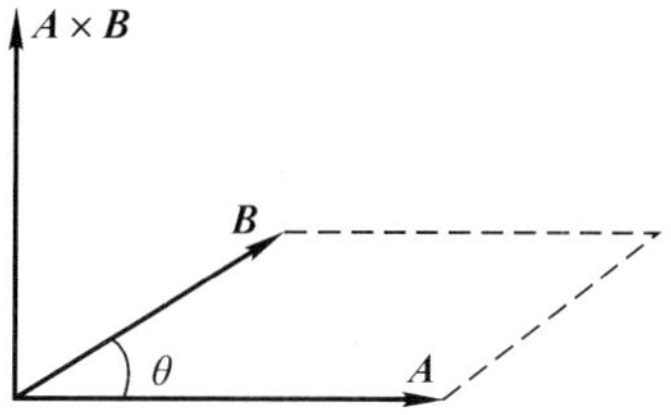

图 1.5　矢量 **A** 与 **B** 的叉积

根据叉积的定义，显然有

$$\boldsymbol{A}\times\boldsymbol{B}=-\boldsymbol{B}\times\boldsymbol{A} \tag{1.10}$$

因此，叉积不服从交换律，但服从分配律，有

$$\boldsymbol{A}\times(\boldsymbol{B}+\boldsymbol{C})=\boldsymbol{A}\times\boldsymbol{B}+\boldsymbol{A}\times\boldsymbol{C} \tag{1.11}$$

矢量 $\boldsymbol{A}$ 与矢量 $\boldsymbol{B}\times\boldsymbol{C}$ 的点积 $\boldsymbol{A}\cdot(\boldsymbol{B}\times\boldsymbol{C})$ 称为标量三重积，它具有如下运算性质：

$$\boldsymbol{A}\cdot(\boldsymbol{B}\times\boldsymbol{C})=\boldsymbol{B}\cdot(\boldsymbol{C}\times\boldsymbol{A})=\boldsymbol{C}\cdot(\boldsymbol{A}\times\boldsymbol{B}) \tag{1.12}$$

矢量 $\boldsymbol{A}$ 与矢量 $\boldsymbol{B}\times\boldsymbol{C}$ 的叉积 $\boldsymbol{A}\times(\boldsymbol{B}\times\boldsymbol{C})$ 称为矢量三重积，它具有如下运算性质：

$$\boldsymbol{A}\times(\boldsymbol{B}\times\boldsymbol{C})=\boldsymbol{B}(\boldsymbol{A}\cdot\boldsymbol{C})-\boldsymbol{C}(\boldsymbol{A}\cdot\boldsymbol{B}) \tag{1.13}$$

1.2　三种常用坐标系

为了研究物理量在空间的分布和变化规律，必须引入坐标系。在电磁场理论中，最常用的坐标系为直角坐标系、圆柱坐标系和球坐标系。

1.2.1　直角坐标系

如图 1.6 所示，直角坐标系中的三个坐标变量是 x、y 和 z，它们的变化范围分别是

$$-\infty<x<\infty,\quad -\infty<y<\infty,\quad -\infty<z<\infty$$

空间任一点 $P(x_0, y_0, z_0)$ 是三个坐标曲面 $x=x_0$、$y=y_0$ 和 $z=z_0$ 的交点。

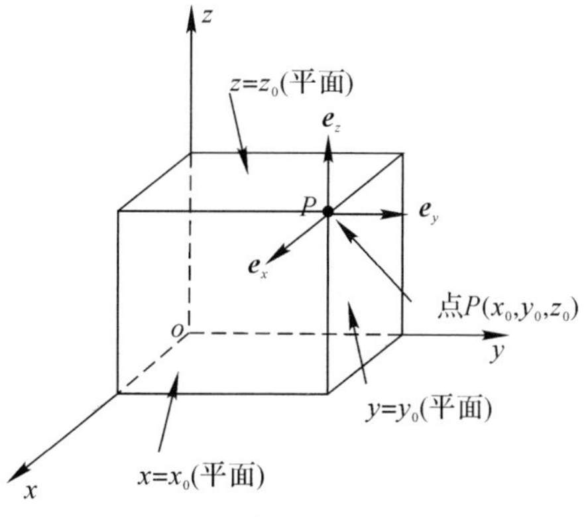

图 1.6　直角坐标系

在直角坐标系中，过空间任一点 $P(x_0, y_0, z_0)$ 的三个相互正交的坐标单位矢量 $\boldsymbol{e}_x$、$\boldsymbol{e}_y$ 和 $\boldsymbol{e}_z$ 分别是 x、y 和 z 增加的方向，且遵循右手螺旋法则：

$$\boldsymbol{e}_x\times\boldsymbol{e}_y=\boldsymbol{e}_z,\quad \boldsymbol{e}_y\times\boldsymbol{e}_z=\boldsymbol{e}_x,\quad \boldsymbol{e}_z\times\boldsymbol{e}_x=\boldsymbol{e}_y \tag{1.14}$$

任一矢量 $\boldsymbol{A}$ 在直角坐标系中可表示为

$$\boldsymbol{A}=\boldsymbol{e}_x A_x+\boldsymbol{e}_y A_y+\boldsymbol{e}_z A_z \tag{1.15}$$

其中，A_x、A_y 和 A_z 分别是矢量 $\boldsymbol{A}$ 在 $\boldsymbol{e}_x$、$\boldsymbol{e}_y$ 和 $\boldsymbol{e}_z$ 方向上的投影。

两个矢量 $\boldsymbol{A}=\boldsymbol{e}_x A_x+\boldsymbol{e}_y A_y+\boldsymbol{e}_z A_z$ 与 $\boldsymbol{B}=\boldsymbol{e}_x B_x+\boldsymbol{e}_y B_y+\boldsymbol{e}_z B_z$ 的和等于对应分量之和，即

$$\boldsymbol{A}+\boldsymbol{B}=\boldsymbol{e}_x(A_x+B_x)+\boldsymbol{e}_y(A_y+B_y)+\boldsymbol{e}_z(A_z+B_z) \tag{1.16}$$

$\boldsymbol{A}$ 与 $\boldsymbol{B}$ 的点积为

$$\begin{aligned}\boldsymbol{A}\cdot\boldsymbol{B}&=(\boldsymbol{e}_x A_x+\boldsymbol{e}_y A_y+\boldsymbol{e}_z A_z)\cdot(\boldsymbol{e}_x B_x+\boldsymbol{e}_y B_y+\boldsymbol{e}_z B_z)\\&=A_xB_x+A_yB_y+A_zB_z\end{aligned} \tag{1.17}$$

$\boldsymbol{A}$ 与 $\boldsymbol{B}$ 的叉积为

$$\begin{aligned}\boldsymbol{A}\times\boldsymbol{B}&=(\boldsymbol{e}_x A_x+\boldsymbol{e}_y A_y+\boldsymbol{e}_z A_z)\times(\boldsymbol{e}_x B_x+\boldsymbol{e}_y B_y+\boldsymbol{e}_z B_z)\\&=\boldsymbol{e}_x(A_yB_z-A_zB_y)+\boldsymbol{e}_y(A_zB_x-A_xB_z)+\boldsymbol{e}_z(A_xB_y-A_yB_x)\\&=\begin{vmatrix}\boldsymbol{e}_x & \boldsymbol{e}_y & \boldsymbol{e}_z\\ A_x & A_y & A_z\\ B_x & B_y & B_z\end{vmatrix}\end{aligned} \tag{1.18}$$

在直角坐标系中，位置矢量为

$$\boldsymbol{R}=\boldsymbol{e}_x x+\boldsymbol{e}_y y+\boldsymbol{e}_z z \tag{1.19}$$

其微分为

$$\mathrm{d}\boldsymbol{R}=\boldsymbol{e}_x \mathrm{d}x+\boldsymbol{e}_y \mathrm{d}y+\boldsymbol{e}_z \mathrm{d}z \tag{1.20}$$

而与三个坐标单位矢量相垂直的三个面积元分别为

$$\mathrm{d}S_x=\mathrm{d}y\mathrm{d}z,\ \mathrm{d}S_y=\mathrm{d}x\mathrm{d}z,\ \mathrm{d}S_z=\mathrm{d}x\mathrm{d}y \tag{1.21}$$

体积元为

$$\mathrm{d}V=\mathrm{d}x\mathrm{d}y\mathrm{d}z \tag{1.22}$$

1.2.2 圆柱坐标系

如图 1.7 所示，圆柱坐标系中的三个坐标变量是 r、φ 和 z，它们的变化范围分别是

$$0\leqslant r<\infty,\ 0\leqslant\varphi\leqslant 2\pi,\ -\infty<z<\infty$$

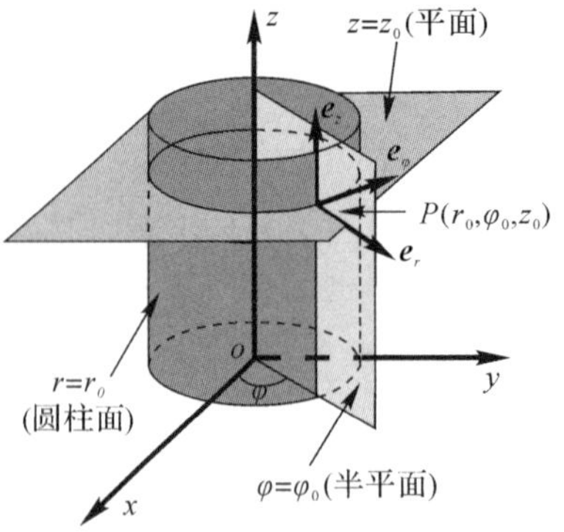

图 1.7 圆柱坐标系

空间任一点 $P(r_0, \varphi_0, z_0)$ 是如下三个坐标曲面的交点：$r=r_0$ 的圆柱面、包含 z 轴并与 xz 平面构成夹角为 $\varphi=\varphi_0$ 的半平面、$z=z_0$ 的平面。

圆柱坐标系与直角坐标系之间的变换关系为

$$r=\sqrt{x^2+y^2},\ \varphi=\arctan(y/x),\ z=z \tag{1.23}$$

或

$$x=r\cos\varphi,\ y=r\sin\varphi,\ z=z \tag{1.24}$$

在圆柱坐标系中，过空间任一点 $P(r,\ \varphi,\ z)$的三个相互正交的坐标单位矢量 $\boldsymbol{e}_r$、$\boldsymbol{e}_\varphi$ 和 $\boldsymbol{e}_z$ 分别是 r、φ 和 z 增加的方向，且遵循右手螺旋法则，即

$$\boldsymbol{e}_r\times\boldsymbol{e}_\varphi=\boldsymbol{e}_z,\ \boldsymbol{e}_\varphi\times\boldsymbol{e}_z=\boldsymbol{e}_r,\ \boldsymbol{e}_z\times\boldsymbol{e}_r=\boldsymbol{e}_\varphi \tag{1.25}$$

必须强调指出，圆柱坐标系中的坐标单位矢 $\boldsymbol{e}_r$、$\boldsymbol{e}_\varphi$ 都不是常矢量，因为它们的方向是随空间坐标变化的。由图 1.8 可得到 $\boldsymbol{e}_r$、$\boldsymbol{e}_\varphi$ 与 $\boldsymbol{e}_x$、$\boldsymbol{e}_y$ 之间的变换关系为

$$\boldsymbol{e}_r=\boldsymbol{e}_x\cos\varphi+\boldsymbol{e}_y\sin\varphi,\ \boldsymbol{e}_\varphi=-\boldsymbol{e}_x\sin\varphi+\boldsymbol{e}_y\cos\varphi \tag{1.26}$$

或

$$\boldsymbol{e}_x=\boldsymbol{e}_r\cos\varphi-\boldsymbol{e}_\varphi\sin\varphi,\ \boldsymbol{e}_y=\boldsymbol{e}_r\sin\varphi+\boldsymbol{e}_\varphi\cos\varphi \tag{1.27}$$

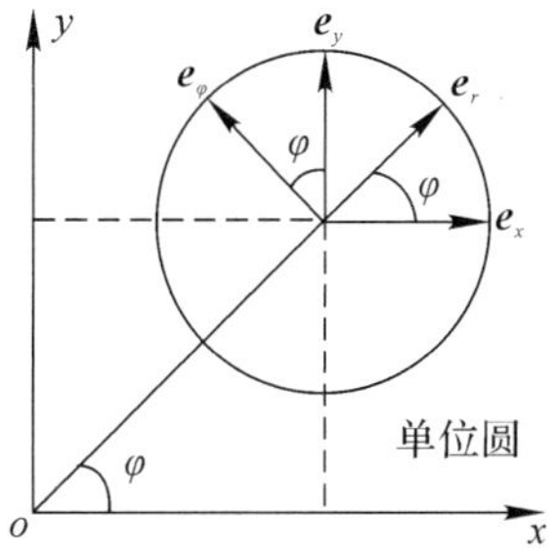

图 1.8　直角坐标系与圆柱坐标系的坐标单位矢量的关系

由式(1.26)可以看出，$\boldsymbol{e}_r$ 和 $\boldsymbol{e}_\varphi$ 是随 φ 变化的，且

$$\begin{cases}\dfrac{\partial\boldsymbol{e}_r}{\partial\varphi}=-\boldsymbol{e}_x\sin\varphi+\boldsymbol{e}_y\cos\varphi=\boldsymbol{e}_\varphi\\[2mm]\dfrac{\partial\boldsymbol{e}_\varphi}{\partial\varphi}=-\boldsymbol{e}_x\cos\varphi-\boldsymbol{e}_y\sin\varphi=-\boldsymbol{e}_r\end{cases} \tag{1.28}$$

任一矢量 $\boldsymbol{A}$ 在圆柱坐标系中可以表示为

$$\boldsymbol{A}=\boldsymbol{e}_rA_r+\boldsymbol{e}_\varphi A_\varphi+\boldsymbol{e}_zA_z \tag{1.29}$$

其中，A_r、A_φ 和 A_z 分别是矢量 $\boldsymbol{A}$ 在 $\boldsymbol{e}_r$、$\boldsymbol{e}_\varphi$ 和 $\boldsymbol{e}_z$ 方向上的投影。

矢量 $\boldsymbol{A}=\boldsymbol{e}_rA_r+\boldsymbol{e}_\varphi A_\varphi+\boldsymbol{e}_zA_z$ 与矢量 $\boldsymbol{B}=\boldsymbol{e}_rB_r+\boldsymbol{e}_\varphi B_\varphi+\boldsymbol{e}_zB_z$ 的和为

$$\boldsymbol{A}+\boldsymbol{B}=\boldsymbol{e}_r(A_r+B_r)+\boldsymbol{e}_\varphi(A_\varphi+B_\varphi)+\boldsymbol{e}_z(A_z+B_z) \tag{1.30}$$

$\boldsymbol{A}$ 与 $\boldsymbol{B}$ 的点积为

$$\begin{aligned}\boldsymbol{A}\cdot\boldsymbol{B}&=(\boldsymbol{e}_rA_r+\boldsymbol{e}_\varphi A_\varphi+\boldsymbol{e}_zA_z)\cdot(\boldsymbol{e}_rB_r+\boldsymbol{e}_\varphi B_\varphi+\boldsymbol{e}_zB_z)\\&=A_rB_r+A_\varphi B_\varphi+A_zB_z\end{aligned} \tag{1.31}$$

$\boldsymbol{A}$ 与 $\boldsymbol{B}$ 的叉积为

$$\begin{aligned}\boldsymbol{A}\times\boldsymbol{B}&=(\boldsymbol{e}_rA_r+\boldsymbol{e}_\varphi A_\varphi+\boldsymbol{e}_zA_z)\times(\boldsymbol{e}_rB_r+\boldsymbol{e}_\varphi B_\varphi+\boldsymbol{e}_zB_z)\\&=\boldsymbol{e}_r(A_\varphi B_z-A_zB_\varphi)+\boldsymbol{e}_\varphi(A_zB_r-A_rB_z)+\boldsymbol{e}_z(A_rB_\varphi-A_\varphi B_r)\\&=\begin{vmatrix}\boldsymbol{e}_r&\boldsymbol{e}_\varphi&\boldsymbol{e}_z\\A_r&A_\varphi&A_z\\B_r&B_\varphi&B_z\end{vmatrix}\end{aligned} \tag{1.32}$$

在圆柱坐标系中，位置矢量为

$$\boldsymbol{R}=\boldsymbol{e}_r r+\boldsymbol{e}_z z \tag{1.33}$$

其微分元是

$$\mathrm{d}\boldsymbol{R}=\mathrm{d}(\boldsymbol{e}_r r)+\mathrm{d}(\boldsymbol{e}_z z)=\boldsymbol{e}_r\mathrm{d}r+r\mathrm{d}\boldsymbol{e}_r+\boldsymbol{e}_z\mathrm{d}z=\boldsymbol{e}_r\mathrm{d}r+\boldsymbol{e}_\varphi r\mathrm{d}\varphi+\boldsymbol{e}_z\mathrm{d}z \tag{1.34}$$

它在 r、φ 和 z 增加方向上的微分元分别是 $\mathrm{d}r$、$r\mathrm{d}\varphi$ 和 $\mathrm{d}z$，如图 1.9 所示。$\mathrm{d}r$、$r\mathrm{d}\varphi$ 和 $\mathrm{d}z$ 都是长度，它们同各自坐标的微分之比 h 称为度量系数(或拉梅系数)，即

$$h_r=\frac{\mathrm{d}r}{\mathrm{d}r}=1,\ h_\varphi=\frac{r\mathrm{d}\varphi}{\mathrm{d}\varphi}=r,\ h_z=\frac{\mathrm{d}z}{\mathrm{d}z}=1 \tag{1.35}$$

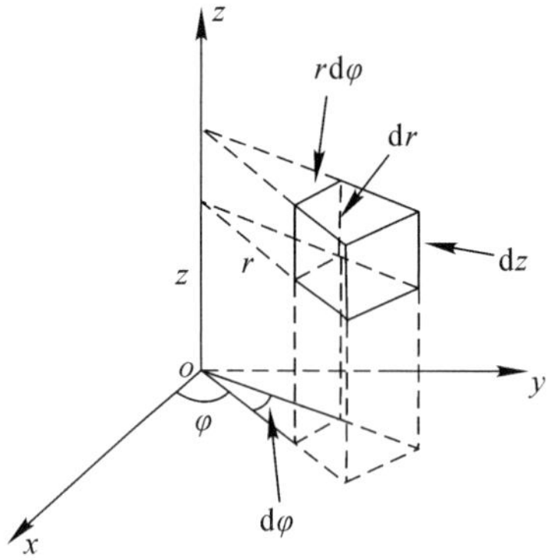

图 1.9　圆柱坐标系的长度元、面积元和体积元

在圆柱坐标系中，与三个坐标单位矢量相垂直的三个面积元分别为

$$\mathrm{d}S_r=r\mathrm{d}\varphi\mathrm{d}z,\ \mathrm{d}S_\varphi=\mathrm{d}r\mathrm{d}z,\ \mathrm{d}S_z=r\mathrm{d}r\mathrm{d}\varphi \tag{1.36}$$

体积元则为

$$\mathrm{d}V=r\mathrm{d}r\mathrm{d}\varphi\mathrm{d}z \tag{1.37}$$

1.2.3　球坐标系

如图 1.10 所示，球坐标系中的三个坐标变量是 R、θ 和 φ，它们的变化范围分别是

$$0\leqslant R<\infty,\ 0\leqslant\theta\leqslant\pi,\ 0\leqslant\varphi\leqslant 2\pi$$

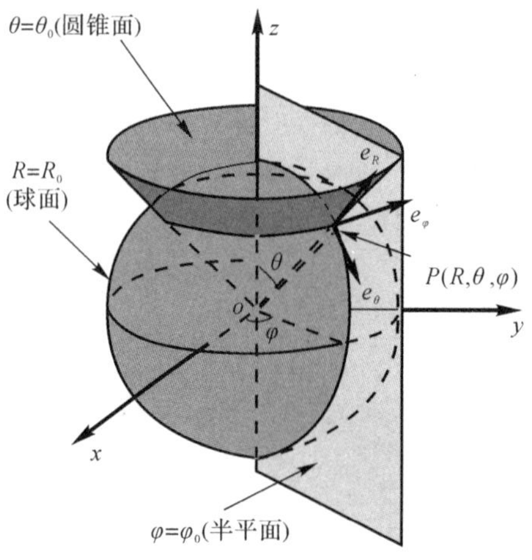

图 1.10　球坐标系

空间任一点 $P(R_0, \theta_0, \varphi_0)$是如下三个坐标曲面的交点：球心在原点、半径 $R=R_0$ 的球面；顶点在原点、轴线与 z 轴重合且半顶角 $\theta=\theta_0$ 的正圆锥面；包含 z 轴并与 xz 平面构成夹角为 $\varphi=\varphi_0$ 的半平面。

球坐标系与直角坐标系之间的变换关系为

$$R=\sqrt{x^2+y^2+z^2},\ \theta=\arccos\frac{z}{\sqrt{x^2+y^2+z^2}},\ \varphi=\arctan\frac{y}{x} \tag{1.38}$$

或

$$x=R\sin\theta\cos\varphi,\ y=R\sin\theta\sin\varphi,\ z=R\cos\theta \tag{1.39}$$

在球坐标系中，过空间任一点 $P(R, \theta, \varphi)$的三个相互正交的坐标单位矢量 $\boldsymbol{e}_R$、$\boldsymbol{e}_\theta$ 和 $\boldsymbol{e}_\varphi$ 分别是 R、θ 和 φ 增加的方向，且遵循右手螺旋法则，即

$$\boldsymbol{e}_R\times\boldsymbol{e}_\theta=\boldsymbol{e}_\varphi,\ \boldsymbol{e}_\theta\times\boldsymbol{e}_\varphi=\boldsymbol{e}_R,\ \boldsymbol{e}_\varphi\times\boldsymbol{e}_R=\boldsymbol{e}_\theta \tag{1.40}$$

它们与 $\boldsymbol{e}_x$、$\boldsymbol{e}_y$ 和 $\boldsymbol{e}_z$ 之间的变换关系为

$$\begin{cases}\boldsymbol{e}_R=\boldsymbol{e}_x\sin\theta\cos\varphi+\boldsymbol{e}_y\sin\theta\sin\varphi+\boldsymbol{e}_z\cos\theta\\ \boldsymbol{e}_\theta=\boldsymbol{e}_x\cos\theta\cos\varphi+\boldsymbol{e}_y\cos\theta\sin\varphi-\boldsymbol{e}_z\sin\theta\\ \boldsymbol{e}_\varphi=-\boldsymbol{e}_x\sin\varphi+\boldsymbol{e}_y\cos\varphi\end{cases} \tag{1.41}$$

或

$$\begin{cases}\boldsymbol{e}_x=\boldsymbol{e}_R\sin\theta\cos\varphi+\boldsymbol{e}_\theta\cos\theta\cos\varphi-\boldsymbol{e}_\varphi\sin\varphi\\ \boldsymbol{e}_y=\boldsymbol{e}_R\sin\theta\sin\varphi+\boldsymbol{e}_\theta\cos\theta\sin\varphi+\boldsymbol{e}_\varphi\cos\varphi\\ \boldsymbol{e}_z=\boldsymbol{e}_R\cos\theta-\boldsymbol{e}_\theta\sin\theta\end{cases} \tag{1.42}$$

球坐标系中的坐标单位矢量 $\boldsymbol{e}_R$、$\boldsymbol{e}_\theta$ 和 $\boldsymbol{e}_\varphi$ 都不是常矢量，且

$$\begin{cases}\dfrac{\partial\boldsymbol{e}_R}{\partial\theta}=\boldsymbol{e}_\theta,\quad \dfrac{\partial\boldsymbol{e}_R}{\partial\varphi}=\boldsymbol{e}_\varphi\sin\theta\\ \dfrac{\partial\boldsymbol{e}_\theta}{\partial\theta}=-\boldsymbol{e}_R,\quad \dfrac{\partial\boldsymbol{e}_\theta}{\partial\varphi}=\boldsymbol{e}_\varphi\cos\theta\\ \dfrac{\partial\boldsymbol{e}_\varphi}{\partial\theta}=0,\quad \dfrac{\partial\boldsymbol{e}_\varphi}{\partial\varphi}=-\boldsymbol{e}_R\sin\theta-\boldsymbol{e}_\theta\cos\theta\end{cases} \tag{1.43}$$

任一矢量 $\boldsymbol{A}$ 在球坐标系中可表示为

$$\boldsymbol{A}=\boldsymbol{e}_RA_R+\boldsymbol{e}_\theta A_\theta+\boldsymbol{e}_\varphi A_\varphi \tag{1.44}$$

其中，A_R、A_θ 和 A_φ 分别是矢量 $\boldsymbol{A}$ 在 $\boldsymbol{e}_R$、$\boldsymbol{e}_\theta$ 和 $\boldsymbol{e}_\varphi$ 方向上的投影。

矢量 $\boldsymbol{A}=\boldsymbol{e}_RA_R+\boldsymbol{e}_\theta A_\theta+\boldsymbol{e}_\varphi A_\varphi$ 与矢量 $\boldsymbol{B}=\boldsymbol{e}_RB_R+\boldsymbol{e}_\theta B_\theta+\boldsymbol{e}_\varphi B_\varphi$ 的和为

$$\boldsymbol{A}+\boldsymbol{B}=\boldsymbol{e}_R(A_R+B_R)+\boldsymbol{e}_\theta(A_\theta+B_\theta)+\boldsymbol{e}_\varphi(A_\varphi+B_\varphi) \tag{1.45}$$

$\boldsymbol{A}$ 与 $\boldsymbol{B}$ 的点积为

$$\boldsymbol{A}\cdot\boldsymbol{B}=A_RB_R+A_\theta B_\theta+A_\varphi B_\varphi \tag{1.46}$$

$\boldsymbol{A}$ 与 $\boldsymbol{B}$ 的叉积为

$$\boldsymbol{A}\times\boldsymbol{B}=\boldsymbol{e}_R(A_\theta B_\varphi-A_\varphi B_\theta)+\boldsymbol{e}_\theta(A_\varphi B_R-A_RB_\varphi)+\boldsymbol{e}_\varphi(A_RB_\theta-A_\theta B_R)$$
$$=\begin{vmatrix}\boldsymbol{e}_R & \boldsymbol{e}_\theta & \boldsymbol{e}_\varphi\\ A_R & A_\theta & A_\varphi\\ B_R & B_\theta & B_\varphi\end{vmatrix} \tag{1.47}$$

在球坐标系中，位置矢量为

$$\boldsymbol{R}=\boldsymbol{e}_R R \tag{1.48}$$

其微分元是

$$\mathrm{d}\boldsymbol{R}=\mathrm{d}(\boldsymbol{e}_R R)=\boldsymbol{e}_R \mathrm{d}R+R\mathrm{d}\boldsymbol{e}_R=\boldsymbol{e}_R \mathrm{d}R+\boldsymbol{e}_\theta R\,\mathrm{d}\theta+\boldsymbol{e}_\varphi R\sin\theta\mathrm{d}\varphi \tag{1.49}$$

即在球坐标系中沿三个坐标的长度元为 $\mathrm{d}R$、$R\mathrm{d}\theta$ 和 $R\sin\theta\mathrm{d}\varphi$，如图 1.11 所示。

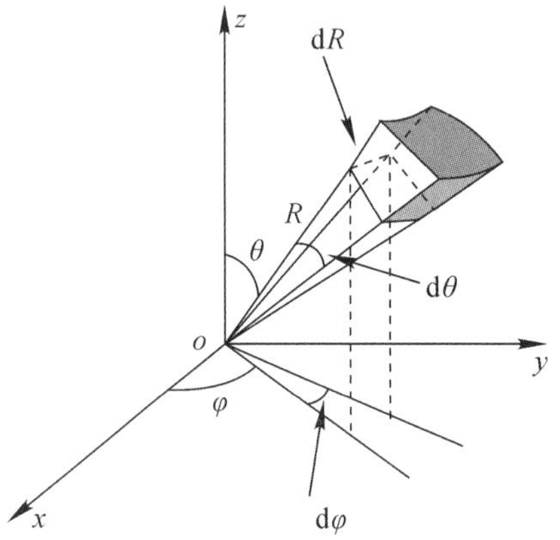

图 1.11　球坐标系的长度元、面积元和体积元

度量系数分别为

$$h_R=1,\ h_\theta=R,\ h_\varphi=R\sin\theta \tag{1.50}$$

在球坐标系中，三个面积元分别为

$$\mathrm{d}S_R=R^2\sin\theta\mathrm{d}\theta\mathrm{d}\varphi,\ \mathrm{d}S_\theta=R\sin\theta\mathrm{d}R\mathrm{d}\varphi,\ \mathrm{d}S_\varphi=R\mathrm{d}R\mathrm{d}\theta \tag{1.51}$$

体积元为

$$\mathrm{d}V=R^2\sin\theta\mathrm{d}R\mathrm{d}\theta\mathrm{d}\varphi \tag{1.52}$$

1.3　标量场与矢量场的性质

如果在一个空间区域中，某物理系统的状态可以用一个空间位置和时间的函数来描述，即区域中每一点在每一时刻都有一个确定值，则在此区域中就确立了该物理系统的一种场。例如，物体的温度分布即为一个温度场，流体中的压力分布即为一个压力场。场的一个重要属性是它占有一个空间，它把物理状态作为空间和时间的函数来描述，而且，在此空间区域中，除了有限个点或某些表面外，该函数是处处连续的。若物理状态与时间无关，则为静态场；反之，则为动态场或时变场。

若所研究的物理量是一个标量，则该物理量所确定的场称为标量场。例如，温度场、密度场、电位场等都是标量场。在标量场中，各点的场量是随空间位置变化的标量，因此，一个标量场可以用一个标量函数来表示。例如，在直角坐标系中，可表示为

$$u=u(x,\ y,\ z) \tag{1.53}$$

1.3.1　标量场的等值面与梯度

1. 标量场的等值面

在研究标量场时，常用等值面形象、直观地描述物理量在空间的分布状况。在标量场中，使标量函数 $u(x, y, z)$ 取得相同数值的点构成一个空间曲面，称为标量场的等值面。例如，在温度场中，由温度相同的点构成等温面；在电位场中，由电位相同的点构成等位面。

对任意给定的常数 C，方程

$$u(x, y, z)=C \tag{1.54}$$

就是等值面方程。

不难看出，标量场的等值面具有如下特点：

(1) 常数 C 取一系列不同的值，就得到一系列不同的等值面，因而形成等值面族。

(2) 若 $M_0(x_0, y_0, z_0)$ 是标量场中的任一点，则显然曲面 $u(x, y, z)=u(x_0, y_0, z_0)$ 是通过该点的等值面，因此标量场的等值面族充满场所在的整个空间。

(3) 由于标量函数 $u(x, y, z)$ 是单值的，一个点只能在一个等值面上，因此标量场的等值面互不相交，如图 1.12 所示。

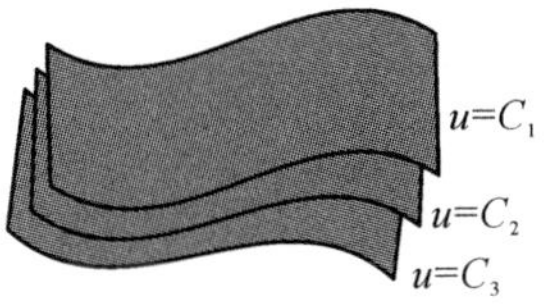

图 1.12　等值面

2. 方向导数

标量场 $u(x, y, z)$ 的等值面只描述了场量 u 的分布状况，而研究标量场的另一个重要方面是研究标量场 $u(x, y, z)$ 在场中任一点的邻域内沿各个方向的变化规律。为此，引入了标量场的方向导数和梯度的概念。

1) 方向导数的概念

设 M_0 为标量场 $u(M)$ 中的一点，从点 M_0 出发引一条射线 $\boldsymbol{l}$，点 M 是射线 $\boldsymbol{l}$ 上的动点，到点 M_0 的距离为 Δl，如图 1.13 所示。当点 M 沿射线 $\boldsymbol{l}$ 趋近于 M_0（即 $\Delta l\to 0$）时，比值 $\dfrac{u(M)-u(M_0)}{\Delta l}$ 的极限称为标量场 $u(M)$ 在点 M_0 处沿 $\boldsymbol{l}$ 方向的方向导数，记作 $\left.\dfrac{\partial u}{\partial l}\right|_{M_0}$，即

$$\left.\frac{\partial u}{\partial l}\right|_{M_0}=\lim_{\Delta l\to 0}\frac{u(M)-u(M_0)}{\Delta l} \tag{1.55}$$

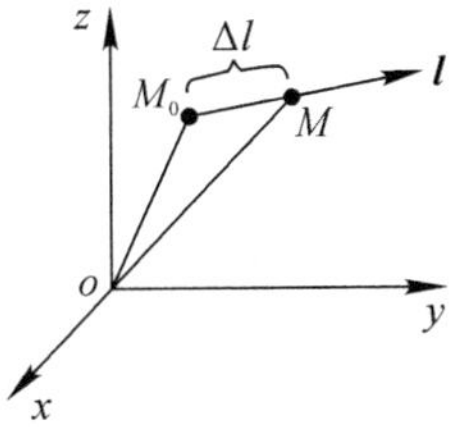

图 1.13　方向导数

从以上定义可知，方向导数$\frac{\partial u}{\partial l}$是标量场$u(M)$在点$M_0$处沿$\boldsymbol{l}$方向对距离的变化率，当$\frac{\partial u}{\partial l}>0$时，标量场$u(M)$沿$\boldsymbol{l}$方向是增加的；当$\frac{\partial u}{\partial l}<0$时，标量场$u(M)$沿$\boldsymbol{l}$方向是减小的；当$\frac{\partial u}{\partial l}=0$时，标量场$u(M)$沿$\boldsymbol{l}$方向无变化。

方向导数值既与点M_0有关，也与$\boldsymbol{l}$方向有关，因此，在标量场中，一个给定点M_0处沿不同的$\boldsymbol{l}$方向，其方向导数一般是不同的。

2）方向导数的计算公式

方向导数的定义与坐标系无关，但方向导数的具体计算公式与坐标系有关。根据复合函数求导法则，在直角坐标系中有

$$\frac{\partial u}{\partial l}=\frac{\partial u}{\partial x}\frac{\mathrm{d}x}{\mathrm{d}l}+\frac{\partial u}{\partial y}\frac{\mathrm{d}y}{\mathrm{d}l}+\frac{\partial u}{\partial z}\frac{\mathrm{d}z}{\mathrm{d}l}$$

设$\boldsymbol{l}$方向的方向余弦是$\cos\alpha$、$\cos\beta$、$\cos\gamma$，即

$$\frac{\mathrm{d}x}{\mathrm{d}l}=\cos\alpha,\ \frac{\mathrm{d}y}{\mathrm{d}l}=\cos\beta,\ \frac{\mathrm{d}z}{\mathrm{d}l}=\cos\gamma$$

则得到直角坐标系中方向导数的计算公式为

$$\frac{\partial u}{\partial l}=\frac{\partial u}{\partial x}\cos\alpha+\frac{\partial u}{\partial y}\cos\beta+\frac{\partial u}{\partial z}\cos\gamma \tag{1.56}$$

3. 梯度

在标量场中，从一个给定点出发有无穷多个方向。一般说来，标量场在同一点M处沿不同方向上的变化率是不同的，在某个方向上，变化率可能最大。那么，标量场在什么方向上的变化率最大，其最大的变化率又是多少？为了描述这个问题，引入了梯度的概念。

1）梯度的概念

标量场u在点M处的梯度是一个矢量，它的方向是沿标量场u变化率最大的方向，大小等于其最大变化率，并记作$\mathrm{grad}u$，即

$$\mathrm{grad}u=\boldsymbol{e}_l\left.\frac{\partial u}{\partial l}\right|_{\max} \tag{1.57}$$

式中，$\boldsymbol{e}_l$是标量场u变化率最大的方向上的单位矢量。

2）梯度的计算式

梯度的定义与坐标系无关，但梯度的具体表达式与坐标系有关。在直角坐标系中，若令

$$\boldsymbol{G}=\boldsymbol{e}_x\frac{\partial u}{\partial x}+\boldsymbol{e}_y\frac{\partial u}{\partial y}+\boldsymbol{e}_z\frac{\partial u}{\partial z},\ \boldsymbol{e}_l=\boldsymbol{e}_x\cos\alpha+\boldsymbol{e}_y\cos\beta+\boldsymbol{e}_z\cos\gamma$$

由式(1.56)，可得到

$$\begin{aligned}\frac{\partial u}{\partial l}&=\left(\boldsymbol{e}_x\frac{\partial u}{\partial x}+\boldsymbol{e}_y\frac{\partial u}{\partial y}+\boldsymbol{e}_z\frac{\partial u}{\partial z}\right)\cdot(\boldsymbol{e}_x\cos\alpha+\boldsymbol{e}_y\cos\beta+\boldsymbol{e}_z\cos\gamma)\\&=\boldsymbol{G}\cdot\boldsymbol{e}_l=|G|\cos(\boldsymbol{G},\ \boldsymbol{e}_l)\end{aligned} \tag{1.58}$$

由于$\boldsymbol{G}=\boldsymbol{e}_x\frac{\partial u}{\partial x}+\boldsymbol{e}_y\frac{\partial u}{\partial y}+\boldsymbol{e}_z\frac{\partial u}{\partial z}$是与方向$\boldsymbol{l}$无关的矢量，由式(1.58)可知，当方向$\boldsymbol{l}$与矢

量 $\boldsymbol{G}$ 的方向一致时，方向导数的值最大，且等于矢量 $\boldsymbol{G}$ 的模 $|\boldsymbol{G}|$。根据梯度的定义，可得到直角坐标系中梯度的表达式为

$$\mathrm{grad}u=\boldsymbol{e}_x\frac{\partial u}{\partial x}+\boldsymbol{e}_y\frac{\partial u}{\partial y}+\boldsymbol{e}_z\frac{\partial u}{\partial z} \tag{1.59}$$

在矢量分析中，经常用到哈密顿算符"∇"(读作"del"或 Nabla)，在直角坐标系中

$$\nabla=\boldsymbol{e}_x\frac{\partial}{\partial x}+\boldsymbol{e}_y\frac{\partial}{\partial y}+\boldsymbol{e}_z\frac{\partial}{\partial z} \tag{1.60}$$

算符∇具有矢量和微分的双重性质，故又称为矢性微分算符。因此，标量场 u 的梯度可用哈密顿算符∇表示为

$$\mathrm{grad}u=\left(\boldsymbol{e}_x\frac{\partial}{\partial x}+\boldsymbol{e}_y\frac{\partial}{\partial y}+\boldsymbol{e}_z\frac{\partial}{\partial z}\right)u=\nabla u \tag{1.61}$$

这表明，标量场 u 的梯度可认为是算符∇作用于标量函数 u 的一种运算。

在圆柱坐标系和球坐标系中，梯度的计算式分别为

$$\nabla u=\boldsymbol{e}_r\frac{\partial u}{\partial r}+\boldsymbol{e}_\varphi\frac{\partial u}{r\partial\varphi}+\boldsymbol{e}_z\frac{\partial u}{\partial z} \tag{1.62}$$

$$\nabla u=\boldsymbol{e}_R\frac{\partial u}{\partial R}+\boldsymbol{e}_\theta\frac{\partial u}{R\partial\theta}+\boldsymbol{e}_\varphi\frac{\partial u}{R\sin\theta\partial\varphi} \tag{1.63}$$

3) 梯度的性质

标量场的梯度具有以下特性：

(1) 标量场 u 的梯度是一个矢量场，通常称 ∇u 为标量场 u 所产生的梯度场。

(2) 在标量场 $u(M)$ 中，沿给定点任意方向 $\boldsymbol{l}$ 的方向导数等于梯度在该方向上的投影。

(3) 标量场 $u(M)$ 中每一点 M 处的梯度，垂直于过该点的等值面，且指向 $u(M)$ 增加的方向。

例 1.1　已知 $\boldsymbol{R}=\boldsymbol{e}_x(x-x')+\boldsymbol{e}_y(y-y')+\boldsymbol{e}_z(z-z')$，$R=|\boldsymbol{R}|$。证明：

(1) $\nabla R=\dfrac{\boldsymbol{R}}{R}$；(2) $\nabla\left(\dfrac{1}{R}\right)=-\dfrac{\boldsymbol{R}}{R^3}$；(3) $\nabla f(R)=-\nabla' f(R)$。

其中：$\nabla=\boldsymbol{e}_x\dfrac{\partial}{\partial x}+\boldsymbol{e}_y\dfrac{\partial}{\partial y}+\boldsymbol{e}_z\dfrac{\partial}{\partial z}$表示对 x、y、z 的运算，$\nabla'=\boldsymbol{e}_x\dfrac{\partial}{\partial x'}+\boldsymbol{e}_y\dfrac{\partial}{\partial y'}+\boldsymbol{e}_z\dfrac{\partial}{\partial z'}$表示对 x'、y'、z'的运算。

解：(1) 将 $R=|\boldsymbol{R}|=\sqrt{(x-x')^2+(y-y')^2+(z-z')^2}$ 代入式(1.59)，得

$$\nabla R=\boldsymbol{e}_x\frac{\partial R}{\partial x}+\boldsymbol{e}_y\frac{\partial R}{\partial y}+\boldsymbol{e}_z\frac{\partial R}{\partial z}=\frac{\boldsymbol{e}_x(x-x')+\boldsymbol{e}_y(y-y')+\boldsymbol{e}_z(z-z')}{\sqrt{(x-x')^2+(y-y')^2+(z-z')^2}}=\frac{\boldsymbol{R}}{R}$$

(2) 将 $\dfrac{1}{R}=\dfrac{1}{\sqrt{(x-x')^2+(y-y')^2+(z-z')^2}}$代入式(1.59)，得

$$\begin{aligned}\nabla\left(\frac{1}{R}\right)&=\boldsymbol{e}_x\frac{\partial}{\partial x}\left(\frac{1}{R}\right)+\boldsymbol{e}_y\frac{\partial}{\partial y}\left(\frac{1}{R}\right)+\boldsymbol{e}_z\frac{\partial}{\partial z}\left(\frac{1}{R}\right)\\&=-\frac{\boldsymbol{e}_x(x-x')+\boldsymbol{e}_y(y-y')+\boldsymbol{e}_z(z-z')}{\left[\sqrt{(x-x')^2+(y-y')^2+(z-z')^2}\right]^3}=-\frac{\boldsymbol{R}}{R^3}\end{aligned}$$

(3) 根据梯度的运算公式(1.59)，得到

$$\nabla f(R)=\boldsymbol{e}_x\frac{\partial f(R)}{\partial x}+\boldsymbol{e}_y\frac{\partial f(R)}{\partial y}+\boldsymbol{e}_z\frac{\partial f(R)}{\partial z}$$
$$=\boldsymbol{e}_x\frac{\mathrm{d}f(R)}{\mathrm{d}R}\frac{\partial R}{\partial x}+\boldsymbol{e}_y\frac{\mathrm{d}f(R)}{\mathrm{d}R}\frac{\partial R}{\partial y}+\boldsymbol{e}_z\frac{\mathrm{d}f(R)}{\mathrm{d}R}\frac{\partial R}{\partial z}$$
$$=\frac{\mathrm{d}f(R)}{\mathrm{d}R}\nabla R=\frac{\mathrm{d}f(R)}{\mathrm{d}R}\frac{\boldsymbol{R}}{R}$$

同理，

$$\nabla' f(R)=\frac{\mathrm{d}f(R)}{\mathrm{d}R}\nabla' R$$
$$=\frac{\mathrm{d}f(R)}{\mathrm{d}R}\frac{-\boldsymbol{e}_x(x-x')-\boldsymbol{e}_y(y-y')-\boldsymbol{e}_z(z-z')}{\sqrt{(x-x')^2+(y-y')^2+(z-z')^2}}$$
$$=-\frac{\mathrm{d}f(R)}{\mathrm{d}R}\frac{\boldsymbol{R}}{R}$$

故得$\nabla f(R)=-\nabla' f(R)$。

在电磁场中，通常以(x', y', z')表示源点的坐标，以(x, y, z)表示场点的坐标，因此上述运算结果在电磁场中非常有用。

1.3.2 矢量场的通量与散度

若所研究的物理量是一个矢量，则该物理量所确定的场称为矢量场。例如，力场、速度场、电场等都是矢量场。在矢量场中，各点的场量是随空间位置变化的矢量，因此，一个矢量场 $\boldsymbol{F}$ 可以用一个矢量函数来表示。在直角坐标系中可表示为

$$\boldsymbol{F}=\boldsymbol{F}(x, y, z) \tag{1.64}$$

一个矢量场 $\boldsymbol{F}$ 可以分解为三个分量场，在直角坐标系中表示为

$$\boldsymbol{F}=\boldsymbol{e}_xF_x(x, y, z)+\boldsymbol{e}_yF_y(x, y, z)+\boldsymbol{e}_zF_z(x, y, z) \tag{1.65}$$

式中，$F_x(x, y, z)$、$F_y(x, y, z)$和$F_z(x, y, z)$是$\boldsymbol{F}(x, y, z)$分别沿 x、y 和 z 方向的三个分量。

1. 矢量场的矢量线

对于矢量场$\boldsymbol{F}(\boldsymbol{R})$，可用一些有向曲线来形象地描述矢量在空间的分布，这些有向曲线称为矢量线。在矢量线上，任一点的切线方向都与该点的场矢量方向相同，如图 1.14 所示。例如，静电场中的电场线、磁场中的磁场线等，都是矢量线的例子。一般地，矢量场中的每一点都有矢量线通过，所以矢量线也充满矢量场所在的空间。

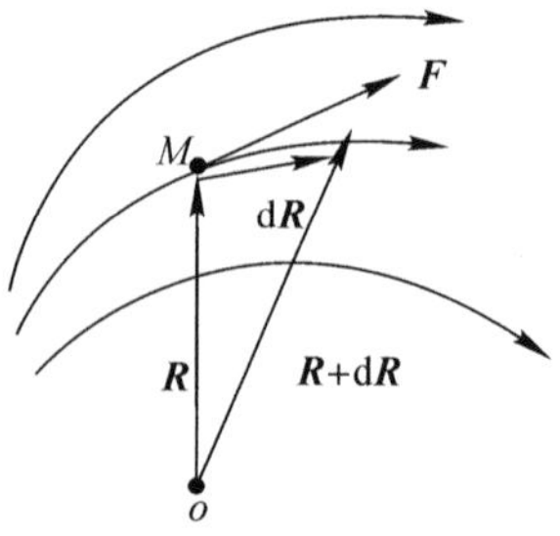

图 1.14 矢量线

设矢量场 $\boldsymbol{F}=\boldsymbol{e}_xF_x+\boldsymbol{e}_yF_y+\boldsymbol{e}_zF_z$，$M(x, y, z)$是场中矢量线上的任意一点，其矢径为

$$\boldsymbol{R}=\boldsymbol{e}_xx+\boldsymbol{e}_yy+\boldsymbol{e}_zz$$

则其微分矢量

$$\mathrm{d}\boldsymbol{R}=\boldsymbol{e}_x\mathrm{d}x+\boldsymbol{e}_y\mathrm{d}y+\boldsymbol{e}_z\mathrm{d}z$$

在点 M 处与矢量线相切。根据矢量线的定义可知，在点 M 处 $\mathrm{d}\boldsymbol{R}$ 与 $\boldsymbol{F}$ 共线，即 $\mathrm{d}\boldsymbol{R}/\!/\boldsymbol{F}$，于是有

$$\frac{\mathrm{d}x}{F_x}=\frac{\mathrm{d}y}{F_y}=\frac{\mathrm{d}z}{F_z} \tag{1.66}$$

这就是矢量线的微分方程组。解此微分方程组，即可得到矢量线方程，从而绘制出矢量线。

例 1.2　设点电荷 q 位于坐标原点，在周围空间任一点 $M(x, y, z)$处产生的电场强度矢量为

$$\boldsymbol{E}=\frac{q}{4\pi\varepsilon R^3}\boldsymbol{R}$$

式中，ε 为介电常数，$\boldsymbol{R}=\boldsymbol{e}_xx+\boldsymbol{e}_yy+\boldsymbol{e}_zz$，$R=|\boldsymbol{R}|$，求电场强度矢量 $\boldsymbol{E}$ 的矢量线。

解： $\boldsymbol{E}=\dfrac{q}{4\pi\varepsilon R^3}\boldsymbol{R}=\dfrac{q}{4\pi\varepsilon R^3}(\boldsymbol{e}_xx+\boldsymbol{e}_yy+\boldsymbol{e}_zz)$，由式(1.66)可得到矢量线的微分方程组为

$$\begin{cases}\dfrac{\mathrm{d}x}{x}=\dfrac{\mathrm{d}z}{z}\\[2ex]\dfrac{\mathrm{d}y}{y}=\dfrac{\mathrm{d}z}{z}\end{cases}$$

解此方程组可得

$$\begin{cases}x=c_1z\\ y=c_2z\end{cases}\qquad (c_1、c_2\ \text{为任意常数})$$

这是从点电荷 q 所在处(坐标原点)发出的射线束，如图 1.15 所示。

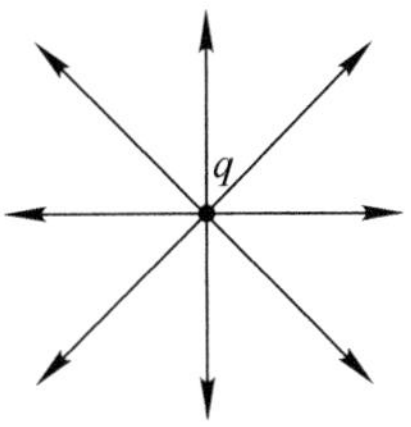

图 1.15　点电荷的矢量线

2. 通量

在分析和描绘矢量场的性质时，矢量场穿过一个曲面的通量是一个重要的基本概念。设 S 为一空间曲面，$\mathrm{d}\boldsymbol{S}$ 为曲面 S 上的面元，取一个与此面元相垂直的单位矢量 $\boldsymbol{e}_\mathrm{n}$，则称其代表面矢量 $\mathrm{d}\boldsymbol{S}$ 的方向。

$$\mathrm{d}\boldsymbol{S}=\boldsymbol{e}_\mathrm{n}\mathrm{d}S \tag{1.67}$$

$\boldsymbol{e}_\mathrm{n}$ 的取法有两种情形：一是 $\mathrm{d}\boldsymbol{S}$ 为开曲面 S 上的一个面元，这个开曲面由一条闭合曲线 C 围成，选定闭合曲线 C 的绕行方向后，按右手螺旋法则规定 $\boldsymbol{e}_\mathrm{n}$ 的方向，如图 1.16 所示；另一种情形是 $\mathrm{d}\boldsymbol{S}$ 为闭合曲面上的一个面元，一般取 $\boldsymbol{e}_\mathrm{n}$ 的方向为闭曲面的外法线方向。

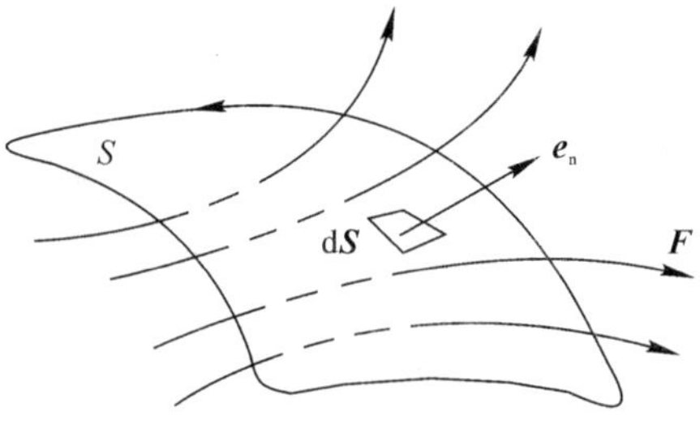

图 1.16　矢量场的通量

在矢量场 $\boldsymbol{F}$ 中，任取一面元矢量 $\mathrm{d}\boldsymbol{S}$，矢量 $\boldsymbol{F}$ 与面元矢量 $\mathrm{d}\boldsymbol{S}$ 的标量积 $\boldsymbol{F}\cdot\mathrm{d}\boldsymbol{S}$ 定义为矢量 $\boldsymbol{F}$ 穿过面元矢量 $\mathrm{d}\boldsymbol{S}$ 的通量。将曲面 S 上各面元的 $\boldsymbol{F}\cdot\mathrm{d}\boldsymbol{S}$ 相加，则得到矢量 $\boldsymbol{F}$ 穿过曲面 S 的通量，即

$$\Psi=\int_S \boldsymbol{F}\cdot\mathrm{d}\boldsymbol{S}=\int_S \boldsymbol{F}\cdot\boldsymbol{e}_{\mathrm{n}}\mathrm{d}S \tag{1.68}$$

例如，在电场中，电位移矢量 $\boldsymbol{D}$ 在某一曲面 S 上的面积分就是矢量 $\boldsymbol{D}$ 通过该曲面的电通量；在磁场中，磁感应强度 $\boldsymbol{B}$ 在某一曲面 S 上的面积分就是矢量 $\boldsymbol{B}$ 通过该曲面的磁通量。

如果 S 是一闭合曲面，则通过闭合曲面的总通量表示为

$$\Psi=\oint_S \boldsymbol{F}\cdot\mathrm{d}\boldsymbol{S}=\oint_S \boldsymbol{F}\cdot\boldsymbol{e}_{\mathrm{n}}\mathrm{d}S \tag{1.69}$$

由通量的定义不难看出，若 $\boldsymbol{F}$ 从面元矢量 $\mathrm{d}\boldsymbol{S}$ 的负侧穿到 $\mathrm{d}\boldsymbol{S}$ 的正侧时，$\boldsymbol{F}$ 与 $\boldsymbol{e}_{\mathrm{n}}$ 相交成锐角，则通过面积元 $\mathrm{d}\boldsymbol{S}$ 的通量为正值；反之，若 $\boldsymbol{F}$ 从面元矢量 $\mathrm{d}\boldsymbol{S}$ 的正侧穿到 $\mathrm{d}\boldsymbol{S}$ 的负侧时，$\boldsymbol{F}$ 与 $\boldsymbol{e}_{\mathrm{n}}$ 相交成钝角，则通过面积元 $\mathrm{d}\boldsymbol{S}$ 的通量为负值。式(1.69)中的 Ψ 则表示穿出闭曲面 S 的正通量与进入闭合曲面 S 的负通量的代数和，即穿出闭曲面 S 的净通量。当 $\oint_S \boldsymbol{F}\cdot\mathrm{d}\boldsymbol{S}>0$ 时，则表示穿出闭合曲面 S 的通量多于进入的通量，此时闭合曲面 S 内必有发出矢量线的源，称之为正通量源。例如，静电场中的正电荷就是发出电场线的正通量源。当 $\oint_S \boldsymbol{F}\cdot\mathrm{d}\boldsymbol{S}<0$ 时，则表示穿出闭合曲面 S 的通量少于进入的通量，此时闭合曲面 S 内必有汇集矢量线的源，称为负通量源。例如，静电场中的负电荷就是汇聚电场线的负通量源。当 $\oint_S \boldsymbol{F}\cdot\mathrm{d}\boldsymbol{S}=0$ 时，则表示穿出闭合曲面 S 的通量等于进入的通量，此时闭合曲面 S 内正通量源与负通量源的代数和为 0，或闭合曲面 S 内无通量源。

3. 散度

矢量场穿过闭合曲面的通量是一个积分量，不能反映场域内每一点的通量特性。为了研究矢量场在一个点附近的通量特性，需要引入矢量场的散度。

1）散度的概念

在矢量场 $\boldsymbol{F}$ 中的任一点 M 处作一个包围该点的任意闭合曲面 S，当 S 所限定的体积 ΔV 以任意方式趋近于 0 时，则比值 $\dfrac{\oint_S \boldsymbol{F}\cdot\mathrm{d}\boldsymbol{S}}{\Delta V}$ 的极限称为矢量场 $\boldsymbol{F}$ 在点 M 处的散度，并记作 $\mathrm{div}\boldsymbol{F}$，即

$$\mathrm{div}\boldsymbol{F}=\lim_{\Delta V\to 0}\frac{\oint_S \boldsymbol{F}\cdot \mathrm{d}\boldsymbol{S}}{\Delta V} \tag{1.70}$$

由散度的定义可知，div$\boldsymbol{F}$ 表示在点 M 处的单位体积内散发出来的矢量 $\boldsymbol{F}$ 的通量，所以 div$\boldsymbol{F}$ 描述了通量源的密度。若 div$\boldsymbol{F}>0$，则该点有发出矢量线的正通量源；若 div$\boldsymbol{F}<0$，则该点有汇聚矢量线的负通量源；若 div$\boldsymbol{F}=0$，则该点无通量源，如图 1.17 所示。

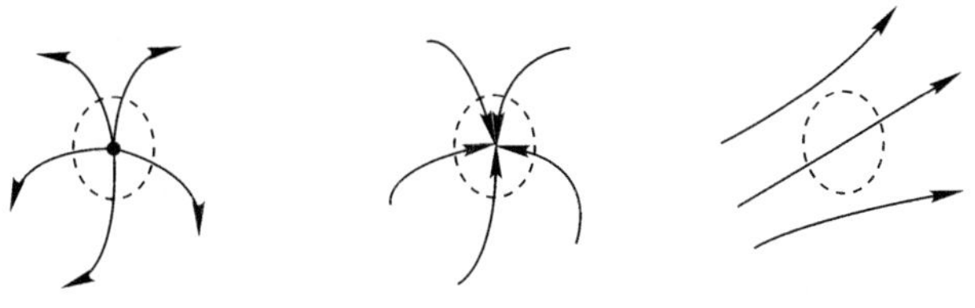

(a) div$\boldsymbol{F}$>0　(b) div$\boldsymbol{F}$<0　(c) div$\boldsymbol{F}$=0

图 1.17　散度的意义

2）散度的计算式

根据散度的定义，div$\boldsymbol{F}$ 与体积元 ΔV 的形状无关，只要在取极限的过程中，所有尺寸都趋于 0 即可。在直角坐标系中，以点 $M(x, y, z)$ 为顶点作一个很小的直角六面体，各边的长度分别为 Δx、Δy、Δz，各面分别与各坐标面平行，如图 1.18 所示，则矢量场 $\boldsymbol{F}$ 穿出该六面体的表面 S 的通量为

$$\Psi=\oint_S \boldsymbol{F}\cdot \mathrm{d}\boldsymbol{S}=\left[\int_{前}+\int_{后}+\int_{左}+\int_{右}+\int_{上}+\int_{下}\right]\boldsymbol{F}\cdot \mathrm{d}\boldsymbol{S}$$

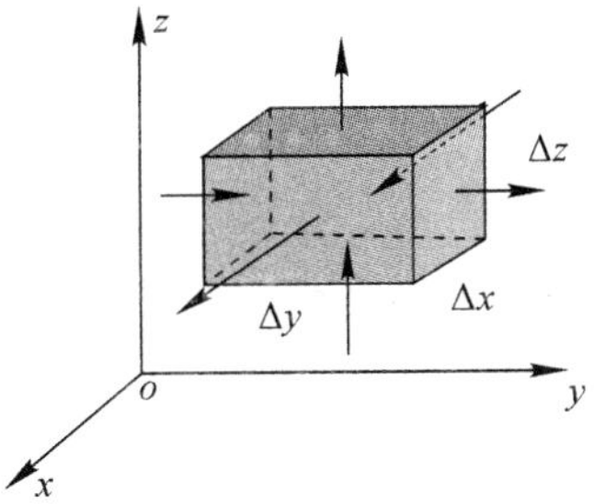

图 1.18　在直角坐标系中计算 $\nabla\cdot\boldsymbol{F}$

在计算前、后两个面上的面积分时，F_y、F_z 对积分没有贡献，并且由于六个面均很小，所以有

$$\int_{前}\boldsymbol{F}\cdot \mathrm{d}\boldsymbol{S}\approx F_x(x+\Delta x, y, z)\Delta y\Delta z$$

$$\int_{后}\boldsymbol{F}\cdot \mathrm{d}\boldsymbol{S}\approx -F_x(x, y, z)\Delta y\Delta z$$

根据泰勒定理有

$$\begin{aligned}F_x(x+\Delta x, y, z)&=F_x(x, y, z)+\frac{\partial F_x(x, y, z)}{\partial x}\Delta x+\frac{1}{2}\frac{\partial^2 F_x(x, y, z)}{\partial x^2}(\Delta x)^2+\cdots\\&\approx F_x(x, y, z)+\frac{\partial F_x(x, y, z)}{\partial x}\Delta x\end{aligned}$$

所以

$$\int_{前} \boldsymbol{F} \cdot \mathrm{d}\boldsymbol{S} \approx F_x(x, y, z)\Delta y\Delta z + \frac{\partial F_x(x, y, z)}{\partial x}\Delta x\Delta y\Delta z$$

于是得到

$$\left[\int_{前} + \int_{后}\right]\boldsymbol{F} \cdot \mathrm{d}\boldsymbol{S} \approx \frac{\partial F_x(x, y, z)}{\partial x}\Delta x\Delta y\Delta z$$

同理，可得

$$\left[\int_{左} + \int_{右}\right]\boldsymbol{F} \cdot \mathrm{d}\boldsymbol{S} \approx \frac{\partial F_y(x, y, z)}{\partial y}\Delta x\Delta y\Delta z$$

$$\left[\int_{上} + \int_{下}\right]\boldsymbol{F} \cdot \mathrm{d}\boldsymbol{S} \approx \frac{\partial F_z(x, y, z)}{\partial z}\Delta x\Delta y\Delta z$$

因此，矢量场 $\boldsymbol{F}$ 穿出六面体的表面 S 的通量为

$$\Psi = \int_S \boldsymbol{F} \cdot \mathrm{d}\boldsymbol{S} \approx \left(\frac{\partial F_x}{\partial x} + \frac{\partial F_y}{\partial y} + \frac{\partial F_z}{\partial z}\right)\Delta x\Delta y\Delta z$$

根据式(1.70)，得到散度在直角坐标系中的表达式如下：

$$\mathrm{div}\boldsymbol{F} = \lim_{\Delta V \to 0} \frac{\oint_S \boldsymbol{F} \cdot \mathrm{d}\boldsymbol{S}}{\Delta V} = \frac{\partial F_x}{\partial x} + \frac{\partial F_y}{\partial y} + \frac{\partial F_z}{\partial z} \tag{1.71}$$

利用算符∇，可将 $\mathrm{div}\boldsymbol{F}$ 表示为

$$\begin{aligned}\mathrm{div}\boldsymbol{F} &= \left(\boldsymbol{e}_x \frac{\partial}{\partial x} + \boldsymbol{e}_y \frac{\partial}{\partial y} + \boldsymbol{e}_z \frac{\partial}{\partial z}\right) \cdot (\boldsymbol{e}_x F_x + \boldsymbol{e}_y F_y + \boldsymbol{e}_z F_z) \\ &= \nabla \cdot \boldsymbol{F}\end{aligned} \tag{1.72}$$

类似地，可推出圆柱坐标系和球坐标系中的散度计算式，分别为

$$\nabla \cdot \boldsymbol{F} = \frac{1}{r}\frac{\partial}{\partial r}(rF_r) + \frac{1}{r}\frac{\partial F_\varphi}{\partial \varphi} + \frac{\partial F_z}{\partial z} \tag{1.73}$$

$$\nabla \cdot \boldsymbol{F} = \frac{1}{R^2}\frac{\partial}{\partial R}(R^2 F_R) + \frac{1}{R\sin\theta}\frac{\partial}{\partial \theta}(\sin\theta F_\theta) + \frac{1}{R\sin\theta}\frac{\partial F_\varphi}{\partial \varphi} \tag{1.74}$$

4. 散度定理

矢量分析中的一个重要定理是

$$\int_V \nabla \cdot \boldsymbol{F} \mathrm{d}V = \oint_S \boldsymbol{F} \cdot \mathrm{d}\boldsymbol{S} \tag{1.75}$$

上式称为散度定理(或高斯定理)。

现在来证明这个定理。如图 1.19 所示，将闭合面 S 包围的体积 V 分成许多体积元：$\mathrm{d}V_1$，$\mathrm{d}V_2$，…，计算每个体积元的小闭合面 $S_i(i=1, 2, \cdots)$上穿出的 $\boldsymbol{F}$ 的通量，然后叠加。由于相邻两体积元有一个公共表面，这个公共表面上的通量对这两个体积元来说恰好等值异号，求和时就互相抵消了。除了邻近 S 面的那些体积元外，所有体积元都是由几个与相邻体积元间的公共表面包围而成的，这些体积元的通量总和为 0。而邻近 S 面的那些体积元，它们有部分表面是 S 面上的面元，这部分表面的通量没有被抵消，其总和恰好等于从闭合面 S 穿出的通量，因此有

$$\oint_S \boldsymbol{F} \cdot \mathrm{d}\boldsymbol{S} = \oint_{S_1} \boldsymbol{F} \cdot \mathrm{d}\boldsymbol{S} + \oint_{S_2} \boldsymbol{F} \cdot \mathrm{d}\boldsymbol{S} + \cdots$$

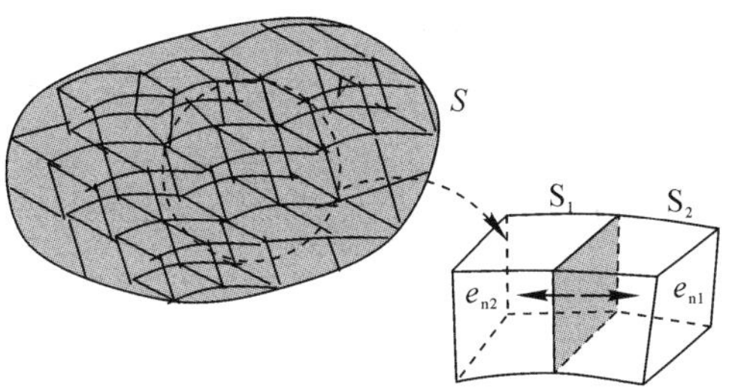

图 1.19 体积 V 的剖分

由式(1.72)，得

$$\oint_S \boldsymbol{F} \cdot \mathrm{d}\boldsymbol{S} = \nabla \cdot \boldsymbol{F} \mathrm{d}V_i \quad (i = 1, 2, \cdots)$$

故得到

$$\oint_S \boldsymbol{F} \cdot \mathrm{d}\boldsymbol{S} = \nabla \cdot \boldsymbol{F} \mathrm{d}V_1 + \nabla \cdot \boldsymbol{F} \mathrm{d}V_2 + \cdots = \int_V \nabla \cdot \boldsymbol{F} \mathrm{d}V$$

这就证明了式(1.75)。

式(1.75)表明，矢量场 $\boldsymbol{F}$ 的散度 $\nabla \cdot \boldsymbol{F}$ 在体积 V 上的体积分等于矢量场 $\boldsymbol{F}$ 在限定该体积的闭合面 S 上的面积分，是矢量的散度的体积分与该矢量的闭合曲面积分之间的一个变换关系，是矢量分析中的一个重要的恒等式，在电磁理论中非常有用。

例 1.3 已知

$$\boldsymbol{R} = \boldsymbol{e}_x(x - x') + \boldsymbol{e}_y(y - y') + \boldsymbol{e}_z(z - z'), \ R = |\boldsymbol{R}|$$

求矢量 $\boldsymbol{D} = \dfrac{\boldsymbol{R}}{R^3}$ 在 $R \neq 0$ 处的散度。

解：根据散度的计算公式(1.71)，有

$$\begin{aligned}\nabla \cdot \boldsymbol{D} &= \frac{\partial}{\partial x}\left(\frac{x - x'}{R^3}\right) + \frac{\partial}{\partial y}\left(\frac{y - y'}{R^3}\right) + \frac{\partial}{\partial z}\left(\frac{z - z'}{R^3}\right) \\ &= \frac{1}{R^3} - \frac{3(x - x')^2}{R^5} + \frac{1}{R^3} - \frac{3(y - y')^2}{R^5} + \frac{1}{R^3} - \frac{3(z - z')^2}{R^5} \\ &= 0\end{aligned}$$

1.3.3 矢量场的环流与旋度

矢量场的散度描述了通量源的分布情况，反映了矢量场的一个重要性质。反映矢量场的空间变化规律的另一个重要性质是矢量场的环流和旋度。

1. 环流

矢量场 $\boldsymbol{F}$ 沿场中的一条闭合路径 C 的曲线积分

$$\Gamma = \oint_C \boldsymbol{F} \cdot \mathrm{d}\boldsymbol{l} \tag{1.76}$$

称为矢量场 $\boldsymbol{F}$ 沿闭合路径 C 的环流。其中 $\mathrm{d}\boldsymbol{l}$ 是路径上的线元矢量，其大小为 $\mathrm{d}l$、方向为沿路径 C 的切线方向，如图 1.20 所示。

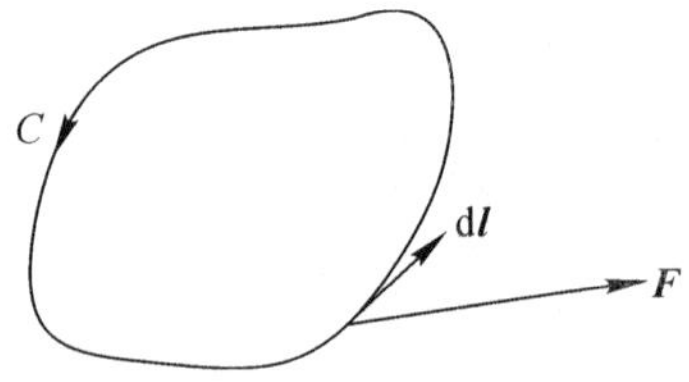

图 1.20　闭合路径

矢量场的环流与矢量场穿过闭合曲面的通量一样，都是描述矢量场性质的重要的量。例如，在电磁学中，根据安培环路定理可知，磁场强度 $\boldsymbol{H}$ 沿闭合路径 C 的环流就是通过以路径 C 为边界的曲面 S 的总电流，因此，如果矢量场的环流不等于 0，则认为场中有产生该矢量场的源。但这种源与通量源不同，它既不发出矢量线，也不汇聚矢量线，也就是说，这种源所产生的矢量场的矢量线是闭合曲线，通常称为旋涡源。

从矢量分析的要求来看，我们希望知道每一点附近的环流状态。为此，在矢量场 $\boldsymbol{F}$ 中的任一点 M 处作一面元 ΔS，取 $\boldsymbol{e}_{\mathrm{n}}$ 为此面元的法向单位矢量。当面元 ΔS 保持以 $\boldsymbol{e}_{\mathrm{n}}$ 为法线方向而向点 M 处无限缩小时，极限 $\lim\limits_{\Delta S\to 0}\dfrac{\oint_C \boldsymbol{F}\cdot \mathrm{d}\boldsymbol{l}}{\Delta S}$ 称为矢量场 $\boldsymbol{F}$ 在点 M 处沿方向 $\boldsymbol{e}_{\mathrm{n}}$ 的环流面密度，记作 $\mathrm{rot}_{\mathrm{n}}\boldsymbol{F}$，即

$$\mathrm{rot}_{\mathrm{n}}\boldsymbol{F}=\lim_{\Delta S\to 0}\frac{\oint_C \boldsymbol{F}\cdot \mathrm{d}\boldsymbol{l}}{\Delta S} \tag{1.77}$$

由此定义不难看出，环流面密度与面元 ΔS 的法线方向 $\boldsymbol{e}_{\mathrm{n}}$ 有关。例如，在磁场中，如果某点附近的面元方向与电流方向重合，则磁场强度 $\boldsymbol{H}$ 的环流面密度有最大值；如果面元方向与电流方向有一夹角，则磁场强度 $\boldsymbol{H}$ 的环流面密度总是小于最大值；当面元方向与电流方向垂直时，则磁场强度 $\boldsymbol{H}$ 的环流面密度等于 0。这些结果表明，矢量场在点 M 处沿方向 $\boldsymbol{e}_{\mathrm{n}}$ 的环流面密度，就是在该点处沿方向 $\boldsymbol{e}_{\mathrm{n}}$ 的旋涡源密度。

2. 旋度

1）旋度的概念

由于矢量场在点 M 处的环流面密度与面元 ΔS 的法线方向 $\boldsymbol{e}_{\mathrm{n}}$ 有关，因此，在矢量场中，一个给定点 M 处沿不同方向 $\boldsymbol{e}_{\mathrm{n}}$，其环流面密度的值一般是不同的。在某一个确定的方向上，环流面密度可能取得最大值。为了描述这个问题，引入了旋度的概念。矢量场 $\boldsymbol{F}$ 在点 M 处的旋度是一个矢量，记作 $\mathrm{rot}\boldsymbol{F}$(或记作 $\mathrm{curl}\boldsymbol{F}$)，它的方向是沿着使环流面密度取得最大值的面元法线方向，大小等于该环流面密度的最大值，即

$$\mathrm{rot}\boldsymbol{F}=\boldsymbol{e}_{\mathrm{n}}\lim_{\Delta S\to 0}\frac{1}{\Delta S}\oint_C \boldsymbol{F}\cdot \mathrm{d}\boldsymbol{l} \tag{1.78}$$

式中，$\boldsymbol{e}_{\mathrm{n}}$ 是环流面密度取得最大值的面元正法线单位矢量。

由旋度的定义不难看出，矢量场 $\boldsymbol{F}$ 在点 M 处的旋度就是在该点的旋涡源密度。例如，在磁场中，磁场强度 $\boldsymbol{H}$ 在点 M 处的旋度就是在该点的电流密度 $\boldsymbol{J}$。矢量场 $\boldsymbol{F}$ 在点 M 处沿方向 $\boldsymbol{e}_{\mathrm{n}}$ 的环流面密度 $\mathrm{rot}_{\mathrm{n}}\boldsymbol{F}$ 等于 $\mathrm{rot}\boldsymbol{F}$ 在该方向上的投影，如图 1.21 所示，即

$$\mathrm{rot}_{\mathrm{n}}\boldsymbol{F}=\boldsymbol{e}_{\mathrm{n}}\cdot \mathrm{rot}\boldsymbol{F} \tag{1.79}$$

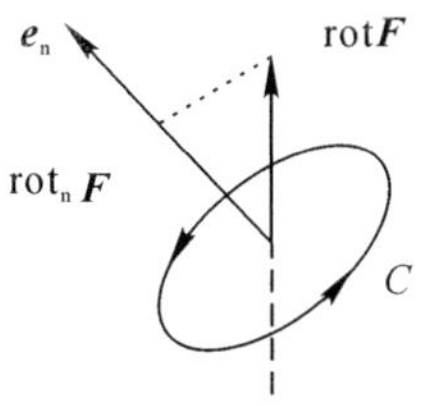

图 1.21　rot$\boldsymbol{F}$ 在 $\boldsymbol{e}_n$ 方向上的投影

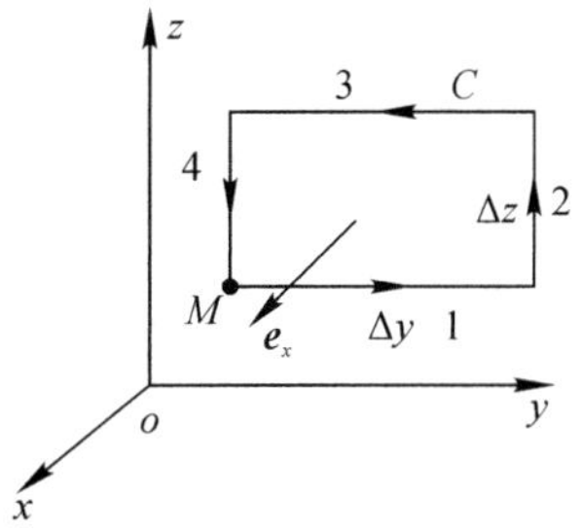

图 1.22　在直角坐标系中计算 rot$\boldsymbol{F}$

2）旋度的计算式

旋度的定义与坐标系无关，但旋度的具体表达式与坐标系有关。下面推导直角坐标系中旋度的表达式。

如图 1.22 所示，以点 M 为顶点，取一个平行于纸面的矩形面元，则面元矢量为 $\boldsymbol{e}_x\Delta S_x=\boldsymbol{e}_x\Delta y\Delta z$。在点 M 处的矢量 $\boldsymbol{F}=\boldsymbol{e}_xF_x+\boldsymbol{e}_yF_y+\boldsymbol{e}_zF_z$ 沿回路 C 的积分为

$$\oint_C \boldsymbol{F}\cdot\mathrm{d}\boldsymbol{l}=F_y\Delta y+\left(F_z+\frac{\partial F_z}{\partial y}\Delta y\right)\Delta z-\left(F_y+\frac{\partial F_y}{\partial z}\Delta z\right)\Delta y-F_z\Delta z$$
$$=\frac{\partial F_z}{\partial y}\Delta y\Delta z-\frac{\partial F_y}{\partial z}\Delta y\Delta z$$

故

$$\lim_{\Delta S\to 0}\frac{1}{\Delta S_x}\oint_C \boldsymbol{F}\cdot\mathrm{d}\boldsymbol{l}=\frac{\partial F_z}{\partial y}-\frac{\partial F_y}{\partial z}=\mathrm{rot}_x\boldsymbol{F}$$

此极限即是 rot$\boldsymbol{F}$ 在 $\boldsymbol{e}_x$ 方向上的投影。

相似地，分别取面元矢量 $\boldsymbol{e}_y\Delta S_y=\boldsymbol{e}_y\Delta x\Delta z$、$\boldsymbol{e}_z\Delta S_z=\boldsymbol{e}_z\Delta x\Delta y$，用上面的运算，可得到 rot$\boldsymbol{F}$ 在 $\boldsymbol{e}_y$ 和 $\boldsymbol{e}_z$ 方向上的投影分别为

$$\mathrm{rot}_y\boldsymbol{F}=\lim_{\Delta S_y\to 0}\frac{1}{\Delta S_y}\oint_C \boldsymbol{F}\cdot\mathrm{d}\boldsymbol{l}=\frac{\partial F_x}{\partial z}-\frac{\partial F_z}{\partial x}$$
$$\mathrm{rot}_z\boldsymbol{F}=\lim_{\Delta S_z\to 0}\frac{1}{\Delta S_z}\oint_C \boldsymbol{F}\cdot\mathrm{d}\boldsymbol{l}=\frac{\partial F_y}{\partial x}-\frac{\partial F_x}{\partial y}$$

因此，得到

$$\mathrm{rot}\boldsymbol{F}=\boldsymbol{e}_x\,\mathrm{rot}_x\boldsymbol{F}+\boldsymbol{e}_y\,\mathrm{rot}_y\boldsymbol{F}+\boldsymbol{e}_z\,\mathrm{rot}_z\boldsymbol{F}$$
$$=\boldsymbol{e}_x\left(\frac{\partial F_z}{\partial y}-\frac{\partial F_y}{\partial z}\right)+\boldsymbol{e}_y\left(\frac{\partial F_x}{\partial z}-\frac{\partial F_z}{\partial x}\right)+\boldsymbol{e}_z\left(\frac{\partial F_y}{\partial x}-\frac{\partial F_x}{\partial y}\right)\tag{1.80}$$

利用算符∇可将 rot$\boldsymbol{F}$ 表示为

$$\mathrm{rot}\boldsymbol{F}=\left(\boldsymbol{e}_x\frac{\partial}{\partial x}+\boldsymbol{e}_y\frac{\partial}{\partial y}+\boldsymbol{e}_z\frac{\partial}{\partial z}\right)\times(\boldsymbol{e}_xF_x+\boldsymbol{e}_yF_y+\boldsymbol{e}_zF_z)$$
$$=\nabla\times\boldsymbol{F}\tag{1.81}$$

上式亦可写成

$$\nabla\times\boldsymbol{F}=\begin{vmatrix}\boldsymbol{e}_x & \boldsymbol{e}_y & \boldsymbol{e}_z\\ \dfrac{\partial}{\partial x} & \dfrac{\partial}{\partial y} & \dfrac{\partial}{\partial z}\\ F_x & F_y & F_z\end{vmatrix}\tag{1.82}$$

采用同样的方法，可导出$\nabla\times\boldsymbol{F}$在圆柱坐标系中的表达式为

$$\nabla\times\boldsymbol{F}=\boldsymbol{e}_r\left(\frac{1}{r}\frac{\partial F_z}{\partial\varphi}-\frac{\partial F_\varphi}{\partial z}\right)+\boldsymbol{e}_\varphi\left(\frac{\partial F_r}{\partial z}-\frac{\partial F_z}{\partial r}\right)+\boldsymbol{e}_z\,\frac{1}{r}\left[\frac{\partial(rF_\varphi)}{\partial r}-\frac{\partial F_r}{\partial\varphi}\right] \tag{1.83}$$

或写成

$$\nabla\times\boldsymbol{F}=\begin{vmatrix}\boldsymbol{e}_r & r\boldsymbol{e}_\varphi & \boldsymbol{e}_z\\ \dfrac{\partial}{\partial r} & \dfrac{\partial}{\partial\varphi} & \dfrac{\partial}{\partial z}\\ F_r & rF_\varphi & F_z\end{vmatrix} \tag{1.84}$$

在球坐标系中，$\nabla\times\boldsymbol{F}$的表达式为

$$\nabla\times\boldsymbol{F}=\boldsymbol{e}_R\,\frac{1}{R\sin\theta}\left[\frac{\partial}{\partial\theta}(\sin\theta F_\varphi)-\frac{\partial F_\theta}{\partial\varphi}\right]+\boldsymbol{e}_\theta\,\frac{1}{R}\left[\frac{1}{\sin\theta}\frac{\partial F_R}{\partial\varphi}-\frac{\partial(RF_\varphi)}{\partial R}\right]$$
$$+\boldsymbol{e}_\varphi\,\frac{1}{R}\left[\frac{\partial(RF_\theta)}{\partial R}-\frac{\partial F_R}{\partial\theta}\right] \tag{1.85}$$

或写成

$$\nabla\times\boldsymbol{F}=\frac{1}{R^2\sin\theta}\begin{vmatrix}\boldsymbol{e}_R & R\boldsymbol{e}_\theta & R\sin\theta\boldsymbol{e}_\varphi\\ \dfrac{\partial}{\partial R} & \dfrac{\partial}{\partial\theta} & \dfrac{\partial}{\partial\varphi}\\ F_R & RF_\theta & R\sin\theta F_\varphi\end{vmatrix} \tag{1.86}$$

3. 斯托克斯定理

在矢量场$\boldsymbol{F}$所在的空间中，对于任一个以曲线C为周界的曲面S，存在如下重要关系式：

$$\int_S\nabla\times\boldsymbol{F}\cdot\mathrm{d}\boldsymbol{S}=\oint_C\boldsymbol{F}\cdot\mathrm{d}\boldsymbol{l} \tag{1.87}$$

上式称为斯托克斯定理，它表明矢量场$\boldsymbol{F}$的旋度$\nabla\times\boldsymbol{F}$在曲面$S$上的面积分等于矢量场$\boldsymbol{F}$在限定曲面的闭合曲线$C$上的线积分，是矢量旋度的曲面积分与该矢量沿闭合曲线积分之间的一个变换关系，也是矢量分析中的一个重要的恒等式，在电磁理论中也是很有用的。

为了证明式(1.87)，将曲面S划分成许多小面元，如图1.23所示。对每一个小面元，沿包围它的闭合路径取$\boldsymbol{F}$的环流，路径的方向与大回路C一致，并将所有这些积分相加。可以看出，各个小回路在公共边界上的那部分积分都相互抵消，因为相邻小回路在公共边界上积分的方向是相反的，只有没有公共边界的部分积分没有抵消，结果所有沿小回路积分的总和等于沿大回路C的积分，即

$$\oint_C\boldsymbol{F}\cdot\mathrm{d}\boldsymbol{l}=\oint_{C_1}\boldsymbol{F}\cdot\mathrm{d}\boldsymbol{l}+\oint_{C_2}\boldsymbol{F}\cdot\mathrm{d}\boldsymbol{l}+\cdots$$

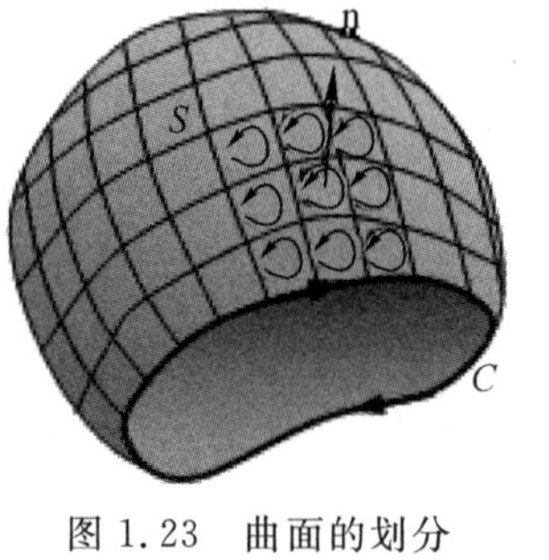

图1.23　曲面的划分

对沿每一个小回路的积分应用式(1.77)，得

$$\oint_{C_1} \boldsymbol{F}\cdot \mathrm{d}\boldsymbol{l} = \mathrm{rot}_1\boldsymbol{F}\mathrm{d}S_1 = \nabla\times\boldsymbol{F}\cdot \mathrm{d}\boldsymbol{S}_1$$

$$\oint_{C_2} \boldsymbol{F}\cdot \mathrm{d}\boldsymbol{l} = \mathrm{rot}_2\boldsymbol{F}\mathrm{d}S_2 = \nabla\times\boldsymbol{F}\cdot \mathrm{d}\boldsymbol{S}_2$$

$$\vdots$$

这样

$$\oint_{C} \boldsymbol{F}\cdot \mathrm{d}\boldsymbol{l} = \nabla\times\boldsymbol{F}\cdot \mathrm{d}\boldsymbol{S}_1 + \nabla\times\boldsymbol{F}\cdot \mathrm{d}\boldsymbol{S}_2 + \cdots$$

上式右边的总和就是$\nabla\times\boldsymbol{F}$在曲面 S 上的面积分，即$\int_S \nabla\times\boldsymbol{F}\cdot\mathrm{d}\boldsymbol{S}$，从而证明了式(1.87)。

例 1.4　已知

$$\boldsymbol{R}=\boldsymbol{e}_x(x-x')+\boldsymbol{e}_y(y-y')+\boldsymbol{e}_z(z-z'),\ R=|\boldsymbol{R}|$$

求矢量$\boldsymbol{D}=\dfrac{\boldsymbol{R}}{R^3}$在 $R\neq 0$ 处的旋度。

解： 根据旋度的计算公式(1.82)，有

$$\begin{aligned}\nabla\times\boldsymbol{D} &= \begin{vmatrix} \boldsymbol{e}_x & \boldsymbol{e}_y & \boldsymbol{e}_z \\ \dfrac{\partial}{\partial x} & \dfrac{\partial}{\partial y} & \dfrac{\partial}{\partial z} \\ (x-x')/R^3 & (y-y')/R^3 & (z-z')/R^3 \end{vmatrix} \\ &= \boldsymbol{e}_x\frac{3[(z-z')(y-y')-(z-z')(y-y')]}{R^5}+ \\ &\quad \boldsymbol{e}_y\frac{3[(z-z')(x-x')-(z-z')(x-x')]}{R^5}+ \\ &\quad \boldsymbol{e}_z\frac{3[(y-y')(x-x')-(y-y')(x-x')]}{R^5} \\ &= 0\end{aligned}$$

1.4　无旋场、无散场与拉普拉斯运算

矢量场散度和旋度反映了产生矢量场的两种不同性质的源，相应地，不同性质的源产生的矢量场也具有不同的性质。

1. 无旋场

如果一个矢量场 $\boldsymbol{F}$ 的旋度处处为 0，即

$$\nabla\times\boldsymbol{F}\equiv\boldsymbol{0}$$

则称该矢量场为无旋场，它是由散度源所产生的。例如，静电场就是旋度处处为 0 的无旋场。

标量场的梯度有一个重要性质，就是它的旋度恒等于 0，即

$$\nabla\times(\nabla u)\equiv\boldsymbol{0} \tag{1.88}$$

在直角坐标系中很容易证明这一结论。直接取∇u 的旋度，有

$$\nabla\times(\nabla u)=\left(\boldsymbol{e}_x\frac{\partial}{\partial x}+\boldsymbol{e}_y\frac{\partial}{\partial y}+\boldsymbol{e}_z\frac{\partial}{\partial z}\right)\times\left(\boldsymbol{e}_x\frac{\partial u}{\partial x}+\boldsymbol{e}_y\frac{\partial u}{\partial y}+\boldsymbol{e}_z\frac{\partial u}{\partial z}\right)$$
$$=\boldsymbol{e}_x\left(\frac{\partial}{\partial y}\frac{\partial u}{\partial z}-\frac{\partial}{\partial z}\frac{\partial u}{\partial y}\right)+\boldsymbol{e}_y\left(\frac{\partial}{\partial z}\frac{\partial u}{\partial x}-\frac{\partial}{\partial x}\frac{\partial u}{\partial z}\right)+\boldsymbol{e}_z\left(\frac{\partial}{\partial x}\frac{\partial u}{\partial y}-\frac{\partial}{\partial y}\frac{\partial u}{\partial x}\right)$$
$$=\mathbf{0}$$

因为梯度和旋度的定义都与坐标系无关，所以式(1.88)是普遍的结论。

根据这一性质，对于一个旋度处处为0的矢量场 $\boldsymbol{F}$，总可以把它表示为某一标量场的梯度，即如果 $\nabla\times\boldsymbol{F}\equiv\mathbf{0}$，存在标量函数 u，使得

$$\boldsymbol{F}=-\nabla u \tag{1.89}$$

函数 u 称为无旋场 $\boldsymbol{F}$ 的标量位函数，简称标量位。式(1.89)中有一负号，目的是使其与电磁场中电场强度 $\boldsymbol{E}$ 和标量电位 Φ 的关系相一致。

由斯托克斯定理可知，无旋场 $\boldsymbol{F}$ 沿闭合路径 C 的环流等于0，即

$$\oint_C \boldsymbol{F}\cdot \mathrm{d}\boldsymbol{l}=0$$

这一结论等价于无旋场 $\boldsymbol{F}$ 的曲线积分 $\int_P^Q \boldsymbol{F}\cdot\mathrm{d}\boldsymbol{l}$ 与路径无关，只与起点 P 和终点 Q 有关。由式(1.89)，有

$$\int_P^Q \boldsymbol{F}\cdot\mathrm{d}\boldsymbol{l}=-\int_P^Q\nabla u\cdot\mathrm{d}\boldsymbol{l}=-\int_P^Q\frac{\partial u}{\partial l}\mathrm{d}l=-\int_P^Q\mathrm{d}u=u(P)-u(Q)$$

若选定点 Q 为不动的固定点，则上式可看作点 P 的函数，即

$$u(P)=\int_P^Q\boldsymbol{F}\cdot\mathrm{d}\boldsymbol{l}+C \tag{1.90}$$

这就是标量位的积分表达式，任意常数 C 取决于固定点 Q 的选择。

将式(1.89)代入式(1.90)，有

$$u(P)=-\int_P^Q\nabla u\cdot\mathrm{d}\boldsymbol{l}+C \tag{1.91}$$

这表明，一个标量场可由它的梯度完全确定。

2. 无散场

如果一个矢量场 $\boldsymbol{F}$ 的散度处处为0，即

$$\nabla\cdot\boldsymbol{F}\equiv0$$

则称该矢量场为无散场，它是由旋涡源所产生的。例如，恒定磁场就是散度处处为0的无散场。

矢量场的旋度有一个重要性质，就是旋度的散度恒等于0，即

$$\nabla\cdot(\nabla\times\boldsymbol{A})\equiv0 \tag{1.92}$$

在直角坐标系中证明这一结论时，直接取 $\nabla\times\boldsymbol{A}$ 的散度，有

$$\nabla\cdot(\nabla\times\boldsymbol{A})=\left(\boldsymbol{e}_x\frac{\partial}{\partial x}+\boldsymbol{e}_y\frac{\partial}{\partial y}+\boldsymbol{e}_z\frac{\partial}{\partial z}\right)\cdot\left[\boldsymbol{e}_x\left(\frac{\partial A_z}{\partial y}-\frac{\partial A_y}{\partial z}\right)+\boldsymbol{e}_y\left(\frac{\partial A_x}{\partial z}-\frac{\partial A_z}{\partial x}\right)+\boldsymbol{e}_z\left(\frac{\partial A_y}{\partial x}-\frac{\partial A_x}{\partial y}\right)\right]$$
$$=\frac{\partial}{\partial x}\left(\frac{\partial A_z}{\partial y}-\frac{\partial A_y}{\partial z}\right)+\frac{\partial}{\partial y}\left(\frac{\partial A_x}{\partial z}-\frac{\partial A_z}{\partial x}\right)+\frac{\partial}{\partial z}\left(\frac{\partial A_y}{\partial x}-\frac{\partial A_x}{\partial y}\right)$$
$$\equiv0$$

根据这一性质，对于一个散度处处为0的矢量场 $\boldsymbol{F}$，总可以把它表示为某一矢量场的

旋度，即如果$\nabla\cdot\boldsymbol{F}\equiv 0$，则存在矢量函数$\boldsymbol{A}$，使得

$$\boldsymbol{F}=\nabla\times\boldsymbol{A} \tag{1.93}$$

函数$\boldsymbol{A}$称为无散场$\boldsymbol{F}$的矢量位函数，简称矢量位。

由散度定理可知，无散场$\boldsymbol{F}$通过任何闭合曲面S的通量等于0，即

$$\oint_S \boldsymbol{F}\cdot d\boldsymbol{S}=0$$

3. 拉普拉斯运算

标量场u的梯度∇u是一个矢量场，如果再对∇u求散度，即$\nabla\cdot(\nabla u)$，称为标量场u的拉普拉斯运算，记为

$$\nabla\cdot(\nabla u)=\nabla^2 u$$

这里"∇^2"称为拉普拉斯算符。

在直角坐标系中，由式(1.61)和式(1.72)，可得到

$$\nabla^2 u=\nabla\cdot\left(\boldsymbol{e}_x\frac{\partial u}{\partial x}+\boldsymbol{e}_y\frac{\partial u}{\partial y}+\boldsymbol{e}_z\frac{\partial u}{\partial z}\right)=\frac{\partial^2 u}{\partial x^2}+\frac{\partial^2 u}{\partial y^2}+\frac{\partial^2 u}{\partial z^2} \tag{1.94}$$

由式(1.62)和式(1.73)，可得到圆柱坐标系中的拉普拉斯运算

$$\nabla^2 u=\frac{1}{r}\frac{\partial}{\partial r}\left(r\frac{\partial u}{\partial r}\right)+\frac{1}{r^2}\frac{\partial^2 u}{\partial\varphi^2}+\frac{\partial^2 u}{\partial z^2} \tag{1.95}$$

由式(1.63)和式(1.74)，可得到球坐标系中的拉普拉斯运算

$$\nabla^2 u=\frac{1}{R^2}\frac{\partial}{\partial R}\left(R^2\frac{\partial u}{\partial R}\right)+\frac{1}{R^2\sin\theta}\frac{\partial}{\partial\theta}\left(\sin\theta\frac{\partial u}{\partial\theta}\right)+\frac{1}{R^2\sin^2\theta}\frac{\partial^2 u}{\partial\varphi^2} \tag{1.96}$$

对于矢量场$\boldsymbol{F}$，由于算符∇^2对矢量进行运算时已失去梯度的散度的概念，因此将矢量场$\boldsymbol{F}$的拉普拉斯运算$\nabla^2\boldsymbol{F}$定义为

$$\nabla^2\boldsymbol{F}=\nabla(\nabla\cdot\boldsymbol{F})-\nabla\times(\nabla\times\boldsymbol{F}) \tag{1.97}$$

在直角坐标系中

$$\begin{aligned}[\nabla(\nabla\cdot\boldsymbol{F})]_x&=\frac{\partial}{\partial x}(\nabla\cdot\boldsymbol{F})=\frac{\partial}{\partial x}\left(\frac{\partial F_x}{\partial x}+\frac{\partial F_y}{\partial y}+\frac{\partial F_z}{\partial z}\right)\\&=\frac{\partial^2 F_x}{\partial x^2}+\frac{\partial^2 F_y}{\partial x\partial y}+\frac{\partial^2 F_z}{\partial x\partial z}\end{aligned}$$

$$\begin{aligned}[\nabla\times(\nabla\times\boldsymbol{F})]_x&=\frac{\partial}{\partial y}[(\nabla\times\boldsymbol{F})_z]-\frac{\partial}{\partial z}[(\nabla\times\boldsymbol{F})_y]\\&=\frac{\partial}{\partial y}\left(\frac{\partial F_y}{\partial x}-\frac{\partial F_x}{\partial y}\right)-\frac{\partial}{\partial z}\left(\frac{\partial F_x}{\partial z}-\frac{\partial F_z}{\partial x}\right)\\&=\frac{\partial^2 F_y}{\partial y\partial x}-\frac{\partial^2 F_x}{\partial y^2}-\frac{\partial^2 F_x}{\partial z^2}+\frac{\partial^2 F_z}{\partial z\partial x}\end{aligned}$$

将以上两式代入式(1.97)，可求得

$$\begin{aligned}(\nabla^2\boldsymbol{F})_x&=[\nabla(\nabla\cdot\boldsymbol{F})]_x-[\nabla\times(\nabla\times\boldsymbol{F})]_x\\&=\frac{\partial^2 F_x}{\partial x^2}+\frac{\partial^2 F_x}{\partial y^2}+\frac{\partial^2 F_x}{\partial z^2}=\nabla^2 F_x\end{aligned}$$

同理，可得

$$(\nabla^2\boldsymbol{F})_y=\nabla^2 F_y,\ (\nabla^2\boldsymbol{F})_z=\nabla^2 F_z$$

于是得到

$$\nabla^2 \boldsymbol{F} = \boldsymbol{e}_x \nabla^2 F_x + \boldsymbol{e}_y \nabla^2 F_y + \boldsymbol{e}_z \nabla^2 F_z \tag{1.98}$$

必须注意，只有对直角分量才有$(\nabla^2 \boldsymbol{F})_i = \nabla^2 F_i (i=x, y, z)$。

1.5 亥姆霍兹定理

矢量场的散度和旋度都是表示矢量场性质的量度，一个矢量场所具有的性质，可由它的散度和旋度来说明。而且，可以证明：在有限的区域V内，任一矢量场由它的散度、旋度和边界条件(即限定区域V的闭合面S上的矢量场的分布)唯一地确定，且可表示为

$$\boldsymbol{F}(\boldsymbol{R}) = -\nabla u(\boldsymbol{R}) + \nabla \times \boldsymbol{A}(\boldsymbol{R}) \tag{1.99}$$

其中

$$u(\boldsymbol{R}) = \frac{1}{4\pi}\int_V \frac{\nabla' \cdot \boldsymbol{F}(\boldsymbol{R}')}{|\boldsymbol{R} - \boldsymbol{R}'|} \mathrm{d}V' - \frac{1}{4\pi}\oint_S \frac{\boldsymbol{e}'_{\mathrm{n}} \cdot \boldsymbol{F}(\boldsymbol{R}')}{|\boldsymbol{R} - \boldsymbol{R}'|} \mathrm{d}S' \tag{1.100}$$

$$A(\boldsymbol{R}) = \frac{1}{4\pi}\int_V \frac{\nabla' \times \boldsymbol{F}(\boldsymbol{R}')}{|\boldsymbol{R} - \boldsymbol{R}'|} \mathrm{d}V' - \frac{1}{4\pi}\oint_S \frac{\boldsymbol{e}'_{\mathrm{n}} \times \boldsymbol{F}(\boldsymbol{R}')}{|\boldsymbol{R} - \boldsymbol{R}'|} \mathrm{d}S' \tag{1.101}$$

这就是亥姆霍兹定理。它表明：

(1) 矢量场$\boldsymbol{F}$可以用一个标量函数的梯度和一个矢量函数的旋度之和来表示。此标量函数由$\boldsymbol{F}$的散度和$\boldsymbol{F}$在边界S上的法向分量完全确定；而矢量函数则由$\boldsymbol{F}$的旋度和$\boldsymbol{F}$在边界面S上的切向分量完全确定。

(2) 由于$\nabla \times [\nabla u(\boldsymbol{R})] \equiv 0$、$\nabla \cdot [\nabla \times \boldsymbol{A}(\boldsymbol{R})] \equiv 0$，因而一个矢量场$\boldsymbol{F}$可以表示为一个无旋场$\boldsymbol{F}_{\mathrm{L}}$与无散场$\boldsymbol{F}_{\mathrm{C}}$之和，即

$$\boldsymbol{F} = \boldsymbol{F}_{\mathrm{L}} + \boldsymbol{F}_{\mathrm{C}} \tag{1.102}$$

其中

$$\begin{cases} \nabla \cdot \boldsymbol{F}_{\mathrm{L}} = \nabla \cdot \boldsymbol{F} \\ \nabla \times \boldsymbol{F}_{\mathrm{L}} = 0 \end{cases}, \qquad \begin{cases} \nabla \cdot \boldsymbol{F}_{\mathrm{C}} = 0 \\ \nabla \times \boldsymbol{F}_{\mathrm{C}} = \nabla \times \boldsymbol{F} \end{cases} \tag{1.103}$$

(3) 如果在区域V内，矢量场$\boldsymbol{F}$的散度与旋度均处处为0，则$\boldsymbol{F}$由其在边界面S上的场分布完全确定。

(4) 对于无界空间，只要矢量场满足

$$|\boldsymbol{F}| \propto 1/|\boldsymbol{R} - \boldsymbol{R}'|^{1+\delta} \quad (\delta > 0) \tag{1.104}$$

则式(1.100)和式(1.101)中的面积分项为0，此时，矢量场由其散度和旋度完全确定。因此，在无界空间中，散度与旋度均处处为0的矢量场是不存在的，因为任何一个物理场都必须有源，场是同源一起出现的，源是产生场的起因。

必须指出，只有在$\boldsymbol{F}$连续的区域内，$\nabla \cdot \boldsymbol{F}$和$\nabla \times \boldsymbol{F}$才有意义，因为它们都包含着对空间坐标的导数。在区域内如果存在$\boldsymbol{F}$不连续的表面，则在这些表面上就不存在$\boldsymbol{F}$的导数，因而也就不能使用散度和旋度来分析表面附近的场的性质。

亥姆霍兹定理总结了矢量场的基本性质，其意义是非常重要的。分析矢量场时，总是从研究它的散度和旋度着手，得到的散度方程和旋度方程组成了矢量场的基本方程的微分形式；或者从矢量场沿闭合曲面的通量和沿闭合路径的环流着手，得到矢量场的基本方程的积分形式。

习 题

1.1 给定三个矢量 $\boldsymbol{A}$、$\boldsymbol{B}$ 和 $\boldsymbol{C}$ 如下：

$\boldsymbol{A}=\boldsymbol{e}_x+\boldsymbol{e}_y 2-\boldsymbol{e}_z 3$

$\boldsymbol{B}=-\boldsymbol{e}_y 4+\boldsymbol{e}_z$

$\boldsymbol{C}=\boldsymbol{e}_x 5-\boldsymbol{e}_z 2$

求：(1) $\boldsymbol{e}_A$；

(2) $|\boldsymbol{A}-\boldsymbol{B}|$；

(3) $\boldsymbol{A}\cdot\boldsymbol{B}$；

(4) θ_{AB}；

(5) $\boldsymbol{A}$ 在 $\boldsymbol{B}$ 上的分量；

(6) $\boldsymbol{A}\times\boldsymbol{C}$；

(7) $\boldsymbol{A}\cdot(\boldsymbol{B}\times\boldsymbol{C})$ 和 $(\boldsymbol{A}\times\boldsymbol{B})\cdot\boldsymbol{C}$；

(8) $(\boldsymbol{A}\times\boldsymbol{B})\times\boldsymbol{C}$ 和 $\boldsymbol{A}\times(\boldsymbol{B}\times\boldsymbol{C})$。

1.2 求点 $P'(-3, 1, 4)$ 到点 $P(2, -2, 3)$ 的距离矢量 $\boldsymbol{R}$ 及 $\boldsymbol{R}$ 的方向。

1.3 证明：如果 $\boldsymbol{A}\cdot\boldsymbol{B}=\boldsymbol{A}\cdot\boldsymbol{C}$ 和 $\boldsymbol{A}\times\boldsymbol{B}=\boldsymbol{A}\times\boldsymbol{C}$，则 $\boldsymbol{B}=\boldsymbol{C}$。

1.4 如果给定一未知矢量与一已知矢量的标量积和矢量积，那么便可以确定该未知矢量。设 $\boldsymbol{A}$ 为一已知矢量，$p=\boldsymbol{A}\cdot\boldsymbol{X}$ 而 $\boldsymbol{P}=\boldsymbol{A}\times\boldsymbol{X}$，$p$ 和 $\boldsymbol{P}$ 已知，试求 $\boldsymbol{X}$。

1.5 在圆柱坐标系中，一点的位置由 $\left(4, \dfrac{2\pi}{3}, 3\right)$ 定出，求该点在：

(1) 直角坐标系中的坐标；

(2) 球坐标系中的坐标。

1.6 用球坐标系表示的场 $\boldsymbol{E}=\boldsymbol{e}_R\dfrac{25}{R^2}$。求：

(1) 直角坐标系中点 $(-3, 4, -5)$ 处的 $|\boldsymbol{E}|$ 和 E_x；

(2) 直角坐标系中点 $(-3, 4, -5)$ 处 $\boldsymbol{E}$ 与矢量 $\boldsymbol{B}=\boldsymbol{e}_x 2-\boldsymbol{e}_y 2+\boldsymbol{e}_z$ 构成的夹角。

1.7 已知标量函数 $u=x^2yz$，求 u 在点 $(2, 3, 1)$ 处沿指定方向

$$\boldsymbol{e}_l=\boldsymbol{e}_x\frac{3}{\sqrt{50}}+\boldsymbol{e}_y\frac{4}{\sqrt{50}}+\boldsymbol{e}_z\frac{5}{\sqrt{50}}$$

的方向导数。

1.8 已知标量函数 $u=x^2+2y^2+3z^2+3x-2y-6z$。

(1) 求 ∇u；

(2) 在哪些点上 ∇u 等于 0？

1.9 利用直角坐标系，证明

$$\nabla(uv)=u\,\nabla v+v\,\nabla u$$

1.10 一球面 S 的半径为 5，球心在原点上，计算 $\oint_S(\boldsymbol{e}_R\sin\theta)\cdot\mathrm{d}\boldsymbol{S}$ 的值。

1.11 已知矢量 $\boldsymbol{E}=\boldsymbol{e}_x(x^2+axz)+\boldsymbol{e}_y(xy^2+by)+\boldsymbol{e}_z(z-z^2+czx-2xyz)$，试确定常数 a、b、c 使 $\boldsymbol{E}$ 为无源场。

1.12 在由 $r=5$、$z=0$ 和 $z=4$ 围成的圆柱形区域，对矢量 $\boldsymbol{A}=\boldsymbol{e}_r r^2+\boldsymbol{e}_z 2z$ 验证散度定理。

1.13 (1) 求矢量 $\boldsymbol{A}=\boldsymbol{e}_x x^2+\boldsymbol{e}_y x^2 y^2+\boldsymbol{e}_z 24x^2 y^2 z^3$ 的散度；

(2) 求 $\nabla\cdot\boldsymbol{A}$ 对中心在原点的一个单位立方体的积分；

(3) 求 $\boldsymbol{A}$ 对此立方体表面的积分，验证散度定理。

1.14 求矢量 $\boldsymbol{A}=\boldsymbol{e}_x x+\boldsymbol{e}_y x^2+\boldsymbol{e}_z y^2 z$ 沿 xy 平面上的一个边长为 2 的正方形回路的线积分，此正方形的两边分别与 x 轴和 y 轴相重合。再求 $\nabla\times\boldsymbol{A}$ 对此回路所包围的曲面的面积分，验证斯托克斯定理。

1.15 现有三个矢量 $\boldsymbol{A}$、$\boldsymbol{B}$、$\boldsymbol{C}$ 分别为

$$\boldsymbol{A}=\boldsymbol{e}_R\sin\theta\cos\varphi+\boldsymbol{e}_\theta\cos\theta\cos\varphi-\boldsymbol{e}_\varphi\sin\varphi$$

$$\boldsymbol{B}=\boldsymbol{e}_r z^2\sin\varphi+\boldsymbol{e}_\varphi z^2\cos\varphi+\boldsymbol{e}_z 2rz\sin\varphi$$

$$\boldsymbol{C}=\boldsymbol{e}_x(3y^2-2x)+\boldsymbol{e}_y x^2+\boldsymbol{e}_z 2z$$

(1) 哪些矢量可以由一个标量函数的梯度表示？哪些矢量可以由一个矢量函数的旋度表示？

(2) 求出这些矢量的源分布。

1.16 利用散度定理及斯托克斯定理可以在更普遍的意义下证明 $\nabla\times(\nabla u)=\mathbf{0}$ 及 $\nabla\cdot(\nabla\times\boldsymbol{A})=0$，试证明之。

第 2 章　静　电　场

带电体之间存在的相互作用力，是通过带电体周围的电场来实现的，这已是大家所熟知的事实。本章讨论一种最简单的情况：静电场。它是由对观察者来说静止的电荷所产生的电场。静电学研究的主要内容是电荷分布和电场分布的关系，它的分析方法、计算方法是分析和计算更加复杂的电磁场问题的基础。本章首先通过介绍静电场的源量(电荷)介绍电荷守恒定律，再从库仑定律的实验结果出发，导出点电荷的场，应用叠加原理建立各种分布电荷的电场的计算式；由静电场的做功特性和通量特性总结出静电场的基本性质和所服从的积分方程、微分方程；有电介质存在时静电场的基本性质和边界条件；最后根据唯一性定理讨论几种特殊情形下静电场的解法。

2.1　电荷及电荷守恒定律

自然界中存在两种电荷：正电荷和负电荷。带电体所带电量的多少称为电荷量。迄今为止能检测到的最小电荷量是质子和电子的电荷量，质子带正电，其电荷量为 e；电子带负电，其电荷量为 $-e$。基本电荷电量的值为 $e=1.602\times10^{-19}$ C(库仑)。任何带电体的电荷量都只能是一个基本电荷量的整数倍，换言之，带电体上的电荷是以离散的方式分布的。

在研究宏观电磁现象时，人们所观察到的是带电体上大量微观带电粒子的总体效应，而带电粒子的尺寸远小于带电体的尺寸，因此，可以认为电荷是以一定形式连续分布在带电体上的，并用电荷密度来描述这种分布。

1. 电荷体密度

电荷连续分布于体积 V' 内，设体积元 $\Delta V'$ 内的电荷量为 Δq，则该体积内任一源点处的电荷体密度为

$$\rho(\boldsymbol{r}')=\lim_{\Delta V'\to 0}\frac{\Delta q}{\Delta V'}=\frac{\mathrm{d}q}{\mathrm{d}V'} \tag{2.1}$$

式中的 $\boldsymbol{r}'$ 是源点的位置矢量，电荷体密度的单位为 $\mathrm{C/m^3}$。利用电荷体密度 $\rho(\boldsymbol{r}')$ 可求出体积 V' 内的总电荷量为

$$q=\int_{V'}\rho(\boldsymbol{r}')\mathrm{d}V' \tag{2.2}$$

2. 电荷面密度

电荷连续分布于厚度可以忽略的曲面 S' 上，设面积元 $\Delta S'$ 上的电荷量为 Δq，则该曲面上任一源点处的电荷面密度为

$$\rho_S(\boldsymbol{r}')=\lim_{\Delta S'\to 0}\frac{\Delta q}{\Delta S'}=\frac{\mathrm{d}q}{\mathrm{d}S'} \tag{2.3}$$

电荷面密度的单位为C/m^2。面积 S'上的总电荷量为

$$q=\int_{S'}\rho_S(\boldsymbol{r}')\mathrm{d}S' \tag{2.4}$$

3. 电荷线密度

电荷连续分布于横截面积可以忽略的细线 l'上，设长度元 $\Delta l'$上的电荷量为 Δq，则该细线上任一源点处的电荷线密度为

$$\rho_l(\boldsymbol{r}')=\lim_{\Delta l'\to 0}\frac{\Delta q}{\Delta l'}=\frac{\mathrm{d}q}{\mathrm{d}l'} \tag{2.5}$$

电荷线密度的单位为 C/m。细线 l'上的总电荷量为

$$q=\int_{l'}\rho_l(\boldsymbol{r}')\mathrm{d}l' \tag{2.6}$$

4. 点电荷

当带电体的尺寸远小于观察点至带电体的距离时，带电体的形状及其中的电荷分布已无关紧要，就可将带电体所带电荷看成集中在带电体的中心上，即将带电体抽象为一个几何点模型，称为点电荷。

设电荷 q 分布在中心为坐标原点、半径为 a 的小球体 ΔV 内。在 $r>a$ 的球外区域，电荷密度为 0；在 $r<a$ 的球内区域，电荷密度为很大的数值。当 a 趋于 0(即 $\Delta V\to 0$)时，电荷密度为无穷大，但对整个空间而言，电荷的总电量仍为 q。

5. 电荷守恒定律

实验表明，电荷是守恒的，它既不能被创造，也不能被消灭，只能从物体的一部分转移到另一部分，或者从一个物体转移到另一个物体。即在一个与外界没有电荷交换的系统内，正、负电荷的代数和在任何物理过程中始终保持不变，这就是电荷守恒定律。

2.2 库仑定律与电场强度

空间位置固定且电量不随时间变化的电荷所产生的电场，称为静电场。描述电场的基本物理量是电场强度矢量。根据亥姆霍兹定理，静电场的性质由其散度和旋度来描述。

2.2.1 库仑定律

库仑是法国工程师和物理学家。1785 年，库仑用著名的“扭秤实验”测量两电荷之间的作用力与两电荷之间距离的关系。他通过实验得出：“两个带有同种类型电荷的小球之间的排斥力与这两球中心之间的距离平方成反比。”同年，他在论文“电力定律”中介绍了他的实验装置、测试经过和实验结果。

库仑定律是关于两个点电荷之间作用力的定量描述，它以“点电荷”模型为基础，其数学表示式为

$$\boldsymbol{F}_{12}=\boldsymbol{e}_R\frac{q_1q_2}{4\pi\varepsilon_0R^2}=\frac{q_1q_2}{4\pi\varepsilon_0R^3}\boldsymbol{R} \tag{2.7}$$

式中，$\boldsymbol{F}_{12}$表示点电荷 q_1 对点电荷 q_2 的作用力，$\boldsymbol{e}_R$ 表示由 q_1 指向 q_2 的单位矢量，$\boldsymbol{R}=\boldsymbol{e}_RR=\boldsymbol{r}_2-\boldsymbol{r}_1$，如图 2.1 所示。$\varepsilon_0\approx\frac{1}{36\pi}\times10^{-9}\approx8.85\times10^{-12}$ F/m，称为真空(或自由空间)的介电

常数。$\boldsymbol{F}_{12}$的单位是 N(牛)。

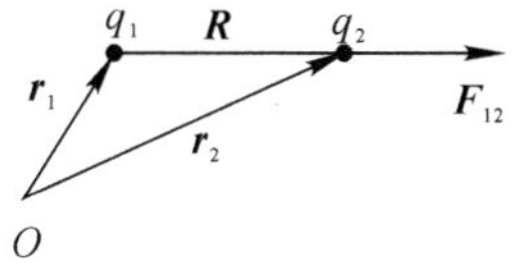

图 2.1　两个点电荷之间的作用力

若真空中有 N 个点电荷 q_1、q_2、…、q_N 分别位于 $\boldsymbol{r}'_1$、$\boldsymbol{r}'_2$、…、$\boldsymbol{r}'_N$处，根据叠加原理，则位于 $\boldsymbol{r}$ 处的点电荷 q 受到的作用力等于其余每个点电荷对 q 的作用力的叠加，表示为

$$\boldsymbol{F}=\frac{q}{4\pi\varepsilon_0}\sum_{i=1}^{N}\frac{q_i}{|\boldsymbol{r}-\boldsymbol{r}'_i|^3}(\boldsymbol{r}-\boldsymbol{r}'_i) \tag{2.8}$$

这就是静电力的叠加原理。

2.2.2　电场强度

实验表明，任何电荷都在自己周围空间产生电场，而电场对于处在其中的任何其他电荷都有作用力。图 2.1 为两个点电荷之间的作用力示意图。如果产生电场的源是点电荷 q，它所在的位置称为源点，位置矢量是 $\boldsymbol{r}'$，那么它产生电场的计算如图 2.2 所示。取试验电荷 q_0，它所在的位置称为场点，位置矢量是 $\boldsymbol{r}$。根据库仑定律，q_0 受到的作用力为

$$\boldsymbol{F}=\frac{qq_0}{4\pi\varepsilon_0}\frac{\boldsymbol{r}-\boldsymbol{r}'}{|\boldsymbol{r}-\boldsymbol{r}'|^3} \tag{2.9}$$

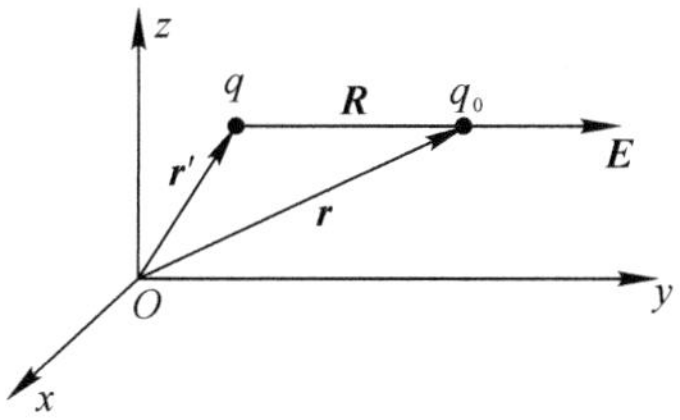

图 2.2　点电荷的电场强度

可见，此作用力 $\boldsymbol{F}$ 与试验电荷 q_0 的比值仅与产生电场的源电荷 q，以及试验电荷所在点的位置有关，故可以用它来描述电场。因此，电场强度矢量的定义为

$$\boldsymbol{E}=\lim_{q_0\to 0}\frac{\boldsymbol{F}}{q_0} \tag{2.10}$$

式中取 $q_0\to 0$ 的极限是表明试验电荷 q_0 应为电量足够小的点电荷，以使其引入不会扰动源电荷 q 的电场。将式(2.9)代入式(2.10)，即得到点电荷的电场强度为

$$\boldsymbol{E}(\boldsymbol{r})=\frac{\boldsymbol{F}}{q_0}=\frac{q}{4\pi\varepsilon_0 R^3}\boldsymbol{R}=\frac{q}{4\pi\varepsilon_0}\frac{\boldsymbol{r}-\boldsymbol{r}'}{|\boldsymbol{r}-\boldsymbol{r}'|^3} \tag{2.11}$$

可见，点电荷的电场强度 $\boldsymbol{E}$ 是一个矢量函数，其大小等于单位正电荷在该点所受电场力的大小，其方向与正电荷在该点所受电场力方向一致。电场强度的单位是 V/m(伏/米)。

对于由 N 个点电荷产生的电场，根据电场强度与点电荷量成正比关系，场点处的电场强度等于各个点电荷单独产生的电场强度的矢量和，即

$$\boldsymbol{E}(\boldsymbol{r})=\frac{1}{4\pi\varepsilon_0}\sum_{i=1}^{N}\frac{q_i}{|\boldsymbol{r}-\boldsymbol{r}'_i|^3}(\boldsymbol{r}-\boldsymbol{r}'_i) \tag{2.12}$$

对于电荷分别以体密度、面密度和线密度连续分布的带电体，可以将带电体分割成很多小带电单元，而每个带电单元可看作一个点电荷，这样就可由式(2.12)计算电场强度。

若电荷按体密度 $\rho(\boldsymbol{r}')$ 分布在体积 V 内，则小体积元 $\Delta V_i'$ 所带电荷量 $\Delta q_i=\rho(\boldsymbol{r}')\Delta V_i'$。根据式(2.12)，场点 $\boldsymbol{r}$ 的电场强度为

$$\boldsymbol{E}(\boldsymbol{r})=\frac{1}{4\pi\varepsilon_0}\int_V\frac{\boldsymbol{r}-\boldsymbol{r}'}{|\boldsymbol{r}-\boldsymbol{r}'|^3}\rho(\boldsymbol{r}')\mathrm{d}V' \tag{2.13}$$

同理，可导出电荷分别按面电荷密度 $\rho_S(\boldsymbol{r}')$ 和线电荷密度 $\rho_l(\boldsymbol{r}')$ 连续分布时，场点 $\boldsymbol{r}$ 处电场强度的计算公式，即

$$\boldsymbol{E}(\boldsymbol{r})=\frac{1}{4\pi\varepsilon_0}\int_S\frac{\boldsymbol{r}-\boldsymbol{r}'}{|\boldsymbol{r}-\boldsymbol{r}'|^3}\rho_S(\boldsymbol{r}')\mathrm{d}S' \tag{2.14}$$

$$\boldsymbol{E}(\boldsymbol{r})=\frac{1}{4\pi\varepsilon_0}\int_l\frac{\boldsymbol{r}-\boldsymbol{r}'}{|\boldsymbol{r}-\boldsymbol{r}'|^3}\rho_l(\boldsymbol{r}')\mathrm{d}l' \tag{2.15}$$

这里需要特别注意场点 $\boldsymbol{r}$ 和源点 $\boldsymbol{r}'$ 的区别。

例 2.1　计算电偶极子的电场强度。

解： 电偶极子是相距很小距离 d 的两个等值异号点电荷组成的电荷系统，如图 2.3 所示。采用球坐标系，使电偶极子的中心与坐标系的原点 o 重合，并使电偶极子轴与 z 轴重合。场点 $P(r, \theta, \varphi)$ 的电场强度 $\boldsymbol{E}$ 就是 $+q$ 产生的电场强度 $\boldsymbol{E}_+$ 和 $-q$ 产生的电场强度 $\boldsymbol{E}_-$ 的矢量和。

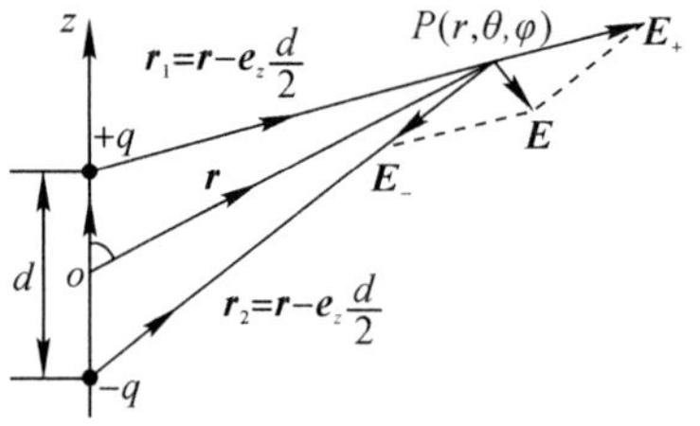

图 2.3　电偶极子

在球坐标系中，场点 $P(r, \theta, \varphi)$ 的位置矢量为 $\boldsymbol{r}=\boldsymbol{e}_r r$，两个点电荷的位置矢量分别为 $\boldsymbol{r}_+'=\dfrac{\boldsymbol{e}_z d}{2}$ 和 $\boldsymbol{r}_-'=-\dfrac{\boldsymbol{e}_z d}{2}$。根据式(2.12)，得

$$\boldsymbol{E}(\boldsymbol{r})=\frac{q}{4\pi\varepsilon_0}\left(\frac{\boldsymbol{r}_1}{r_1^3}-\frac{\boldsymbol{r}_2}{r_2^3}\right)=\frac{q}{4\pi\varepsilon_0}\left(\frac{\boldsymbol{r}-\frac{\boldsymbol{e}_z d}{2}}{\left|\boldsymbol{r}-\frac{\boldsymbol{e}_z d}{2}\right|^3}-\frac{\boldsymbol{r}+\frac{\boldsymbol{e}_z d}{2}}{\left|\boldsymbol{r}+\frac{\boldsymbol{e}_z d}{2}\right|^3}\right)$$

在电磁理论中，常常感兴趣的是远离电偶极子区域内(即 $r\gg d$)的场。此时

$$\left|\boldsymbol{r}-\boldsymbol{e}_z\frac{d}{2}\right|^{-3}=\left[\left(\boldsymbol{r}-\boldsymbol{e}_z\frac{d}{2}\right)\cdot\left(\boldsymbol{r}-\boldsymbol{e}_z\frac{d}{2}\right)\right]^{-3/2}$$

$$=\left(r^2-\boldsymbol{r}\cdot\boldsymbol{e}_z d+\frac{d^2}{4}\right)^{-3/2}\approx r^{-3}\left(1-\frac{\boldsymbol{r}\cdot\boldsymbol{e}_z d}{r^2}\right)^{-3/2}$$

将式中的 $\left(1-\dfrac{\boldsymbol{r}\cdot\boldsymbol{e}_z d}{r^2}\right)^{-3/2}$ 应用二项式公式展开，并忽略所有包含 d/r 的二次方和高次方项，则有

$$\left|\boldsymbol{r}-\boldsymbol{e}_z\frac{d}{2}\right|^{-3}\approx r^{-3}\left(1+\frac{3}{2}\frac{\boldsymbol{r}\cdot\boldsymbol{e}_z d}{r^2}\right)$$

同样

$$\left|\boldsymbol{r}+\boldsymbol{e}_z\frac{d}{2}\right|^{-3}\approx r^{-3}\left(1-\frac{3}{2}\frac{\boldsymbol{r}\cdot\boldsymbol{e}_z d}{r^2}\right)$$

这样，当 $r\gg d$ 时，点 $P(r, \theta, \varphi)$的电场强度近似为

$$\boldsymbol{E}(\boldsymbol{r})\approx\frac{q}{4\pi\varepsilon_0 r^3}\left(3\frac{\boldsymbol{r}\cdot\boldsymbol{e}_z d}{r^2}\boldsymbol{r}-\boldsymbol{e}_z d\right)$$

引入电偶极矩 $\boldsymbol{P}=\boldsymbol{e}_z P=\boldsymbol{e}_z qd$，则上式变为

$$\boldsymbol{E}(\boldsymbol{r})\approx\frac{1}{4\pi\varepsilon_0 r^3}\left(3\frac{\boldsymbol{r}\cdot\boldsymbol{P}}{r^2}\boldsymbol{r}-\boldsymbol{P}\right)$$

则在球坐标系中，电偶极子的电场强度为

$$\boldsymbol{E}(\boldsymbol{r})\approx\frac{P}{4\pi\varepsilon_0 r^3}(\boldsymbol{e}_r 2\cos\theta+\boldsymbol{e}_\theta\sin\theta)$$

在后面分析电介质的极化时，电偶极子是一个重要概念。

例 2.2 计算均匀带电的环形薄圆盘轴线上任意点的电场强度。

解：如图 2.4 所示，环形薄圆盘的内半径为 a，外半径为 b，电荷面密度为 ρ_S。在环形薄圆盘上取面积元 $\mathrm{d}S'$，用圆柱坐标系表示为 $\mathrm{d}S'=\rho'\mathrm{d}\rho'\mathrm{d}\varphi'$，其位置矢量为 $\boldsymbol{r}'=\boldsymbol{e}_\rho\rho'$，它所带的电量为 $\mathrm{d}q=\rho_S\mathrm{d}S'=\rho_S\rho'\mathrm{d}\rho'\mathrm{d}\varphi'$，而薄圆盘轴线上的场点 $P(0, 0, z)$的位置矢量为 $\boldsymbol{r}=\boldsymbol{e}_z z$。由式(2.14)，得

$$\begin{aligned}\boldsymbol{E}(\boldsymbol{r}) &= \frac{\rho_S}{4\pi\varepsilon_0}\int_a^b\int_0^{2\pi}\frac{\boldsymbol{e}_z z-\boldsymbol{e}_\rho\rho'}{(z^2+\rho'^2)^{3/2}}\rho'\mathrm{d}\rho'\mathrm{d}\varphi' \\ &= \frac{\rho_S}{4\pi\varepsilon_0}\left[\int_a^b\frac{\boldsymbol{e}_z z\rho'\mathrm{d}\rho'}{(z^2+\rho'^2)^{3/2}}\int_0^{2\pi}\mathrm{d}\varphi'-\int_a^b\frac{\rho'^2\mathrm{d}\rho'}{(z^2+\rho'^2)^{3/2}}\int_0^{2\pi}\boldsymbol{e}_\rho\mathrm{d}\varphi'\right]\end{aligned}$$

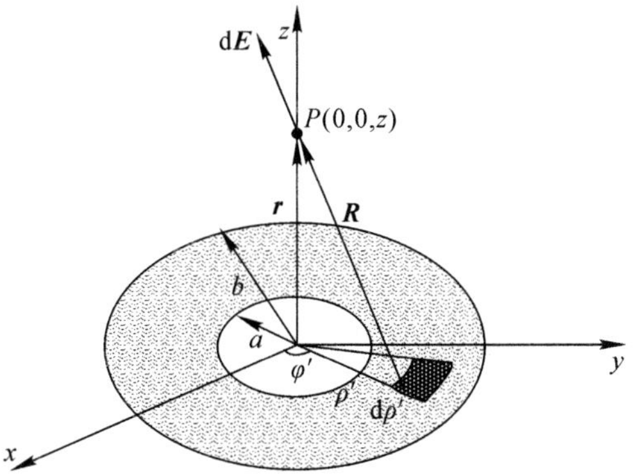

图 2.4 均匀带电的环形薄圆盘

由于

$$\int_0^{2\pi}\boldsymbol{e}_\rho\mathrm{d}\varphi'=\int_0^{2\pi}(\boldsymbol{e}_x\cos\varphi'+\boldsymbol{e}_y\cos\varphi')\mathrm{d}\varphi'=0$$

$$\int_0^{2\pi}\mathrm{d}\varphi'=2\pi$$

故

$$\boldsymbol{E}(\boldsymbol{r})=\boldsymbol{e}_z\frac{\rho_S z}{2\varepsilon_0}\int_a^b\frac{\rho'\mathrm{d}\rho'}{(z^2+\rho'^2)^{3/2}}=\boldsymbol{e}_z\frac{\rho_S z}{2\varepsilon_0}\left[\frac{1}{(z^2+a^2)^{1/2}}-\frac{1}{(z^2+b^2)^{1/2}}\right]$$

此结果表明，均匀带电环形薄圆盘轴线上任一点 $P(0, 0, z)$ 的电场强度只有轴向分量，这是因为对于轴线上的场点 P，源电荷分布具有轴对称性，因此在 P 点一侧的每一个可以产生电场强度径向分量的电荷元，总是在另一侧有相对应的电荷元产生的电场强度径向分量与它相抵消，故点 P 处没有电场强度的径向分量。

2.3 电介质的极化

2.3.1 静电场中的介质

在讨论物质的电效应时，将物质称为电介质。根据电介质中束缚电荷的分布特征，把电介质的分子分为无极分子和有极分子两类。无极分子的正、负电荷中心重合，因此对外产生的合成电场为 0，不显示电特性。有极分子的正、负电荷中心不重合，构成一个电偶极子。但由于许许多多电偶极子杂乱无章地排列，使得合成电偶极矩相抵消，因而对外产生的合成电场为 0，即不显示电性。需指出的是，此处引入“电荷中心”的概念是为了形象地说明电介质极化的过程。物质分子中的正、负电荷并不集中在一个点，将分子中的全部负电荷用一个单独的负电荷等效，这个等效负电荷的位置，就称为这个分子的“负电荷中心”。同样，该分子中的正电荷也可定义一个“正电荷中心”。

在外电场的作用下，无极分子中的正电荷沿电场方向移动，负电荷逆电场方向移动，导致正负电荷中心不再重合形成许多排列方向与外电场大体一致的电偶极子，它们对外产生的电场不再为 0。对于有极分子，它的每个电偶极子在外电场的作用下要产生转动，最终使每个电偶极子的排列方向与外电场方向大体一致，它们对外产生的电场也不再为 0。这种电介质中的束缚电荷在外电场作用下发生位移的现象，称为电介质的极化，束缚电荷也称为极化电荷。电介质极化的结果是电介质内部出现许许多多顺着外电场方向排列的电偶极子，这些电偶极子产生的电场将改变原来的电场分布。也就是说，电介质对电场的影响可归结为极化电荷产生的附加电场的影响，因此，电介质内的电场强度 $\boldsymbol{E}$ 可视为自由电荷产生的外电场 $\boldsymbol{E}_0$ 与极化电荷产生的附加电场 $\boldsymbol{E}'$ 的叠加，即

$$\boldsymbol{E}=\boldsymbol{E}_0+\boldsymbol{E}' \tag{2.16}$$

为了分析计算极化电荷产生的附加电场 $\boldsymbol{E}'$，需了解电介质的极化特性。不同电介质的极化程度是不一样的。将单位体积中电偶极矩的矢量和称为极化强度，表示为

$$\boldsymbol{P}=\lim_{\Delta V\to 0}\frac{\sum_i \boldsymbol{p}_i}{\Delta V} \tag{2.17}$$

式中，$\boldsymbol{p}_i=q_i\boldsymbol{d}_i$ 为体积 ΔV 中第 i 个分子的平均电矩，$\boldsymbol{P}$ 是一个宏观矢量函数。若电介质某区域内各点的 $\boldsymbol{P}$ 相同，则称该区域是均匀极化的，否则就是非均匀极化的。

对于线性和各向同性电介质，其极化强度 $\boldsymbol{P}$ 与电介质中的合成电场强度 $\boldsymbol{E}$ 成正比，表示为

$$\boldsymbol{P}(\boldsymbol{r})=\chi_e\varepsilon_0\boldsymbol{E}(\boldsymbol{r}) \tag{2.18}$$

式中，χ_e 称为电介质的电极化率，是一个正实数。

图 2.5(a)表示一块极化电介质模型，每个分子用一个电偶极子表示，它的电偶极矩等于该分子的平均电偶极矩。

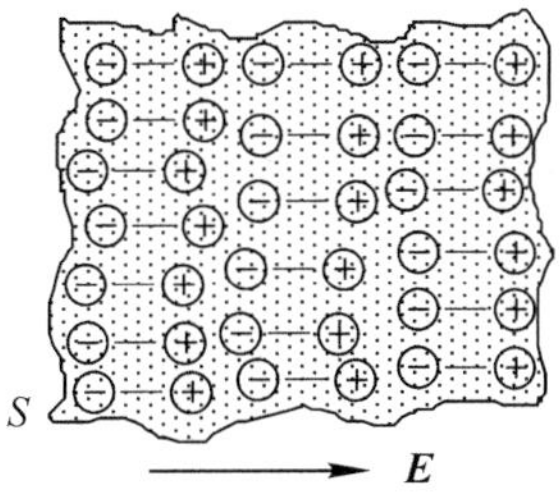

(a) 极化电荷的排列

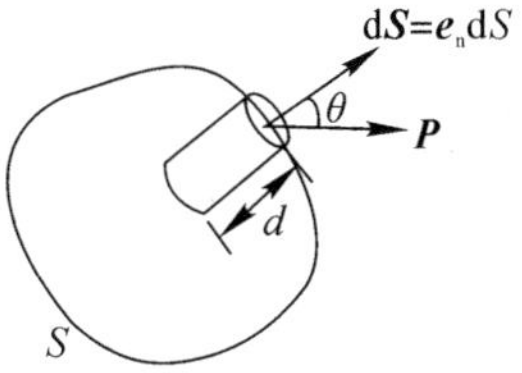

(b) 求闭合曲面 S 包围的极化电荷

图 2.5　电介质的极化模型

在均匀极化的状态下，闭合面 S 内的电偶极子的净极化电荷为 0，不会出现极化电荷的体密度分布。对于非均匀极化状态，电介质内部的净极化电荷就不为 0。但在电介质的表面，无论是均匀极化，还是非均匀极化，表面上总是要出现面密度分布的极化电荷。图 2.5(a)表示电介质左表面上有负的极化电荷，右表面上有正的极化电荷。

为求得极化电荷与极化强度的关系式，在电介质中的任意闭合曲面 S 上取一个面积元 $\mathrm{d}\boldsymbol{S}$，其法向单位矢量为 $\boldsymbol{e}_\mathrm{n}$，并近似认为 $\mathrm{d}\boldsymbol{S}$ 上的 $\boldsymbol{P}$ 不变。在电介质极化时，设每个分子正、负电荷的平均相对位移为 d，则分子电偶极矩为 $\boldsymbol{p}=q\boldsymbol{d}$，$\boldsymbol{d}$ 由负电荷指向正电荷。以 $\mathrm{d}\boldsymbol{S}$ 为底、d 为斜高构成一个体积元 $\Delta V=\mathrm{d}\boldsymbol{S}\cdot\boldsymbol{d}$，如图 2.5(b)所示。显然，只有电偶极子中心在 ΔV 内的分子的正电荷才穿出面积元 $\mathrm{d}\boldsymbol{S}$。设电介质单位体积中的分子数为 N，则穿出面积元 $\mathrm{d}\boldsymbol{S}$ 的正电荷为

$$Nq\boldsymbol{d}\cdot\mathrm{d}\boldsymbol{S}=\boldsymbol{P}\cdot\mathrm{d}\boldsymbol{S}=\boldsymbol{P}\cdot\boldsymbol{e}_\mathrm{n}\mathrm{d}S \tag{2.19}$$

因此，从闭合曲面 S 穿出的正电荷为 $\oint_S\boldsymbol{P}\cdot\mathrm{d}\boldsymbol{S}$。与之对应，留在闭合曲面 S 内的极化电荷量为

$$q_p=-\oint_S\boldsymbol{P}\cdot\mathrm{d}\boldsymbol{S}=-\int_V\nabla\cdot\boldsymbol{P}\mathrm{d}V \tag{2.20}$$

式中应用了散度定理 $\oint_S\boldsymbol{P}\cdot\mathrm{d}\boldsymbol{S}=-\int_V\nabla\cdot\boldsymbol{P}\mathrm{d}V$。因闭合曲面 S 是任意取的，故 S 限定的体积 V 内的极化电荷体密度应为

$$\rho_p=-\nabla\cdot\boldsymbol{P} \tag{2.21}$$

为了计算电介质表面上出现的极化电荷面密度，可在电介质内紧贴表面取一个闭合面，从该闭合面穿出的极化电荷就是电介质表面上的极化电荷。由式(2.19)可知，从面积元 $\mathrm{d}\boldsymbol{S}$ 穿过的极化电荷量是 $\boldsymbol{P}\cdot\boldsymbol{e}_\mathrm{n}\mathrm{d}S$，故电介质表面上的极化电荷面密度为

$$\rho_{Sp}=\boldsymbol{P}\cdot\boldsymbol{e}_\mathrm{n} \tag{2.22}$$

2.3.2　电位移矢量和高斯定律

电介质在外电场作用下发生的极化现象归结为电介质内出现极化电荷。电介质内的电场可视为自由电荷和极化电荷在真空中产生的电场的叠加，即 $\boldsymbol{E}=\boldsymbol{E}_0+\boldsymbol{E}'$。将真空中的高

斯定律推广到电介质中可得

$$\nabla \cdot \boldsymbol{E}(\boldsymbol{r})=\frac{\rho+\rho_p}{\varepsilon_0} \tag{2.23}$$

即极化电荷 ρ_p 也是产生电场的通量源。将式(2.21)代入式(2.23)中，得

$$\nabla \cdot [\varepsilon_0\boldsymbol{E}(\boldsymbol{r})+\boldsymbol{P}(\boldsymbol{r})]=\rho \tag{2.24}$$

可见，矢量$[\varepsilon_0\boldsymbol{E}(\boldsymbol{r})+\boldsymbol{P}(\boldsymbol{r})]$的散度仅与自由电荷体密度 ρ 有关，把这一矢量称为电位移矢量，表示为

$$\boldsymbol{D}(\boldsymbol{r})=\varepsilon_0\boldsymbol{E}(\boldsymbol{r})+\boldsymbol{P}(\boldsymbol{r}) \tag{2.25}$$

这样，式(2.24)变为

$$\nabla \cdot \boldsymbol{D}(\boldsymbol{r})=\rho \tag{2.26}$$

这就是电介质中高斯定律的微分形式。它表明电介质内任一点的电位移矢量的散度等于该点的自由电荷体密度，即 $\boldsymbol{D}$ 的通量源是自由电荷，电位移线从正的自由电荷出发而终止于负的自由电荷。

对式(2.26)两端取体积分并应用散度定理，得

$$\oint_S \boldsymbol{D} \cdot \mathrm{d}\boldsymbol{S} = \int_V \rho \mathrm{d}V$$

或

$$\oint_S \boldsymbol{D} \cdot \mathrm{d}\boldsymbol{S} = q \tag{2.27}$$

这就是电介质中高斯定律的积分形式。它表明电位移矢量穿过任一闭合面的通量等于该闭合面内自由电荷的代数和。由此式还可以看出电位移矢量 $\boldsymbol{D}$ 的单位是 $\mathrm{C/m^2}$(库仑/米^2)。

对于所有电介质，式(2.25)都是成立的。若是线性和各向同性的电介质，将式(2.18)代入式(2.25)，得

$$\boldsymbol{D}(\boldsymbol{r})=\varepsilon_0\boldsymbol{E}(\boldsymbol{r})+\chi_e\varepsilon_0\boldsymbol{E}(\boldsymbol{r})=(1+\chi_e)\varepsilon_0\boldsymbol{E}(\boldsymbol{r})=\varepsilon_r\varepsilon_0\boldsymbol{E}(\boldsymbol{r})=\varepsilon\boldsymbol{E}(\boldsymbol{r}) \tag{2.28}$$

式中的 $\varepsilon=\varepsilon_0\varepsilon_r$ 称为电介质的介电常数，单位为 F/m(法拉/米)。$\varepsilon_r=1+\chi_e$ 称为电介质的相对介电常数，无量纲。表 2.1 列出了部分电介质的相对介电常数的近似值。

式(2.28)称为线性和各向同性电介质的本构关系。此关系方程表明，在线性和各向同性电介质中，$\boldsymbol{D}$ 和 $\boldsymbol{E}$ 的方向相同，大小成正比。

表 2.1　部分电介质的相对介电常数

电介质	ε_r	电介质	ε_r
空气	1.0006	尼龙(固态)	3.8
聚苯乙烯泡沫塑料	1.03	石英	5
干燥木头	2～4	胶木	5
石蜡	2.1	铅玻璃	6
胶合板	2.1	云母	6
聚乙烯	2.26	氯丁橡胶	7
聚苯乙烯	2.6	大理石	8

续表

电介质	ε_r	电介质	ε_r
PVC	2.7	硅	12
琥珀	3	酒精	25
橡胶	3	甘油	50
纸	3	蒸馏水	81
有机玻璃	3.4	二氧化钛	89～173
干燥沙质土壤	3.4	钛酸钡	1200

需要说明的是，前面所说的均匀电介质，是指其介电常数 ε 处处相等，不是空间坐标的函数；若是非均匀电介质，则 ε 是空间坐标的标量函数。线性电介质是指 ε 与 $\boldsymbol{E}$ 的大小无关；反之，则是非线性电介质。各向同性电介质是指 ε 与 $\boldsymbol{E}$ 的方向无关，ε 是标量，$\boldsymbol{D}$ 和 $\boldsymbol{E}$ 的方向相同。另有一类电介质称为各向异性电介质，在这类电介质中，$\boldsymbol{D}$ 和 $\boldsymbol{E}$ 的方向不同，介电常数 ε 是一个张量，表示为 $\overline{\overline{\varepsilon}}$。这时，$\boldsymbol{D}$ 和 $\boldsymbol{E}$ 的关系式可写为

$$\boldsymbol{D}=\overline{\overline{\varepsilon}}\cdot\boldsymbol{E},\quad \begin{bmatrix}D_x\\D_y\\D_z\end{bmatrix}=\begin{bmatrix}\varepsilon_{xx}&\varepsilon_{xy}&\varepsilon_{xz}\\\varepsilon_{yx}&\varepsilon_{yy}&\varepsilon_{yz}\\\varepsilon_{zx}&\varepsilon_{zy}&\varepsilon_{zz}\end{bmatrix}\begin{bmatrix}E_x\\E_y\\E_z\end{bmatrix} \tag{2.29}$$

2.4　静电场的基本方程与边界条件

2.4.1　静电场的基本方程

根据前面所讲的内容，可以把静电场的基本规律归纳一下，得出静电场的基本方程。

积分形式　　　　微分形式

$$\left.\begin{aligned}&\oint_S \boldsymbol{E}\cdot\mathrm{d}\boldsymbol{S}=\frac{\sum q}{\varepsilon_0} &&\nabla\cdot\boldsymbol{E}=\frac{\rho}{\varepsilon_0}\\&\oint_l \boldsymbol{E}\cdot\mathrm{d}\boldsymbol{l}=0 &&\nabla\times\boldsymbol{E}=0\end{aligned}\right\} \tag{2.30}$$

从物理概念上来讲，积分形式描述的是场的宏观分布规律，微分形式描述的是场中从一点到另一点的场矢量的变化规律，针对给定的问题，可以根据方便原则选择适当的方程形式进行求解。

2.4.2　导体表面边界条件

导体表面电场的特性是比较受关注的问题。下面进行具体讨论。

如图 2.6 所示，在导体表面取一圆柱形高斯面，其底面 ΔS 很小，以至于其上的电场可以视为处处相等；圆柱形的高 $h\to 0$，即两底紧贴导体表面。因为导体内电场为零，所以没有电场强度 $\boldsymbol{E}$ 的通量穿过导体内部的那个底面，又因为 $h\to 0$，所以柱体侧面积趋于零，可

忽略其电场强度通量；在导体外侧的底面上有电场强度通量，显然其值为 $E_n\Delta S$，E_n 是导体表面上的法向电场。如果导体表面的电荷密度为 ρ_S，根据高斯定理有

$$\oint_S \boldsymbol{E}\cdot d\boldsymbol{S} = E_n\Delta S = \frac{\rho_S\Delta S}{\varepsilon_0}$$

得

$$E_n=\frac{\rho_S}{\varepsilon_0} \tag{2.31}$$

或

$$\boldsymbol{e}_n\cdot\boldsymbol{E}=\frac{\rho_S}{\varepsilon_0} \tag{2.32}$$

其中，$\boldsymbol{e}_n$ 是导体表面的外法线单位矢量。若用电位表示则

$$\frac{\partial\Phi}{\partial n}=-\frac{\rho_S}{\varepsilon_0} \tag{2.33}$$

如图 2.7 所示，在导体表面处取一闭合路径，Δl 很小，以至于其上的电场强度可视为相等；$h\to0$，即导体内、外路径紧贴表面。因为导体内 $\boldsymbol{E}=0$，所以内侧路径的环量为零，导体表面外侧环量为 $E_t\Delta l$，E_t 是与表面相切的电场强度分量。则由位场性质得

$$\oint_l \boldsymbol{E}\cdot d\boldsymbol{l} = E_t\Delta l = 0$$

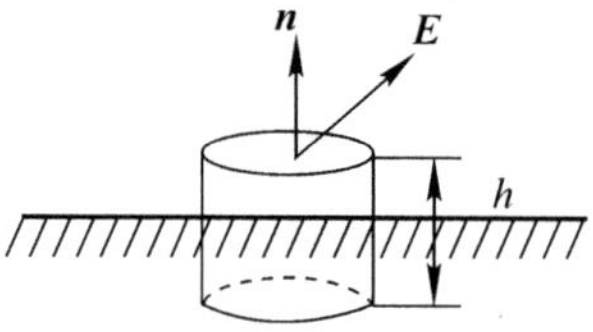

图 2.6　E_n 的边界条件

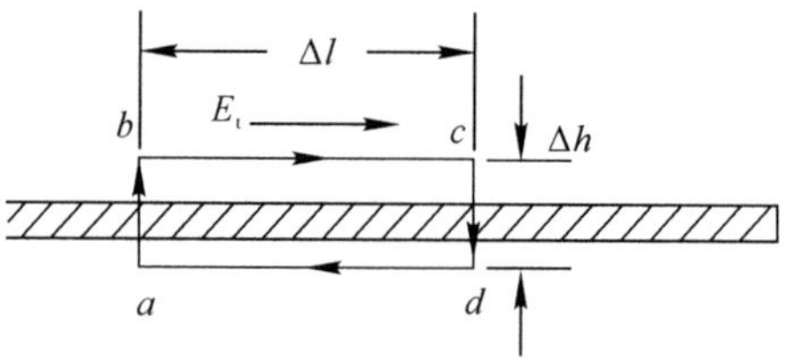

图 2.7　E_t 的边界条件

得到

$$E_t=0 \tag{2.34}$$

写成矢量形式为

$$\boldsymbol{e}_n\times\boldsymbol{E}=0 \tag{2.35}$$

用电位表示，即在导体表面上有

$$\Phi=C\quad（常数） \tag{2.36}$$

导体表面的法向场、切向场的这些特性，又称作导体的边界条件，式(2.31)和式(2.34)是导体边界条件的标量形式，式(2.32)和式(2.35)是矢量表示式，式(2.33)和式(2.36)是电位表示式，它们是等价的，在讨论具体问题时以使用方便为准。

2.4.3　介质分界面边界条件

由于介质表面存在束缚面电荷，因此在两种介质的交界面两侧，电场是不连续的，其大小和方向都要改变，尽管如此，电场仍然遵循用积分形式表达的基本方程(因为在分界面上电场有突变，所以基本方程的微分形式不能用)。由积分形式的基本方程导出的分界面两侧场量之间的关系，称为分界面上的边界条件。

如图 2.8 所示，两种不同介质的分界面，设其法线方向由介质 2 指向介质 1，并将分界面两侧的电位移矢量分解为切向分量和法向分量，并假定在交界面上有自由电荷，其面密度为 ρ_S。由式(2.27)，可得圆柱体表面上电位移矢量 $\boldsymbol{D}$ 的通量为

$$\oint_S \boldsymbol{D}\cdot \mathrm{d}\boldsymbol{S} = D_{1\mathrm{n}}\Delta S - D_{2\mathrm{n}}\Delta S = \rho_S \Delta S$$

得到

$$D_{1\mathrm{n}} - D_{2\mathrm{n}} = \rho_S \tag{2.37}$$

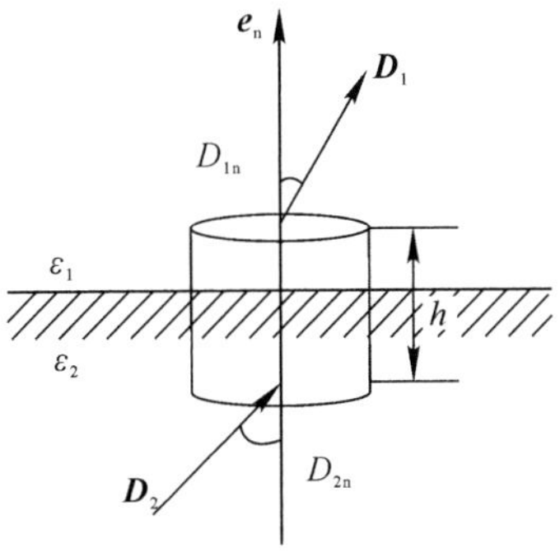

图 2.8 D_{n} 的边界条件

如果交界面上没有自由电荷($\rho_S=0$)，那么

$$D_{1\mathrm{n}} = D_{2\mathrm{n}} \tag{2.38}$$

或

$$\boldsymbol{e}_{\mathrm{n}}\cdot \boldsymbol{D}_1 = \boldsymbol{e}_{\mathrm{n}}\cdot \boldsymbol{D}_2 \tag{2.39}$$

$$\varepsilon_1 \frac{\partial \Phi_1}{\partial n} = \varepsilon_2 \frac{\partial \Phi_2}{\partial n} \tag{2.40}$$

即在交界面没有自由电荷的条件下，$\boldsymbol{D}$ 的法向分量是连续的。由式(2.38)得

$$\varepsilon_1 E_{1\mathrm{n}} = \varepsilon_2 E_{2\mathrm{n}}$$

即得

$$E_{1\mathrm{n}} = \frac{\varepsilon_2}{\varepsilon_1} E_{2\mathrm{n}} \tag{2.41}$$

只要 $\varepsilon_1 \neq \varepsilon_2$，交界面上电场强度 $\boldsymbol{E}$ 的法向分量是不连续的。

如图 2.9 所示，在介质交界面上取一闭合路径，并求电场强度矢量 $\boldsymbol{E}$ 的环量，那么

$$\oint_C \boldsymbol{E}\cdot \mathrm{d}\boldsymbol{l} = E_{1\mathrm{t}}\Delta l - E_{2\mathrm{t}}\Delta l = 0$$

得

$$E_{1\mathrm{t}} = E_{2\mathrm{t}} \tag{2.42}$$

或

$$\boldsymbol{e}_{\mathrm{n}} \times \boldsymbol{E}_1 = \boldsymbol{e}_{\mathrm{n}} \times \boldsymbol{E}_2 \tag{2.43}$$

$$\Phi_1 = \Phi_2 \tag{2.44}$$

即电场强度 $\boldsymbol{E}$ 切向分量和电位 Φ 在介质的交界面上是连续的。由式(2.42)有

$$\frac{D_{1\mathrm{t}}}{\varepsilon_1} = \frac{D_{2\mathrm{t}}}{\varepsilon_2}$$

得到

$$D_{1t}=\frac{\varepsilon_1}{\varepsilon_2}D_{2t} \tag{2.45}$$

只要 $\varepsilon_1\neq\varepsilon_2$，介质的交界面上 $\boldsymbol{D}$ 的切向分量是不连续的。

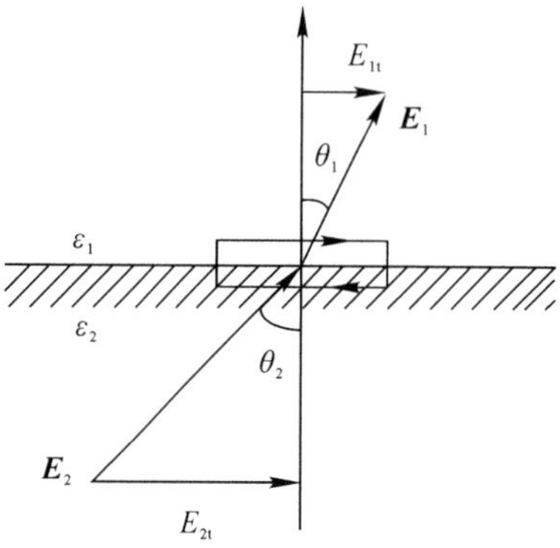

图 2.9　E_t 的边界条件

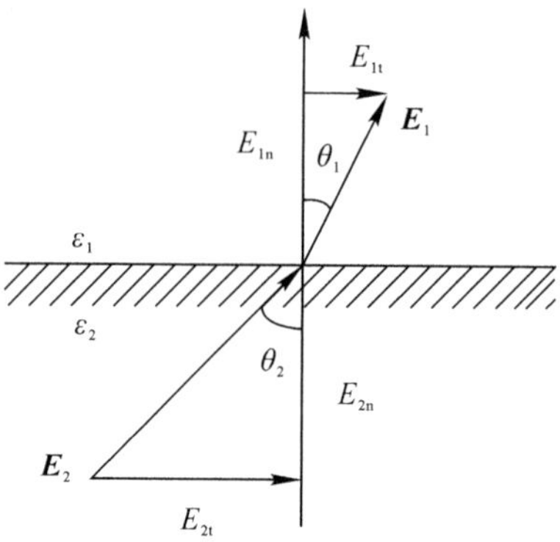

图 2.10　$\boldsymbol{E}$ 在交界面的转折

由图 2.10 可知

$$\tan\theta_1=\frac{E_{1t}}{E_{1n}},\ \tan\theta_2=\frac{E_{2t}}{E_{2n}}$$

考虑到式(2.38)和式(2.42)，则

$$\frac{\tan\theta_1}{\tan\theta_2}=\frac{\varepsilon_1}{\varepsilon_2} \tag{2.46}$$

只要 $\varepsilon_1\neq\varepsilon_2$，$\theta_1\neq\theta_2$，则说明 $\boldsymbol{E}(\boldsymbol{D})$在越过介质交界面时要发生转折。

习　题

2.1　已知半径为 a 的导体球面上分布着面电荷密度为 $\rho_S=\rho_{S0}\cos\theta$ 的电荷，式中的 ρ_{S0} 为常数，试计算球面上的总电荷量。

2.2　已知半径为 a、长为 L 的圆柱体内分布着轴对称的电荷，体电荷密度为 $\rho=\rho_0\dfrac{r}{a}$ $(0\leqslant r\leqslant a)$，式中的 ρ_0 为常数，试求圆柱体内的总电荷量。

2.3　电荷 q 均匀分布在半径为 a 的导体球面上，当导体球以角速度 ω 绕通过球心的 z 轴旋转时，试计算导体球面上的面电流密度。

2.4　一个半径为 a 的球形体积内均匀分布着总电荷量为 q 的电荷，当球体以均匀角速度 ω 绕一条直径旋转时，试计算球内的电流密度。

2.5　平行板真空二极管两极板间的电荷体密度为 $\rho=-\frac{4}{9}\varepsilon_0U_0d^{-\frac{4}{3}}x^{-\frac{2}{3}}$，阴极板位于 $x=0$ 处，阳极板位于 $x=d$ 处，极间电压为 U_0。如果 $U_0=40$ V，$d=1$ cm，横截面 $S=10$ cm^2，求：(1) $x=0$ 至 $x=d$ 区域的总电荷量；

(2) $x=d/2$ 至 $x=d$ 区域的总电荷量。

2.6　在真空中，点电荷 $q_1=-0.3\ \mu$C 位于点 $A(25, -30, 15)$处；点电荷 $q_2=0.5\ \mu$C 位于点 $B(-10, 8, 12)$处。求：

(1) 坐标原点处的电场强度；

(2) 点 $P(15, 20, 50)$处的电场强度。

2.7 无限长线电荷通过点$(6, 8, 0)$且平行于 z 轴，线电荷密度为 ρ_l，试求点 $P(x, y, z)$处的电场强度 $\boldsymbol{E}$。

2.8 一个半径为 a 的半圆环上均匀分布着线电荷 ρ_l，如题 2.8 图所示。试求垂直于半圆环所在平面的轴线上 $z=a$ 处的电场强度 $\boldsymbol{E}(0, 0, a)$。

2.9 三根长度均为 L、线电荷密度分别为 ρ_{l1}、ρ_{l2} 和 ρ_{l3} 的线电荷构成一个等边三角形，如题 2.9 图所示，设 $\rho_{l1}=2\rho_{l2}=2\rho_{l3}$，试求三角形中心的电场强度。

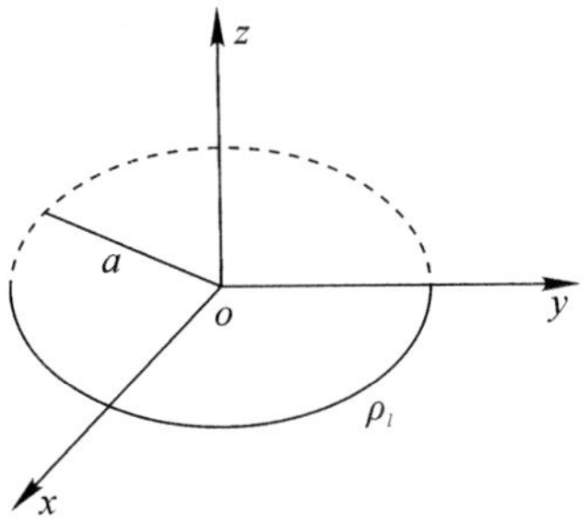

题 2.8 图

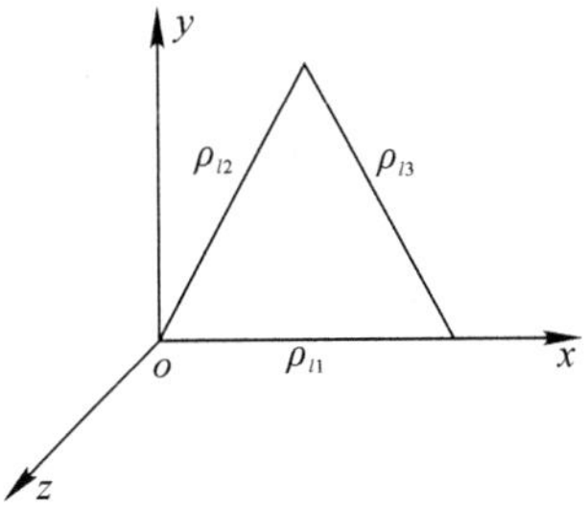

题 2.9 图

2.10 一个很薄的无限大导体带电平面，其上的面电荷密度为 ρ_S。试证明：垂直于平面的轴上 $z=z_0$ 处的电场强度中，有一半是由平面上半径为$\sqrt{3}z_0$ 的圆内的电荷产生的。

2.11 半径为 a 的球形体积内充满密度为 $\rho(r)$的体电荷。若已知球形体积内外的电位移分布为

$$\boldsymbol{D}=\boldsymbol{e}_r D_r=\begin{cases}\boldsymbol{e}_r(r^3+Ar^2), & 0<r\leqslant a\\ \boldsymbol{e}_r\dfrac{a^5+Aa^4}{r^2}, & r\geqslant a\end{cases}$$

式中 A 为常数，试求电荷密度 $\rho(r)$。

2.12 求题 2.12 图中的 θ。

2.13 如题 2.13 图所示，$y+z=1$ 的平面将空间分成两个区域。区域 1 的 $\varepsilon_1=4\varepsilon_0$，区域 2 的 $\varepsilon_2=6\varepsilon_0$。如果区域 1 一侧的电场强度为 $\boldsymbol{E}_1=\boldsymbol{e}_x 2+\boldsymbol{e}_y$(V/m)，求区域 2 一侧的电场强度 $\boldsymbol{E}_2$。

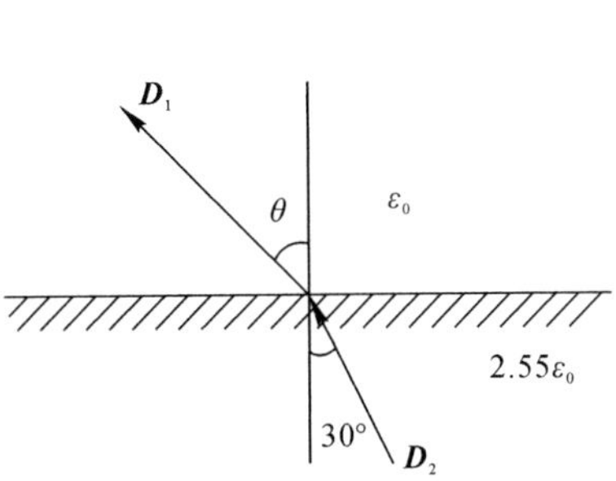

题 2.12 图

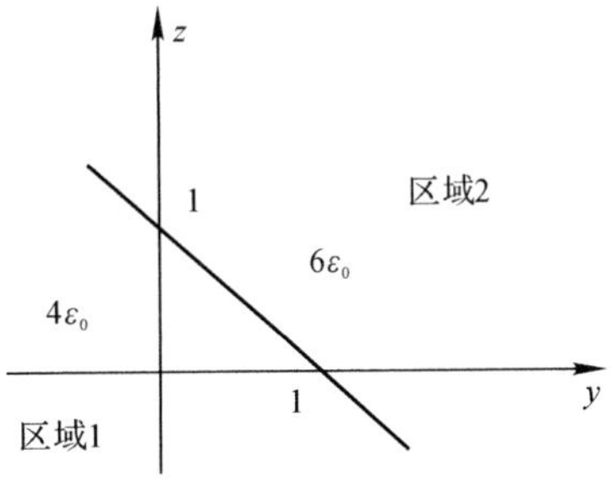

题 2.13 图

2.14 如题 2.14 图所示的平行板电容器，U_0、d_1、d_2、ε_1、ε_2、S_1、S_2、q_0 均是已知的，求介质 ε_1 和 ε_2 中的电场 E_1 和 E_2。

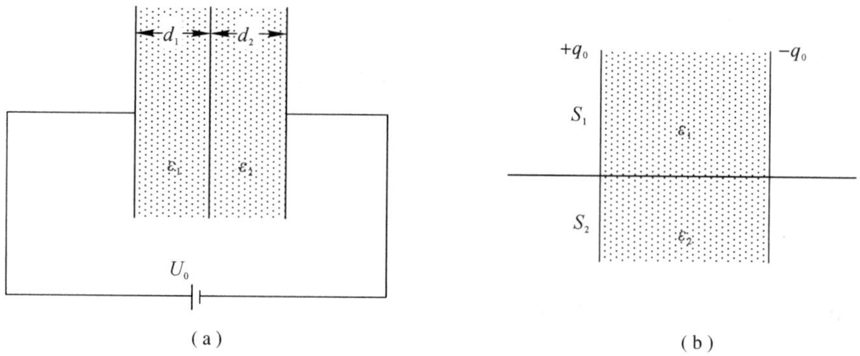

题 2.14 图

2.15　导体方筒的截面形状如题 2.15 图所示，已知 $\Phi\big|_{x=0,a}=0$，$\left.\dfrac{\partial\Phi}{\partial n}\right|_{y=0}=0$，$\Phi\big|_{y=b}=V_0$，求筒内任意点的电位 Φ。

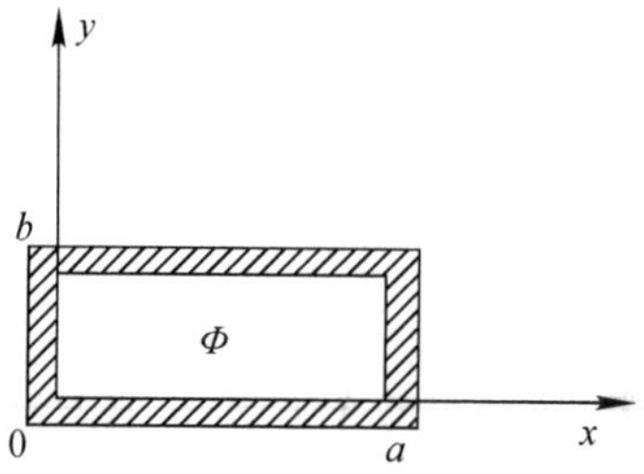

题 2.15 图

2.16　内半径为 a 的接地导体球壳内，距球心 $d(d<a)$处有一点电荷 q，求空间任意点的电位。

2.17　半径为 a 的导体球，带电荷为 Q，距球心 $d(d>a)$处有一点电荷 q，求空间任意点的电位。

第 3 章　恒定电流的磁场

本章主要介绍恒定电流的概念，电流连续性原理。首先由实验发现的安培力定律和毕奥-萨伐尔定律引出恒定电流产生的磁场，继而介绍介质的磁化与磁场强度的概念，最后介绍恒定电流磁场的基本方程和边界条件。

3.1　恒定电流与电流连续性

3.1.1　恒定电流

静电场由自由电荷产生，由于自然界中没有发现自由磁荷，恒定磁场或静磁场的产生和静电场有很大的不同。除了磁铁石产生的静磁场外，恒定磁场是由恒定电流产生的，本质上说，自然界中的磁铁石产生的静磁场也是由恒定电流产生的，即磁铁石中的分子电流产生了静磁场，所以说，恒定电流是恒定磁场的源。

电荷的运动产生电流，通常用电流强度来描述其大小。设在 Δt 时间内通过某截面的电荷量为 Δq，则通过该截面的电流强度定义为

$$i=\lim_{\Delta t\to 0}\frac{\Delta q}{\Delta t}=\frac{\mathrm{d}q}{\mathrm{d}t} \tag{3.1}$$

电流的单位为 A(安培)，简称安。若电流不随时间改变，则为恒定电流，用 I 表示。恒定电流代表电流—电荷运动形成回路，持续不断地流动，并保持大小和方向不变。

3.1.2　电流连续性原理

若一个空间内分布有电荷 ρ，电荷运动就形成空间电流，为了描述空间电流，定义各空间点处的电流密度 $\boldsymbol{J}$。电流密度为一矢量，其方向为该空间点处正电荷运动的方向，其大小等于该空间点处垂直于电荷运动方向的单位面积上的电流，即

$$\boldsymbol{J}=\boldsymbol{e}_{\mathrm{n}}\lim_{\Delta S\to 0}\frac{\Delta i}{\Delta S}=\boldsymbol{e}_{\mathrm{n}}\frac{\mathrm{d}i}{\mathrm{d}S} \tag{3.2}$$

空间的电流密度 $\boldsymbol{J}$ 又称为体电流，如图 3.1 所示。体电流密度的单位是 $\mathrm{A/m^2}$(安/米^2)。

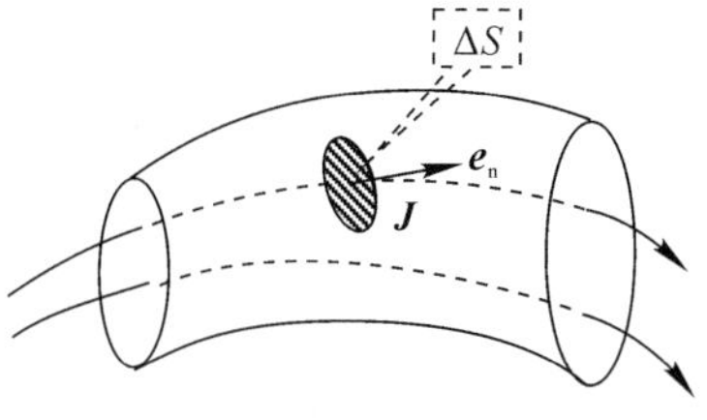

图 3.1　体电流密度矢量

若电荷仅在一个面上流动，如金属表面上的电流，则定义为面电流密度，其方向为该面上该点处正电荷运动的方向，其大小等于该面上该点处垂直于电荷运动方向的单位长度上的电流，即

$$\boldsymbol{J}_S=\boldsymbol{e}_n\lim_{\Delta S\to 0}\frac{\Delta i}{\Delta l}=\boldsymbol{e}_n\frac{\mathrm{d}i}{\mathrm{d}l} \tag{3.3}$$

面电流密度 $\boldsymbol{J}_S$ 又称为面电流，如图 3.2 所示，图中 $\boldsymbol{e}_n$ 为该点处该面的法向单位矢量，$\boldsymbol{e}_1$ 为该点处电流方向的单位矢量。面电流密度的单位是 A/m(安/米)。

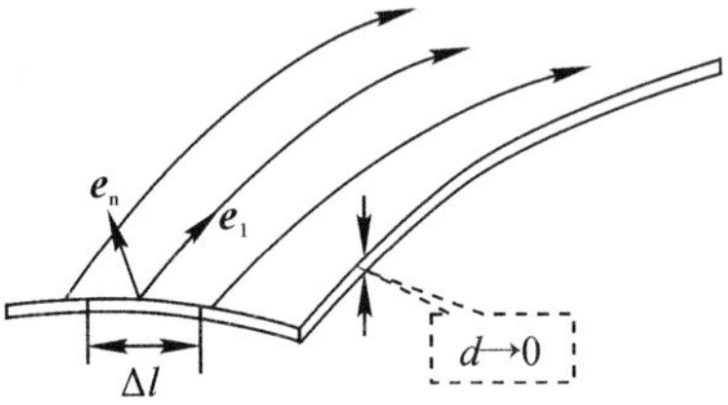

图 3-2　面电流密度矢量

若电荷在一个横截面积可以忽略的细线中流动，所形成的电流称为线电流，可以认为电流集中在细导线的轴线上。若长度元 $\mathrm{d}\boldsymbol{l}$ 中流过电流 I，我们称 $I\mathrm{d}\boldsymbol{l}$ 为电流元。电流元是矢量，其方向为电流的正方向。体电流分布的电流元可以写为 $\boldsymbol{J}\mathrm{d}V$，$\mathrm{d}V$ 为体积元；面电流分布的电流元可以写为 $\boldsymbol{J}_S\mathrm{d}S$，$\mathrm{d}S$ 为面积元。电流元是最基本的电流单元，任意电流分布都可以化为电流元求和或积分进行计算。

电流连续性原理是电荷守恒定律的体现。根据电荷守恒定律，单位时间内从闭合面 S 内流出的电荷量应等于闭合面 S 所限定的体积 V 内的电荷减少量，即

$$\oint_S \boldsymbol{J}\cdot\mathrm{d}\boldsymbol{S}=-\frac{\mathrm{d}q}{\mathrm{d}t}=-\frac{\mathrm{d}}{\mathrm{d}t}\int_V\rho\,\mathrm{d}V \tag{3.4}$$

这就是电流连续性方程的积分形式。假设闭合面 S 不随时间变化，则式(3.4)中积分和求导的顺序可以互换，同时注意到 ρ 是空间和时间的多元函数，则式(3.4)可化为

$$\oint_S \boldsymbol{J}\cdot\mathrm{d}\boldsymbol{S}=-\int_V\frac{\partial\rho}{\partial t}\mathrm{d}V \tag{3.5}$$

应用散度定理

$$\oint_S \boldsymbol{J}\cdot\mathrm{d}\boldsymbol{S}=\int_V\nabla\cdot\boldsymbol{J}\,\mathrm{d}V \tag{3.6}$$

式(3.5)可进一步写为

$$\int_V\left(\nabla\cdot\boldsymbol{J}+\frac{\partial\rho}{\partial t}\right)\mathrm{d}V=0 \tag{3.7}$$

由于闭合面 S 是任意选取的，因此它所限定的体积 V 也是任意的。故从式(3.7)可得

$$\nabla\cdot\boldsymbol{J}+\frac{\partial\rho}{\partial t}=0 \tag{3.8}$$

这就是电流连续性方程的微分形式。由式(3.5)和式(3.8)可以看出，电流是连续的，不可中断。若某点电流增加，则必然以此点处电荷的减少为代价；若某点电流减小，则必然在此点处形成电荷的堆积，这就是电流连续性原理的含义。

对于恒定电流形成的电流场，因为电流分布不随时间变化，这就必然要求空间电荷分布也不随时间变化，由式(3.5)和式(3.8)可以得出，对于恒定电流场，必然有

$$\oint_S \boldsymbol{J} \cdot \mathrm{d}\boldsymbol{S} = 0 \tag{3.9}$$

$$\nabla \cdot \boldsymbol{J} = 0 \tag{3.10}$$

这表明从任意闭合面穿出的恒定电流为 0，恒定电流场是一个无散度的场。

3.2 安培力定律、毕奥-萨伐尔定律与磁感应强度

3.2.1 安培力定律与磁场

物理学家安培(Andre M. Ampere)1775 年 1 月 22 日出生于法国里昂，1836 年 6 月 10 日逝世于法国马赛，享年 61 岁。安培对电磁学的贡献功不可没，他创造了电流一词，并将正电流动的方向定义为电流的方向。人们将电流的单位命名为安培就是对他的纪念。

1820 年，安培根据丹麦物理学家奥斯特(H. C. Oersted)发现的“电流的磁力效应”进行了一系列的实验研究。实验表明，两个直流回路之间存在力的作用，除了两个回路之间的库仑力以外，两个回路之间还有完全不同于库仑力之外的作用力，我们称之为安培力。定义安培力存在的空间为磁场空间，安培力就是磁场对电流的作用力。安培经过总结，得出了几个重要结论：

(1) 两个距离相近、强度相等、方向相反的电流对另一电流产生的作用力可以相互抵消。

(2) 在弯曲导线上的电流可以看作由许多小段的电流组成，它对另一电流的作用力就等于这些小段电流对另一电流作用力的矢量和。

(3) 当载流导线的长度和作用距离同时增加相同的倍数时，作用力将保持不变。

安培在经过一番定量分析之后，终于在 1822 年发现了安培定律，并于 1826 年推出了两电流之间的作用力公式。

安培从实验中得到安培力的定律称为安培力定律，两个回路之间的安培力如图 3.3 所示，表达式如式(3.11)所示。

$$\boldsymbol{F}_{12} = \frac{\mu_0}{4\pi} \oint_{C_2} \oint_{C_1} \frac{I_2 \mathrm{d}\boldsymbol{l}_2 \times (I_1 \mathrm{d}\boldsymbol{l}_1 \times \boldsymbol{e}_R)}{R^2} \tag{3.11}$$

式中，$\mu_0 = 4\pi \times 10^{-7}$ H/m(亨利/米)，为真空的磁导率，$I_1 \mathrm{d}\boldsymbol{l}_1$ 和 $I_2 \mathrm{d}\boldsymbol{l}_2$ 分别为回路 C_1 和 C_2 的电流元，$\boldsymbol{r}_1$ 和 $\boldsymbol{r}_2$ 分别为其位置矢量，其中

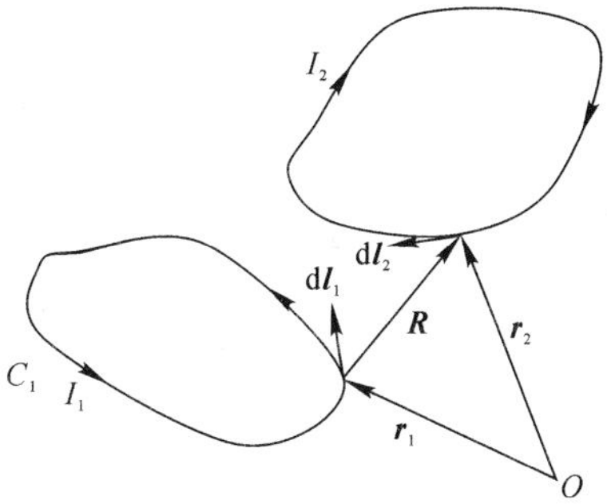

图 3.3　两个电流回路之间的安培力

$$\boldsymbol{R}=\boldsymbol{e}_R R=\boldsymbol{r}_2-\boldsymbol{r}_1$$

正如安培和奥斯特发现的一样，两个电流回路之间的作用力，实质上是某一电流回路产生的磁场对另一电流回路中电流的作用力，即磁场对电流的作用力。也就是说电流回路的周围空间中存在磁场，或者简单地说电流产生磁场，恒定电流产生恒定磁场。由于电流产生磁场，所以说，电流是磁场的源。

3.2.2 毕奥-萨伐尔定律与磁感应强度

为了体现磁场对电流的作用力，我们改写式(3.11)，同时引入磁场的磁感应强度矢量 $\boldsymbol{B}$，则式(3.11)可写为

$$\boldsymbol{F}_{12}=\oint_{C_2} I_2 \mathrm{d}\boldsymbol{l}_2 \times\left[\frac{\mu_0}{4\pi}\oint_{C_1}\frac{(I_1\mathrm{d}\boldsymbol{l}_1\times\boldsymbol{e}_R)}{R^2}\right] \tag{3.12}$$

$$\boldsymbol{F}_{12}=\oint_{C_2} I_2 \mathrm{d}\boldsymbol{l}_2 \times \boldsymbol{B}_{12} \tag{3.13}$$

$$\boldsymbol{B}_{12}=\frac{\mu_0}{4\pi}\oint_{C_1}\frac{(I_1\mathrm{d}\boldsymbol{l}_1\times\boldsymbol{e}_R)}{R^2} \tag{3.14}$$

为不失一般性，将电流回路 C_1 记为电流回路 C，则式(3.14)可以写为

$$\boldsymbol{B}=\frac{\mu_0}{4\pi}\oint_{C_1}\frac{(I_1\mathrm{d}\boldsymbol{l}_1\times\boldsymbol{e}_R)}{R^2}=\frac{\mu_0}{4\pi}\oint_{C}\frac{(I\mathrm{d}\boldsymbol{l}\times\boldsymbol{R})}{R^3} \tag{3.15}$$

式中的 $\boldsymbol{R}$ 重写如下：

$$\boldsymbol{R}=\boldsymbol{e}_R R=\boldsymbol{r}-\boldsymbol{r}'$$

式中，$\boldsymbol{r}$ 为场点处的位置矢量，$\boldsymbol{r}'$ 为源点处的位置矢量。则式(3.15)中的积分核可以写为

$$\mathrm{d}\boldsymbol{B}=\frac{\mu_0}{4\pi}\frac{(I\mathrm{d}\boldsymbol{l}\times\boldsymbol{e}_R)}{R^2}=\frac{\mu_0}{4\pi}\frac{(I\mathrm{d}\boldsymbol{l}\times\boldsymbol{R})}{R^3} \tag{3.16}$$

这就是著名的毕奥-萨伐尔定律。磁感应强度的单位是 T(特斯拉)，或用 $\mathrm{Wb/m^2}$(韦伯/米^2)，二者是等价的。

1820 年，奥斯特发现了“电流的磁力效应”以后，为了揭示电流对磁极作用力的普遍规律，J. B. 毕奥和 F. 萨伐尔进行了一系列的实验，得出了作用力与电流元和距离的关系，即式(3.16)所描述的毕奥-萨伐尔定律。

利用式(3.16)可以计算电流元产生的磁感应强度 $\boldsymbol{B}$，利用式(3.15)可以计算任一电流回路的磁感应强度 $\boldsymbol{B}$。多个电流回路产生的磁感应强度 $\boldsymbol{B}$ 是每一个电流回路产生的磁感应强度的矢量和。利用毕奥-萨伐尔定律，可以进一步推导出一个空间 V 内的体电流分布产生的磁感应强度 $\boldsymbol{B}$，如式(3.17)所示，还可以推导出一个曲面上的面电流分布产生的磁感应强度 $\boldsymbol{B}$，如式(3.18)所示。

$$\boldsymbol{B}=\frac{\mu_0}{4\pi}\oint_{V}\frac{(\boldsymbol{J}\mathrm{d}V\times\boldsymbol{e}_R)}{R^2}=\frac{\mu_0}{4\pi}\oint_{V}\frac{(\boldsymbol{J}\mathrm{d}V\times\boldsymbol{R})}{R^3} \tag{3.17}$$

$$\boldsymbol{B}=\frac{\mu_0}{4\pi}\oint_{S}\frac{(\boldsymbol{J}_S\mathrm{d}S\times\boldsymbol{e}_R)}{R^2}=\frac{\mu_0}{4\pi}\oint_{S}\frac{(\boldsymbol{J}_S\mathrm{d}S\times\boldsymbol{R})}{R^3} \tag{3.18}$$

例 3.1 计算一段细直导线中电流产生的磁场。

解：设直导线长度为 l，通过的电流为 I，建立圆柱坐标系如图 3.4 所示。坐标原点选在线电流的中点。

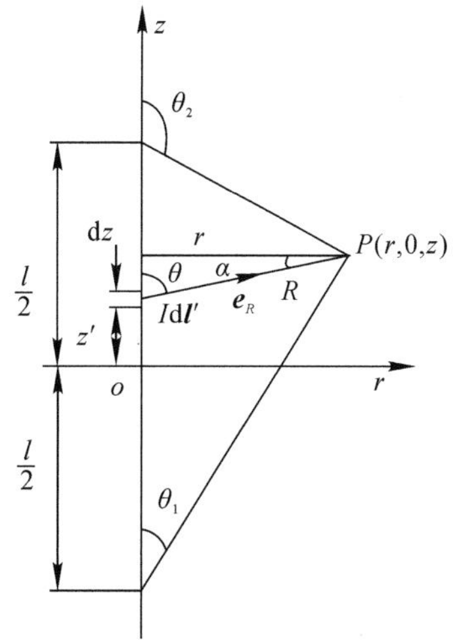

图 3.4 线电流磁场的计算

由于轴对称的原因，只要求出 φ 为常数平面内的磁场即可。不失一般性，我们求解 $\varphi=\mathbf{0}$ 平面内的磁场。场点选取 $P(r, 0, z)$，直导线上的电流元选取 $I\mathrm{d}\boldsymbol{l}'$，位置位于 z'处，则场点 P 的位置矢量为

$$\boldsymbol{r}=\boldsymbol{e}_r r+\boldsymbol{e}_z z$$

源点处的位置矢量为

$$\boldsymbol{r}'=\boldsymbol{e}_z z'$$

故有

$$\boldsymbol{R}=\boldsymbol{r}-\boldsymbol{r}'=\boldsymbol{e}_r r+\boldsymbol{e}_z(z-z')$$
$$R=[r^2+(z-z')^2]^{1/2}$$

电流元为

$$I\mathrm{d}\boldsymbol{l}'=\boldsymbol{e}_z I\mathrm{d}z'$$

根据式(3.16)可得

$$\begin{aligned}\mathrm{d}\boldsymbol{B}&=\frac{\mu_0}{4\pi}\frac{(I\mathrm{d}\boldsymbol{l}'\times\boldsymbol{R})}{R^3}\\&=\frac{\mu_0}{4\pi}\frac{\boldsymbol{e}_z I\mathrm{d}z'\times[\boldsymbol{e}_r r+\boldsymbol{e}_z(z-z')]}{[r^2+(z-z')^2]^{3/2}}\\&=\boldsymbol{e}_\varphi\frac{\mu_0}{4\pi}\frac{Ir\mathrm{d}z'}{[r^2+(z-z')^2]^{3/2}}\end{aligned}\tag{3.19}$$

将式(3.19)代入式(3.15)，可得

$$\boldsymbol{B}=\boldsymbol{e}_\varphi\frac{\mu_0 I}{4\pi}\int_{-l/2}^{l/2}\frac{r\mathrm{d}z'}{[r^2+(z-z')^2]^{3/2}}\tag{3.20}$$

为了求得式(3.20)的积分值，我们将积分变量进行变换，把对 z'的积分变换为对 θ 的积分，积分区间由$[-l/2, l/2]$变换为$[\theta_1, \theta_2]$。利用三角关系可得

$$R=\frac{r}{\sin\theta}$$

$$z-z'=\frac{r}{\tan\theta},\ z'=z-\frac{r}{\tan\theta},\ \mathrm{d}z'=r\csc^2\theta\mathrm{d}\theta$$

代入积分式(3.20)可得

$$\begin{aligned}\boldsymbol{B}&=\boldsymbol{e}_\varphi\frac{\mu_0 I}{4\pi}\int_{-l/2}^{l/2}\frac{r\mathrm{d}z'}{[r^2+(z-z')^2]^{3/2}}\\&=\boldsymbol{e}_\varphi\frac{\mu_0 I}{4\pi}\int_{\theta_1}^{\theta_2}\frac{r^2\sin^3\theta\csc^2\theta\mathrm{d}\theta}{r^3}\\&=\boldsymbol{e}_\varphi\frac{\mu_0 I}{4\pi r}\int_{\theta_1}^{\theta_2}\sin\theta\mathrm{d}\theta\\&=\boldsymbol{e}_\varphi\frac{\mu_0 I}{4\pi r}(\cos\theta_1-\cos\theta_2)\end{aligned}$$

由图 3.4 可得

$$\cos\theta_1=\frac{z+l/2}{[r^2+(z+l/2)^2]^{1/2}}$$

$$\cos\theta_2=\frac{z-l/2}{[r^2+(z-l/2)^2]^{1/2}}$$

代入 $\boldsymbol{B}$ 的积分结果，最后可得

$$\begin{aligned}\boldsymbol{B}&=\boldsymbol{e}_\varphi\frac{\mu_0 I}{4\pi r}(\cos\theta_1-\cos\theta_2)\\&=\boldsymbol{e}_\varphi\frac{\mu_0 I}{4\pi r}\left\{\frac{z+l/2}{[r^2+(z+l/2)^2]^{1/2}}-\frac{z-l/2}{[r^2+(z-l/2)^2]^{1/2}}\right\}\end{aligned}\tag{3.21}$$

当载流直导线为无限长时，$\theta_1\to 0$，$\theta_2\to\pi$，则这时的磁感应强度矢量为

$$\boldsymbol{B}=\boldsymbol{e}_\varphi\frac{\mu_0 I}{2\pi r}\tag{3.22}$$

从式(3.22)可以看出，无限长载流直导线在其周围产生磁场，该磁场的磁感应强度矢量只有 $\boldsymbol{e}_\varphi$ 分量，其大小与电流强度成正比，与场点到直导线的距离成反比。

例 3.2 计算由一细导线形成的环形电流在其轴线上产生的磁场。

解： 设圆环的半径为 a，环中逆时针流动着电流强度为 I 的电流，建立圆柱坐标系如图 3.5 所示，坐标原点位于圆环中心，z 轴与圆环的轴线重合。

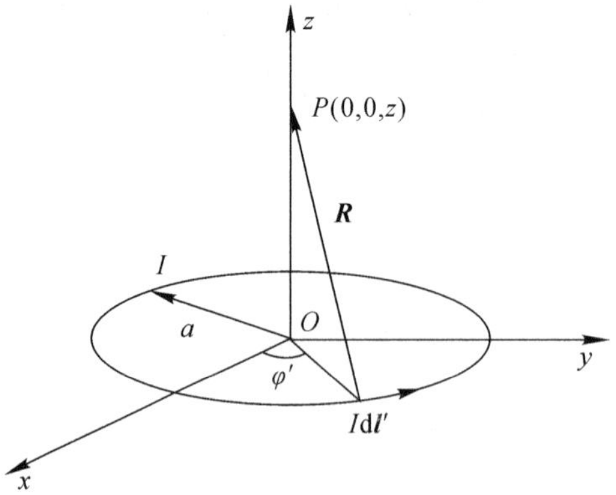

图 3.5 圆环电流轴线磁场的计算

场点选取 $P(0,0,z)$，圆环上的电流元选取 $I\mathrm{d}\boldsymbol{l}'$，位置位于 φ' 处。则场点 P 的位置矢量为

$$\boldsymbol{r}=\boldsymbol{e}_z z$$

源点处的位置矢量为

$$\boldsymbol{r}'=\boldsymbol{e}_r a$$

故有

$$\boldsymbol{R}=\boldsymbol{r}-\boldsymbol{r}'=-\boldsymbol{e}_r a+\boldsymbol{e}_z z$$
$$R=(a^2+z^2)^{1/2}$$

电流元为

$$I\mathrm{d}\boldsymbol{l}'=\boldsymbol{e}_\varphi I a\,\mathrm{d}\varphi'$$

根据式(3.16)可得

$$\begin{aligned}\mathrm{d}\boldsymbol{B}&=\frac{\mu_0}{4\pi}\frac{(I\mathrm{d}\boldsymbol{l}'\times\boldsymbol{R})}{R^3}\\&=\frac{\mu_0}{4\pi}\frac{\boldsymbol{e}_\varphi I a\,\mathrm{d}\varphi'\times(-\boldsymbol{e}_r a+\boldsymbol{e}_z z)}{(a^2+z^2)^{3/2}}\\&=\frac{\mu_0}{4\pi}\frac{Ia\mathrm{d}\varphi'}{(a^2+z^2)^{3/2}}(\boldsymbol{e}_z a+\boldsymbol{e}_r)\\&=\frac{\mu_0}{4\pi}\frac{Ia\mathrm{d}\varphi'}{(a^2+z^2)^{3/2}}(\boldsymbol{e}_z a+\boldsymbol{e}_x\cos\varphi'+\boldsymbol{e}_y\sin\varphi')\end{aligned}$$

代入积分式(3.20)，可得

$$\boldsymbol{B}=\frac{\mu_0}{4\pi}\frac{Ia}{(a^2+z^2)^{3/2}}\int_0^{2\pi}(\boldsymbol{e}_z a+\boldsymbol{e}_x\cos\varphi'+\boldsymbol{e}_y\sin\varphi')\mathrm{d}\varphi'$$

其中，积分的第一项为常数，第二项、第三项积分值为 0，故可得

$$\boldsymbol{B}=\boldsymbol{e}_z\frac{\mu_0}{2}\frac{Ia^2}{(a^2+z^2)^{3/2}}\tag{3.23}$$

从式(3.23)可以看出，环形电流产生的磁场在轴线上的磁感应强度矢量仅有沿轴线方向分量，并且同电流的流动方向成右手螺旋关系。环形电流中心处的磁感应强度为

$$\boldsymbol{B}_1=\boldsymbol{e}_z\frac{\mu_0 I}{2a}\tag{3.24}$$

当环形电流的半径 a 很小，远远小于观察点到圆环中心的距离时，这时环形电流可以看成是一个磁偶极子，磁偶极子的磁矩为

$$\boldsymbol{p}_{\mathrm{m}}=I\boldsymbol{S}=\boldsymbol{e}_{\mathrm{n}}Ia^2\pi\tag{3.25}$$

式中，$\boldsymbol{S}$ 的正方向为 $\boldsymbol{e}_{\mathrm{n}}$，和电流的环行方向成右手螺旋关系。这时式(3.24)可以改写为

$$\boldsymbol{B}_1=\mu_0\frac{\boldsymbol{p}_{\mathrm{m}}}{2\pi a^3}=\mu_0\frac{\boldsymbol{p}_{\mathrm{m}}}{V_{\mathrm{e}}}\tag{3.26}$$

式中，V_{e}代表磁偶极子占据的等效体积，其大小为

$$V_{\mathrm{e}}=2\pi a^3=2\pi V_{\mathrm{Cube}}=\frac{3}{2}V_{\mathrm{Sphere}}\tag{3.27}$$

式中，V_{Cube}为边长为 a 的立方体体积，V_{Sphere}为半径为 a 的球体体积。从式(3.26)可以看出，磁偶极子中心处的磁感应强度 $\boldsymbol{B}_1$ 和磁偶极子的磁矩 $\boldsymbol{p}_{\mathrm{m}}$ 成正比。当磁矩不变时，磁偶极子占据的等效体积 V_{e} 越小，其中心处的磁场就越强。

一个磁偶极子就相当于一个有南北极的小磁针。物质中原子或分子周围的电子云可以

等效为分子环行电流，相当于一个个微小的磁偶极子。物质平时对外不表现出磁性，是因为众多“磁偶极子”无序地排列着，其作用相互抵消的结果。

3.3 磁介质的磁化与磁场强度

3.3.1 磁介质的磁化

物质是由分子或原子构成的。自由电子或离子定向运动产生传导电流，从而产生磁场，除此之外，束缚在轨道上的电子的公转或自旋可以等效为环形分子电流，也会产生磁场，相当于磁偶极子。在无外加磁场作用时，这些磁偶极子的排列是随机和无序的，总的合成磁场对外表现为零(永磁物质除外)。

电介质在电场中会发生电极化现象，同样，磁介质在磁场中会发生磁极化现象，简称磁化。与电场使极性分子偏转或无极性分子产生极性不同，磁化是磁场对等效的环形分子电流的作用，使环形分子电流轴线方向排列从随机无序趋于同向有序，如图 3.6 所示。这样总体的结果就是使得磁介质对外界表现出磁性。磁介质磁化时，有些物质磁化后等效的环形分子电流产生的磁场和外加磁场一致，总的磁场得到增强，这种磁介质称为顺磁物质；有些物质磁化后等效的环形分子电流产生的磁场和外加磁场方向相反，总的磁场会减弱，这种磁介质称为抗磁物质。

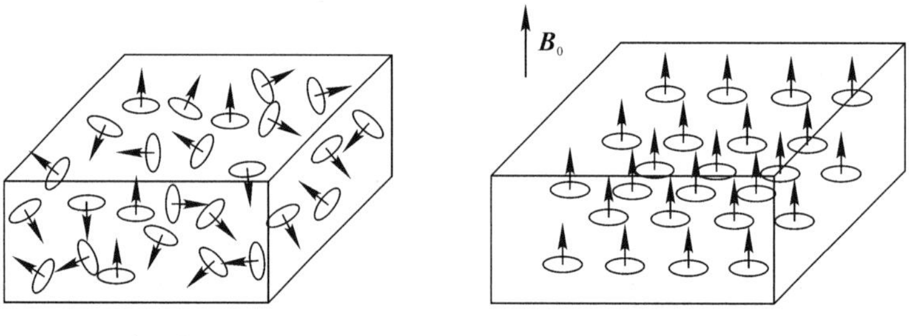

(a)没有外加磁场　　(b)有外加磁场

图 3.6　磁介质的磁化

磁介质中的磁场可以看作外加磁场和磁介质由于磁化而产生的磁场的叠加，用 $\boldsymbol{B}_0$ 表示外加磁场的磁感应强度矢量，用 $\boldsymbol{B}'$ 表示磁介质磁化产生磁场的磁感应强度矢量，用 $\boldsymbol{B}$ 来表示总的磁场的磁感应强度矢量，则有

$$\boldsymbol{B}=\boldsymbol{B}_0+\boldsymbol{B}' \tag{3.28}$$

为了描述磁介质的磁化程度，我们引入磁化强度 $\boldsymbol{M}$。磁化强度定义为单位体积中的磁矩矢量和，即

$$\boldsymbol{M}=\lim_{\Delta V\to 0}\frac{\sum_i \boldsymbol{p}_{\mathrm{m}i}}{\Delta V} \tag{3.29}$$

式中，$\boldsymbol{p}_{\mathrm{m}i}$ 为第 i 个分子环流的磁矩。$\boldsymbol{M}$ 是一个关于场点位置的矢量函数，其大小和方向与该场点处的平均分子环流磁矩 $\overline{\boldsymbol{p}}_{\mathrm{m}i}$ 有关，与该点处的分子密度 N 成正比，即

$$\boldsymbol{M}=N\overline{\boldsymbol{p}}_{\mathrm{m}i} \tag{3.30}$$

磁化强度 $\boldsymbol{M}$ 的单位是 A/m(安/米)。若在整个磁介质中 $\boldsymbol{M}$ 不变，则称为均匀磁化；若 $\boldsymbol{M}$ 的值随场点位置变化，则称为非均匀磁化。磁介质磁化产生磁场的磁感应强度矢量 $\boldsymbol{B}'$ 和磁化强度 $\boldsymbol{M}$ 的关系为

$$\boldsymbol{B}'=\mu_0\boldsymbol{M} \tag{3.31}$$

磁介质磁化后，由于环形分子电流的有序排列，就会等效于在磁介质内部和表面出现电流，称之为磁化电流，磁化电流是磁化磁场的源。磁化电流不同于传导电流，传导电流是在导体中电荷形成的有向流动，而磁化电流是等效环形分子电流有序排列而等效的束缚电流，是束缚在磁介质中和磁介质表面的，是等效出来的，不和实际电荷的流动相对应。

那么，怎样来计算磁化电流 I_M 呢？我们在磁介质中任意作一个有向闭合曲线 C，再以其为边界作一个曲面 S，S 的外法线方向和有向闭合曲线 C 成右手螺旋关系，如图 3.7 所示。下面来计算穿过曲面 S 的磁化电流 I_M。穿过曲面 S 的磁化电流由穿过曲面 S 的分子环流构成。首先看看曲面 S 内部远离边界 C 的分子环流，要么不穿越曲面 S，要么穿越两次，且方向相反、大小相等，其贡献为 0。然后再来看闭合曲线 C 附近的分子环流，只有这些分子环流才有可能仅穿越曲面 S 一次，对磁化电流 I_M 有贡献。

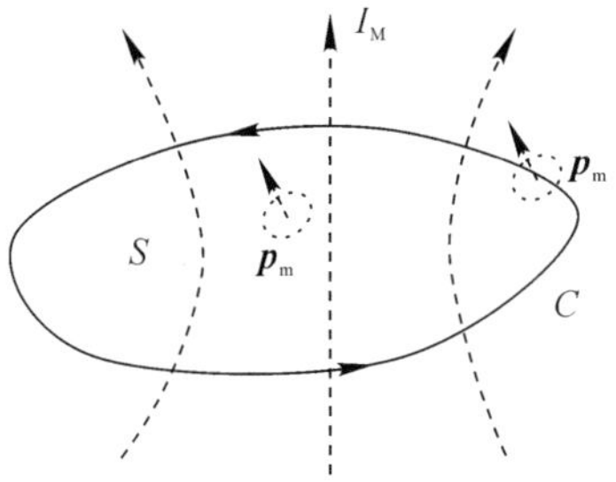

(a) 分子环流与闭合曲线 C 的关系

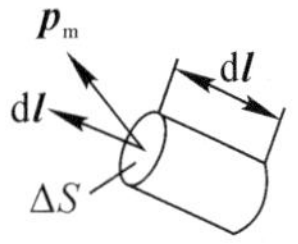

(b) 周界 C 上的圆柱体积元

图 3.7　穿过曲面 S 的磁化电流

沿有向闭合曲线 C 取一小段有向线段 $\mathrm{d}\boldsymbol{l}$，以 $\mathrm{d}\boldsymbol{l}$ 为轴线，以分子环流面积大小 ΔS 为底，作一个斜的圆柱，则该圆柱内部的分子环流都会穿越曲面 S 一次。这部分分子环流的贡献与该小圆柱处的分子密度 N、平均分子环流磁矩成正比，此分子环流在磁矩方向和有向线段方向平行时贡献最大，垂直时贡献为 0，即

$$\mathrm{d}I_M=N\bar{\boldsymbol{p}}_{mi}\cdot\mathrm{d}\boldsymbol{l}=\boldsymbol{M}\cdot\mathrm{d}\boldsymbol{l} \tag{3.32}$$

则穿过整个曲面 S 的磁化电流 I_M 即为式(3.32)沿有向曲线 C 的积分，即

$$I_M=\oint_C \mathrm{d}I_M=\oint_C \boldsymbol{M}\cdot\mathrm{d}\boldsymbol{l} \tag{3.33}$$

应用斯托克斯定理，可得

$$I_M=\oint_C \boldsymbol{M}\cdot\mathrm{d}\boldsymbol{l}=\int_S \nabla\times\boldsymbol{M}\cdot\mathrm{d}\boldsymbol{S} \tag{3.34}$$

将磁化电流 I_M 表示为磁化电流密度沿曲面 S 的积分形式，有

$$I_M=\int_S \boldsymbol{J}_M\cdot\mathrm{d}\boldsymbol{S} \tag{3.35}$$

比较式(3.34)和式(3.35)，可以得出

$$\boldsymbol{J}_M=\nabla\times\boldsymbol{M} \tag{3.36}$$

由于有向闭合曲线 C 和曲面 S 是任意选取的，所以式(3.36)在磁介质内部任意一点都成立，这就是磁化电流和磁化强度的关系。

那么，又如何计算磁介质表面的磁化电流 I_{SM} 呢？我们在磁介质表面作一有向线段 L，表面磁化电流 I_{SM} 是沿磁介质表面穿过有向线段 L 的磁化电流，如图 3.8 所示。

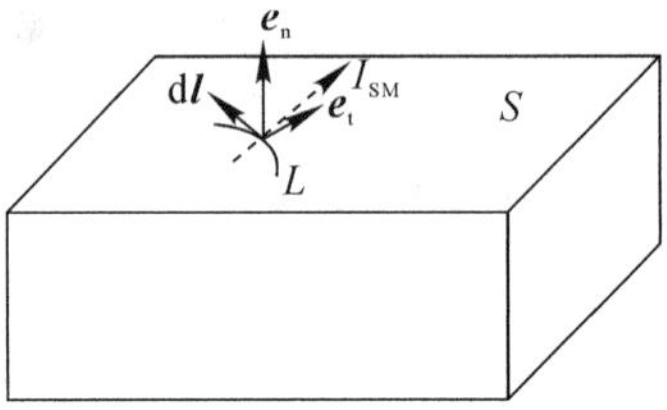

图 3.8 磁介质表面的磁化电流

显然，表面磁化电流 I_{SM} 仍然是分子环流的贡献，不过不同于磁介质内部的磁化电流，它是分子环流本身穿越曲面 S 的贡献，表面磁化电流 I_{SM} 是分子环流在磁介质表面的投影形成的分子环流投影穿越有向线段 L 的贡献。类似地，我们也在有向线段 L 上截取一小段有向线段 $\mathrm{d}\boldsymbol{l}$，显然，也只有在有向线段 $\mathrm{d}\boldsymbol{l}$ 附近的分子环流有贡献，并且贡献的大小为分子环流投影在有向线段 $\mathrm{d}\boldsymbol{l}$ 垂直方向 $\boldsymbol{e}_t$ 的分量大小，其中有向线段 $\mathrm{d}\boldsymbol{l}$、磁介质表面法向 $\boldsymbol{e}_n$、在磁介质表面垂直于有向线段 $\mathrm{d}\boldsymbol{l}$ 的表面切向方向 $\boldsymbol{e}_t$ 符合右手螺旋关系。用数学表达式来表示即为

$$\mathrm{d}I_{SM} = M_t \mathrm{d}l = (\boldsymbol{M} \times \boldsymbol{e}_n) \cdot \boldsymbol{e}_t \mathrm{d}l \tag{3.37}$$

表面磁化电流面密度 $\boldsymbol{J}_{SM}$ 的定义为

$$\boldsymbol{J}_{SM} = \frac{\Delta I_{SM}}{\Delta l} \tag{3.38}$$

由于有向线段 L 选取的任意性，比较式(3.37)和式(3.38)可以得到表面磁化电流面密度 $\boldsymbol{J}_{SM}$ 的计算表达式如下：

$$\boldsymbol{J}_{SM} = \boldsymbol{M} \times \boldsymbol{e}_n \tag{3.39}$$

3.3.2 磁场强度

为了进一步描述磁化现象，引入磁场强度矢量 $\boldsymbol{H}$ 的概念，其单位同磁化强度，也是 A/m(安/米)。磁场强度矢量 $\boldsymbol{H}$ 和磁感应强度矢量 $\boldsymbol{B}$ 都是描述磁场强弱分布的物理量，磁感应强度矢量 $\boldsymbol{B}$ 和回路在磁场中变化引起感应电流相联系，是法拉第发现和命名的；磁场强度矢量是同物质的磁化紧密联系在一起的，和磁场对电流有力的作用相关，即和安培力相关。二者的关系如下：

$$\boldsymbol{B} = \mu \boldsymbol{H} = \mu_r \mu_0 \boldsymbol{H} \tag{3.40}$$

式中，μ 为磁介质的磁导率，单位是 H/m(亨利/米)，真空的磁导率为 μ_0，μ_r 为相对磁导率，无量纲。

研究表明，物质的磁化强度 $\boldsymbol{M}$ 和磁场强度 $\boldsymbol{H}$ 成正比，即

$$\boldsymbol{M} = \chi_m \boldsymbol{H} \tag{3.41}$$

式中，χ_m 称为磁介质的磁化率，是一个无量纲的常数。

由式(3.29)、式(3.31)和式(3.41)可知，磁介质磁化后，其内部的磁场为

$$
\begin{aligned}
\boldsymbol{B}&=\boldsymbol{B}_0+\boldsymbol{B}'=\mu_0\boldsymbol{H}+\mu_0\boldsymbol{M}=\mu_0\boldsymbol{H}+\mu_0\chi_m\boldsymbol{H}\\
&=(1+\chi_m)\mu_0\boldsymbol{H}=\mu_r\mu_0\boldsymbol{H}
\end{aligned}
\tag{3.42}
$$

进一步得到

$$\mu_r=1+\chi_m \tag{3.43}$$

对于顺磁物质，χ_m是数量级为 10^{-3} 的正数；对于抗磁物质，χ_m是数量级为 $10^{-6}\sim10^{-5}$ 的负数。一般物质的相对磁导率 μ_r 接近于 1，工程上将这些物质的磁性看作与真空相同。对于铁磁物质，相对磁导率 μ_r 很大，通常为几百、几千，甚至更大，并且 $\boldsymbol{B}$ 和 $\boldsymbol{H}$ 的关系是非线性的，μ 是 $\boldsymbol{H}$ 的函数，与原始的磁化状态和磁化程序有关。表 3.1 中列出了部分常见材料的相对磁导率的值。

表 3.1　部分常见材料的相对磁导率的值

材料	种类	相对磁导率	材料	种类	相对磁导率
铋	抗磁物质	0.999 83	钴	铁磁物质	250
金	抗磁物质	0.999 96	镍	铁磁物质	600
银	抗磁物质	0.999 98	纯铁	铁磁物质	4000
铜	抗磁物质	0.999 99	铸铁	铁磁物质	200～400
水	抗磁物质	0.999 99	镍锌铁氧体	铁磁物质	10～1000
空气	顺磁物质	1.000 000 4	锰锌铁氧体	铁磁物质	300～5000
铝	顺磁物质	1.000 021	硅钢片	铁磁物质	7000～10 000
钯	顺磁物质	1.000 82	坡莫合金	铁磁物质	$10^4\sim10^6$

还有一类介质，它是由分子组成固定的晶格，电磁特性由于晶格的影响各个方向出现差异，称为各向异性介质。在这类磁介质内部，$\boldsymbol{B}$ 和 $\boldsymbol{H}$ 可能不同向，有一个夹角，夹角的大小和 $\boldsymbol{B}$ 的方向有关，这时磁导率是一个张量，表示为 $\overline{\overline{\mu}}$，则 $\boldsymbol{B}$ 和 $\boldsymbol{H}$ 的关系可以表示为

$$\boldsymbol{B}=\overline{\overline{\mu}}\cdot\boldsymbol{H},\quad \begin{bmatrix}B_x\\B_y\\B_z\end{bmatrix}=\begin{bmatrix}\mu_{xx}&\mu_{xy}&\mu_{xz}\\\mu_{yx}&\mu_{yy}&\mu_{yz}\\\mu_{zx}&\mu_{zy}&\mu_{zz}\end{bmatrix}\cdot\begin{bmatrix}H_x\\H_y\\H_z\end{bmatrix} \tag{3.44}$$

3.4　恒定电流磁场的基本方程与边界条件

3.4.1　恒定电流磁场的基本方程

恒定电流产生磁场，磁感应强度矢量 $\boldsymbol{B}$ 和磁场强度矢量 $\boldsymbol{H}$ 各自形成了矢量场，前面讨论了已知电流分布求解其产生的磁场的问题，如式(3.15)、式(3.17)和式(3.18)所示。也讨论了磁介质磁化产生磁化电流的问题。那么，恒定电流磁场的磁感应强度矢量 $\boldsymbol{B}$ 和磁场强度矢量 $\boldsymbol{H}$ 形成的矢量场有什么特性呢？我们知道一个矢量场有两种源，一为与其通量和散度相关的散度源，二是与其环量和旋度相关的旋度源，下面就从这两方面进行讨论。

1. 磁通连续性原理与磁场的散度

首先引入磁通量的概念，磁感应强度矢量 $\boldsymbol{B}$ 通过一个面 S 的通量 Φ 定义为

$$\Phi = \int_S \boldsymbol{B} \cdot \mathrm{d}\boldsymbol{S} \tag{3.45}$$

静电场是由自由电荷分布产生的，自然界中存在自由的正电荷和负电荷，可以单独存在，由此产生的静电场的电力线从正电荷出发终止于负电荷。而磁场却不同，迄今为止，自然界中没有发现和电荷相对应的磁荷，自然界中的磁场(包括永磁物质产生的磁场)或人工产生的磁场，本质上说都是由电流或电荷的变化产生的，其磁力线(电磁感应强度矢量力线)都是闭合的曲线。

下面来看看磁感应强度矢量 $\boldsymbol{B}$ 通过一个闭合曲面 S 的通量情况，由于磁力线是闭合曲线，所以其穿过闭合曲面 S 的次数是偶数次，其穿入的次数和穿出的次数相等，对磁感应强度矢量 $\boldsymbol{B}$ 通过一个闭合曲面 S 通量的贡献为 0。所以有以下结论：

$$\Phi = \oint_S \boldsymbol{B} \cdot \mathrm{d}\boldsymbol{S} = 0 \tag{3.46}$$

即穿过任意闭合曲面的磁感应强度矢量的通量为 0。利用散度定理，有

$$\Phi = \oint_S \boldsymbol{B} \cdot \mathrm{d}\boldsymbol{S} = \int_V \nabla \cdot \boldsymbol{B} \mathrm{d}V = 0 \tag{3.47}$$

式中，V 是曲面 S 所包围的体积。式(3.46)或式(3.47)就是磁通连续性原理的积分形式。

由于曲面 S 和其包围的体积 V 是任意选取的，要保证式(3.47)成立，就要求其第二项的积分核为 0，即有

$$\nabla \cdot \boldsymbol{B} = 0 \tag{3.48}$$

这就是磁通连续性原理的微分形式。式(3.48)也说明，磁感应强度矢量场是一个无散场。

2. 安培环路定理与磁场的旋度

首先引入立体角的概念。以观测点为球心，构造一个单位球面，任意物体投影到该单位球面上的投影面积，即为该物体相对于该观测点的立体角。立体角是一个物体对一个观测点所张的空间角度的一种定义，是从平面角度类比出的一个概念，用字母 Ω 表示，单位是 sr(球面度)。球面上一个小面元对球心的立体角为

$$\mathrm{d}\Omega = \sin\theta \mathrm{d}\theta \mathrm{d}\varphi = \frac{1}{R^2}\mathrm{d}S \tag{3.49}$$

式中，R 为球面的半径，当为单位球面时，R 取 1；$\mathrm{d}S$ 为球面上面元的面积。

易知，封闭曲面对其内部任意一点的立体角为 4π sr，封闭曲面对其外部任意一点的立体角为 0sr；一个无限大平面，若规定平面上方为平面的正法线方向，则平面对平面上方的点的立体角为 -2π sr，对平面下方的点的立体角为 2π sr；一个有限大面元，面元对面元上侧的点(在面元上，从上方无限接近该面元)的立体角为 -2π sr，对面元下侧的点(在面元上，从下方无限接近该面元)的立体角为 2π sr。

下面来看看磁感应强度矢量 $\boldsymbol{B}$ 的环流特性。如图 3.9 所示，设磁感应强度矢量 $\boldsymbol{B}$ 由回路 C' 中的电流 I 所产生，那么它沿有向闭合曲线 C 的环量为

$$\Gamma = \oint_C \boldsymbol{B} \cdot \mathrm{d}\boldsymbol{l} \tag{3.50}$$

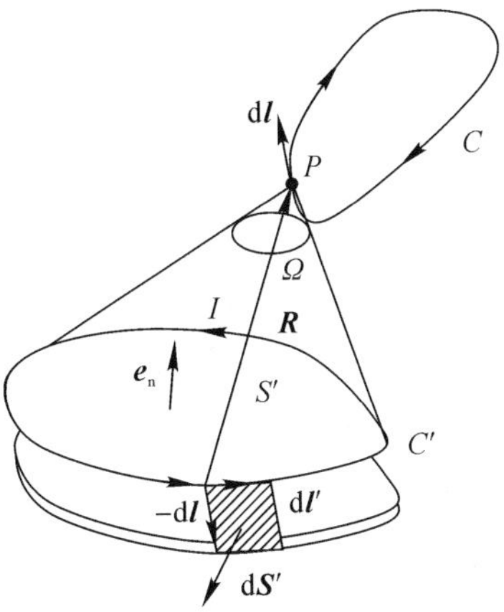

图 3.9　电流回路 C' 产生的磁场在有向闭合曲线 C 中的环量

利用毕奥-萨伐尔定律式(3.16)可得

$$\begin{aligned}\Gamma &= \oint_C \boldsymbol{B}\cdot \mathrm{d}\boldsymbol{l} = \frac{\mu_0 I}{4\pi}\oint_C\oint_{C'}\frac{(\mathrm{d}\boldsymbol{l}'\times \boldsymbol{e}_R)}{R^2}\cdot \mathrm{d}\boldsymbol{l}\\ &= \frac{\mu_0 I}{4\pi}\oint_C\oint_{C'}\frac{(-\mathrm{d}\boldsymbol{l}\times \mathrm{d}\boldsymbol{l}')\cdot \boldsymbol{e}_R}{R^2}\end{aligned} \tag{3.51}$$

P 点沿积分路径 C 变化 d$\boldsymbol{l}$ 所引起的立体角 Ω 的变化量，等效于 P 点不动，回路 C' 沿 $-$d$\boldsymbol{l}$ 方向变化相同的距离所引起的立体角 Ω 的变化量。式(3.51)中 $-\mathrm{d}\boldsymbol{l}\times\mathrm{d}\boldsymbol{l}'$ 代表图 3.9 中阴影部分小面元的面积矢量，d$\boldsymbol{S}'$ 和 $-$d$\boldsymbol{l}$、d$\boldsymbol{l}'$ 符合右手螺旋关系。根据立体角的定义式(3.49)，式(3.51)中积分核 $\frac{(-\mathrm{d}\boldsymbol{l}\times\mathrm{d}\boldsymbol{l}')\cdot \boldsymbol{e}_R}{R^2}$ 为面元 d$\boldsymbol{S}'$ 对观测点 P 的立体角的负值，其沿回路 C' 的积分则为回路 C' 沿 $-$d$\boldsymbol{l}$ 方向移动时，回路 C' 所包围的曲面 S' 变化所形成的侧面对观测点 P 的立体角的负值，即 P 点沿闭合曲线 C 移动 dl 时所对应的立体角变化值。从而沿闭合曲线 C 积分，可得 P 点沿路径 C 移动一周所对应的立体角总变化量为

$$\Delta\Omega = -\oint_C\oint_{C'}\frac{(-\mathrm{d}\boldsymbol{l}\times \mathrm{d}\boldsymbol{l}')\cdot \boldsymbol{e}_R}{R^2} \tag{3.52}$$

当闭合曲线 C 穿过回路 C' 形成曲面 S'，且穿越次数为奇数次时，称闭合曲线 C 和回路 C' 相交链；当闭合曲线 C 不穿过回路 C' 形成曲面 S'，或虽穿越，但穿越次数为偶数次时，称闭合曲线 C 和回路 C' 不交链。

易知，当闭合曲线 C 和回路 C' 不交链时，P 点沿路径 C 移动一周所对应的立体角 Ω 又变回初始值，故所对应的立体角总的变化量为 0。

当闭合曲线 C 和回路 C' 相交链时，如图 3.10 所示。积分路径起始点选为曲面 S' 的上表面与 C 的交点 P_+，积分路径的终止点选为曲面 S' 的下表面与 C 的交点 P_-。根据立体角的定义，积分起始点 P_+ 对曲面 S' 的立体角为 -2π，积分终止点 P_- 对曲面 S' 的立体角为 2π。故式(3.52)的值为 $-[2\pi-(-2\pi)]=-4\pi$，代入式(3.51)，得

$$\oint_C \boldsymbol{B}\cdot \mathrm{d}\boldsymbol{l} = \mu_0 I \tag{3.53}$$

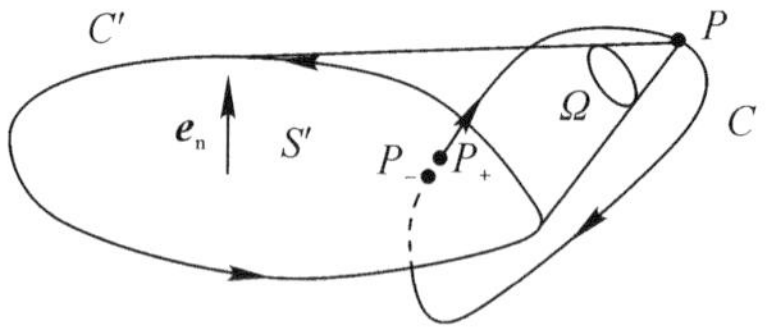

图 3.10　回路 C' 和闭合曲线 C 相交链的情况

式(3.53)就是安培环路定理在真空情形中的积分形式，其物理含义是 $\boldsymbol{B}$ 沿有向闭合曲线 C 的环量等于与 C 相交链的电流的代数和乘以真空中的磁导率 μ_0。根据电流的定义，通过闭合曲线 C 所围成的曲面 S 的电流可以写为

$$I = \int_S \boldsymbol{J} \cdot \mathrm{d}\boldsymbol{S} \tag{3.54}$$

结合式(3.53)、式(3.54)，同时利用斯托克斯公式将 $\boldsymbol{B}$ 的环量积分化为面积分，可得

$$\oint_C \boldsymbol{B} \cdot \mathrm{d}\boldsymbol{l} = \int_S \nabla\times \boldsymbol{B} \cdot \mathrm{d}\boldsymbol{S} = \mu_0 \int_S \boldsymbol{J} \cdot \mathrm{d}\boldsymbol{S} \tag{3.55}$$

由于闭合曲线 C 是任意选取的，由其所围成的曲面 S 也是任意的，从式(3.55)可以得到

$$\nabla\times\boldsymbol{B}=\mu_0\boldsymbol{J} \tag{3.56}$$

式(3.56)就是安培环路定理在真空情形中的微分形式。

当有磁介质存在时，用 $\boldsymbol{H}$ 代替 $\boldsymbol{B}$，运用磁介质的本构关系式(3.40)，可以得到磁介质中安培环路定理的积分形式和微分形式分别为式(3.57)和式(3.58)。

$$\oint_C \boldsymbol{H} \cdot \mathrm{d}\boldsymbol{l} = I \tag{3.57}$$

$$\nabla\times\boldsymbol{H}=\boldsymbol{J} \tag{3.58}$$

3. 恒定电流磁场的基本方程

当一个矢量场确定后，就确定了其散度源和旋度源。反过来，当确定了一个矢量场的散度源和旋度源后，这个矢量场也就唯一确定了，最多相差一个常矢量。真空中，恒定电流形成的磁场，其磁感应强度矢量形成了一个矢量场，其散度源和旋度源满足式(3.48)和式(3.56)，两者写在一起就是真空中恒定电流磁场的基本方程，为

$$\begin{cases}\nabla\cdot\boldsymbol{B}=0\\ \nabla\times\boldsymbol{B}=\mu_0\boldsymbol{J}\end{cases} \tag{3.59}$$

其积分形式为

$$\begin{cases}\oint_S \boldsymbol{B} \cdot \mathrm{d}\boldsymbol{S} = 0\\ \oint_C \boldsymbol{B} \cdot \mathrm{d}\boldsymbol{l} = \mu_0 \int_S \boldsymbol{J} \cdot \mathrm{d}\boldsymbol{S}\end{cases} \tag{3.60}$$

当有磁介质存在时，磁介质是均匀的，其磁导率为常数，运用磁介质的本构关系可以得出磁介质中恒定电流磁场的基本方程为

$$\begin{cases}\nabla\cdot\boldsymbol{H}=0\\ \nabla\times\boldsymbol{H}=\boldsymbol{J}\end{cases} \tag{3.61}$$

其积分形式为

$$\begin{cases}\oint_S \boldsymbol{H}\cdot \mathrm{d}\boldsymbol{S}=0\\ \oint_C \boldsymbol{H}\cdot \mathrm{d}\boldsymbol{l}=\int_S \boldsymbol{J}\cdot \mathrm{d}\boldsymbol{S}\end{cases} \tag{3.62}$$

式(3.62)不要求磁介质是均匀的，对于非均匀磁介质也成立。

我们通常将磁场的散度源用磁感应强度矢量表示，将旋度源用磁场强度矢量表示，这样就将磁介质中的场与真空中的场满足的方程统一了起来，如式(3.63)和式(3.64)所示，本构关系如式(3.65)所示。

$$\begin{cases}\nabla\cdot \boldsymbol{B}=0\\ \nabla\times \boldsymbol{H}=\boldsymbol{J}\end{cases} \tag{3.63}$$

$$\begin{cases}\oint_S \boldsymbol{B}\cdot \mathrm{d}\boldsymbol{S}=0\\ \oint_C \boldsymbol{H}\cdot \mathrm{d}\boldsymbol{l}=\int_S \boldsymbol{J}\cdot \mathrm{d}\boldsymbol{S}\end{cases} \tag{3.64}$$

$$\boldsymbol{B}=\mu \boldsymbol{H} \tag{3.65}$$

3.4.2　磁介质分界面的边界条件

我们知道磁场在媒质中满足方程式(3.59)～式(3.65)，而依据方程式可以求解媒质内部的磁场。在两种不同磁介质分界面处，由于磁介质的参数发生变化，场量也必然发生变化，场量在分界面两侧满足什么关系呢？要求解场量在磁介质分界面处的关系，就要从场量满足的积分方程出发，因为在分界面处场量方程的微分形式不成立，但积分形式依然成立。

1. 磁感应强度矢量 $\boldsymbol{B}$ 的边界条件

在两种磁介质分界面处作一个小圆柱体，如图 3.11 所示。小圆柱的底面积为 ΔS，高为 Δh，取 ΔS 为很小的值，近似认为小圆柱内的 $\boldsymbol{B}$ 值在磁介质分界面两侧分别保持不变，分界面上侧磁介质 1 中为 $\boldsymbol{B}_1$，分界面下侧磁介质 2 中为 $\boldsymbol{B}_2$，取 $\Delta h\to 0$。小圆柱上底的外法线方向为 $\boldsymbol{e}_n$，下底的外法线方向为 $-\boldsymbol{e}_n$。

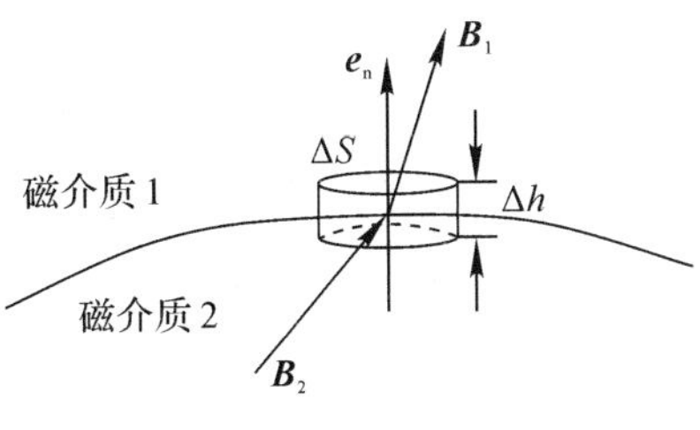

图 3.11　磁介质分界面 $\boldsymbol{B}$ 的边界条件

在小圆柱表面应用式(3.64)，将积分化为侧面积分、上底面积分、下底面积分三部分，其中侧面积分，由于 $\Delta h\to 0$，侧面积→0，而 $\boldsymbol{B}_1$ 和 $\boldsymbol{B}_2$ 的值为有限值，故侧面积分值为 0，进而可得

$$\begin{aligned}\oint_S \boldsymbol{B}\cdot \mathrm{d}\boldsymbol{S} &= \int_{上底面} \boldsymbol{B}\cdot \mathrm{d}\boldsymbol{S} + \int_{下底面} \boldsymbol{B}\cdot \mathrm{d}\boldsymbol{S} + \int_{侧面} \boldsymbol{B}\cdot \mathrm{d}\boldsymbol{S} \\ &= \int_{上底面} \boldsymbol{B}_1 \cdot \mathrm{d}\boldsymbol{S} + \int_{下底面} \boldsymbol{B}_2 \cdot \mathrm{d}\boldsymbol{S} \\ &= \boldsymbol{B}_1 \cdot \boldsymbol{e}_\mathrm{n} \Delta S - \boldsymbol{B}_2 \cdot \boldsymbol{e}_\mathrm{n} \Delta S \\ &= 0\end{aligned}$$

可以得到

$$(\boldsymbol{B}_1 - \boldsymbol{B}_2)\cdot \boldsymbol{e}_\mathrm{n} = 0 \quad 或 \quad \boldsymbol{B}_{1\mathrm{n}} = \boldsymbol{B}_{2\mathrm{n}} \tag{3.66}$$

式(3.66)表明，磁感应强度矢量法向分量在磁介质分界面是连续的。

2. 磁场强度矢量 $\boldsymbol{H}$ 的边界条件

为不失一般性，假设两种磁介质内部均不存在传导电流 $\boldsymbol{J}$，仅在分界面上存在表面传导电流 $\boldsymbol{J}_S$。我们在两种磁介质分界面处垂直于分界面作一个小有向矩形曲线，如图 3.12 所示，环绕方向为顺时针方向，与表面电流 $\boldsymbol{J}_S$ 的正方向成右手螺旋关系。定义磁介质分界面的法向方向为 $\boldsymbol{e}_\mathrm{n}$，小矩形平面内分界面的切向方向为 $\boldsymbol{e}_\mathrm{t}$，小矩形围成的曲面 S 的正方向为 $\boldsymbol{e}_\mathrm{p}$。小矩形的长沿分界面方向，长度为 Δl，宽垂直于分界面，宽度为 Δh，取 Δl 为很小的值，近似认为小矩形内的 $\boldsymbol{H}$ 值在磁介质分界面两侧分别保持不变，分界面上侧磁介质 1 中为 $\boldsymbol{H}_1$，分界面下侧磁介质 2 中为 $\boldsymbol{H}_2$，取 $\Delta h \to 0$。小矩形上边的方向和 $\boldsymbol{e}_\mathrm{t}$ 一致，下边的方向和 $\boldsymbol{e}_\mathrm{t}$ 相反。

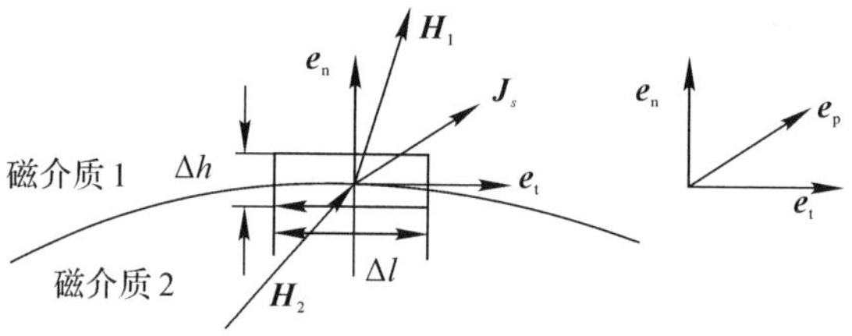

图 3.12　磁介质分界面 $\boldsymbol{H}$ 的边界条件

在小矩形上应用式(3.64)，将左端线积分化为沿上边的积分、沿下边的积分、沿左侧宽边的积分、沿右侧宽边的积分四部分，由于 $\Delta h \to 0$，而 $\boldsymbol{H}_1$ 和 $\boldsymbol{H}_2$ 的值为有限值，故两侧宽边的积分值为 0，进而可得方程左端线积分为

$$\begin{aligned}左端 &= \oint_C \boldsymbol{H}\cdot \mathrm{d}\boldsymbol{l} \\ &= \int_{上边} \boldsymbol{H}\cdot \mathrm{d}\boldsymbol{l} + \int_{下边} \boldsymbol{H}\cdot \mathrm{d}\boldsymbol{l} + \int_{左侧边} \boldsymbol{H}\cdot \mathrm{d}\boldsymbol{l} + \int_{右侧边} \boldsymbol{H}\cdot \mathrm{d}\boldsymbol{l} \\ &= \int_{上边} \boldsymbol{H}_1 \cdot \mathrm{d}\boldsymbol{l} + \int_{下边} \boldsymbol{H}_2 \cdot \mathrm{d}\boldsymbol{l} \\ &= \boldsymbol{H}_1 \cdot \boldsymbol{e}_\mathrm{t} \Delta l - \boldsymbol{H}_2 \cdot \boldsymbol{e}_\mathrm{t} \Delta l \\ &= (\boldsymbol{H}_1 - \boldsymbol{H}_2)\cdot \boldsymbol{e}_\mathrm{t} \Delta l \\ &= (\boldsymbol{H}_1 - \boldsymbol{H}_2)\cdot (\boldsymbol{e}_\mathrm{p} \times \boldsymbol{e}_\mathrm{n}) \Delta l \\ &= \boldsymbol{e}_\mathrm{p} \cdot [\boldsymbol{e}_\mathrm{n} \times (\boldsymbol{H}_1 - \boldsymbol{H}_2)] \Delta l\end{aligned}$$

右端面积分在小矩形围成的曲面 S 上进行。曲面 S 的方向为有向小矩形根据右手螺旋

定则确定的方向，即和 $\boldsymbol{J}_S$的正方向一致。由于曲面 S 包围的电流变为了面电流，相应地，其包围的电流也就是包围的面电流，可以得到

$$
\begin{aligned}
\text{右端} &= \int_S \boldsymbol{J} \cdot \mathrm{d}\boldsymbol{S} \\
&= \lim_{\Delta h \to 0} \int_S \boldsymbol{J} \cdot \mathrm{d}\boldsymbol{S} \\
&= \boldsymbol{J}_S \cdot \boldsymbol{e}_p \Delta l
\end{aligned}
$$

比较左端和右端的积分值，可以得到

$$\boldsymbol{e}_n \times (\boldsymbol{H}_1 - \boldsymbol{H}_2) = \boldsymbol{J}_S \quad \text{或} \quad \boldsymbol{H}_{1t} - \boldsymbol{H}_{2t} = \boldsymbol{J}_S \tag{3.67}$$

式(3.67)表明，若磁介质分界面上的电流为零，磁场强度矢量切向分量在磁介质分界面是连续的。

特别要注意的是，式(3.66)和式(3.67)正确运用的条件是，$\boldsymbol{e}_n$定义的方向为从磁介质 2 指向磁介质 1，若有改变，式(3.66)和式(3.67)则也要进行相应的改变。

3.4.3　理想导体表面边界条件

假设磁介质 1 为空气或真空，磁介质 2 为理想导体($\sigma \to \infty$)，若存在传导电流，则只能存在于导体表面，所以导体内部没有电场，没有传导电流，也就没有磁场，即导体内部的磁感应强度矢量和磁场强度矢量都为 0。

$$\boldsymbol{B}_2 = 0 \tag{3.68}$$

$$\boldsymbol{H}_2 = 0 \tag{3.69}$$

将式(3.68)和式(3.69)分别代入式(3.66)和式(3.67)，可以得到磁介质 1 靠近分界面处，即导体表面的磁场为

$$(\boldsymbol{B}_1 - \boldsymbol{B}_2) \cdot \boldsymbol{e}_n = 0 \quad \text{或} \quad \boldsymbol{B}_{1n} = 0 \tag{3.70}$$

$$\boldsymbol{e}_n \times \boldsymbol{H}_1 = \boldsymbol{J}_S \quad \text{或} \quad \boldsymbol{H}_{1t} = \boldsymbol{J}_S \tag{3.71}$$

这就是理想导体表面磁场的边界条件，即理想导体表面仅存在切向磁场，其大小等于导体表面的传导电流，其方向和表面电流方向、表面外法线方向一起满足右手螺旋定则关系。

3.4.4　理想介质分界面边界条件

若磁介质 1 和磁介质 2 均为理想介质，即磁介质的电导率为 0($\sigma_1 = \sigma_2 = 0$)，分界面上不存在电流分布，这时式(3.66)和式(3.67)简化为

$$(\boldsymbol{B}_1 - \boldsymbol{B}_2) \cdot \boldsymbol{e}_n = 0 \quad \text{或} \quad \boldsymbol{B}_{1n} = \boldsymbol{B}_{2n} \tag{3.72}$$

$$\boldsymbol{e}_n \times (\boldsymbol{H}_1 - \boldsymbol{H}_2) = 0 \quad \text{或} \quad \boldsymbol{H}_{1t} = \boldsymbol{H}_{2t} \tag{3.73}$$

这就是理想介质分界面磁场的边界条件，即理想介质分界面磁感应强度矢量的法向分量连续，磁场强度矢量的切向分量连续。

习　　题

3.1　一个半径为 a 的导体球带电荷量为 q，当球体以均匀角速度 ω 绕一个直径旋转时，如题 3.1 图所示。试求球心处的磁感应强度 $\boldsymbol{B}$。

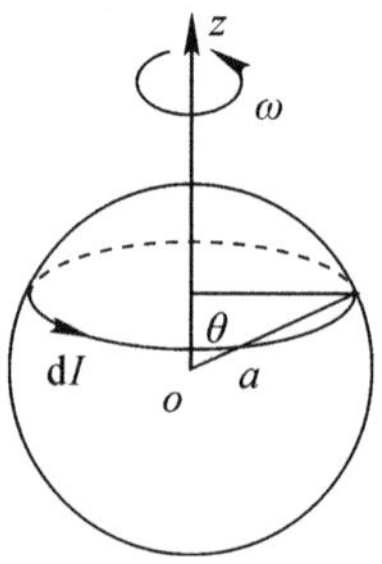

题 3.1 图

3.2　假设电流 $I=8\text{A}$ 从无限远处沿 x 轴流向原点，再离开原点沿 y 轴流向无限远，如题 3.2 图所示。试求 xoy 平面上一点 $P(0.3, 0.4, 0)$处的 $\boldsymbol{B}$。

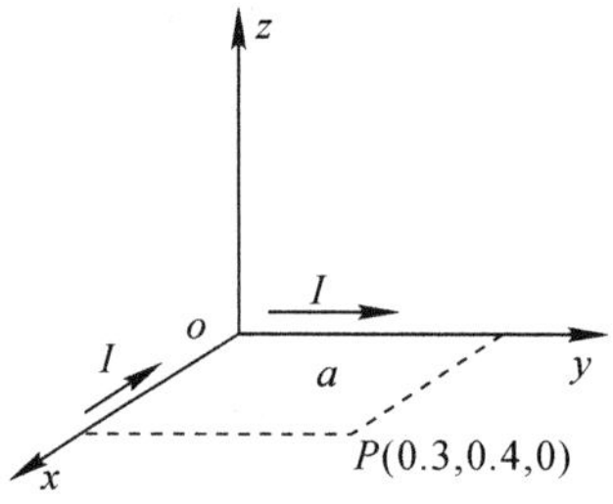

题 3.2 图

3.3　一条扁平的直导体带，宽度为 $2a$，中心线与 z 轴重合，通过的电流为 I。试证明在第二象限内任一点 P 的磁感应强度为

$$B_x=-\frac{\mu_0 I}{4\pi a}\alpha, \quad B_y=-\frac{\mu_0 I}{4\pi a}\ln\frac{r_2}{r_1}$$

式中的 α、r_1 和 r_2 如题 3.3 图所示。

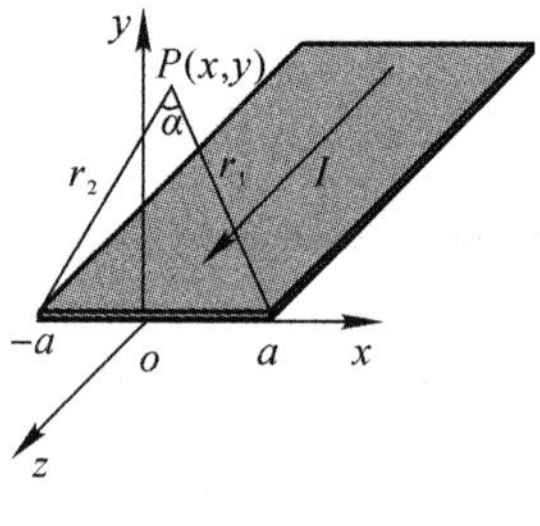

题 3.3 图

3.4　有两平行无限长直线电流 I_1 和 I_2，间距为 d，试求每根导线单位长度受到的安培力 $\boldsymbol{F}_{\text{m}}$。

3.5　在半径 $a=1$ mm 的非磁性材料圆柱形实心导体内，沿 z 轴方向通过电流 $I=20$ A。试求：

(1) $\rho=0.8$ mm 处的 $\boldsymbol{B}$；

(2) $\rho=1.2$ mm 处的 $\boldsymbol{B}$；

(3) 圆柱内单位长度的总磁通。

3.6　下面的矢量函数哪些可能是磁场表达式？如果是，求出其源 $\boldsymbol{J}$。

(1) $\boldsymbol{H}=\boldsymbol{e}_\rho a_\rho$，$\boldsymbol{B}=\mu_0\boldsymbol{H}$(圆柱坐标系)；

(2) $\boldsymbol{H}=\boldsymbol{e}_x(-a_y)+\boldsymbol{e}_y a_x$，$\boldsymbol{B}=\mu_0\boldsymbol{H}$；

(3) $\boldsymbol{H}=\boldsymbol{e}_x a_x-\boldsymbol{e}_y a_y$，$\boldsymbol{B}=\mu_0\boldsymbol{H}$；

(4) $\boldsymbol{H}=\boldsymbol{e}_\varphi a_r$，$\boldsymbol{B}=\mu_0\boldsymbol{H}$(球坐标系)。

3.7　通过电流密度为 $\boldsymbol{J}$ 的均匀电流的长圆柱导体中有一平行的圆柱形空腔，其横截面如题 3.7 图所示。试计算各部分的磁感应强度，并证明空腔内的磁场是均匀的。

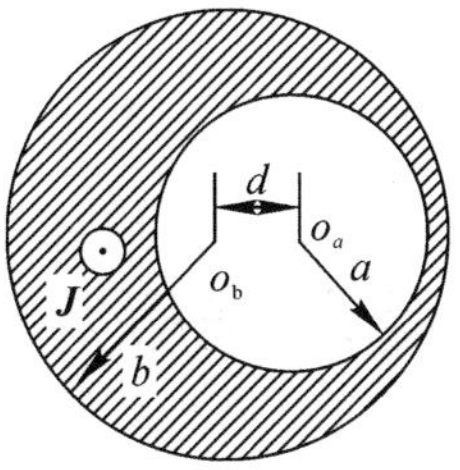

题 3.7 图

3.8　已知在两种不同磁化物质的分界面一侧的磁感应强度 $\boldsymbol{B}_1=1.5\text{T}$，与法线方向的夹角为 30°，如题 3.8 图所示。求界面另一侧的磁感应强度 $\boldsymbol{B}_2$ 的大小和方向。

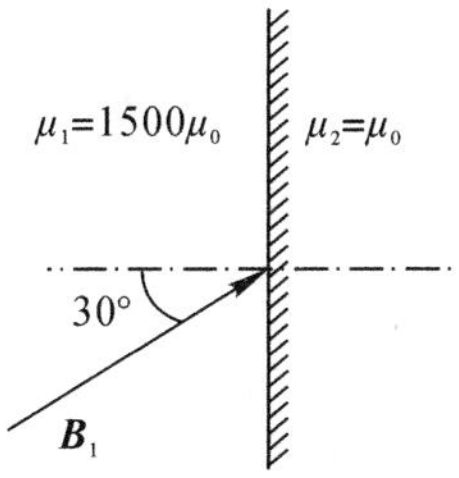

题 3.8 图

第 4 章　时变电磁场与电磁波

本章主要介绍法拉第电磁感应定律与位移电流、麦克斯韦方程组、电磁波与坡印廷矢量、时谐场概念与复数表示等内容。

4.1　法拉第电磁感应定律与位移电流

4.1.1　电磁感应定律

迈克尔·法拉第(Michael Faraday，1791 年 9 月 22 日—1867 年 8 月 25 日)，英国物理学家、化学家，也是著名的自学成才的科学家，出生于萨里郡纽因顿一个贫苦铁匠家庭，仅上过小学。法拉第是英国著名化学家戴维的学生和助手，他的发现奠定了电磁学的基础，是麦克斯韦的先导。1831 年 10 月 17 日，法拉第首次发现电磁感应现象，并进而得到产生交流电的方法。10 月 28 日法拉第发明了圆盘发电机，是人类创造出的第一个发电机。由于他在电磁学方面的伟大贡献，被称为“电学之父”和“交流电之父”。

法拉第首先通过实验揭示了电磁感应现象。如果在磁场中有导线构成的闭合回路 C，当穿过由 C 所限定的曲面 S 的磁通量发生变化时，回路中就会产生感应电动势，从而引起感应电流。感应电动势和磁通的时间变化率之间的关系，称为法拉第电磁感应定律，可写成：

$$\psi_{\text{in}}=-\frac{\mathrm{d}\Phi}{\mathrm{d}t} \tag{4.1}$$

式中，ψ_{in} 为感应电动势，Φ 为穿过 S 与 C 交链的磁通。ψ_{in} 的大小等于磁通的时间变化率，其方向由下面的方向决定：任取一绕行回路的方向为感应电动势的正方向，并按右手螺旋法则规定面元的正方向和磁通的正方向，如图 4.1 所示，感应电动势的方向由 $-\mathrm{d}\Phi/\mathrm{d}t$ 的符号(正和负)和规定电动势的正方向比较后确定。

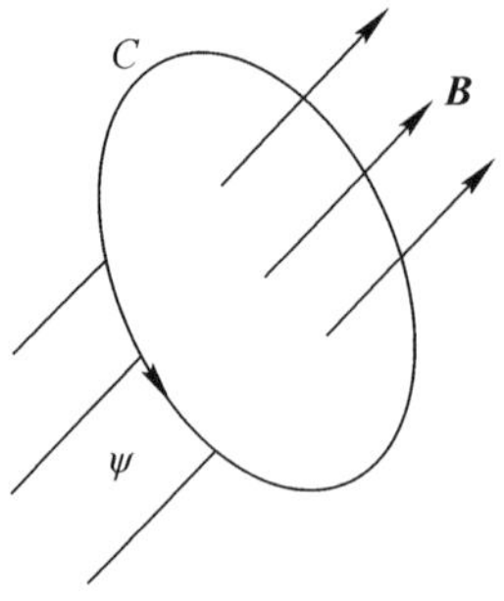

图 4.1　感应电动势

再根据电动势的定义，电动势是非保守电场沿闭合回路的积分，回路中存在的感应电动势表明导体内出现了电场。实际上，在导体周围的空间中也出现了电场。感应电场是磁通变化的结果，与有无导体回路无关，利用一个导体回路是为了直观地从导体闭合回路中产生感应电流，感知出空间中感应电场的存在。因此，在磁场中任取一闭合回路 C，由电动势的定义及电磁感应定律得：

$$\oint_C \boldsymbol{E}_{in} \cdot \mathrm{d}\boldsymbol{l} = \psi_{in} = -\frac{\mathrm{d}\Phi}{\mathrm{d}t} \tag{4.2}$$

如果此时空间还有静止的库仑电场 $\boldsymbol{E}_c$，则沿任意闭合回路的总电场，有

$$\oint_C \boldsymbol{E} \cdot \mathrm{d}\boldsymbol{l} = \oint_C \boldsymbol{E}_c \cdot \mathrm{d}\boldsymbol{l} + \oint_C \boldsymbol{E}_{in} \cdot \mathrm{d}\boldsymbol{l} = \oint \boldsymbol{E}_{in} \cdot \mathrm{d}\boldsymbol{l} = -\frac{\mathrm{d}\Phi}{\mathrm{d}t} \tag{4.3}$$

其中，$\boldsymbol{E}_c$沿闭合回路的积分为 0。将 $\Phi = \int_S \boldsymbol{B} \cdot \mathrm{d}\boldsymbol{S}$ 代入式(4.3)中，得

$$\oint_C \boldsymbol{E}_{in} \cdot \mathrm{d}\boldsymbol{l} = \psi_{in} = -\frac{\mathrm{d}\Phi}{\mathrm{d}t} \tag{4.4}$$

这是利用场量表示的法拉第电磁感应定律的积分形式，其中磁通的变化或者是由于 $\boldsymbol{B}$ 随时间变化，或者是由于回路运动引起的。式(4.4)是一个普遍使用的公式，而且它还可以看作静电场 $\oint_C \boldsymbol{E} \cdot \mathrm{d}\boldsymbol{l} = 0$ 在时变条件下的推广。

如果回路是静止的，则穿过回路的磁通的改变只能是由于 $\boldsymbol{B}$ 随时间变化引起的，式(4.4)可以写成：

$$\oint_C \boldsymbol{E} \cdot \mathrm{d}\boldsymbol{l} = \int_S (\nabla \times \boldsymbol{E}) \cdot \mathrm{d}\boldsymbol{S} = -\frac{\mathrm{d}}{\mathrm{d}t}\int_S \boldsymbol{B} \cdot \mathrm{d}\boldsymbol{S} = -\int_S \frac{\partial \boldsymbol{B}}{\partial t} \cdot \mathrm{d}\boldsymbol{S}$$

所以

$$\int_S \left(\nabla \times \boldsymbol{E} + \frac{\partial \boldsymbol{B}}{\partial t}\right) \cdot \mathrm{d}\boldsymbol{S} = 0 \tag{4.5}$$

因为上式对于任意取的包围回路(包括无限小面元)都是成立的，所以，被积函数必定为 0，即

$$\nabla \times \boldsymbol{E} = -\frac{\partial \boldsymbol{B}}{\partial t} \tag{4.6}$$

这就是法拉第电磁感应定律的微分形式。

例 4.1　一个 $h \times \omega$ 的单匝线圈放在时变场 $\boldsymbol{B} = \boldsymbol{e}_y B_0 \sin\omega t$ 里，如图 4.2 所示。开始时，线圈里的法线方向 $\boldsymbol{e}_n$与 y 轴成角 α，求：(1) 线圈静止时的感应电动势；(2) 线圈以角速度 ω 绕 x 轴逆时针旋转时的感应电动势。

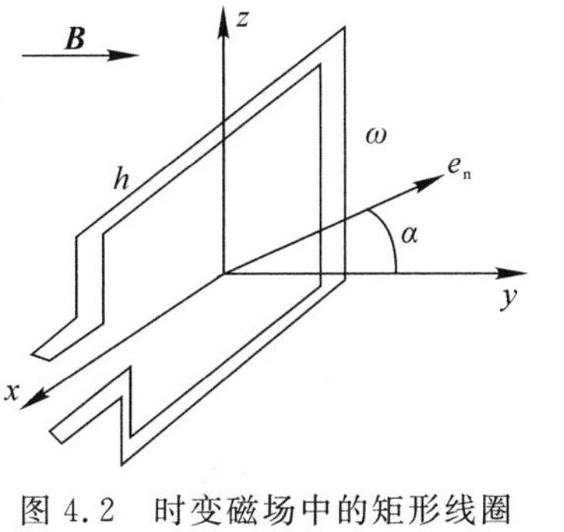

图 4.2　时变磁场中的矩形线圈

解：(1) 线圈静止时，利用式(4.4)有

$$\Phi = \int_S \boldsymbol{B} \cdot \mathrm{d}\boldsymbol{S} = \boldsymbol{e}_y B_0 \sin\omega t \cdot \boldsymbol{e}_n h\omega = B_0 S\sin\omega t\cos\alpha$$

$$\psi_{静} = -\frac{\mathrm{d}\Phi}{\mathrm{d}t} = -\omega B_0 S\cos\omega t\cos\alpha$$

(2) 当线圈以角频率 ω 逆时针旋转时，仍然利用式(4.4)，但这时不但磁场随时间变化，而且线圈平面在与磁场方向垂直的面上投影也是个变量，所以这时的磁通量为

$$\Phi = \boldsymbol{B}(t) \cdot [\boldsymbol{e}_n(t)S] = B_0 S\sin\omega t\cos\alpha$$

将 $\alpha=\omega t$(设 $t=0$ 时，$\alpha=0$)代入可得：

$$\Phi = B_0 S\sin\omega t\cos\omega t$$

所以

$$\psi_{动} = -\frac{\mathrm{d}\Phi}{\mathrm{d}t} = -\omega B_0 S\cos 2\omega t$$

4.1.2 全电流定律

在静电场中，我们得到了静态场的安培环路定律，即 $\int_C \boldsymbol{H} \cdot \mathrm{d}\boldsymbol{l} = \int_S \boldsymbol{J} \cdot \mathrm{d}\boldsymbol{S}$，其中 C 是静磁场中的一条路径，S 是由 C 限定的任意曲面。这一在静态场中得到的方程，在时变场中是否还适用呢？为此，考察一个电容器充电放电的简单电路，并研究电容器在充放电过程中电流和磁场的关系。

如图 4.3 所示，设电容器的介质是理想介质，因而电容器基板中不可能有传导电流和运流电流。当开关接通的瞬间，导线中有电流向电容器充电并在空间建立磁场。应用安培环路定律，若选取由闭合路径 C 所限定的曲面 S_1 与导线相交，则有 $\int_C \boldsymbol{H} \cdot \mathrm{d}\boldsymbol{l} = \int_{S_1} \boldsymbol{J} \cdot \mathrm{d}\boldsymbol{S} = i_c$，其中 i_c 为导线中的传导电流。由于 C 所限定的曲面有无穷多个，我们可以异于 S_1 另选一个曲面 S_2，它不与导线相交而通过两极板间的区域，这时运用安培环路定律，将得到 $\oint_C \boldsymbol{H} \cdot \mathrm{d}\boldsymbol{l} = 0$。这样，磁场强度沿同一闭合回路的线积分出现了两种不同情况，这就证明了安培环路定律用于时变场时会产生矛盾。

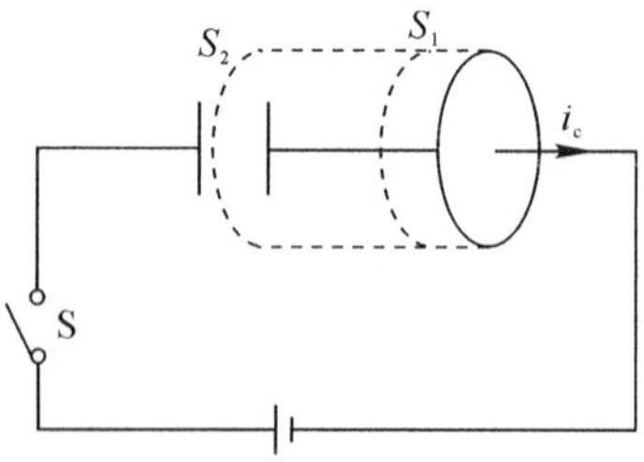

图 4.3 位移电流

麦克斯韦首先发现并从理论上解决了这一矛盾，它反映了恒定电流条件下的安倍环路定理与时变条件下的电荷守恒定律之间的矛盾。安倍环路定律 $\nabla\times\boldsymbol{H}=\boldsymbol{J}$ 要求 $\nabla\cdot\boldsymbol{J}=\nabla\cdot\nabla\times\boldsymbol{H}=0$，而电流连续性方程要求 $\nabla\cdot\boldsymbol{J}=-\frac{\partial\rho}{\partial t}$，两者是矛盾的。怎样解决这一矛盾呢？电荷守

恒定律是普遍正确的，如果假设高斯定理在时变场中仍然适用，即把$\nabla \cdot \boldsymbol{D}=\rho$推广用于时变场，则电场连续性方程变为

$$\nabla \cdot \boldsymbol{J}+\frac{\partial \rho}{\partial t}=\nabla \cdot \boldsymbol{J}+\frac{\partial}{\partial t}\nabla \cdot \boldsymbol{D}=0$$

即

$$\nabla \cdot \left(\boldsymbol{J}+\frac{\partial \boldsymbol{D}}{\partial t}\right)=0$$

这时，如果用$\boldsymbol{J}+\frac{\partial \boldsymbol{D}}{\partial t}$矢量取代安倍环路定律中的$\boldsymbol{J}$，即得

$$\nabla \times \boldsymbol{H}=\boldsymbol{J}+\frac{\partial \boldsymbol{D}}{\partial t} \tag{4.7}$$

此方程与电流连续性方程是相容的。如果对式(4.7)两边取散度预算，就可以得到电流连续性方程，对安倍环路定律在时变条件下的推广得到的式(4.7)，解决了恒定电流条件下的安倍定律与时变条件下的安培定律之间的矛盾。式(4.7)的积分形式为

$$\oint_C \boldsymbol{H} \cdot \mathrm{d}\boldsymbol{l} = \int_S \left(\boldsymbol{J} + \frac{\partial \boldsymbol{D}}{\partial t}\right) \cdot \mathrm{d}\boldsymbol{S} \tag{4.8}$$

其中，S是闭合曲线C所限定的曲面。如果取

$$\boldsymbol{J}_{\mathrm{d}}=\frac{\partial \boldsymbol{D}}{\partial t} \tag{4.9}$$

即得到位移电流密度的表达式，其单位为安/米^2(A/m^2)。由式(4.6)知，传导电流密度$\boldsymbol{J}$和$\boldsymbol{J}_{\mathrm{d}}$有相同的数值，并且将式(4.8)用于解决电容器充放电问题时，无论是曲面S_1还是S_2都会得到相同的结果，这样原来的矛盾就解决了，从而也就验证了式(4.9)就是位移电流的表达式。安培环路定律的推广式(4.7)和式(4.8)在时变条件下也是正确的，我们把式(4.7)和式(4.8)均称为时变场的全电流定律。

当电位移矢量不随时间变化时，即$\frac{\partial \boldsymbol{D}}{\partial t}=0$，全电流定律又回到静态场中的安培环路定律。在时变场中的高斯定律$\nabla \cdot \boldsymbol{D}=\rho$不必作任何改动，也不会产生新的矛盾，即高斯定律适用于时变场。

位移电流是麦克斯韦以假说的形式提出来的，反映出变化的电场要产生磁场。位移电流的表达式纯粹是数学推导而得，不能直接用实验测出，但在这个假说基础上麦克斯韦所阐明的电磁现象的规律性都得到了实验的证实，说明麦克斯韦的假说是正确的。

例 4.2　海水的电导率为 4 S/m，ε_r为 81，求当$f=1$ MHz 时，位移电流同传导电流的比值。

解：假设海水中电场是正弦变化的，即

$$E=E_{\mathrm{m}}\cos\omega t$$

位移电流密度为

$$\frac{\partial D}{\partial t}=-\omega\varepsilon_r\varepsilon_0 E_{\mathrm{m}}\sin\omega t$$

其振幅值为

$$J_{\mathrm{dm}}=\omega\varepsilon_r\varepsilon_0 E_{\mathrm{m}}=2\pi\times 10^6\times 81\times\frac{1}{4\pi\times 9\times 10^9}E_{\mathrm{m}}=4.5\times 10^{-3}E_{\mathrm{m}}(\mathrm{A/m^2})$$

传导电流密度为

$$J_c = \sigma E_m \cos\omega t$$

振幅为

$$J_{cm}\sigma E_m = 4E_m$$

故

$$\frac{J_{cm}}{J_{dm}} = 1.125 \times 10^{-3}$$

在电介质中有

$$\boldsymbol{D} = \varepsilon_0 \boldsymbol{E} + \boldsymbol{P}$$

则位移电流密度为

$$J_d = \frac{\partial \boldsymbol{D}}{\partial t} = \varepsilon_0 \frac{\partial \boldsymbol{E}}{\partial t} + \frac{\partial \boldsymbol{P}}{\partial t}$$

此式说明位移电流有两个来源：第一项是由电场随时间变化产生的，它仅仅表示电场随时间的变化，并不对应任何带电质点的运动；第二项是电介质极化后电矩的变化产生的。

4.2 麦克斯韦方程组

麦克斯韦电磁理论的基础是电磁学的三大实验定律，即库仑定律、毕奥-萨伐尔定律和法拉第电磁感应定律。这三个实验是在各自的特定条件下总结出来的，它们仅分别适用于静电场、静磁场和缓慢变化的电磁场，不具有普遍适用性。但是，这些从实验结果总结出来的规律为麦克斯韦的理论概括提供了不可或缺的基础。

麦克斯韦在其宏观电磁理论的建立过程中提出的科学假设可归纳为两个基本假设和其他一些假设。第一个基本假设是关于位移电流的假设。麦克斯韦提出，变化的电场也是一种电流(称之为位移电流)，也要产生磁场。这一假设揭示了时变电场要产生磁场。第二个基本假设是关于有旋电场的假设。麦克斯韦提出，变化的磁场要产生感应电场，这个感应电场也像库仑电场一样对电荷有力的作用，但它移动电荷一周所做的功不为 0，因而它不是位场(无旋场)，而是有旋场。这一假设揭示了时变磁场要产生电场。麦克斯韦的另一些假设是：由库仑定律直接得出的高斯定律在时变条件下是成立的；由毕奥-萨伐尔定律直接导出的磁通连续性原理在时变条件下也是成立的。

综上所述，麦克斯韦在前人实验结果的基础上，考虑随时间变化的因素，提出科学的假设和符合逻辑的分析，于 1864 年归纳总结出了麦克斯韦方程组。

4.2.1 麦克斯韦方程组的积分形式

麦克斯韦方程组的积分形式描述的是一个大范围内(任意闭合面或闭合曲线所占的空间范围)场与场源(电荷电流以及时变的电场和磁场)相互之间的关系。

麦克斯韦第一方程：

$$\oint_C \boldsymbol{H} \cdot d\boldsymbol{l} = \int_S \boldsymbol{J} \cdot d\boldsymbol{S} + \int_S \frac{\partial \boldsymbol{D}}{\partial t} \cdot d\boldsymbol{S} \tag{4.10}$$

其含义是磁场强度沿任意闭合曲线的环量等于穿过以该闭合曲线为周界的任意曲面的传导

电流和位移电流之和。

麦克斯韦第二方程组：

$$\oint_C \boldsymbol{E} \cdot \mathrm{d}\boldsymbol{l} = -\int_S \frac{\partial \boldsymbol{B}}{\partial t} \cdot \mathrm{d}\boldsymbol{S} \tag{4.11}$$

其含义是电场强度沿任意闭合曲线的环量等于穿过以该闭合曲线为周界的任一曲面的磁通量变化率的负值。

麦克斯韦第三方程：

$$\oint_S \boldsymbol{B} \cdot \mathrm{d}\boldsymbol{S} = 0 \tag{4.12}$$

其含义是穿过任意闭合曲面的磁感应强度的通量恒等于 0。

麦克斯韦第四方程：

$$\oint_S \boldsymbol{D} \cdot \mathrm{d}\boldsymbol{S} = \int_V \rho \mathrm{d}V \tag{4.13}$$

其含义是穿过任意闭合曲面的电位移的通量等于该闭合面所包围的自由电荷的代数和。

4.2.2　麦克斯韦方程组的微分形式

麦克斯韦方程组的微分形式（又称为点函数形式）描述的是空间任意一点场的变化规律。按前述顺序依次为

$$\nabla \times \boldsymbol{H} = \boldsymbol{J} + \frac{\partial \boldsymbol{D}}{\partial t} \tag{4.14}$$

$$\nabla \times \boldsymbol{E} = -\frac{\partial \boldsymbol{B}}{\partial t} \tag{4.15}$$

$$\nabla \cdot \boldsymbol{B} = 0 \tag{4.16}$$

$$\nabla \cdot \boldsymbol{D} = \rho \tag{4.17}$$

式(4.14)表明，时变磁场不仅由传导电流产生，也由位移电流产生。位移电流代表电位移的变化率，因此该式揭示的是时变电场产生时变磁场。式(4.15)表明，时变磁场产生时变电场。式(4.16)表明，磁通永远是连续的，磁场是无散度场。式(4.17)表明，空间任意一点若存在正电荷体密度，则该点发出电位移线；若存在负电荷体密度，则电位移线汇聚于该点。

麦克斯韦对宏观电磁理论的重大贡献是预言了电磁波的存在。这个伟大的预言后来被著名的“赫兹实验”证实，从而为麦克斯韦宏观电磁理论的正确性提供了有力的证据。

4.2.3　媒质的本构关系

当有媒质存在时，式(4.14)～式(4.17)尚不够完备，因此需补充描述媒质特性的方程。对于线性和各向同性的媒质，这些方程是

$$\boldsymbol{D} = \varepsilon \boldsymbol{E} \tag{4.18}$$

$$\boldsymbol{B} = \mu \boldsymbol{H} \tag{4.19}$$

$$\boldsymbol{J} = \sigma \boldsymbol{E} \tag{4.20}$$

称为媒质的本构关系，也称为电磁场的辅助方程。

将式(4.18)～式(4.20)代入式(4.14)～式(4.17)，可得到用场矢量 $\boldsymbol{E}$、$\boldsymbol{H}$ 表示的方程组如下：

$$\nabla\times\boldsymbol{H}=\sigma\boldsymbol{E}+\varepsilon\frac{\partial\boldsymbol{E}}{\partial t} \tag{4.21}$$

$$\nabla\times\boldsymbol{E}=-\mu\frac{\partial\boldsymbol{H}}{\partial t} \tag{4.22}$$

$$\nabla\cdot\boldsymbol{H}=0 \tag{4.23}$$

$$\nabla\cdot\boldsymbol{E}=\frac{\rho}{\varepsilon} \tag{4.24}$$

称为麦克斯韦方程组的限定形式，它适用于线性和各向同性的均匀媒质。

麦克斯韦方程组是麦克斯韦宏观电磁理论的一个具有创新的物理概念、严密的逻辑体系、正确的科学推理的数学表达式。利用麦克斯韦方程组，再加上辅助方程，原则上就可以求解各种宏观电磁场问题。在电磁波获得广泛应用的今天，更能体会法拉第、麦克斯韦、赫兹等科学家对人类社会进步做出的伟大贡献。

例 4.3 已知磁场各分量 $H_x=A_1\sin 4x\cos(\omega t-\beta y)$，$H_y=0$，$H_z=A_2\cos 4x\sin(\omega t-\beta y)$，求与空间磁场相应的位移电流(假设所涉及的空间是无源的)。

解： 因为所研究的空间为无源空间，所以传导电流密度 $\boldsymbol{J}=0$，麦克斯韦第一方程为

$$\nabla\times\boldsymbol{H}=\frac{\partial\boldsymbol{D}}{\partial t}=\boldsymbol{J}_{\mathrm{d}}$$

则对应于磁场的位移电流密度为

$$\boldsymbol{J}_{\mathrm{d}}=\nabla\times\boldsymbol{H}=\begin{bmatrix}\boldsymbol{e}_x & \boldsymbol{e}_y & \boldsymbol{e}_z\\ \dfrac{\partial}{\partial x} & \dfrac{\partial}{\partial y} & \dfrac{\partial}{\partial z}\\ H_x & 0 & H_z\end{bmatrix}=\frac{\partial H_z}{\partial y}\boldsymbol{e}_x+\left(\frac{\partial H_x}{\partial z}-\frac{\partial H_z}{\partial x}\right)\boldsymbol{e}_y-\frac{\partial H_x}{\partial y}\boldsymbol{e}_z$$

$$\begin{aligned}&=\frac{\partial}{\partial y}[A_2\cos 4x\sin(\omega t-\beta y)]\boldsymbol{e}_x-\frac{\partial}{\partial x}[A_2\cos 4x\sin(\omega t-\beta y)]\boldsymbol{e}_y\\&\quad-\frac{\partial}{\partial y}[A_1\sin 4x\cos(\omega t-\beta y)]\boldsymbol{e}_z\\&=-\beta A_2\cos 4x\cos(\omega t-\beta y)\boldsymbol{e}_x+4A_2\sin 4x\sin(\omega t-\beta y)\boldsymbol{e}_y\\&\quad-\beta A_1\sin 4x\sin(\omega t-\beta y)\boldsymbol{e}_z\end{aligned}$$

这就是相应的位移电流表达式。

例 4.4 在无源($\boldsymbol{J}=0$、$\rho=0$)的电介质($\sigma=0$)中，若已知矢量 $\boldsymbol{E}=\boldsymbol{e}_xE_{\mathrm{m}}\cos(\omega t-kz)$ V/m，式中的 E_{m} 为振幅、ω 为角频率、k 为相位常数。在什么条件下，$\boldsymbol{E}$ 才可能是电磁场的电场强度矢量？求出与 $\boldsymbol{E}$ 相对应的其他场矢量。

解： 只有满足麦克斯韦方程组的矢量才可能是电磁场的场矢量，因此，利用麦克斯韦方程组确定 $\boldsymbol{E}$ 可能是电磁场的电场强度矢量的条件。

由式(4.15)，得

$$\frac{\partial\boldsymbol{B}}{\partial t}=-\nabla\times\boldsymbol{E}=-\begin{vmatrix}\boldsymbol{e}_x & \boldsymbol{e}_y & \boldsymbol{e}_z\\ \dfrac{\partial}{\partial x} & \dfrac{\partial}{\partial y} & \dfrac{\partial}{\partial z}\\ E_x & E_y & E_z\end{vmatrix}=-\boldsymbol{e}_y\frac{\partial E_x}{\partial z}$$

$$=-\boldsymbol{e}_y\frac{\partial}{\partial z}[E_{\mathrm{m}}\cos(\omega t-kz)]=-\boldsymbol{e}_ykE_{\mathrm{m}}\sin(\omega t-kz)$$

对上式积分，得

$$\boldsymbol{B}=\boldsymbol{e}_y\frac{kE_{\mathrm{m}}}{\omega}\cos(\omega t-kz)$$

由 $\boldsymbol{B}=\mu\boldsymbol{H}$，得

$$\boldsymbol{H}=\boldsymbol{e}_y\frac{kE_{\mathrm{m}}}{\mu\omega}\cos(\omega t-kz)$$

由 $\boldsymbol{D}=\varepsilon\boldsymbol{E}$，得

$$\boldsymbol{D}=\boldsymbol{e}_x\varepsilon E_{\mathrm{m}}\cos(\omega t-kz)$$

以上各个场矢量都应满足麦克斯韦方程，将得到的 $\boldsymbol{D}$、$\boldsymbol{H}$ 代入式(4.14)，有

$$\nabla\times\boldsymbol{H}=\begin{vmatrix}\boldsymbol{e}_x & \boldsymbol{e}_y & \boldsymbol{e}_z\\ \dfrac{\partial}{\partial x} & \dfrac{\partial}{\partial y} & \dfrac{\partial}{\partial z}\\ H_x & H_y & H_z\end{vmatrix}=-\boldsymbol{e}_x\frac{\partial H_x}{\partial z}$$

$$=-\boldsymbol{e}_x\frac{k^2E_{\mathrm{m}}}{\mu\omega}\sin(\omega t-kz)$$

而

$$\frac{\partial\boldsymbol{D}}{\partial t}=\boldsymbol{e}_x\frac{\partial D_x}{\partial t}=-\boldsymbol{e}_x\varepsilon\omega E_{\mathrm{m}}\sin(\omega t-kz)$$

故

$$k^2=\omega^2\mu\varepsilon$$

即

$$k=\pm\omega\sqrt{\mu\varepsilon}$$

将 $\boldsymbol{D}$ 代入式(4.17)并注意到 $\rho=0$，得

$$\nabla\cdot\boldsymbol{D}=\frac{\partial D_x}{\partial x}+\frac{\partial D_y}{\partial y}+\frac{\partial D_z}{\partial z}=0$$

将 $\boldsymbol{B}$ 代入式(4.16)，得

$$\nabla\cdot\boldsymbol{B}=\frac{\partial B_x}{\partial x}+\frac{\partial B_y}{\partial y}+\frac{\partial B_z}{\partial z}=0$$

可见，只有满足条件 $k=\pm\omega\sqrt{\mu\varepsilon}$，矢量 $\boldsymbol{E}$ 以及与之相应的 $\boldsymbol{D}$、$\boldsymbol{B}$、$\boldsymbol{H}$ 才能是无源电介质中电磁场的场矢量。

4.3　电磁波与坡印廷矢量

电磁场是一种物质，具有能量。实验表明电磁场能量按一定方式分布于空间，并随着场的运动变化在空间传播。按照物理学中讨论过的自然界的普遍规律，不同形式的能量间可以相互转化并满足能量守恒定律。电磁能量的运动变化同样满足能量守恒原理。

单位时间内穿过与能量流动方向相垂直的单位面积的能量称为能流矢量，其方向为该点能量流动方向。

4.3.1　电磁波的产生

电磁波是由相同且互相垂直的电场与磁场在空间中衍生发射的震荡粒子波，是以波动

形式传播的电磁场，具有波粒二象性。电磁波是由同相振荡且互相垂直的电场与磁场在空间中以波的形式移动，其传播方向垂直于电场与磁场构成的平面。电磁波在真空中的速率固定，速度为光速。

电磁波伴随的电场方向、磁场方向、传播方向三者互相垂直，因此电磁波是横波。当其能跃迁过辐射临界点，便以光的形式向外辐射，此阶段波体为光子。太阳光是电磁波的一种可见的辐射形态，电磁波不依靠介质传播，在真空中的传播速度等同于光速。

从科学的角度来说，电磁波是一种能量，凡是高于绝对零度的物体都会释出电磁波，且温度越高，释放出电磁波的波长就越短。

1. 电磁波发现和产生

电磁波是电磁场的一种运动形态。电与磁可以说是一体两面，变化的电场会产生磁场(即电流会产生磁场)，变化的磁场则会产生电场。变化的电场和变化的磁场构成了一个不可分离的统一的场，这就是电磁场，而变化的电磁场在空间的传播形成了电磁波，电磁的变动就如同微风轻拂水面产生水波一般，因此被称为电磁波，也常称为电波。

电磁波首先由詹姆斯·麦克斯韦于 1865 年预测出来，而后由德国物理学家海因里希·赫兹于 1887 年至 1888 年间在实验中证实其存在。麦克斯韦推导出电磁波方程(一种波动方程)，它清楚地显示出电场和磁场的波动本质，因为电磁波方程预测的电磁波速度与光速的测量值相等，麦克斯韦推论光波也是电磁波。

2. 电磁波产生原理

例如：你将一根金属棒(天线)快速地循环连接电池的正负极，或者用一个电磁铁对其进行高速反复通电、断电，就可以分别以电场和磁场为初始源头向外辐射电磁波了。上述实验在理论上是可行的，但实际不会产生什么效果，因为手速变换太慢了，无线电波发射也就是这个原理，只是在设备应用中利用晶体管来代替你的手罢了。

电磁波的接收跟水波、声波之类是一样的，发射与接收完全是对称的。若你想亲自测试电磁波的原理，只需要有一根金属棒或一个电磁铁即可，这个空间电磁波就会在金属棒和线圈内感应出电压，产生的这个电压波形和空间内传输的电磁波波形是完全一致的，但幅度一般较小。

3. 电磁波的证实

(1) 在麦克斯韦发现电磁场理论多年后的 1888 年，德国物理学家赫兹第一次用实验证实了电磁波的存在。

(2) 赫兹测定了电磁波的波长和频率，得到电磁波的传播速度，证实这个速度等于光速。

(3) 赫兹还用实验证明，电磁波具有波的一切特性。

4.3.2 坡印廷矢量

坡印廷矢量(Poynting Vector)是指电磁场中的能流密度矢量。能流密度概念是 1884 年由 J. 坡印廷建立的，稍后 O. 亥维赛也独立得到。空间某处的电场强度为 $\boldsymbol{E}$，磁场强度为 $\boldsymbol{H}$，该处电磁场的能流密度为 $\boldsymbol{S}=\boldsymbol{E}\times\boldsymbol{H}$，方向由 $\boldsymbol{E}$ 和 $\boldsymbol{H}$ 按右手螺旋定则确定，沿电磁波的传播方向，大小为 $S=EH\sin\theta$，θ 为 $\boldsymbol{E}$ 和 $\boldsymbol{H}$ 的夹角，表示单位时间通过垂直单位面积的能量，单位为瓦/米^2。

将能量守恒原理用于电磁场一个闭合面包围的面积，就可导出用场量表示的电磁能量的守恒关系，即坡印廷定理以及能流矢量的表达式。假设闭合面 S 包围的体积 V 中无外加源，且介质是均匀和各向同性的，利用矢量恒等式

$$\nabla\cdot(\boldsymbol{E}\times\boldsymbol{H})=\boldsymbol{H}\cdot\nabla\times\boldsymbol{E}-\boldsymbol{E}\cdot\nabla\times\boldsymbol{H} \tag{4.25}$$

在上式右边代入麦克斯韦方程得

$$\nabla\cdot(\boldsymbol{E}\times\boldsymbol{H})=-\boldsymbol{H}\cdot\frac{\partial\boldsymbol{B}}{\partial t}-\boldsymbol{E}\cdot\frac{\partial\boldsymbol{D}}{\partial t}-\boldsymbol{J}\cdot\boldsymbol{E} \tag{4.26}$$

假设介质的参数不随时间改变，则有

$$\boldsymbol{H}\cdot\frac{\partial\boldsymbol{B}}{\partial t}=\mu\boldsymbol{H}\cdot\frac{\partial\boldsymbol{H}}{\partial t}=\boldsymbol{B}\cdot\frac{\partial\boldsymbol{H}}{\partial t}=\frac{1}{2}\left(\boldsymbol{H}\cdot\frac{\partial\boldsymbol{B}}{\partial t}+\boldsymbol{B}\cdot\frac{\partial\boldsymbol{H}}{\partial t}\right)=\frac{\partial}{\partial t}\left(\frac{1}{2}\boldsymbol{B}\cdot\boldsymbol{H}\right)=\frac{\partial}{\partial t}w_{\mathrm{m}} \tag{4.27}$$

$$\boldsymbol{E}\cdot\frac{\partial\boldsymbol{D}}{\partial t}=\varepsilon\boldsymbol{E}\cdot\frac{\partial\boldsymbol{E}}{\partial t}=\boldsymbol{D}\cdot\frac{\partial\boldsymbol{E}}{\partial t}=\frac{1}{2}\left(\boldsymbol{E}\cdot\frac{\partial\boldsymbol{D}}{\partial t}+\boldsymbol{D}\cdot\frac{\partial\boldsymbol{E}}{\partial t}\right)=\frac{\partial}{\partial t}\left(\frac{1}{2}\boldsymbol{D}\cdot\boldsymbol{E}\right)=\frac{\partial}{\partial t}w_{\mathrm{e}} \tag{4.28}$$

其中，w_{m} 和 w_{e} 分别是磁场能量密度和电场能量密度，而

$$\boldsymbol{J}\cdot\boldsymbol{E}=\sigma E^2=p_T \tag{4.29}$$

是单位体积中变为焦耳热能的效率，这时式(4.26)变为

$$\nabla\cdot(\boldsymbol{E}\times\boldsymbol{H})=-\frac{\partial}{\partial t}(w_{\mathrm{m}}+w_{\mathrm{e}})+p_T \tag{4.30}$$

将式(4.30)两边对体积 V 积分，得

$$\int_V\nabla\cdot(\boldsymbol{E}\times\boldsymbol{H})\mathrm{d}V=-\int_V\frac{\partial}{\partial t}(w_{\mathrm{m}}+w_{\mathrm{e}})\mathrm{d}V-\int_V p_T\mathrm{d}V \tag{4.31}$$

利用散度定理，得

$$\begin{aligned}-\oint_S(\boldsymbol{E}\times\boldsymbol{H})\cdot\mathrm{d}\boldsymbol{S}&=\frac{\mathrm{d}}{\mathrm{d}t}\int_V(w_{\mathrm{m}}+w_{\mathrm{e}})\mathrm{d}V+\int_V p_T\mathrm{d}V\\&=\frac{\mathrm{d}}{\mathrm{d}t}(W_{\mathrm{m}}+W_{\mathrm{e}})+P\end{aligned} \tag{4.32}$$

上式右边第一项是体积 V 内单位时间内电场和磁场能量的增加量；第二项是体积 V 内变为焦耳热的功率。根据能量守恒原理，左边的面积分就是经过闭合面 S 进入体积内的功率。式(4.32)称为坡印廷矢量。这一定理描述电磁能量守恒的规律。

式(4.32)中左边的面积分既然表示闭合面的电磁功率，则被积函数 $\boldsymbol{E}\times\boldsymbol{H}$ 就可以解释为垂直通过 A 上单位面积的电磁功率，写成

$$\boldsymbol{S}=\boldsymbol{E}\times\boldsymbol{H} \tag{4.33}$$

式中，$\boldsymbol{S}$ 称为坡印廷矢量，其单位为瓦/米^2（W/m^2）。在空间任意一点上，$\boldsymbol{S}$ 的方向表示该点功率流的方向，而其数值则是通过与能量流动方向垂直的单位面积的功率，因此又将 $\boldsymbol{S}$ 称为功率流密度矢量或能量密度。

坡印廷矢量主要用于时变场，但其作为通过单位面积的功率，也可用于静态场。事实上，令 $\frac{\mathrm{d}}{\mathrm{d}t}\to 0$，则式(4.32)变为

$$-\oint_S\boldsymbol{E}\times\boldsymbol{H}\cdot\mathrm{d}S=\int_V\boldsymbol{J}\cdot\boldsymbol{E}\mathrm{d}V=\int_V\sigma E^2\mathrm{d}V \tag{4.34}$$

上式说明，通过 S 面流入 V 中的功率等于 V 内消耗的功率。

4.3.3 波动方程

波动方程也称波方程(wave equations)，是由麦克斯韦方程组导出的，用于描述电磁场波动特征的一组微分方程，是一种重要的偏微分方程，主要描述自然界中的各种波动现象，包括横波和纵波，例如声波、水波和光波。波动方程抽象自声学、流体力学和电磁学领域，本书主要讨论电磁波的波动方程。

已知麦克斯韦方程组的微分形式如下(无源空间)：

$$\begin{cases} \nabla\times\boldsymbol{H}=\dfrac{\partial\boldsymbol{D}}{\partial t} & (1) \\ \nabla\times\boldsymbol{E}=-\dfrac{\partial\boldsymbol{B}}{\partial t} & (2) \\ \nabla\cdot\boldsymbol{B}=0 & (3) \\ \nabla\cdot\boldsymbol{D}=0 & (4) \end{cases}$$

且有 $\boldsymbol{B}=\mu\boldsymbol{H}$，$\boldsymbol{D}=\varepsilon\boldsymbol{E}$。

将(1)式两端取旋度得

$$\nabla\times(\nabla\times\boldsymbol{H})=\nabla\times\frac{\partial\boldsymbol{D}}{\partial t}=\nabla\times\varepsilon\frac{\partial\boldsymbol{E}}{\partial t} \tag{4.35}$$

矢量分析中的公式$\nabla\times(\nabla\times\boldsymbol{H})=\nabla(\nabla\cdot\boldsymbol{H})-\nabla^2\boldsymbol{H}=\nabla\left(\frac{1}{\mu}\nabla\cdot\boldsymbol{B}\right)-\nabla^2\boldsymbol{H}$。

将(3)式代入式(4.35)得

$$\nabla\times(\nabla\times\boldsymbol{H})=-\nabla^2\boldsymbol{H}$$

从而可得式(4.35)的另一种形式：

$$-\nabla^2\boldsymbol{H}=\nabla\times\left(\varepsilon\frac{\partial\boldsymbol{E}}{\partial t}\right)=\varepsilon\frac{\partial}{\partial t}(\nabla\times\boldsymbol{E})$$

将(2)式代入式(4.35)可得

$$-\nabla^2\boldsymbol{H}=-\mu\varepsilon\frac{\partial^2\boldsymbol{H}}{\partial t^2}$$

故得到

$$\nabla^2\boldsymbol{H}=\mu\varepsilon\frac{\partial^2\boldsymbol{H}}{\partial t^2} \tag{4.36}$$

同理，将麦克斯韦方程组中的(2)式两端取旋度，并加以简化，可得

$$\nabla^2\boldsymbol{E}=\mu\varepsilon\frac{\partial^2\boldsymbol{E}}{\partial t^2} \tag{4.37}$$

式(4.36)和式(4.37)都是波动方程，说明 $\boldsymbol{E}$ 和 $\boldsymbol{H}$ 都是以波动形式在空间传播的。

4.4 时谐场的概念与复数表示

4.4.1 时谐电磁场

随时间按正弦(或余弦)规律作简谐变化的电磁场，称为正弦电磁场或时谐电磁场。时

谐电磁场在实际中获得了最广泛的应用，如广播、电视和通信的载波，都是正弦电磁波。一些非简谐的电磁波可以通过傅里叶变换变换成正弦电磁波来研究，所以研究时谐电磁场问题是研究时变电磁场的基础。

在时变场情况下，电场和磁场不再是独立的。设电流 $\boldsymbol{J}$ 和电荷 ρ 分布在区域 V_0 内，在 V_0 以外的区域 V 中没有 ρ、$\boldsymbol{J}$ 源，如图 4.4 所示。

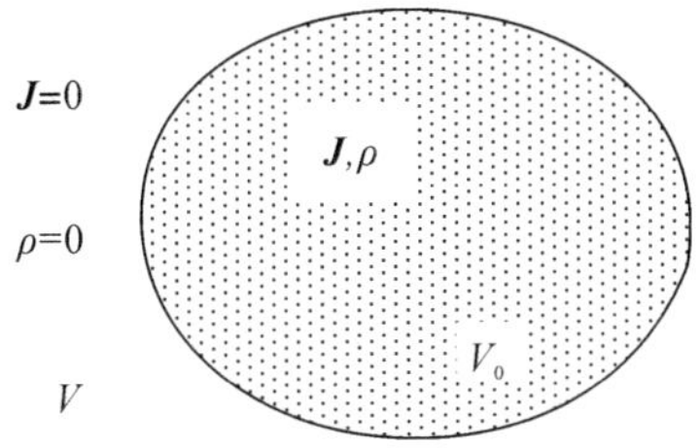

图 4.4　V 为无源区域，区域 V_0 含源 $\boldsymbol{J}$ 和 ρ

在无 ρ、$\boldsymbol{J}$ 源的区域 V 中，麦克斯韦方程组为

$$\begin{aligned} \nabla\times\boldsymbol{H}&=\frac{\partial\boldsymbol{D}}{\partial t}\\ \nabla\times\boldsymbol{E}&=-\frac{\partial\boldsymbol{B}}{\partial t}\\ \nabla\cdot\boldsymbol{B}&=0\\ \nabla\cdot\boldsymbol{D}&=0 \end{aligned}\tag{4.38}$$

可以看出，在无 ρ、$\boldsymbol{J}$ 源的区域 V 中，时变的电场要产生磁场，而时变的磁场也要产生电场。例如，雷达天线发射的电磁波就是在空中由于电场和磁场的相互激发，且由近及远传播所形成的。

4.4.2　时谐电磁场的复数表示

对时谐电磁场采用复数方法表示可使问题的分析得以简化。设 $u(\boldsymbol{r},t)$是一个以角频率 ω 随时间呈时谐变化的标量函数，其瞬时表示式为

$$u(\boldsymbol{r},t)=u_{\mathrm{m}}(\boldsymbol{r})\cos[\omega t+\varphi(\boldsymbol{r})]\tag{4.39}$$

式中，$u_{\mathrm{m}}(\boldsymbol{r})$为振幅，它仅为空间坐标的函数；$\omega$ 为角频率；$\varphi(\boldsymbol{r})$是与时间无关的初相位。

利用复数取实部表示方法，可将式(4.39)写成

$$u(\boldsymbol{r},t)=\mathrm{Re}[u_{\mathrm{m}}(\boldsymbol{r})\mathrm{e}^{\mathrm{j}\varphi(\boldsymbol{r})}\mathrm{e}^{\mathrm{j}\omega t}]=\mathrm{Re}[u(\boldsymbol{r})\mathrm{e}^{\mathrm{j}\omega t}]\tag{4.40}$$

式中

$$\dot{u}(\boldsymbol{r})=u_{\mathrm{m}}(\boldsymbol{r})\mathrm{e}^{\mathrm{j}\varphi(\theta)}$$

称为复振幅，或称为 $u(\boldsymbol{r},t)$的复数形式。为了区别复数形式与实数形式，这里用“·”的符号表示复数形式。在不引起混淆的情况下，“·”可以省去。

任意时谐矢量函数 $\boldsymbol{F}(\boldsymbol{r},t)$可分解为三个分量 $\boldsymbol{F}_i(\boldsymbol{r},t)(i=x,y,z)$，每一个分量都是时谐标量函数，即

$$\boldsymbol{F}_i(\boldsymbol{r},t)=\boldsymbol{F}_{i\mathrm{m}}(\boldsymbol{r})\cos[\omega t+\varphi_i(\boldsymbol{r})]\quad(i=x,y,z)\tag{4.41}$$

于是

$$\begin{aligned}\boldsymbol{F}_i(\boldsymbol{r},t)&=\boldsymbol{e}_xF_x(\boldsymbol{r},t)+\boldsymbol{e}_yF_y(\boldsymbol{r},t)+\boldsymbol{e}_zF_z(\boldsymbol{r},t)\\&=\mathrm{Re}\{[\boldsymbol{e}_xF_{x\mathrm{m}}(\boldsymbol{r})\mathrm{e}^{\mathrm{j}\varphi_x(\boldsymbol{r})}+\boldsymbol{e}_yF_{y\mathrm{m}}(\boldsymbol{r})\mathrm{e}^{\mathrm{j}\varphi_y(\boldsymbol{r})}+\boldsymbol{e}_zF_{z\mathrm{m}}(\boldsymbol{r})\mathrm{e}^{\mathrm{j}\varphi_z(\boldsymbol{r})}]\boldsymbol{e}^{\mathrm{j}\omega t}\}\\&=\mathrm{Re}[\boldsymbol{F}_\mathrm{m}(\boldsymbol{r})\mathrm{e}^{\mathrm{j}\omega t}]\end{aligned}\tag{4.42}$$

其中

$$\boldsymbol{F}_\mathrm{m}(\boldsymbol{r})=\boldsymbol{e}_xF_{x\mathrm{m}}(\boldsymbol{r})\mathrm{e}^{\mathrm{j}\varphi_x(\boldsymbol{r})}+\boldsymbol{e}_yF_{y\mathrm{m}}(\boldsymbol{r})\mathrm{e}^{\mathrm{j}\varphi_y(\boldsymbol{r})}+\boldsymbol{e}_zF_{z\mathrm{m}}(\boldsymbol{r})\mathrm{e}^{\mathrm{j}\varphi_z(\boldsymbol{r})}\tag{4.43}$$

式(4.42)称为时谐场矢量函数 $\boldsymbol{F}_i(\boldsymbol{r},t)$与复矢量$\boldsymbol{F}_\mathrm{m}(\boldsymbol{r})$的关系。对于给定的瞬时矢量，由式(4.42)可写出与之对应的复矢量；反之，给定一个复矢量，由式(4.42)也可写出与之对应的瞬时矢量。

必须注意，复矢量只是一种数学表示方式，它只与空间有关，而与时间无关。复矢量并不是真实的场矢量，真实的场矢量是与之相应的瞬时矢量，而且，只有频率相同的时谐场之间使用复矢量的方法进行运算。

例 4.5 将下列场矢量的瞬时值形式写为复数形式。

(1) $\boldsymbol{E}(z,t)=\boldsymbol{e}_xE_{x\mathrm{m}}\cos(\omega t-kz+\varphi_x)+\boldsymbol{e}_yE_{y\mathrm{m}}\sin(\omega t-kz+\varphi_y)$

(2) $\boldsymbol{H}(x,z,t)=\boldsymbol{e}_xH_0k\dfrac{a}{\pi}\sin\left(\dfrac{\pi x}{a}\right)\sin(kz-\omega t)+\boldsymbol{e}_yH_0k\cos\left(\dfrac{\pi x}{a}\right)\cos(kz-\omega t)$

解：(1) 由于

$$\begin{aligned}\boldsymbol{E}(z,t)&=\boldsymbol{e}_xE_{x\mathrm{m}}\cos(\omega t-kz+\varphi_x)+\boldsymbol{e}_yE_{y\mathrm{m}}\cos\left(\omega t-kz+\varphi_y-\frac{\pi}{2}\right)\\&=\mathrm{Re}[\boldsymbol{e}_xE_{x\mathrm{m}}\mathrm{e}^{\mathrm{j}(\omega t-kz+\varphi_x)}+\boldsymbol{e}_yE_{y\mathrm{m}}\mathrm{e}^{\mathrm{j}(\omega t-kz+\varphi_y-\frac{\pi}{2})}]\end{aligned}$$

根据式(4.43)，可知电场强度的复矢量为

$$\boldsymbol{e}_xE_{x\mathrm{m}}\mathrm{e}^{\mathrm{j}(-kz+\varphi_x)}+\boldsymbol{e}_yE_{y\mathrm{m}}\mathrm{e}^{\mathrm{j}(-kz+\varphi_y-\frac{\pi}{2})}=(\boldsymbol{e}_xE_{x\mathrm{m}}\mathrm{e}^{\mathrm{j}\varphi_x}-\boldsymbol{e}_y-E_{y\mathrm{m}}\mathrm{e}^{\mathrm{j}\varphi_y})\mathrm{e}^{-\mathrm{j}kz}$$

(2) 因为 $\cos(kz-\omega t)=\cos(\omega t-kz)$，则

$$\sin(kz-\omega t)=\cos\left(kz-\omega t-\frac{\pi}{2}\right)=\cos\left(\omega t-kz+\frac{\pi}{2}\right)$$

所以

$$\boldsymbol{H}_\mathrm{m}(x,z)=\boldsymbol{e}_xH_0k\left(\frac{a}{\pi}\right)\sin\left(\frac{\pi x}{a}\right)\mathrm{e}^{-\mathrm{j}kz+\mathrm{j}\pi/2}+\boldsymbol{e}_yH_0k\cos\left(\frac{\pi x}{a}\right)\mathrm{e}^{-\mathrm{j}kz}$$

4.4.3 亥姆霍兹方程

通过对旋度和散度的理解，一个矢量场 $\boldsymbol{F}$ 的散度(即$\nabla\cdot\boldsymbol{F}$)唯一地确定了场中任一点的通量源密度；矢量场 $\boldsymbol{F}$ 的旋度(即$\nabla\times\boldsymbol{F}$)唯一地确定了场中任一点的漩涡源密度。那么，如果仅仅知道矢量场 $\boldsymbol{F}$ 的散度，或仅仅知道矢量场 $\boldsymbol{F}$ 的旋度，或两者都已知时，能否唯一地确定这个矢量场呢？这是一个偏微分方程的定解问题。亥姆霍兹定理回答了这个问题。

亥姆霍兹定理的含义是：在有限区域 V 内的任一矢量场，由它的散度、旋度和边界条件(即限定区域 V 的闭合面 S 上矢量场的切向分量)唯一地确定，这就是亥姆霍兹定理。亥姆霍兹定理的意义重大，它说明了电磁场理论中的一条主线，就是要去研究区域 V 内电磁场矢量的散度、旋度和边界条件。

依据波动方程，将式(4.36)和式(4.37)中的电场 $\boldsymbol{E}$ 和磁场 $\boldsymbol{H}$ 表示为复数形式 $\mathrm{Re}[\boldsymbol{E}\mathrm{e}^{\mathrm{j}\omega t}]$和 $\mathrm{Re}[\boldsymbol{H}\mathrm{e}^{\mathrm{j}\omega t}]$，计算可得：

$$\nabla^2 \boldsymbol{E} = -\omega^2 \mu\varepsilon \boldsymbol{E} \tag{4.44a}$$

$$\nabla^2 \boldsymbol{H} = -\omega^2 \mu\varepsilon \boldsymbol{H} \tag{4.44b}$$

其中，$\omega^2\mu\varepsilon = k^2$，$k$ 是波数，∇是哈密顿算子。可将式(4.44)写成基本形式：

$$(\nabla^2 + k^2)\boldsymbol{A} = 0 \tag{4.45}$$

式中，$\boldsymbol{A}$ 是矢量振幅。

亥姆霍兹方程通常出现在同时存在空间和时间依赖的偏微分方程的物理问题研究中。例如，考虑波动方程：

$$\left(\nabla^2 - \frac{1}{c^2}\frac{\partial^2}{\partial t^2}\right)\boldsymbol{u}(\boldsymbol{r},\ t) = 0 \tag{4.46}$$

在假定 $\boldsymbol{u}(\boldsymbol{r},\ t)$是可分离变量情况下分离变量得：

$$\boldsymbol{u}(\boldsymbol{r},\ t) = \boldsymbol{A}(\boldsymbol{r})T(t) \tag{4.47}$$

将此形式代入波动方程，化简得到下列方程：

$$\frac{\nabla^2 \boldsymbol{A}}{\boldsymbol{A}} = \frac{1}{c^2 T}\frac{\partial^2 T}{\partial t^2} \tag{4.48}$$

注意，左边的表达式只取决于 $\boldsymbol{r}$，而右边的表达式只取决于 t。其结果是，当且仅当等式两边都等于恒定值时，该方程在一般情况下成立。从这一观察中，可以得到两个方程，一个是对 $\boldsymbol{A}(\boldsymbol{r})$的，一个是对 $T(t)$的：

$$\frac{\nabla^2 \boldsymbol{A}}{\boldsymbol{A}} = -k^2 \tag{4.49}$$

而

$$\frac{1}{c^2 T}\frac{\partial^2 T}{\partial t^2} = -k^2 \tag{4.50}$$

在不失一般性的情况下，选择 $-k^2$ 这个表达式作为这个常值。(使用任何常数 k 作为分离常数都同样有效，选择 $-k^2$ 只是为了求解方便)

调整式(4.49)，可以得到亥姆霍兹方程，见式(4.45)。

同样，在用 $\omega \overset{\text{定义}}{=} kc$ 进行代换后，式(4.50)成为

$$\frac{\mathrm{d}^2 T}{\mathrm{d}t^2} + \omega^2 T = \left(\frac{\mathrm{d}^2}{\mathrm{d}t^2} + \omega^2\right)T = 0 \tag{4.51}$$

其中，k 是分离常数波数，ω 是角频率。注意：现在有了空间变量 $\boldsymbol{A}(\boldsymbol{r})$的亥姆霍兹方程和一个 $T(t)$的二阶时间常微分方程，时间解是一个正弦函数和余弦函数的线性组合，而空间解的形式依赖于具体问题的边界条件。通常情况下，可以使用拉普拉斯变换或者傅里叶变换等将双曲的偏微分方程转化为亥姆霍兹方程的形式。

因为亥姆霍兹方程和波动方程的关系，其在物理学的电磁辐射、地震学和声学等相关研究领域里都有着广泛的应用。

习　题

4.1　由圆形极板构成的平行板电容器，间距为 d，其中介质是非理想的，电导率为 σ，介电常数为 ε，磁导率为 μ_0，当外加电压为 $u = U_m \sin(\omega t)$(V)时，忽略电容器边缘效应，试求电容器中任意点的位移电流密度和磁感应强度(假设变化的磁场产生的电场远小于外加

电压产生的电场)。

4.2　有一电荷(电量为 10^{-5} C)作圆周运动，其角速度为 1000 rad/s，圆周半径 r 为 1 cm，试求圆心处的位移电流密度。

4.3　一圆柱形电容器，内导体半径为 a，外导体内半径为 b，长为 L，外加正弦电压 $u=U_0\sin(\omega t)$，且 ω 不高，故电场分布与静电场情况相同。计算介质中的位移电流密度，以及穿过半径为 $r(0<r<b)$ 的圆柱表面的总电流。证明后者等于电容器引线中的传导电流。

4.4　证明麦克斯韦方程中包含了电荷守恒定律。

4.5　假设真空中的磁通量为

$$\boldsymbol{B}=\boldsymbol{e}_y\,10^{-2}\cos(6\pi\times10^8 t)\cos(2\pi z)\quad(\mathrm{T})$$

试求对应的位移电流密度。

4.6　(1) 证明真空中的麦克斯韦方程在以下的变换下保持不变：

$$\boldsymbol{E}'=\boldsymbol{E}\cos\theta+c\boldsymbol{B}\sin\theta$$

式中，$c=1/\sqrt{\mu_0\varepsilon_0}$。

(2) 证明总能量密度

$$\frac{1}{2}\varepsilon_0 E^2+\frac{1}{2\mu_0}B^2$$

在上述变换下保持不变。

4.7　试写出在无耗、线性、各向同性的非均匀媒质中用 $\boldsymbol{E}$ 和 $\boldsymbol{B}$ 表示的麦克斯韦方程组。

4.8　证明坡印廷矢量的瞬时值可以表示如下：

$$\boldsymbol{S}=\frac{1}{2}\mathrm{Re}[(\boldsymbol{E}\times\boldsymbol{H})^*+(\boldsymbol{E}\mathrm{e}^{\mathrm{j}\omega t})\times(\boldsymbol{H}\mathrm{e}^{\mathrm{j}\omega t})]$$

4.9　一个真空中存在的电磁场为

$$\boldsymbol{E}=\boldsymbol{e}_x\mathrm{j}E_0\sin kz$$

$$\boldsymbol{H}=\boldsymbol{e}_y\mathrm{j}\sqrt{\frac{\varepsilon_0}{\mu_0}}\cos kz$$

式中，$k=2\pi/\lambda=\omega/c$，λ 是波长。求 $z=0$，$\lambda/8$，$\lambda/4$ 时各点的坡印廷矢量的瞬时值和平均值。

4.10　已知正弦电磁场的电场瞬时值为 $\boldsymbol{E}=\boldsymbol{E}_1(z, t)+\boldsymbol{E}_2(z, t)$，其中

$$\boldsymbol{E}_1(z, t)=0.03\sin(10^8\pi t-kz)\boldsymbol{e}_x$$

$$\boldsymbol{E}_2(z, t)=0.04\cos\left(10^8\pi t-kz-\frac{\pi}{3}\right)\boldsymbol{e}_x$$

试求：

(1) 电场的复矢量；

(2) 磁场的复矢量和瞬时值。

第 5 章　平面电磁波

本章主要研究均匀平面电磁波随时间及空间变化的规律及特点，以及空间媒质的性质对电磁波传播的影响。本章首先给出了平面波的概念以及平面波的表示，进而讨论了波的极化，平面波在无耗、有耗媒质中的传输特点，以及平面波的反射和透射的规律。

5.1　均匀平面波

5.1.1　波的基本概念

为了更清楚地理解和掌握电磁波的内容，我们首先介绍关于波的一些基本概念。

（1）波动现象：当媒质空间某质点振动时，它会带动周围相邻质点振动。而相邻质点又会带动下一个相邻质点振动，如此下去就会使振动过程由振动起始点（波源）开始由近及远地进行下去，这种现象称为波动（如水波、声波等）。

（2）波：我们把在某一时间和空间出现的现象在另一时间和空间的重复出现定义为波，它有机械振动和电磁振动两种形式。描述波的参量通常有波长、周期、频率、相位、波速、波阻抗等。

（3）电磁波：电磁振动在空间的传播称为电磁波。电磁振动是指变化的磁场产生电场和变化的电场产生磁场的过程。

波在传播过程中，由波的等相位点构成的面称为等相位面，也叫作波前、波阵面。根据波前形状的不同，又把波分为平面波、球面波、柱面波等多种形式。

5.1.2　均匀平面波

我们把波前为平面的电磁波，称为平面波，如果平面波前上各点的电场强度和磁场强度的大小和方向都分别相同，则称为均匀平面波，这是一种理想情况，在实际工作中遇到的某些电磁波可以近似地当作平面波来处理。例如电偶极子辐射的电磁波，是一个球面波，而当球面的半径足够大时，在一个小范围内可以把球面近似地看成平面，近而作为平面波来处理。

选取直角坐标系，并令 z 轴垂直于平面波的波前，则 z 代表波的传播方向，如图 5.1 所示。

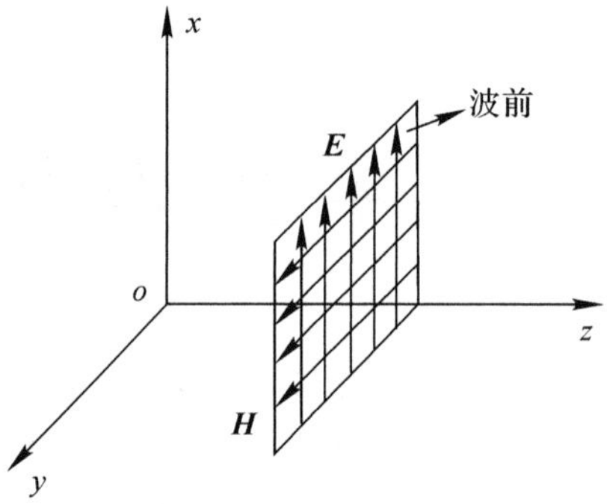

图 5.1　平面波

由平面波的定义，**E**、**H** 在 xoy 平面内均匀分布，故$\dfrac{\partial}{\partial x}=\dfrac{\partial}{\partial y}=0$，由第 4 章的麦克斯韦方程组式(4.14)与式(4.18)，可得

$$-\boldsymbol{e}_x\frac{\partial H_y}{\partial z}+\boldsymbol{e}_y\frac{\partial H_x}{\partial z}=\frac{\partial}{\partial t}(\boldsymbol{e}_x\varepsilon E_x+\boldsymbol{e}_y\varepsilon E_y+\boldsymbol{e}_z\varepsilon E_z) \tag{5.1}$$

即

$$\begin{cases}\dfrac{\partial H_y}{\partial z}=-\varepsilon\dfrac{\partial E_x}{\partial t} & (5.2a)\\[2ex] \dfrac{\partial H_x}{\partial z}=\varepsilon\dfrac{\partial E_y}{\partial t} & (5.2b)\\[2ex] 0=\varepsilon\dfrac{\partial E_z}{\partial t} & (5.2c)\end{cases}$$

由式(5.2c)可知，E_z只可能是一个和时间无关的常数，即一个不随时间而变化的恒定电场，故在讨论电磁波时，主要考虑时变场的场量，可以不考虑与时间无关的场量，则有

$$E_z=0 \tag{5.3}$$

即电场没有 z 方向(即传播方向)上的分量。

同理，由第 4 章的麦克斯韦方程组的式(4.15)与式(4.19)，可得

$$\boldsymbol{e}_x\left(-\frac{\partial E_y}{\partial z}\right)+\boldsymbol{e}_y\frac{\partial E_x}{\partial z}=-\frac{\partial}{\partial t}(\boldsymbol{e}_x\mu H_x+\boldsymbol{e}_y\mu H_y+\boldsymbol{e}_z\mu H_z) \tag{5.4}$$

即

$$\begin{cases}\dfrac{\partial E_y}{\partial z}=\mu\dfrac{\partial H_x}{\partial t} & (5.5a)\\[2ex] \dfrac{\partial E_x}{\partial z}=-\mu\dfrac{\partial H_y}{\partial t} & (5.5b)\\[2ex] 0=-\mu\dfrac{\partial H_z}{\partial t} & (5.5c)\end{cases}$$

由式(5.5c)可知，$H_z=0$，即磁场也没有 z 方向上的分量。

综上可见，均匀平面波在电磁波传播方向(z 方向)上，电磁场分量(E_z，H_z)均为零。我们把在传播方向上没有场分量的电磁波称为横电磁波，简称为 TEM 波。

将式(5.2)和式(5.5)两组独立的方程重列如下：

$$\begin{cases}\dfrac{\partial H_y}{\partial z}=-\varepsilon\dfrac{\partial E_x}{\partial t}\\[2mm]\dfrac{\partial E_x}{\partial z}=-\mu\dfrac{\partial H_y}{\partial t}\end{cases}\tag{5.6a}$$

$$\begin{cases}\dfrac{\partial H_x}{\partial z}=\varepsilon\dfrac{\partial E_y}{\partial t}\\[2mm]\dfrac{\partial E_y}{\partial z}=\mu\dfrac{\partial H_x}{\partial t}\end{cases}\tag{5.6b}$$

其中，组式(5.6a)表示了 E_x 和 H_y 间的联系；组式(5.6b)表示了 E_y 和 H_x 间的联系；两组方程形式类似，所以只对组式(5.6a)进行分析，同理组式(5.6b)可得到同组式(5.6a)类似的结果。

对组式(5.6a)消去 H_y，便得到

$$\frac{\partial^2 E_x}{\partial z^2}=\mu\varepsilon\frac{\partial^2 E_x}{\partial t^2}\tag{5.7}$$

这是关于 E_x 的一维波动方程，该方程的解为

$$E_x=E_{x1}\left(t-\frac{z}{v}\right)+E_{x2}\left(t+\frac{z}{v}\right)\tag{5.8}$$

式中，$v=\dfrac{1}{\sqrt{\mu\varepsilon}}$ 是一个与介质特性有关的常数；E_{x1} 和 E_{x2} 是取决于场源和边界情况的两个任意函数。将式(5.8)代入组式(5.6a)中，可求得 H_y 的解为

$$\begin{aligned}H_y&=-\varepsilon\int\frac{\partial E_x}{\partial t}\mathrm{d}z\\&=-\varepsilon\int\frac{\partial}{\partial t}\left[E_{x1}\left(t-\frac{z}{v}\right)+E_{x2}\left(t-\frac{z}{v}\right)\right]\mathrm{d}z\\&=-\varepsilon\int\left[\frac{\partial E_{x1}\left(t-\frac{z}{v}\right)}{\partial\left(t-\frac{z}{v}\right)}\frac{\partial\left(t-\frac{z}{v}\right)}{\partial t}+\frac{\partial E_{x2}\left(t+\frac{z}{v}\right)}{\partial\left(t+\frac{z}{v}\right)}\frac{\partial\left(t+\frac{z}{v}\right)}{\partial t}\right]\mathrm{d}z\\&=\varepsilon v\left[E_{x1}\left(t-\frac{z}{v}\right)-E_{x2}\left(t+\frac{z}{v}\right)\right]\\&=\sqrt{\frac{\varepsilon}{\mu}}\left[E_{x1}\left(t-\frac{z}{v}\right)-E_{x2}\left(t+\frac{z}{v}\right)\right]\\&=H_{y1}\left(t-\frac{z}{v}\right)+H_{y2}\left(t+\frac{z}{v}\right)\end{aligned}\tag{5.9}$$

由式(5.8)和式(5.9)及波的定义可知，$E_{x1}\left(t-\dfrac{z}{v}\right)$代表以速度 v 向 $+z$ 方向推进的波；而 $E_{x2}\left(t+\dfrac{z}{v}\right)$代表以速度 v 向 $-z$ 方向推进的波。图 5.2 所示的是向 $+z$ 方向推进的波的示意图。

在 t_1、t_2 两个不同时刻 $t_2>t_1$，当 $E_{x1}\left(t_1-\dfrac{z_1}{v}\right)=E_{x1}\left(t_2-\dfrac{z_2}{v}\right)$时，则有 $t_1-\dfrac{z_1}{v}=t_2-\dfrac{z_2}{v}$，$z_2-z_1=v(t_2-t_1)$，得波速 $v=\dfrac{z_2-z_1}{t_2-t_1}=\dfrac{\Delta z}{\Delta t}$。

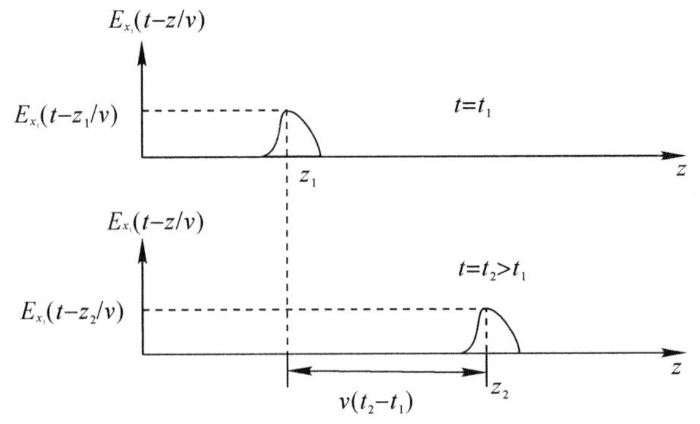

图 5.2　$E_{x1}\left(t_1-\frac{z_1}{v}\right)$向 $+z$ 方向推进示意图

平面波的特点可归纳如下：

(1) 电场和磁场都是沿 z 方向传播的波。

(2) 在波推进的方向上没有场的分量，而在与推进方向垂直的面上，$\boldsymbol{E}$、$\boldsymbol{H}$ 处处恒定。

(3) 无论是对 $+z$ 方向还是对 $-z$ 方向的波而言，其电场、磁场和传播方向三者互相垂直，并且 $\boldsymbol{E}$、$\boldsymbol{H}$ 和 v 之间成右手螺旋关系，如图 5.3 所示。

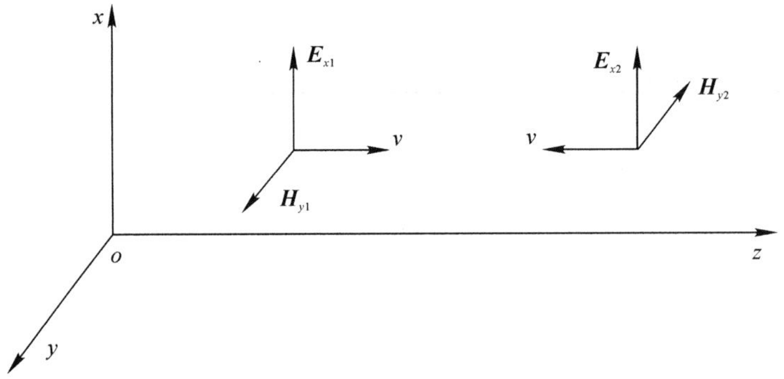

图 5.3　$\boldsymbol{E}$、$\boldsymbol{H}$ 和 v 之间的关系

(4) 在电场和磁场间，存在如下关系：

$$\frac{E_{x1}}{H_{y1}}=-\frac{E_{x2}}{H_{y2}}=\sqrt{\frac{\mu}{\varepsilon}}=\eta \tag{5.10}$$

式中，η 具有阻抗的量纲，表示介质的性质对电磁场关系的影响，所以称其为媒质的波阻抗或本征阻抗。

对真空而言，波速 v 和波阻抗 η 的值具体如下：

$$v=c=\frac{1}{\sqrt{\mu_0\varepsilon_0}}=3\times10^8\ \text{m/s}$$

$$\eta=\eta_0=\sqrt{\frac{\mu_0}{\varepsilon_0}}=120\pi\approx377\ \Omega$$

(5) 能量关系。以 $+z$ 方向的波为例，任意点的电场能量密度和磁场能量密度分别为

$$w_{e1}=\frac{1}{2}\varepsilon E_{x1}^2,\ w_{m1}=\frac{1}{2}\mu H_{y1}^2 \tag{5.11}$$

因 $H_{y1}=\frac{E_{x1}}{\eta}$，则有

$$w_{m1}=\frac{1}{2}\mu\left(\frac{E_{x1}}{\eta}\right)^2=\frac{1}{2}\mu\frac{E_{x1}^2}{\mu/\varepsilon}=\frac{1}{2}\varepsilon E_{x1}^2=w_{e1} \tag{5.12}$$

所以，电能密度和磁能密度相等。

坡印廷矢量的值为

$$\boldsymbol{S}=E_{x1}\boldsymbol{e}_x\times H_{y1}\boldsymbol{e}_y=\frac{1}{\eta}E_{x1}^2\boldsymbol{e}_z=\eta H_{y1}^2\boldsymbol{e}_z$$

因坡印廷矢量表示单位时间内穿过单位面积的能量，它等于能量密度和能量传播速度 v_e 的乘积，故有

$$\eta H_{y1}^2=\left(\frac{1}{2}\varepsilon E_{x1}^2+\frac{1}{2}\mu H_{y1}^2\right)v_e=\mu H_{y1}^2 v_e \tag{5.13}$$

所以

$$v_e=\frac{\eta}{\mu}=\frac{1}{\sqrt{\mu\varepsilon}}=v \tag{5.14}$$

可见，在理想介质中，均匀平面波的能速与波速相等。

5.1.3　平面波的表示

正弦电磁波就是电磁场按正弦规律变化的电磁波，这是电磁波最常见、使用最多的一种变化形式。

设 $E=\boldsymbol{e}_xE_x(z,t)=\boldsymbol{e}_xE_{xm}(z)\cos[\omega t+\varphi(z)]$，用复数(相量)形式表示如下：

$$\dot{\boldsymbol{E}}=\boldsymbol{e}_x\dot{E}_x(z)=\boldsymbol{e}_xE_{xm}e^{j\varphi(z)}$$

此时波动方程变为

$$\frac{d^2\dot{E}_x(z)}{dz^2}=-\omega^2\mu\varepsilon\dot{E}_x(z) \tag{5.15}$$

令 $k^2=\omega^2\mu\varepsilon$，则有

$$\frac{d^2\dot{E}_x(z)}{dz^2}+k^2\dot{E}_x(z)=0 \tag{5.16}$$

上式的解为

$$\dot{E}_x(z)=\dot{E}_{x1}e^{-jkz}+\dot{E}_{x2}e^{jkz} \tag{5.17}$$

对应的瞬时形式为

$$E_x(z,t)=E_{x1m}\cos(\omega t-kz+\varphi_1)+E_{x2m}\cos(\omega t+kz+\varphi_2) \tag{5.18}$$

式(5.18)是正弦平面波的表达式。第一项和第二项分别表示 $+z$ 方向和 $-z$ 方向传播的均匀平面波。

式(5.17)中的 $\dot{E}_{x1}$、$\dot{E}_{x2}$ 是复振幅常数，它的大小和相位取决于具体的场源情况和边界情况。k 表示场量传播单位长度相位变化的情况，称为相移常数。把 $\gamma=jk$ 定义为传播常数，因为波的传播特性与 jk 有关。

$$E_{x1}(z, t)=E_{x1m}\cos(\omega t-kz+\varphi_1) \tag{5.19}$$

$E_{x1}(z, t)$表示向$+z$方向传播的波，E_{x1m}称为振幅，$(\omega t-kz+\varphi_1)$称为相位，φ_1 称为初相位。我们定义波的等相位面移动的速度为相速，用 v_p 表示。若在 $t=t_1$ 时刻，相位为 $\varphi=\omega t_1-kz_1+\varphi_1$，到 $t=t_2$ 时刻，等相位点 φ 由 z_1 移动到了 z_2 处，此时 $\varphi=\omega t_2-kz_2+\varphi_2$，而由 $\omega t_1-kz_1+\varphi_1=\omega t_2-kz_2+\varphi_2$ 可得 $\omega(t_2-t_1)=k(z_2-z_1)$，即正弦电磁波在理想介质中的相速等于波速，也等于能速。

同时也可推出，正弦电磁波的 **E**、**H** 和 **v** 三者之间相互垂直，并符合右手螺旋关系，且 **E** 和 **H** 之间也有如下关系：

$$\frac{\dot{E}_{x1}}{\dot{H}_{y1}}=-\frac{\dot{E}_{x2}}{\dot{H}_{y2}}=\eta \tag{5.20}$$

如果将$\dot{E}_{x1}$取在 x 方向，$\dot{H}_{y1}$取在 y 方向，则随着时间 t 的推移，波将向$+z$ 方向传播，它们在空间的变化情况如图 5.4 所示。

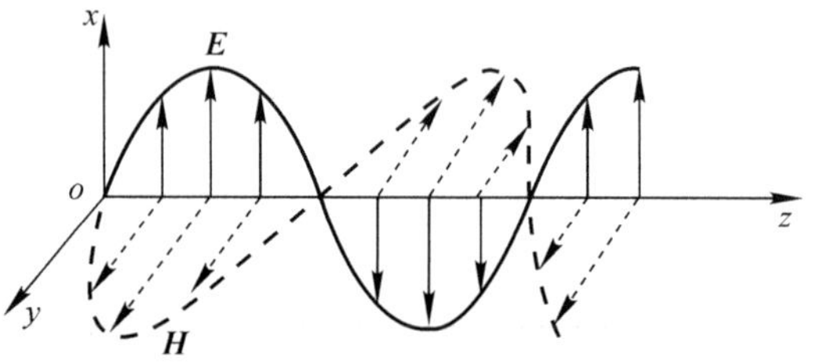

图 5.4　正弦电磁波的传播

5.2　波的极化

在电磁波传播过程中，波的极化是一个很重要的概念，对于分析电磁波的传播特性，指导我们在工程中更好地利用电磁波有重要的意义。

5.2.1　波的极化

极化是指电磁波中电场(磁场)的指向。在电磁波传播过程中，电场(磁场)指向的端点会描绘出不同的轨迹。我们把电场(磁场)矢量端点所描绘出的轨迹称为波的极化方式。根据电场(磁场)矢量端点所描绘出的轨迹不同，极化方式分为线极化、圆极化和椭圆极化三种形式。通常不加说明时，极化是指电场的指向。

极化方式(简称极化)是电磁波的一个重要特征，在天线的收发过程中，只有极化方式相同的天线之间才能互相有效地收发电磁波。

5.2.2　极化方式

1. 线极化

线极化是指电场矢量端点的轨迹为一条直线段的极化方式。

现假设有一均匀平面波在理想介质中传播，传播方向为 $+z$ 方向。一般情况下，电场应有 E_x 和 E_y 两个分量，当 E_x 和 E_y 同相或相位相差 180°时，电场方程可写为

$$\begin{cases} E_x = E_{xm}\cos(\omega t - kz + \varphi_0) \\ E_y = E_{ym}\cos(\omega t - kz + \varphi_0) \end{cases} \tag{5.21}$$

为方便起见，令 $\varphi_0 = 0$，此时有

$$\begin{cases} E_x = E_{xm}\cos(\omega t - kz) \\ E_y = E_{ym}\cos(\omega t - kz) \end{cases} \tag{5.22}$$

合成电场的瞬时大小为

$$E = \sqrt{E_x^2 + E_y^2} = \sqrt{E_{xm}^2 + E_{ym}^2}\cos(\omega t - kz) \tag{5.23}$$

合成电场的振幅 $E = \sqrt{E_{xm}^2 + E_{ym}^2}$，合成电场与 x 的夹角：

$$\alpha = \arctan\frac{E_y}{E_x} = \arctan\frac{E_{ym}}{E_{xm}} = 常数$$

可见合成电场端点的轨迹为一条直线段，因此称为线极化，如图 5.5 所示。故形成线极化的条件是电场两个分量的相位同相或相差 180°。若 $\boldsymbol{E} = \boldsymbol{e}_x E_x$，则称为 x 方向的线极化；若 $\boldsymbol{E} = \boldsymbol{e}_y E_y$，则称为 y 方向的线极化。

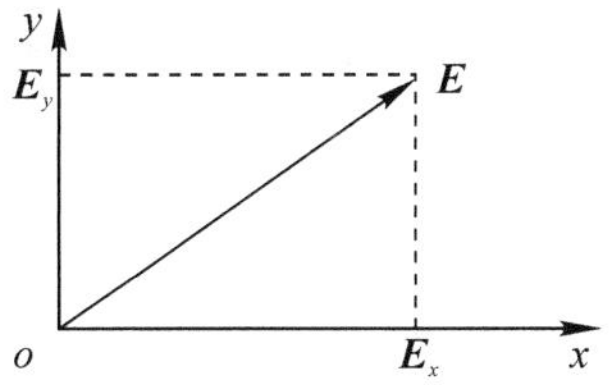

图 5.5 线极化

在工程中，常用水平极化和垂直极化来说明波的极化方式，这是以大地平面为水平面，电场矢量与大地平面平行的极化，称为水平极化；电场矢量与大地平面垂直的极化，称为垂直极化。

2. 圆极化

圆极化是指电场矢量端点轨迹为一个圆的极化方式。

考虑 E_x 和 E_y 两个分量的振幅相等、相位相差 ±90°的情况。可设

$$\begin{cases} E_x = E_m\cos(\omega t - kz) \\ E_y = E_m\cos(\omega t - kz \pm \pi/2) \end{cases} \tag{5.24}$$

由此可得合成电场大小如下：

$$E = \sqrt{E_x^2 + E_y^2} = E_m \tag{5.25}$$

合成电场与 x 轴的夹角为

$$\alpha = \arctan\frac{E_y}{E_x} = \arctan\frac{\cos\left(\omega t - kz \pm \dfrac{\pi}{2}\right)}{\cos(\omega t - kz)} = \mp(\omega t - kz) \tag{5.26}$$

可见，合成电场矢量的大小不随时间改变，但方向却随着时间改变，端点的轨迹为一

个圆，所以是圆极化，如图 5.6 所示。

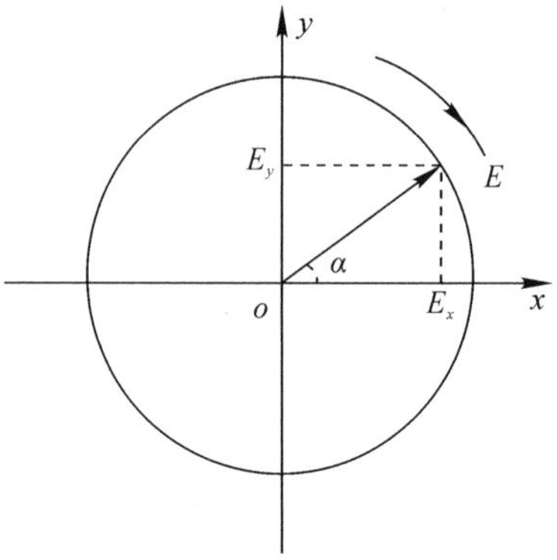

图 5.6　圆极化

对于圆极化而言，还有旋向问题。旋向是这样确定的：四指从超前分量转到落后分量，拇指指向波的传播方向，符合哪个手的螺旋规则，就称为什么旋向的圆极化。

在上面的分析中，若 $\varphi_x-\varphi_y=90°$，说明 E_x 超前 E_y，波又朝 $+z$ 方向传播，显然四指从 E_x 分量转到 E_y 分量，拇指指向 $+z$ 方向，是符合右手螺旋规则的，故是右旋圆极化波。

旋向对于圆极化波很重要，在收发天线之间，只有两个旋向相同的天线才能有效地收发电磁波，所以提到圆极化时，往往都要说明旋向。可见形成圆极化波的条件是：电场两分量的振幅要相等，相位相差 $\pm 90°$。

3. 椭圆极化

椭圆极化是指电场矢量端点的轨迹为一椭圆的极化方式。

一般情况，两电场分量的大小和相移均不相等，所以可设：

$$\begin{cases} E_x=E_{xm}\cos(\omega t-kz+\varphi) \\ E_y=E_{ym}\cos(\omega t-kz) \end{cases} \tag{5.27}$$

即两场量的振幅分别为 E_{xm}、E_{ym}，且 $E_{xm}\neq E_{ym}$，相位相差任意角度 φ。若令 $\omega t-kz=\psi$，则有

$$\begin{cases} \dfrac{E_x}{E_{xm}}=\cos(\psi+\varphi)=\cos\psi\cos\varphi-\cos\psi\sin\varphi \\ \dfrac{E_y}{E_{ym}}=\cos\psi \end{cases} \tag{5.28}$$

这是一个椭圆方程，故 $\boldsymbol{E}$ 的端点轨迹为一个椭圆，称为椭圆极化波。

椭圆极化是一种一般情况，它也有旋向问题，其旋向的判断方法同圆极化一样。线极化、圆极化可以看作椭圆极化的两个特例情况。

有时还要衡量椭圆极化的椭圆度问题，工程中通常用轴比来表示椭圆度。轴比一般是指椭圆的半短轴与半长轴的比值，如图 5.7 所示，其取值范围为 0～1。当轴比为 0 时，就退化为线极化；当轴比为 1 时，就是圆极化。

可见，形成椭圆极化的条件是：除了线极化、圆极化条件以外的其他各种条件的场量，就为椭圆极化波。实际工作中，真正意义上的圆极化波很难做到，或多或少都有一定的椭

圆度，所以轴比的大小就是衡量圆极化波是否达标的一个重要指标。

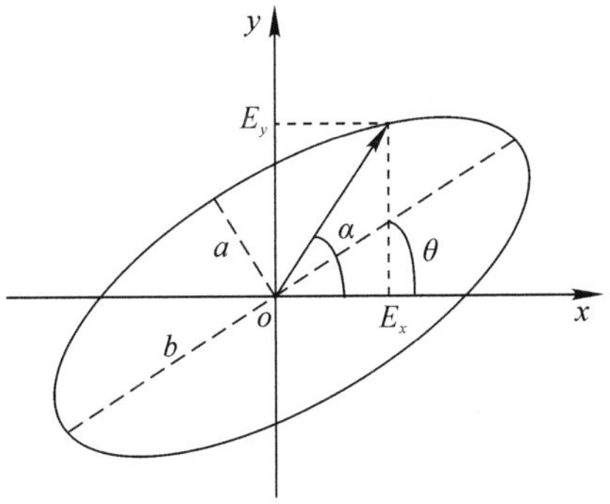

图 5.7　椭圆极化

5.3　媒质中的平面波

5.3.1　理想媒质中的平面波

在无源区的理想介质中，$\boldsymbol{J}=\boldsymbol{0}$，$\rho=0$，$\sigma=0$，ε、μ 均为实数，因此

$$\begin{cases}\varepsilon_e=\varepsilon \\ k=\omega(\mu\varepsilon)^{\frac{1}{2}}\end{cases} \tag{5.29}$$

电磁场的解为

$$\begin{cases}\boldsymbol{E}=\boldsymbol{E}_0\mathrm{e}^{-\mathrm{j}\boldsymbol{k}\cdot\boldsymbol{r}} \\ \boldsymbol{H}=\dfrac{1}{\omega\mu}\boldsymbol{k}\times\boldsymbol{E}\end{cases} \tag{5.30}$$

式中，$\boldsymbol{k}$ 为波矢量。令 $\boldsymbol{k}=\boldsymbol{e}_k k$，则 $\boldsymbol{k}\cdot\boldsymbol{r}=k\zeta$，$\zeta=\boldsymbol{e}_k\cdot\boldsymbol{r}$，电磁场的瞬时值可写为

$$\boldsymbol{E}(\boldsymbol{r},t)=\boldsymbol{E}_m\cos(\omega t-\boldsymbol{k}\cdot\boldsymbol{r}+\varphi)=\boldsymbol{E}_m\cos(\omega t-k\zeta+\varphi) \tag{5.31}$$

$$\boldsymbol{H}(\boldsymbol{r},t)=\boldsymbol{H}_m\cos(\omega t-k\zeta+\varphi)=\sqrt{\frac{\varepsilon}{\mu}}\boldsymbol{e}_k\times\boldsymbol{E}_m\cos(\omega t-k\zeta+\varphi) \tag{5.32}$$

这是沿 ζ 增加方向传播的 TEM 波，其等相位面为“$\zeta=\boldsymbol{e}_k\cdot\boldsymbol{r}=$常数”的平面，它垂直于 $\boldsymbol{e}_k$ 方向。在等相位面上，场的幅值也相等，因此是均匀平面波。

平面波阻抗

$$\eta=\frac{E}{H}=\sqrt{\frac{\mu}{\varepsilon}} \tag{5.33}$$

η 也称媒质的本征阻抗，在理想介质中 η 是实数。

能量密度的时间平均值为

$$\langle w\rangle=\langle w_e\rangle+\langle w_m\rangle \tag{5.34}$$

式中，$\langle w_e\rangle=\frac{1}{4}\varepsilon E_m^2$，为电能密度的时间平均值；$\langle w_m\rangle=\frac{1}{4}\mu H_m^2$，为磁能密度的时间平

均值。

由于$E_m/H_m=\sqrt{\mu/\varepsilon}$，因此$\langle w_e\rangle=\langle w_m\rangle$，于是

$$\langle w\rangle=\frac{1}{2}\varepsilon E_m^2=\frac{1}{2}\mu H_m^2 \tag{5.35}$$

能流密度的时间平均值为

$$\langle \boldsymbol{S}\rangle=\frac{1}{2}\mathrm{Re}(\boldsymbol{E}\times\boldsymbol{H}^*)=\frac{1}{2}\sqrt{\frac{\varepsilon}{\mu}}E_m^2\boldsymbol{e}_k=\langle w\rangle\boldsymbol{v} \tag{5.36}$$

式中，$\langle w\rangle$为能量密度的时间平均值；$\boldsymbol{v}=1/\sqrt{\mu\varepsilon}\boldsymbol{e}_k$，为电磁波的速度矢量。

5.3.2 损耗媒质中的平面波

电磁波在传播过程中，会遇到各种各样的媒质，前面讨论了均匀平面波在理想介质(即完纯介质)中的传播情况。但在实际工作过程中，理想介质是不存在的，所以我们必须研究一般媒质中平面波传播的特点，即损耗媒质中平面波的传播情况，进而讨论一种特殊的媒质——导体中的电磁波传播。

1. 波动方程

已知在完(全)纯(正)介质中，$\sigma=0$，为非导电媒质，则有

$$\nabla\times\boldsymbol{H}=\varepsilon\frac{\partial\boldsymbol{E}}{\partial t} \tag{5.37}$$

易得复数形式方程为

$$\nabla\times\boldsymbol{H}=\mathrm{j}\omega\varepsilon\boldsymbol{E} \tag{5.38}$$

在损耗媒质中，$\sigma\neq0$，为导电媒质。媒质中既存在位移电流，又存在传导电流，同理，从麦克斯韦方程的式(4.14)可得

$$\nabla\times\boldsymbol{H}=\mathrm{j}\omega\varepsilon\boldsymbol{E}+\boldsymbol{J}=\mathrm{j}\omega\varepsilon\boldsymbol{E}+\sigma\boldsymbol{E}=\mathrm{j}\omega\left(\varepsilon-\mathrm{j}\frac{\sigma}{\omega}\right)\boldsymbol{E} \tag{5.39}$$

将式(5.38)与式(5.39)相比较，可以把式(5.39)右边括号内的部分看成一等效介电常数，它是一复数，用ε_c表示，即

$$\nabla\times\boldsymbol{H}=\mathrm{j}\omega\varepsilon\boldsymbol{E}+\boldsymbol{J}=\mathrm{j}\omega\varepsilon_c\boldsymbol{E} \tag{5.40}$$

$$\varepsilon_c=\varepsilon-\mathrm{j}\frac{\sigma}{\omega} \tag{5.41}$$

将式(5.40)两边对时间求微分，可得

$$\nabla\times\mathrm{j}\omega\boldsymbol{H}=-\omega^2\varepsilon_c\boldsymbol{E} \tag{5.42}$$

另由麦克斯韦方程的式(4.15)得

$$\nabla\times\boldsymbol{E}=-\mathrm{j}\omega\mu\boldsymbol{H} \tag{5.43}$$

两边取旋度得

$$\nabla\times\nabla\times\boldsymbol{E}=-\mathrm{j}\omega\mu\,\nabla\times\boldsymbol{H} \tag{5.44}$$

将式(5.42)代入，得

$$\nabla\times\nabla\times\boldsymbol{E}=\omega^2\mu\varepsilon_c\boldsymbol{E} \tag{5.45}$$

由于$\nabla\times\nabla\times\boldsymbol{E}=\nabla\nabla\cdot\boldsymbol{E}-\nabla^2\boldsymbol{E}$，而$\nabla\cdot\boldsymbol{E}=0$，因此上式可简化为

$$\nabla^2\boldsymbol{E}=-\omega^2\mu\varepsilon_c\boldsymbol{E} \tag{5.46}$$

对于向$+z$方向传播的平面波，仍假定电场仅取在x方向，从而上式可简化为

$$\frac{\partial^2 E_x}{\partial z^2}=\gamma^2 E_x \tag{5.47}$$

式(5.47)为有耗媒质中的波动方程。式中，

$$\gamma^2=-\omega^2\mu\varepsilon_c=-\omega^2\mu\left(\varepsilon-\mathrm{j}\frac{\sigma}{\omega}\right) \tag{5.48}$$

式(5.47)的解之一是

$$E_x=E_m\mathrm{e}^{-\gamma z} \tag{5.49}$$

由式(5.48)可以看出，γ是一复数，令$\gamma=\alpha+\mathrm{j}\beta$，从而可得

$$E_x=E_m\mathrm{e}^{-\alpha z}\mathrm{e}^{-\mathrm{j}\beta z} \tag{5.50}$$

由式(5.48)还可解得

$$\gamma=\sqrt{-\omega^2\mu\left(\varepsilon-\mathrm{j}\frac{\sigma}{\omega}\right)}=\alpha+\mathrm{j}\beta \tag{5.51}$$

$$\begin{cases}\alpha=\omega\sqrt{\dfrac{\mu\varepsilon}{2}\left[\sqrt{1+\left(\dfrac{\sigma}{\omega\varepsilon}\right)^2}-1\right]}\\ \beta=\omega\sqrt{\dfrac{\mu\varepsilon}{2}\left[\sqrt{1+\left(\dfrac{\sigma}{\omega\varepsilon}\right)^2}+1\right]}\end{cases} \tag{5.52}$$

由式(5.50)可以看出，电场的振幅以因子$\mathrm{e}^{-\alpha z}$随z的增大而减小，α是表示每传递单位距离波振幅衰减程度的常数，所以称为电磁波的衰减常数。α的单位是奈培/米(Np/m)或分贝(dB/m)，二者的关系是1 Np/m＝8.686 dB/m；β的单位是弧度/度(rad/m)。β在相位因子$\mathrm{e}^{\mathrm{j}(\omega t-\beta z)}$中，$\beta$是表示每传播单位是距离波的相位滞后多少的常数，所以称为相移常数。$\gamma=\alpha+\mathrm{j}\beta$称为传播常数。

2. 传输特性

由相移常数β可求出导电媒质中平面电磁波的波长$\lambda=2\pi/\beta$，相速$v_p=\omega/\beta$，可见，v_p与ω是有关系的，说明在导电媒质中，不同频率的电磁波具有不同的相速。我们把相速随频率改变的现象，称为色散现象(色散效应)。这与完纯介质中的情形是不同的。

$$\nabla\times\boldsymbol{E}=\boldsymbol{e}_y\frac{\partial E_x}{\partial z}=\boldsymbol{e}_y\frac{\partial}{\partial z}E_m\mathrm{e}^{\mathrm{j}\omega t}\mathrm{e}^{-\gamma z}=-\boldsymbol{e}_y\gamma E_x=-\mathrm{j}\omega\mu\boldsymbol{H}$$

从而可得

$$\boldsymbol{H}=\boldsymbol{e}_y\frac{\gamma}{\mathrm{j}\omega\mu}E_x \tag{5.53}$$

本征波阻抗为

$$\eta_c=\frac{E_x}{H_y}=\mathrm{j}\frac{\omega\mu}{\gamma}=\sqrt{\frac{\mu}{\varepsilon_r}}=\frac{\eta}{\sqrt{1-\mathrm{j}\dfrac{\sigma}{\omega\varepsilon}}} \tag{5.54}$$

其中，$\eta_c=\sqrt{\mu/\varepsilon_r}$，可以看到导电媒质的本质波阻抗是一个复数，它说明电场与磁场在空间

上虽仍互相垂直，但在时间上有相位差。导电媒质中平面波的传播情况如图 5.8 所示。

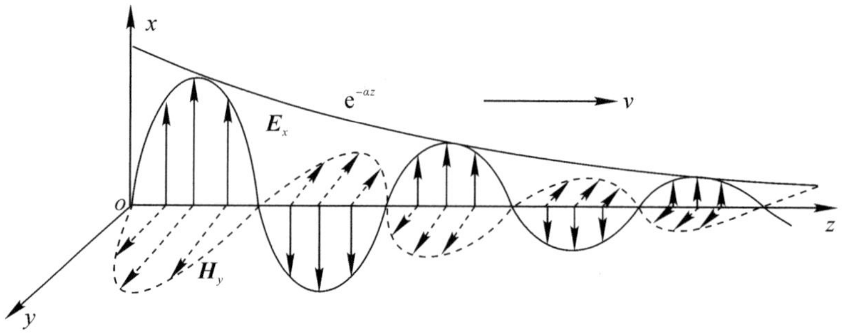

图 5.8 导电媒质中平面波的传播

同时，对于导电媒质(有损耗的介质)，$\varepsilon_e=\varepsilon-j\dfrac{\sigma}{\omega}$，我们把该复介电常数的复角称为媒质的损耗角，用 δ_e 表示。

$$\tan|\delta_e|=\frac{\sigma}{\omega\varepsilon} \tag{5.55}$$

称为损耗角正切。

5.3.3 良导体中的平面波

对于导体而言，σ 的值比较大，它也属于有耗媒质，其波动方程及其传播特性的分析同前述一样。但对于良导体而言，σ 非常大(一般都在 10^7 量级)，此时

$$\begin{cases}\gamma=\sqrt{-\omega^2\mu\left(\varepsilon-j\dfrac{\sigma}{\omega}\right)}=\alpha+j\beta \\ \alpha=\omega\sqrt{\dfrac{\mu\varepsilon}{2}\left[\sqrt{1+\left(\dfrac{\sigma}{\omega\varepsilon}\right)^2}-1\right]} \\ \beta=\omega\sqrt{\dfrac{\mu\varepsilon}{2}\left[\sqrt{1+\left(\dfrac{\sigma}{\omega\varepsilon}\right)^2}+1\right]}\end{cases} \tag{5.56}$$

式中，$\dfrac{\sigma}{\omega\varepsilon}\gg 1$，$\alpha$、$\beta$ 可以近似写为

$$\alpha\approx\beta\approx\sqrt{\frac{\omega\mu\sigma}{2}}=\sqrt{\pi f\mu\sigma} \tag{5.57}$$

本征波阻抗可近似写为

$$\eta_c\approx(1+j)\sqrt{\frac{\omega\mu}{2\sigma}}=(1+j)\sqrt{\frac{\pi f\mu}{\sigma}} \tag{5.58}$$

可见 α、β 的值相当大，即电磁波在良导体中仅能传播很近的一段距离，振幅就衰减完了，也就是说电磁波遇到良导体时，仅能进入导体表层很浅的一段距离。我们通常把透入导体内部的场强降为表面处场强的 1/e 所经过的距离，称为导体的趋肤深度(又叫集肤深度)，用 δ 表示，这种现象称为趋肤现象，如图 5.9 所示。

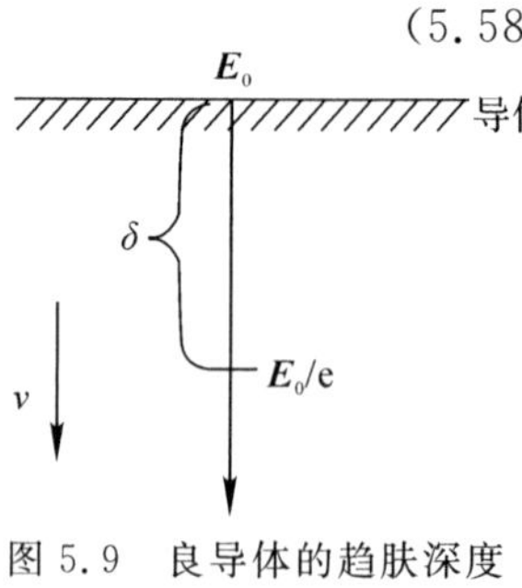

图 5.9 良导体的趋肤深度

设表面处的场强幅度为 E_0，经过 δ 距离透入导体内部后，场强的幅度为 $\frac{1}{e}E_0$，即相当于 $\alpha=-1$，即

$$e^{-\alpha\delta}=e^{-1}$$

$$\alpha\delta=1$$

$$\delta=\frac{1}{\alpha}=\frac{1}{\sqrt{\pi f\mu\sigma}} \tag{5.59}$$

例如紫铜，$\sigma=5.8\times10^7$ S/m，$\mu=\mu_0$ 在 $f=100$ MHz 时，$\delta=6.6$ μm，是一个很短的距离。由式(5.59)可以看出，频率愈高，δ 愈小，电磁波愈难进入导体的内部。换句话说，良导体对电磁波具有屏蔽效应，所以通常在无线电、电子设备中，各个高频元件差不多都是放在铜(或铝)制的屏蔽盒内，可以有效地抑制外来的电磁干扰。

通过式(5.58)可以看出，本质波阻抗为

$$\eta_c=\frac{E_x}{H_y}=(1+j)\sqrt{\frac{\pi f\mu}{\sigma}}=\sqrt{2}\sqrt{\frac{\pi f\mu}{\sigma}}e^{j\frac{\pi}{4}} \tag{5.60}$$

式(5.60)说明良导体中电场与磁场的相位不再同相，且二者的相位相差$\frac{\pi}{4}$。

令 $\eta_c=R_s+jX_s$，可见

$$R_s=X_s=\sqrt{\frac{\pi f\mu}{\sigma}}=\frac{1}{\sigma\delta} \tag{5.61}$$

$R_s=\frac{1}{\sigma\delta}$，表示厚度为 δ 的导体每平方米的电阻，X_s 称为导体的表面电抗；$\eta_c=R_s+jX_s$，称为表面阻抗，又称为导体的表面阻抗。如果电磁波经过空气入射到紫铜的表面，空气中 $\eta_0=377$ Ω，而紫铜在 $f=100$ MHz 时，$R_s=0.0026$ Ω，可见 R_s 比 η_0 要小得多。

表 5.1 列出了某些金属材料的趋肤深度和表面电阻。

表 5.1　某些金属材料的趋肤深度和表面电阻

材料名称	σ/(S/m)	δ/m	R_s/(Ω/m^2)
银	6.17×10^7	$0.064/\sqrt{f}$	$2.52\times10^7\sqrt{f}$
紫铜	5.8×10^7	$0.066/\sqrt{f}$	$2.61\times10^7\sqrt{f}$
铝	3.72×10^7	$0.0834/\sqrt{f}$	$3.26\times10^7\sqrt{f}$
钠	2.1×10^7	$0.11/\sqrt{f}$	
黄铜	1.6×10^7	$0.13/\sqrt{f}$	$5.01\times10^7\sqrt{f}$
锡	0.87×10^7	$0.17/\sqrt{f}$	
石墨	0.01×10^7	$1.6/\sqrt{f}$	

现将良导体中平面波的传输特点归纳如下：

(1) 由于良导体的 σ 很大，所以 α、β 也很大。由于相移常数 β 大，故相速 v_p 很小，从而波长 $\lambda=v_p/f$ 也很小。

(2) 由于衰减常数 α 大，故波在良导体中推进时衰减很快，只要经过很小一段距离，它的场强便衰减为表面值的百分之几。

(3) 由于 σ 很大，波阻抗的值很小，说明在良导体中的电磁场以磁场分量为主。

(4) 磁场能量 w_m 与电场能量 w_e 的比值为

$$\frac{w_m}{w_e}=\frac{\mu H}{\varepsilon E^2}=\frac{\sigma}{\omega\mu}\frac{\mu}{\varepsilon}=\frac{\sigma}{\omega\varepsilon}\gg 1 \tag{5.62}$$

故绝大部分能量为磁场能量。坡印廷矢量的平均值为

$$\boldsymbol{S}_{av}=\frac{1}{2}\mathrm{Re}(\boldsymbol{E}\times\boldsymbol{H}^*)=\boldsymbol{e}_z H_m^2\sqrt{\frac{\omega\mu}{2\sigma}} \tag{5.63}$$

5.4 平面波的反射与透射

实践中常常遇到电磁波在不同媒质分界面上发生反射和透射的现象。雷达就是利用电磁波照射到飞行体表面发生的反射或散射来探测和定位目标的；高速飞行的飞机上的雷达天线要加上介质天线罩以满足空气动力学的需要；现代隐身作战飞机利用电磁波照射到多层有耗介质“蒙皮”上被吸收以达到隐身目的……当电磁波从一种媒质投射到另一种媒质时，电磁波的一部分将进入第二种媒质中，而另一部分则被反射回来。两种媒质中的场应分别符合两种媒质的特性，这是前面学过的内容，并且在边界处符合边界条件，这是本节讨论问题的出发点。下面，我们将利用边界条件讨论两种或多种媒质存在时，垂直入射或斜入射到媒质分界面时，反射波、透射波和入射波之间的关系。

5.4.1 平面波的垂直入射

1. 平面电磁波由一种理想介质垂直入射到另一种理想介质

设分界面为无穷大平面，如图 5.10 所示。在分界面左方，既有原来入射的入射波(以下标 i 表示其有关分量)，又有反射波(以下标 r 表示其有关分量)。在分界面右方，只有透射波(以下标 t 表示其有关分量)。在垂直入射时，透射波的方向不变，又称传输波或折射波。

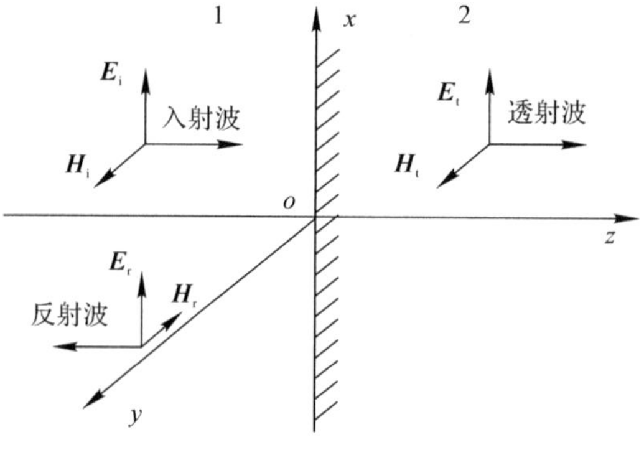

图 5.10　均匀平面波垂直入射到两种理想介质的分面界

设入射电场为 x 方向极化，入射波方向为 z 轴正方向。易知，入射波、反射波的场量可写作：

$$\begin{cases}\boldsymbol{E}_{\mathrm{i}}=\boldsymbol{e}_x E_{\mathrm{im}}\mathrm{e}^{-\mathrm{j}k_1 z}\\ \boldsymbol{H}_{\mathrm{i}}=\boldsymbol{e}_y H_{\mathrm{im}}\mathrm{e}^{-\mathrm{j}k_1 z}=\boldsymbol{e}_y\dfrac{E_{\mathrm{im}}}{\eta_1}\mathrm{e}^{-\mathrm{j}k_1 z}\end{cases}\tag{5.64}$$

$$\begin{cases}\boldsymbol{E}_{\mathrm{r}}=\boldsymbol{e}_x E_{\mathrm{rm}}\mathrm{e}^{\mathrm{j}k_1 z}\\ \boldsymbol{H}_{\mathrm{r}}=-\boldsymbol{e}_y H_{\mathrm{rm}}\mathrm{e}^{\mathrm{j}k_1 z}=-\boldsymbol{e}_y\dfrac{E_{\mathrm{rm}}}{\eta_1}\mathrm{e}^{\mathrm{j}k_1 z}\end{cases}\tag{5.65}$$

$$\begin{cases}\boldsymbol{E}_{\mathrm{t}}=\boldsymbol{e}_x E_{\mathrm{tm}}\mathrm{e}^{-\mathrm{j}k_2 z}\\ \boldsymbol{H}_{\mathrm{t}}=\boldsymbol{e}_y H_{\mathrm{tm}}\mathrm{e}^{-\mathrm{j}k_2 z}=\boldsymbol{e}_y\dfrac{E_{\mathrm{rm}}}{\eta_2}\mathrm{e}^{-\mathrm{j}k_2 z}\end{cases}\tag{5.66}$$

入射波的复振幅与波源有关，应认为其已知。下面应用边界条件确定反射波振幅、透射波振幅和入射波振幅的关系。

根据边界条件：$\boldsymbol{E}_{1\mathrm{t}}=\boldsymbol{E}_{2\mathrm{t}}$，$\boldsymbol{H}_{1\mathrm{t}}=\boldsymbol{H}_{2\mathrm{t}}$，可得

$$\begin{cases}(\boldsymbol{E}_{1\mathrm{i}}+\boldsymbol{E}_{1\mathrm{r}})\big|_{z=0}=\boldsymbol{E}_{\mathrm{t}}\big|_{z=0}\\ (\boldsymbol{H}_{1\mathrm{i}}+\boldsymbol{H}_{1\mathrm{r}})\big|_{z=0}=\boldsymbol{H}_{\mathrm{t}}\big|_{z=0}\end{cases}\tag{5.67}$$

即

$$\begin{cases}E_{\mathrm{im}}+E_{\mathrm{rm}}=E_{\mathrm{tm}}\\ \dfrac{E_{\mathrm{im}}}{\eta_1}-\dfrac{E_{\mathrm{rm}}}{\eta_1}=\dfrac{E_{\mathrm{tm}}}{\eta_2}\end{cases}\tag{5.68}$$

解(5.68)方程组，便得

$$\begin{cases}E_{\mathrm{rm}}=E_{\mathrm{im}}\dfrac{\eta_2-\eta_1}{\eta_2+\eta_1}\\ E_{\mathrm{tm}}=E_{\mathrm{im}}\dfrac{2\eta_2}{\eta_2+\eta_1}\end{cases}\tag{5.69}$$

为了表示反射和透射的程度，可引入反射系数 R 和传输系数 T。它们的定义和求得的结果为

$$\begin{cases}R=\dfrac{E_{\mathrm{r}}}{E_{\mathrm{i}}}\bigg|_{z=0}=\dfrac{\eta_2-\eta_1}{\eta_2+\eta_1}\\ T=\dfrac{E_{\mathrm{t}}}{E_{\mathrm{i}}}\bigg|_{z=0}=\dfrac{2\eta_2}{\eta_2+\eta_1}\end{cases}\tag{5.70}$$

当 $\eta_1=\eta_2$ 时，称为阻抗匹配。由式(5.70)可知，此时 $R=0$，$T=1$，故没有反射波，在媒质 1 中只有入射行波，它完全通过分界面成为媒质 2 中的透射行波。

由式(5.70)可知，两种理想介质分界面处电磁波的反射系数和透射系数只与两种介质的特性有关。也就是说，只要给定两种介质(ε, μ)，反射系数和透射系数可由式(5.70)求得而成为已知量。两种介质中的总电磁场可写为

$$\begin{cases}\boldsymbol{E}_1=\boldsymbol{E}_{\mathrm{i}}+\boldsymbol{E}_{\mathrm{r}}=\boldsymbol{e}_x E_{\mathrm{im}}(\mathrm{e}^{-\mathrm{j}k_1 z}+R\mathrm{e}^{\mathrm{j}k_1 z})\\ \boldsymbol{H}_1=\boldsymbol{H}_{\mathrm{i}}+\boldsymbol{H}_{\mathrm{r}}=\boldsymbol{e}_y\dfrac{E_{\mathrm{im}}}{\eta_1}(\mathrm{e}^{-\mathrm{j}k_1 z}-R\mathrm{e}^{\mathrm{j}k_1 z})\end{cases}\tag{5.71}$$

$$\begin{cases} \boldsymbol{E}_2=\boldsymbol{E}_{\rm t}=\boldsymbol{e}_x E_{\rm im} T \mathrm{e}^{-\mathrm{j}k_2 z} \\ \boldsymbol{H}_2=\boldsymbol{H}_{\rm t}=\boldsymbol{e}_y \dfrac{E_{\rm im} T}{\eta_2} \mathrm{e}^{-\mathrm{j}k_2 z} \end{cases} \tag{5.72}$$

以上讨论均以假定电场沿 x 方向极化为前提。如果电磁波为任意极化，请思考一下该如何求得两种介质中的总电磁场(假定入射电场 $\boldsymbol{E}_{\rm i}=(\boldsymbol{e}_x E_{x\rm m}+\boldsymbol{e}_y E_{y\rm m})\mathrm{e}^{-\mathrm{j}k_1 z}$ 为已知)。

2. 平面电磁波由理想介质垂直入射到理想导体表面

设入射电场为 x 方向极化，入射波方向为 z 轴方向。参考图 5.10，入射波、反射波的场量可写作：

$$\begin{cases} \boldsymbol{E}_{\rm i}=\boldsymbol{e}_x E_{\rm im} \mathrm{e}^{-\mathrm{j}k_1 z} \\ \boldsymbol{H}_{\rm i}=\boldsymbol{e}_y H_{\rm im} \mathrm{e}^{-\mathrm{j}k_1 z}=\boldsymbol{e}_y \dfrac{E_{\rm im}}{\eta} \mathrm{e}^{-\mathrm{j}k_1 z} \end{cases} \tag{5.73}$$

$$\begin{cases} \boldsymbol{E}_{\rm r}=\boldsymbol{e}_x R E_{\rm im} \mathrm{e}^{\mathrm{j}k_1 z} \\ \boldsymbol{H}_{\rm r}=-\boldsymbol{e}_y H_{\rm rm} \mathrm{e}^{\mathrm{j}k_1 z}=-\boldsymbol{e}_y \dfrac{R E_{\rm im}}{\eta} \mathrm{e}^{\mathrm{j}k_1 z} \end{cases} \tag{5.74}$$

由理想导体的边界条件可知，其切向电场分量为 0，故得

$$(\boldsymbol{E}_{\rm i}+\boldsymbol{E}_{\rm r})\big|_{z=0}=\boldsymbol{E}_{\rm t}\big|_{z=0}=0$$

所以

$$E_{\rm im}(1+R)=0$$

$$R=-1 \tag{5.75}$$

显然 $T=0$。可见透射波为 0，反射波的振幅和入射波振幅相等，电磁波完全被反射回去，这种现象称为全反射。此时在媒质 1 中，既有入射波又有反射波。

我们来研究一下合成电磁场的分布特点。媒质 1 中的合成电磁场为

$$\begin{cases} \boldsymbol{E}_1=\boldsymbol{E}_{\rm i}+\boldsymbol{E}_{\rm r}=\boldsymbol{e}_x E_{\rm im}(\mathrm{e}^{-\mathrm{j}k_1 z}+R\mathrm{e}^{\mathrm{j}k_1 z})=\boldsymbol{e}_x E_{\rm im}(\mathrm{e}^{-\mathrm{j}k_1 z}-\mathrm{e}^{\mathrm{j}k_1 z}) \\ \boldsymbol{H}_1=\boldsymbol{H}_{\rm i}+\boldsymbol{H}_{\rm r}=\boldsymbol{e}_y \dfrac{E_{\rm im}}{\eta_1}(\mathrm{e}^{-\mathrm{j}k_1 z}-R\mathrm{e}^{\mathrm{j}k_1 z})=\boldsymbol{e}_y \dfrac{E_{\rm im}}{\eta_1}(\mathrm{e}^{-\mathrm{j}k_1 z}+\mathrm{e}^{\mathrm{j}k_1 z}) \end{cases}$$

即

$$\begin{cases} \boldsymbol{E}_1=-\boldsymbol{e}_x \mathrm{j}2E_{\rm im}\sin k_1 z \\ \boldsymbol{H}_1=\boldsymbol{e}_y \dfrac{2E_{\rm im}}{\eta_1}\cos k_1 z \end{cases} \tag{5.76}$$

对应的瞬时表达式为

$$\begin{cases} \boldsymbol{E}_1=\boldsymbol{e}_x 2E_{\rm im}\sin k_1 z\cos\left(\omega t-\dfrac{\pi}{2}\right) \\ \boldsymbol{H}_1=\boldsymbol{e}_y 2\dfrac{E_{\rm im}}{\eta}\cos k_1 z\cos(\omega t) \end{cases} \tag{5.77}$$

由式(5.77)可见，场的相位和 z 无关，而振幅则是 z 的函数，即空间各点的场以不同的振幅作同相振动，有这种特点的波称为驻波。在某些点处($kz=-n\pi$，即 $z=\dfrac{-n\pi}{k}=-\dfrac{n\lambda}{2}$，$n=1, 2, 3, \cdots$)，电场强度恒等于零，这些点叫作电场波节；同时在这些点处，磁场强度的振幅最

大，这些点又称为磁场波腹。在另一些点处$\left(kz=-\frac{2n+1}{2}\pi\right.$，即 $\left.z=-\frac{2n+1}{4}\lambda=-\frac{n}{2}\lambda-\frac{\lambda}{4}\right)$电场强度幅值最大，这些点叫作电场波腹，同时又是磁场波节。

磁场波节、波腹的空间位置与电场强度波节、波腹的位置相差 $\lambda/4$。电场波腹处磁场是波节，电场波节处磁场是波腹。对于电场强度和磁场强度的瞬时分布，则还要分别乘以时间因子 $\cos\left(\omega t-\frac{\pi}{2}\right)$和 $\sin\omega t$。

最后，讨论一下驻波状态下的能量传输情况，因任一点电场强度和磁场强度的相位相差 90°，故坡印廷矢量的平均值为零，说明不发生能量传输。而且由于坡印廷矢量在波节处恒为零，故能量的交换过程也只能在 $\lambda/4$ 的空间范围内进行。

5.4.2 平面波的斜入射

本小节讨论一个任意极化的均匀平面波斜入射到两种完纯介质分界平面时的情况。介质分界面的法线方向和入射波能量传播方向构成的平面称为入射面。一个任意极化的入射平面波可以分解为电场垂直于入射面的垂直线极化波和电场平行于入射面的平行极化波。下面分别讨论这两种极化波的反射和透射特性，而任意极化波的反射和透射特性可以由叠加原理确定。

1. 垂直极化波(TE 波)

如图 5.11 所示，设垂直极化波斜入射到两种不同的完纯介质分界平面 $x=0$ 上，入射面为 xoz 平面，则入射波、反射波和透射波的电场强度可分别表示为

$$\begin{cases}\boldsymbol{E}_{\mathrm{i}}=\boldsymbol{e}_y E_0 \mathrm{e}^{-\mathrm{j}k r_{\mathrm{i}}}\\ \boldsymbol{E}_{\mathrm{r}}=\boldsymbol{e}_y R_{\perp} E_0 \mathrm{e}^{-\mathrm{j}k r_{\mathrm{r}}}\\ \boldsymbol{E}_{\mathrm{t}}=\boldsymbol{e}_y T_{\perp} E_0 \mathrm{e}^{-\mathrm{j}k r_{\mathrm{t}}}\end{cases} \tag{5.78}$$

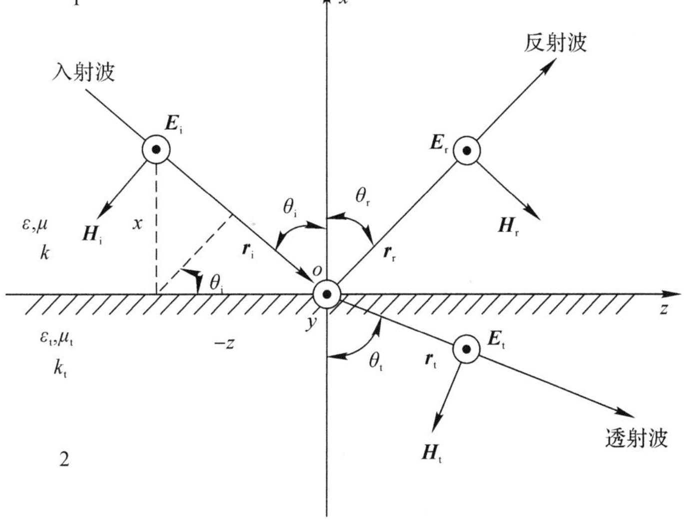

图 5.11 垂直极化波斜入射到两种不同完纯介质的分界面

式中，E_0 为入射波振幅，$R_\perp$ 为两种介质分界面 $x=0$ 处的振幅反射系数，$T_\perp$ 为透射系数。$R_\perp$ 和 $T_\perp$ 将由介质分界面处的边界条件确定。

由图可见

$$r_i=-(x\cos\theta_i-z\sin\theta_i)=-x\cos\theta_i+z\sin\theta_i$$

（想一想，上式括号前为什么加一负号？）

同理，有

$$r_r=x\cos\theta_r+z\sin\theta_r,\ r_t=-x\cos\theta_t+z\sin\theta_t$$

所以得

$$\begin{cases}\boldsymbol{E}_i=\boldsymbol{e}_yE_0\mathrm{e}^{-jkr_i}=\boldsymbol{e}_yE_0\mathrm{e}^{-jk(-x\cos\theta_i+z\sin\theta_i)}\\ \boldsymbol{E}_r=\boldsymbol{e}_yR_\perp E_0\mathrm{e}^{-jkr_r}=\boldsymbol{e}_yR_\perp E_0\mathrm{e}^{-jk(x\cos\theta_r+z\sin\theta_r)}\\ \boldsymbol{E}_t=\boldsymbol{e}_yT_\perp E_0\mathrm{e}^{-jkr_t}=\boldsymbol{e}_yT_\perp E_0\mathrm{e}^{-jk_t(-x\cos\theta_t+z\sin\theta_t)}\end{cases}\tag{5.79}$$

根据麦克斯韦第二方程有$\nabla\times\boldsymbol{E}=-j\omega\boldsymbol{B}=-j\omega\mu\boldsymbol{H}$，即 $\boldsymbol{H}=\frac{j}{\omega\mu}\nabla\times\boldsymbol{E}$，得入射波、反射波和透射波的磁场强度为

$$\begin{cases}\boldsymbol{H}_i=-\dfrac{E_0k}{\omega\mu}(\boldsymbol{e}_x\sin\theta_i+\boldsymbol{e}_z\cos\theta_i)\mathrm{e}_1^{[-jk(-x\cos\theta_i+z\sin\theta_i)]}\\ \boldsymbol{H}_r=-R_\perp\dfrac{E_0k}{\omega\mu}(\boldsymbol{e}_x\sin\theta_r-\boldsymbol{e}_z\cos\theta_r)\mathrm{e}_1^{[-jk(-x\cos\theta_r+z\sin\theta_r)]}\\ \boldsymbol{H}_t=-T_\perp\dfrac{E_0k}{\omega\mu_t}(\boldsymbol{e}_x\sin\theta_t+\boldsymbol{e}_z\cos\theta_t)\mathrm{e}_1^{[-jk_t(-x\cos\theta_t+z\sin\theta_t)]}\end{cases}\tag{5.80}$$

根据边界条件 $\boldsymbol{E}_{1t}=\boldsymbol{E}_{2t}$，$\boldsymbol{H}_{1t}=\boldsymbol{H}_{2t}$，可得

$$\begin{cases}(\boldsymbol{E}_i+\boldsymbol{E}_r)\big|_{x=0}=\boldsymbol{E}_t\big|_{x=0}\\ (\boldsymbol{H}_{iz}+\boldsymbol{H}_{rz})\big|_{x=0}=\boldsymbol{H}_{tz}\big|_{x=0}\end{cases}$$

就是

$$E_0\mathrm{e}^{-jkz\sin\theta_i}+R_\perp E_0\mathrm{e}^{-jkz\sin\theta_r}=T_\perp E_0\mathrm{e}^{-jk_tz\sin\theta_t}$$

$$\frac{E_0k}{\omega\mu}\cos\theta_i\mathrm{e}^{-jkz\sin\theta_i}-R_\perp\frac{E_0k}{\omega\mu}\cos\theta_r\mathrm{e}^{-jkz\sin\theta_r}=T_\perp\frac{E_0k_t}{\omega\mu_t}\cos\theta_t\mathrm{e}^{-jk_tz\sin\theta_t}$$

即

$$\mathrm{e}^{-jkz\sin\theta_i}+R_\perp\mathrm{e}^{-jkz\sin\theta_r}=T_\perp\mathrm{e}^{-jk_tz\sin\theta_t}$$

$$\frac{k}{\omega\mu}\cos\theta_i\mathrm{e}^{-jkz\sin\theta_i}-R_\perp\frac{k}{\omega\mu}\cos\theta_r\mathrm{e}^{-jkz\sin\theta_r}=T_\perp\frac{k_t}{\omega\mu_t}\cos\theta_t\mathrm{e}^{-jk_tz\sin\theta_t}$$

要使以上两式在介质分界面上 $x=0$ 的任意点 z 处处成立，则首先必须满足

$$kz\sin\theta_i=kz\sin\theta_r=k_tz\sin\theta_t$$

即

$$\begin{cases}\theta_i=\theta_r\\ \dfrac{\sin\theta_t}{\sin\theta_i}=\dfrac{k}{k_t}=\sqrt{\dfrac{\varepsilon\mu}{\varepsilon_t\mu_t}}\end{cases}\tag{5.81}$$

这就是波的反射和透射定律，又称为斯涅尔定律。另外，

$$1+R_{\perp}=T_{\perp} \tag{5.82}$$

$$\frac{k}{\mu}\cos\theta_{\mathrm{i}}(1-R_{\perp})=\frac{k_{\mathrm{t}}}{\mu_{\mathrm{t}}}\cos\theta_{\mathrm{t}}T_{\perp} \tag{5.83}$$

解以上两式，得

$$\begin{cases} R_{\perp}=\dfrac{\eta_{\mathrm{t}}\cos\theta_{\mathrm{i}}-\eta\cos\theta_{\mathrm{t}}}{\eta_{\mathrm{t}}\cos\theta_{\mathrm{i}}+\eta\cos\theta_{\mathrm{t}}} \\ T_{\perp}=\dfrac{2\eta_{\mathrm{t}}\cos\theta_{\mathrm{i}}}{\eta_{\mathrm{t}}\cos\theta_{\mathrm{i}}+\eta\cos\theta_{\mathrm{t}}} \end{cases} \tag{5.84}$$

式中，$\eta_{\mathrm{t}}=\sqrt{\mu_{\mathrm{t}}/\varepsilon_{\mathrm{t}}}$，$\eta=\sqrt{\mu/\varepsilon}$，分别是两介质的波阻抗。

如果两介质都是无耗的非铁磁性介质 $\mu=\mu_{\mathrm{t}}$，则根据式(5.81)和式(5.84)可得

$$\begin{cases} R_{\perp}=\dfrac{\cos\theta_{\mathrm{i}}-\sqrt{\dfrac{\varepsilon_{\mathrm{t}}}{\varepsilon}-\sin^2\theta_{\mathrm{i}}}}{\cos\theta_{\mathrm{i}}+\sqrt{\dfrac{\varepsilon_{\mathrm{t}}}{\varepsilon}-\sin^2\theta_{\mathrm{i}}}} \\ T_{\perp}=\dfrac{2\cos\theta_{\mathrm{i}}}{\cos\theta_{\mathrm{i}}+\sqrt{\dfrac{\varepsilon_{\mathrm{t}}}{\varepsilon}-\sin^2\theta_{\mathrm{i}}}} \end{cases} \tag{5.85}$$

将求得的 $R_{\perp}$ 和 $T_{\perp}$ 代入式(5.79)和式(5.80)，可求得入射波、反射波、透射波的电场和磁场。入射波叠加反射波可求得介质“1”的合成电磁场。

全反射：只有当 $\varepsilon>\varepsilon_{\mathrm{t}}$ 时才可能发生全反射，即 $|R_{\perp}|=1$。也就是说，只有入射波由光密媒质入射到光疏媒质时才可能发生全反射。因为若不是这样，$\varepsilon<\varepsilon_{\mathrm{t}}$，$\dfrac{\varepsilon_{\mathrm{t}}}{\varepsilon}>1$，$\dfrac{\varepsilon_{\mathrm{t}}}{\varepsilon}-\sin^2\theta_{\mathrm{i}}>0$，由式(5.85)显见 $|R_{\perp}|<1$。

当入射波由光密媒质入射到光疏媒质时，$\varepsilon>\varepsilon_{\mathrm{t}}$，$\dfrac{\varepsilon_{\mathrm{t}}}{\varepsilon}<1$，由式(5.85)可见，当 $\dfrac{\varepsilon_{\mathrm{t}}}{\varepsilon}-\sin^2\theta_{\mathrm{i}}=0$ 时，$|R_{\perp}|=1$，发生全反射。此时，入射角为

$$\theta_{\mathrm{c}}=\arcsin\sqrt{\frac{\varepsilon_{\mathrm{t}}}{\varepsilon}} \tag{5.86}$$

可以证明，当入射角 $\theta_{\mathrm{i}}\geqslant\theta_{\mathrm{c}}$ 时，也会发生全反射。因为此时，$\dfrac{\varepsilon_{\mathrm{r}}}{\varepsilon}-\sin^2\theta_{\mathrm{i}}<0$，式(5.85)可写为

$$R_{\perp}=\frac{\cos\theta_{\mathrm{i}}-\mathrm{j}\sqrt{\sin^2\theta_{\mathrm{i}}-\dfrac{\varepsilon_{\mathrm{t}}}{\varepsilon}}}{\cos\theta_{\mathrm{i}}+\mathrm{j}\sqrt{\sin^2\theta_{\mathrm{i}}-\dfrac{\varepsilon_{\mathrm{t}}}{\varepsilon}}}$$

显然，$|R_{\perp}|=1$，即全反射，θ_{c} 称为临界角。

在两种不同的完纯介质分界面上，入射的垂直极化波(TE 波)不可能全透射到介质“2”中。简证如下。

令 $R_{\perp}=0$，此时无反射波，即全透射。由式(5.85)可见，$\cos\theta_i=\sqrt{\frac{\varepsilon_t}{\varepsilon}-\sin^2\theta_i}$，也就是 $\varepsilon=\varepsilon_t$，事实上是同一种介质，与不同介质的前提不符。

请考虑一下，完纯导体表面的全反射与完纯介质表面的全反射有什么不同？

2. 平行极化波(TM 波)

如图 5.12 所示，设平行极化波斜入射到两种不同的完纯介质分界平面 $x=0$，入射面为 xoz 平面，则入射波、反射波和透射波的磁场强度可分别表示为

$$\begin{cases}\boldsymbol{H}_i=\boldsymbol{e}_y H_0 e^{-jkr_i}\\ \boldsymbol{H}_r=\boldsymbol{e}_y R_{/\!/} H_0 e^{-jkr_r}\\ \boldsymbol{H}_t=\boldsymbol{e}_y T_{/\!/} H_0 e^{-jk_t r_t}\end{cases} \tag{5.87}$$

式中，H_0 为入射波振幅，$R_{/\!/}$ 为两种介质分界面 $x=0$ 处的振幅反射系数，$T_{/\!/}$ 为透射系数。$R_{/\!/}$ 和 $T_{/\!/}$ 由介质分界面处的边界条件确定。

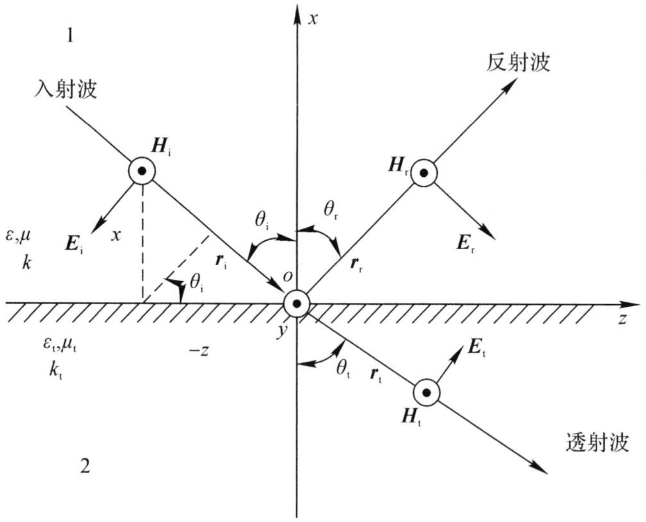

图 5.12　水平极化波斜入射到两种不同完纯介质的分界面

由图可见

$$r_i=-(x\cos\theta_i-z\sin\theta_i)=-x\cos\theta_i+z\sin\theta_i$$

(想一想，上式第二式括号前为什么加一负号？)

同理，有

$$r_r=x\cos\theta_r+z\sin\theta_r$$

$$r_t=-x\cos\theta_t+z\sin\theta_t$$

所以得

$$\begin{cases}\boldsymbol{H}_i=\boldsymbol{e}_y H_0 e^{[-jk(-x\cos\theta_i+z\sin\theta_i)]}\\ \boldsymbol{H}_r=\boldsymbol{e}_y R_{/\!/} H_0 e^{[-jk(-x\cos\theta_r+z\sin\theta_r)]}\\ \boldsymbol{H}_t=\boldsymbol{e}_y T_{/\!/} H_0 e^{[-jk_t(-x\cos\theta_t+z\sin\theta_t)]}\end{cases} \tag{5.88}$$

根据麦克斯韦第一方程有$\nabla\times\boldsymbol{H}=\mathrm{j}\omega\boldsymbol{D}=\mathrm{j}\omega\varepsilon\boldsymbol{E}$，即$\boldsymbol{E}=\dfrac{-\mathrm{j}}{\omega\mu}\nabla\times\boldsymbol{H}$，得入射波、反射波和透射波的电场强度为

$$\begin{cases}\boldsymbol{E}_{\mathrm{i}}=\dfrac{H_0k}{\omega\varepsilon}(\boldsymbol{e}_x\sin\theta_{\mathrm{i}}+\boldsymbol{e}_z\cos\theta_{\mathrm{i}})\mathrm{e}^{[-\mathrm{j}k(-x\cos\theta_{\mathrm{i}}+z\sin\theta_{\mathrm{i}})]}\\ \boldsymbol{E}_{\mathrm{r}}=R_{/\!/}\dfrac{H_0k}{\omega\varepsilon}(\boldsymbol{e}_x\sin\theta_{\mathrm{r}}-\boldsymbol{e}_z\cos\theta_{\mathrm{z}})\mathrm{e}^{[-\mathrm{j}k(-x\cos\theta_{\mathrm{r}}+z\sin\theta_{\mathrm{r}})]}\\ \boldsymbol{E}_{\mathrm{t}}=T_{/\!/}\dfrac{H_0k_{\mathrm{t}}}{\omega\varepsilon}(\boldsymbol{e}_x\sin\theta_{\mathrm{t}}+\boldsymbol{e}_z\cos\theta_{\mathrm{t}})\mathrm{e}^{[-\mathrm{j}k_{\mathrm{t}}(-x\cos\theta_{\mathrm{t}}+z\sin\theta_{\mathrm{t}})]}\end{cases}\tag{5.89}$$

根据边界条件$\boldsymbol{E}_{1\mathrm{t}}=\boldsymbol{E}_{2\mathrm{t}}$，$\boldsymbol{H}_{1\mathrm{t}}=\boldsymbol{H}_{2\mathrm{t}}$，可得

$$\begin{cases}(\boldsymbol{H}_{\mathrm{i}}+\boldsymbol{H}_{\mathrm{r}})\big|_{x=0}=\boldsymbol{H}_{\mathrm{t}}\big|_{x=0}\\ (\boldsymbol{E}_{\mathrm{i}z}+\boldsymbol{E}_{\mathrm{r}z})\big|_{x=0}=\boldsymbol{E}_{\mathrm{t}z}\big|_{x=0}\end{cases}$$

就是

$$\boldsymbol{H}_0\mathrm{e}^{-\mathrm{j}kz\sin\theta_{\mathrm{i}}}+R_{/\!/}\boldsymbol{H}_0\mathrm{e}^{-\mathrm{j}kz\sin\theta_{\mathrm{r}}}=T_{/\!/}\boldsymbol{H}_0\mathrm{e}^{-\mathrm{j}k_{\mathrm{t}}z\sin\theta_{\mathrm{t}}}$$

$$\frac{k\boldsymbol{H}_0}{\omega\varepsilon}\cos\theta_{\mathrm{i}}\mathrm{e}^{-\mathrm{j}kz\sin\theta_{\mathrm{i}}}-R_{/\!/}\frac{k\boldsymbol{H}_0}{\omega\varepsilon}\cos\theta_{\mathrm{r}}\mathrm{e}^{-\mathrm{j}kz\sin\theta_{\mathrm{r}}}=T_{/\!/}\frac{k_{\mathrm{t}}\boldsymbol{H}_0}{\omega\varepsilon_{\mathrm{t}}}\cos\theta_{\mathrm{t}}\mathrm{e}^{-\mathrm{j}k_{\mathrm{t}}z\sin\theta_{\mathrm{t}}}$$

即

$$\mathrm{e}^{-\mathrm{j}kz\sin\theta_{\mathrm{i}}}+R_{/\!/}\mathrm{e}^{-\mathrm{j}kz\sin\theta_{\mathrm{r}}}=T_{/\!/}\mathrm{e}^{-\mathrm{j}k_{\mathrm{t}}z\sin\theta_{\mathrm{t}}}$$

$$\frac{k}{\omega\varepsilon}\cos\theta_{\mathrm{i}}\mathrm{e}^{-\mathrm{j}kz\sin\theta_{\mathrm{i}}}-R_{/\!/}\frac{k}{\omega\varepsilon}\cos\theta_{\mathrm{r}}\mathrm{e}^{-\mathrm{j}kz\sin\theta_{\mathrm{r}}}=T_{/\!/}\frac{k_{\mathrm{t}}}{\omega\varepsilon_{\mathrm{t}}}\cos\theta_{\mathrm{t}}\mathrm{e}^{-\mathrm{j}k_{\mathrm{t}}z\sin\theta_{\mathrm{t}}}$$

要使以上两式在介质分界面上$x=0$的任意点z处成立，则首先必须满足

$$kz\sin\theta_{\mathrm{i}}=kz\sin\theta_{\mathrm{r}}=k_{\mathrm{t}}z\sin\theta_{\mathrm{t}}$$

即

$$\begin{cases}\theta_{\mathrm{i}}=\theta_{\mathrm{r}}\\ \dfrac{\sin\theta_{\mathrm{t}}}{\sin\theta_{\mathrm{i}}}=\dfrac{k}{k_{\mathrm{t}}}=\sqrt{\dfrac{\varepsilon\mu}{\varepsilon_{\mathrm{t}}\mu_{\mathrm{t}}}}\end{cases}\tag{5.90}$$

这就是波的反射和透射定律，又称为斯涅尔定律，与 TE 波同。另外，

$$1+R_{/\!/}=T_{/\!/}\tag{5.91}$$

$$\frac{k}{\varepsilon}\cos\theta_{\mathrm{i}}(1-R_{/\!/})=\frac{k_{\mathrm{t}}}{\varepsilon_{\mathrm{t}}}\cos\theta_{\mathrm{t}}T_{/\!/}\tag{5.92}$$

解以上两式，得

$$\begin{cases}R_{/\!/}=\dfrac{\eta\cos\theta_{\mathrm{i}}-\eta_{\mathrm{t}}\cos\theta_{\mathrm{t}}}{\eta\cos\theta_{\mathrm{i}}+\eta_{\mathrm{t}}\cos\theta_{\mathrm{t}}}\\ T_{/\!/}=\dfrac{2\eta\cos\theta_{\mathrm{i}}}{\eta\cos\theta_{\mathrm{i}}+\eta_{\mathrm{t}}\cos\theta_{\mathrm{t}}}\end{cases}\tag{5.93}$$

式中，$\eta_{\mathrm{t}}=\sqrt{\mu_{\mathrm{t}}/\varepsilon_{\mathrm{t}}}$，$\eta=\sqrt{\mu/\varepsilon}$分别是两介质的波阻抗。

如果两介质都是无耗的非铁磁性介质$\mu=\mu_{\mathrm{t}}$，根据式(5.90)和式(5.93)可得

$$\left\{\begin{aligned}R_{/\!/}&=\frac{\cos\theta_{\mathrm{i}}-\dfrac{\varepsilon}{\varepsilon_{\mathrm{t}}}\sqrt{\dfrac{\varepsilon_{\mathrm{t}}}{\varepsilon}-\sin^{2}\theta_{\mathrm{i}}}}{\cos\theta_{\mathrm{i}}+\dfrac{\varepsilon}{\varepsilon_{\mathrm{t}}}\sqrt{\dfrac{\varepsilon_{\mathrm{t}}}{\varepsilon}-\sin^{2}\theta_{\mathrm{i}}}}\\T_{/\!/}&=\frac{2\cos\theta_{\mathrm{i}}}{\cos\theta_{\mathrm{i}}+\dfrac{\varepsilon}{\varepsilon_{\mathrm{t}}}\sqrt{\dfrac{\varepsilon_{\mathrm{t}}}{\varepsilon}-\sin^{2}\theta_{\mathrm{i}}}}\end{aligned}\right.\tag{5.94}$$

将求得的 $R_{/\!/}$ 和 $T_{/\!/}$ 代入式(5.88)和式(5.89)，可求得入射波、反射波、透射波的电场和磁场。入射波叠加反射波可求得介质“1”的合成电磁场。

只有当 $\varepsilon>\varepsilon_{\mathrm{t}}$ 时才可能发生全反射，即 $|R_{/\!/}|=1$。也就是说，只有入射波由光密媒质入射到光疏媒质时才可能发生全反射。因为若不是这样，$\varepsilon<\varepsilon_{\mathrm{t}}$，$\dfrac{\varepsilon_{\mathrm{t}}}{\varepsilon}>1$，$\dfrac{\varepsilon_{\mathrm{t}}}{\varepsilon}-\sin^{2}\theta_{\mathrm{i}}>0$，由式(5.94)显见 $|R_{/\!/}|<1$。

当入射波由光密媒质入射到光疏媒质时，$\varepsilon>\varepsilon_{\mathrm{t}}$，$\dfrac{\varepsilon_{\mathrm{t}}}{\varepsilon}<1$，由式(5.85)可见，当 $\dfrac{\varepsilon_{\mathrm{t}}}{\varepsilon}-\sin^{2}\theta_{\mathrm{i}}=0$ 时，$|R_{/\!/}|=1$，发生全反射。此时，入射角为

$$\theta_{\mathrm{c}}=\arcsin\sqrt{\frac{\varepsilon_{\mathrm{t}}}{\varepsilon}}\tag{5.95}$$

可以证明，当入射角 $\theta_{\mathrm{i}}\geqslant\theta_{\mathrm{c}}$ 时，也会发生全反射。因为此时，$\dfrac{\varepsilon_{\mathrm{t}}}{\varepsilon}-\sin^{2}\theta_{\mathrm{i}}<0$，式(5.94)可写为

$$R_{/\!/}=\frac{\cos\theta_{\mathrm{i}}-\mathrm{j}\,\dfrac{\varepsilon}{\varepsilon_{\mathrm{t}}}\sqrt{\sin^{2}\theta_{\mathrm{i}}-\dfrac{\varepsilon_{\mathrm{t}}}{\varepsilon}}}{\cos\theta_{\mathrm{i}}+\mathrm{j}\,\dfrac{\varepsilon}{\varepsilon_{\mathrm{t}}}\sqrt{\sin^{2}\theta_{\mathrm{i}}-\dfrac{\varepsilon_{\mathrm{t}}}{\varepsilon}}}$$

显然 $|R_{/\!/}|=0$，即全反射。θ_{c} 称为临界角，与 TE 波同。

令 $|R_{/\!/}|=0$，此时无反射波，即全透射。由式(5.94)可见，$\cos\theta_{\mathrm{i}}=\dfrac{\varepsilon}{\varepsilon_{\mathrm{t}}}\sqrt{\dfrac{\varepsilon_{\mathrm{t}}}{\varepsilon}-\sin^{2}\theta_{\mathrm{i}}}$，解此方程得全透射时的入射角为

$$\theta_{\mathrm{i}}=\arctan\sqrt{\frac{\varepsilon_{\mathrm{t}}}{\varepsilon}}\tag{5.96}$$

此时的入射角 θ_{i} 称为布儒斯特角 θ_{b}。

综上所述，平面波斜入射到两种完纯介质分界面上有如下性质：

(1) 当入射介质为光密媒质，投射媒质为光疏媒质，且射入角 $\theta_{\mathrm{i}}\geqslant\theta_{\mathrm{c}}$(临界角)时，垂直极化波与平行极化波都要发生全发射。

(2) 当平行极化波的入射角 $\theta_{\mathrm{i}}=\theta_{\mathrm{b}}$(布儒斯特角)时发生全透射，但垂直极化波不可能发生全透射。

(3) 当任意极化波以布儒斯特角 θ_{b} 入射时，由于其中的平行极化波发生全透射，反射波只包含垂直极化波，因此布儒斯特角又称为极化角。

习　题

5.1　已知电磁场的电场分量为 $\boldsymbol{E}=\boldsymbol{e}_y 37.7\cos(6\pi\times10^8 t+2\pi z)$ V/m。试求出其频率 f、波长 λ、速度 v、相移常数 β、传播方向及 $\boldsymbol{H}$ 的表达式。

5.2　某电台发射 600 kHz 的电磁波，在离电台足够远处可以认为是平面波。设在某一点 A，某瞬间的电场强度为 10 mV/m，求该点该瞬间的磁场强度。若沿电波的传播方向由 A 点前行 100 m，到达另一点 B，问该点要迟多少时间才具有此 10 mV/m 的电场。

5.3　设已知 $\boldsymbol{E}=100\sin(\omega t+kx)\boldsymbol{e}_y-100\sin(\omega t+kx)\boldsymbol{e}_z$。

(1) 求 $\boldsymbol{H}$ 的值；

(2) 作某一瞬间电场沿传播方向的分布图形；

(3) 这是一种什么极化波？

5.4　空气中一均匀平面波的电场为 $\boldsymbol{E}=(3\boldsymbol{e}_x+4\boldsymbol{e}_y+A\boldsymbol{e}_z)\mathrm{e}^{-\mathrm{j}(4x-3y)}$。

(1) 问欲使其为左旋圆极化波，A 应为何值？

(2) 欲使其为右旋圆极化波，A 又为何值？

(提示：由于 $|3\boldsymbol{e}_x+4\boldsymbol{e}_y|=5$，所以 $|A|=5$。在 xoy 平面上画出 $3\boldsymbol{e}_x+4\boldsymbol{e}_y$ 和 $\boldsymbol{k}=4\boldsymbol{e}_x-3\boldsymbol{e}_y$，由 $\boldsymbol{e}_x$ 向 $3\boldsymbol{e}_x+4\boldsymbol{e}_y$(相位滞后的方向)旋转，拇指指向 $\boldsymbol{k}$，符合左手螺旋定则，因此左旋圆极化波情况下 $\boldsymbol{e}_z$ 要超前 $3\boldsymbol{e}_x+4\boldsymbol{e}_y$，即可求出此时的 A 值；反之，右旋圆极化波情况下，$\boldsymbol{e}_z$ 要滞后 $3\boldsymbol{e}_x+4\boldsymbol{e}_y$，即可求出此时的 A 值。)

5.5　设在海水中发射 30 kHz 及 30 MHz 的平面无线电波。试计算电波衰减到原始值的 1/10 时所经过的距离。海水的电导率为 $\sigma=5$ S/m。

5.6　水的电导率 $\sigma=1$ S/m，相对介电常数 $\varepsilon_r=80$。对正弦电磁场而言，在什么频率时，水中位移电流和传导电流的振幅相同？

5.7　铜质同轴电缆内导体半径为 $R_1=0.4$ cm，外导体的内半径为 $R_2=1.5$ cm，$\sigma=5.7\times10^7$ S/m，电流频率为 1 MHz，外导体厚度远大于穿透深度。求单位长度内、外导体的电阻。

5.8　一个圆极化的均匀平面波，其电场为

$$\boldsymbol{E}=E_0\mathrm{e}^{-\mathrm{j}kz}(\boldsymbol{e}_x+\mathrm{j}\boldsymbol{e}_y)$$

并垂直入射到 $z=0$ 的理想导体平面。试求：

(1) 反射波电场、磁场表达式；

(2) 合成波电场、磁场表达式；

(3) 合成波沿 z 方向传播的平均功率流密度。

5.9　当均匀平面波由空气向理想介质($\mu_r=1$，$\sigma=0$)垂直入射时，有 84% 的入射功率输入此介质，试求该介质的相对介电常数 ε_r。

5.10　平面波从第一种理想介质向第二种理想介质垂直入射。证明：若媒质波阻抗 $\eta_2>\eta_1$，则分界面处为电场波腹点；若 $\eta_2<\eta_1$，则分界面处为电场波节点。

5.11　平面波向理想介质边界斜入射。试证布儒斯特角与相应的折射角之和为 $\pi/2$。

5.12　频率为 $f=0.3$ GHz 的均匀平面波由媒质 $\varepsilon_r=4$，$\mu_r=1$，斜入射到与自由空间的交界面。试求：

（1）临界角 θ_c 为多少？

（2）当垂直极化波以 $\theta_i=60°$ 入射时，在自由空间中的折射波传播方向如何？相速度 v_p 是多少？

（3）当圆极化波以 $\theta_i=60°$ 入射时，反射波是什么极化？

5.13　一个线极化均匀平面波由自由空间投射到 $\varepsilon_r=4$，$\mu_r=1$ 的介质分界面，如果入射波的电场与入射面的夹角是 45°。试问：

（1）当入射角 θ_i 等于多少时，反射波只有垂直极化波？

（2）这时反射波的平均功率流密度只有入射波的百分之几？

第 6 章　电波传播

本章主要介绍电磁频谱的划分，电磁波在自由空间的传播规律，大气对无线电波传播的影响，以及电波的传播方式与规律。

6.1　电磁频谱的划分

6.1.1　电磁频谱

麦克斯韦在总结前人研究成果的基础上提出科学假说，经过逻辑推理，于 1864 年得到了麦克斯韦方程组，预测了电磁波的存在。24 年后的 1888 年，赫兹成功进行了著名的赫兹实验证实了电磁波的存在。1896 年，意大利的科学家马可尼第一次运用电磁波进行了信息的传递，1901 年，马可尼又成功地运用电磁波完成了跨越大西洋的通信，从此开辟了电磁波的广泛研究和应用。随着研究和认识的深入，人们逐渐认识到电磁波和电磁现象是自然界中的基本现象之一，如无线电波、微波、可见光、红外线、紫外线、X 射线、γ 射线等都是电磁波。电磁波谱如图 6.1 所示，频率可从几十赫兹一直到 10^{26} Hz 以上，波长从几千米一直到 10^{-20} m 以下，范围极宽。电磁波的波长 λ 和频率 f 的关系如式(6.1)所示，电磁波的量子能量如式(6.2)所示。

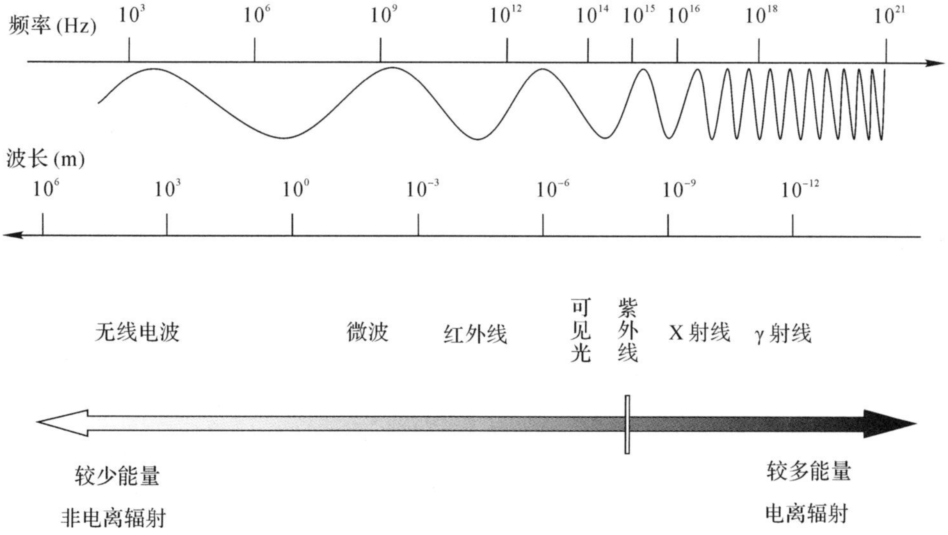

图 6.1　电磁频谱

$$c=f\lambda \tag{6.1}$$

$$E=hf \tag{6.2}$$

式中，c 为真空中的光速，$c=2.997\,924\,58\times10^{8}$ m/s，E 为量子能量，h 为普朗克常数，$h=6.626\,070\,15\times10^{-34}$ J·s。依据式(6.1)，理论上讲，电磁波频谱没有下限和上限，但人类能够产生的下限为无线电波，频率为几十赫兹，波长为几千千米，人类发现的最低电磁波为地球的谐振波——舒曼波，频率约为 8 Hz，是靠闪电等产生的；上限为 γ 射线，频率高达 10^{26} Hz，波长为 10^{-20} m 以下。随着科学的发展，或许可以发现、产生更高更低频率的电磁波。各种常见的电磁波的波长范围如表 6.1 所示。

表 6.1　常见电磁波的波长范围

名称	波长范围	特点应用
无线电波	0.1 mm～3000 km	电视、广播、手机、遥感、雷达、通信等
微波	0.1 m～1 mm	雷达和通信系统
红外线	0.1 μm～1 mm	热效应显著
可见光	0.38～0.78 μm	可引起人类视觉细胞光感
紫外线	0.01～0.38 μm	有显著的化学效应和荧光效应
X 射线	$(0.01\sim10)\times10^{-9}$ m	人体探测和安检探测
γ 射线	$10^{-20}\sim10^{-11}$ m	放射性物质和原子核反应中的辐射，穿透力强，对生物的破坏作用很大

按照电磁波产生的方式，可以将其划分为三个区域。

一是高频区，也叫高能辐射区。其中包括 X 射线、γ 射线和宇宙射线，它们是利用带电粒子轰击某些物质而产生的。这些辐射的特点是量子能量高，当它们与物质相互作用时，波动性弱而粒子性强。

二是长波区，也叫低能辐射区。其中包括无线电波和微波等最低频率的辐射，它们由电子束或电子流配合共振结构来产生和接收，即能量在共振结构中振荡而形成。它们与物质间的相互作用更多地表现为波动性。

三是中间区，也就是中能辐射区。其中包括红外辐射、可见光和紫外辐射，这部分辐射产生于原子和分子的运动，红外区辐射主要产生于分子的转动和振动。而可见光与紫外区辐射主要产生于电子在原子中的跃迁，这部分辐射统称为光辐射，这些辐射在与物质的相互作用中，显示出波动和粒子双重性。

6.1.2　无线电波

能够人工产生频率从几十赫兹到 3000 GHz 频谱范围内的电磁波，统称为无线电波。为了更好地开发利用无线电波，人们通常把无线电波按频率或波长进行划分，国际无线电波谱的划分如表 6.2 所示。

表 6.2 国际无线电波谱的划分

<table>
<tr><th>波段名称</th><th>频率范围</th><th>波长范围</th><th colspan="2">波段名称</th><th>用 途</th></tr>
<tr><td>甚低频(VLF)</td><td>3～30 kHz</td><td>10～100 km</td><td colspan="2">超长波(SLW)</td><td>海岸-潜艇通信，海上导航</td></tr>
<tr><td>低频(LF)</td><td>30～300 kHz</td><td>1～10 km</td><td colspan="2">长波(LW)</td><td>地下通信，海上导航</td></tr>
<tr><td>中频(MF)</td><td>300 kHz～3 MHz</td><td>100 m～1 km</td><td colspan="2">中波(MW)</td><td>广播；海上导航</td></tr>
<tr><td>高频(HF)</td><td>3～30 MHz</td><td>10～100 m</td><td colspan="2">短波(SW)</td><td>广播</td></tr>
<tr><td>甚高频(VHF)</td><td>30～300 MHz</td><td>1～10 m</td><td colspan="2">超短波(USW)</td><td>广播、通信、雷达</td></tr>
<tr><td>特高频(UHF)</td><td>300 MHz～3 GHz</td><td>0.1～1 m</td><td rowspan="4">微波</td><td>分米波</td><td>广播、通信、雷达</td></tr>
<tr><td>超高频(SHF)</td><td>3～30 GHz</td><td>0.01～0.1 m</td><td>厘米波</td><td>通信、雷达</td></tr>
<tr><td>极高频(EHF)</td><td>30～300 GHz</td><td>1～10 mm</td><td>毫米波</td><td>通信、雷达</td></tr>
<tr><td>超极高频</td><td>300～3000 GHz</td><td>0.1～1 mm</td><td>亚毫米波</td><td>通信、雷达</td></tr>
</table>

我们把频率在 300 MHz～3000 GHz 的电磁波称为微波，雷达通信常用微波波段，对应的波长范围为 0.1 mm～1 m。移动通信技术已从 1 G 发展到了 5 G，频率也从分米波波段扩展到了毫米波波段。在雷达、通信工程上为了便于使用和称谓，常用英文字母给出详细的波段代号，如表 6.3 所示。

表 6.3 常用微波波段代号

波段代号	波段名称	频率范围/GHz	波长范围/cm
P	米波	<1.12	>26.8
L	22 cm	1～2	15～30
S	10 cm	2～4	7.5～15
C	5 cm	4～8	3.75～7.5
X	3 cm	8～12	2.5～3.75
Ku	2 cm	12～18	1.67～2.5
K	1.25 cm	18～27	1.11～1.67
Ka	0.8 cm	27～40	0.75～1.11
U	0.6 cm	40～60	0.5～0.75
V	0.4 cm	60～80	0.375～0.5
W	0.3 cm	80～100	0.3～0.375

依据无线电波波段的不同和在大气中传播的物理过程的不同，其传播方式可以分为地面波传播、天波传播、视距传播、散射波传播、地面-电离层波导传播、星际传播等 6 种。

1. 地面波传播

无线电波沿着地球表面传播形成地面波这种传播方式称为地面波传播，如图 6.2 所示。其特点是电波波长越长，传播损耗就越小；有较强的穿透海水和土壤的能力；超长波、长波和中波常采用此种传播方式，可以传播很远的距离，且不受电离层的影响，信号稳定；常用于海上无线电导航、对潜艇的通信、标准频率和时间信号的广播等应用；军用短波和超短波小型移动电台进行近距离通信时也采用此种传播方式。

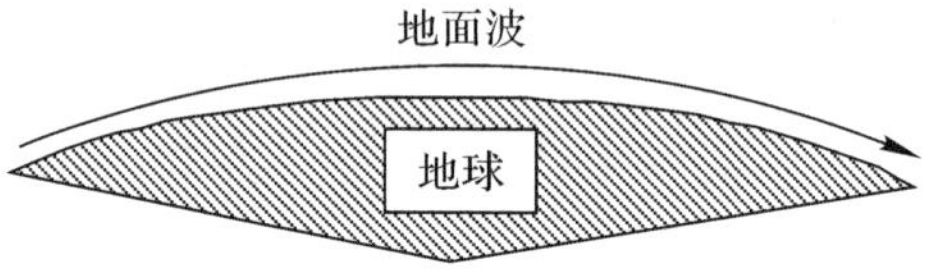

图 6.2　地面波传播方式

2. 天波传播

地球大气中的电离层可以对一定波段的无线电波起到反射作用，类似于金属对无线电波的反射。无线电波利用地球大气中电离层的反射来达到远距离传播的目的，这种方式称为天波传播，如图 6.3 所示。其特点是传播距离远，有时可以利用电离层和地面形成多次反射，可以传播到更远距离；电离层由于受太阳影响较大，在白天、夜里和不同季节都有不同，传播很不稳定；中波、短波无线通信和广播、船岸间的航海移动通信、飞机地面间航空移动通信采用此种传播方式。

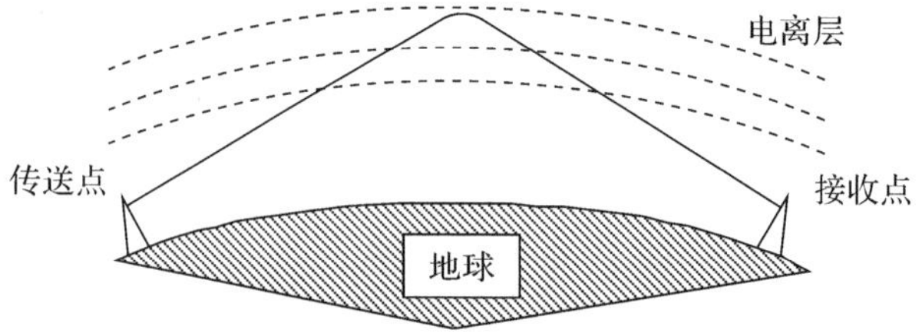

图 6.3　天波传播方式

3. 视距传播

视距传播是指无线电波在传送点与接收点之间可以相互“看得见”，形成视距内传播的方式，如图 6.4 所示。由于受地球曲率和地貌的影响，地面上视距传播距离较近，一般为 18～25 km，采用架高天线的方法可以拓展视距距离，最远可达 50 km。地面的微波通信采用此种传播方式，地面和空中或空中和空中的通信也采用这种方式，如地对空或空对空雷达探测就是采用此种传播方式。

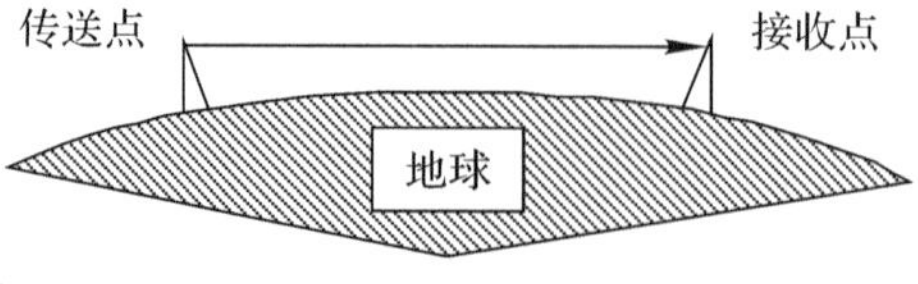

图 6.4　视距传播方式

4. 散射波传播

地球大气底层的对流层厚度一般在 12 km 以下，赤道上空较厚可达 18～19 km，极地上空较薄为 8～10 km。对流层中由于风、雨、雪、大气湍流、密度变化或流星余迹等影响，会引起对流层的不均匀，对无线电波起到散射作用，就会有一部分无线电波到达要传播的地方，利用这种机理传播的方式称为散射波传播，如图 6.5 所示。此外，也可以利用大气中电离层不稳定、不均匀的特性进行无线电波的散射传播。散射传播特点是信号弱，传播很不稳定，需采用多种技术加以修正和抗衰减，以达到稳定传输的目的。基于散射传播的特点，散射通信利于保密，现代军用远距离通信常采用这种传播方式。

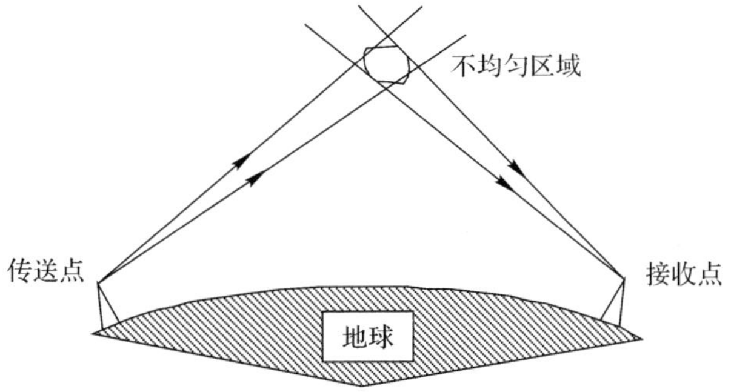

图 6.5　散射传播方式

5. 地面—电离层波导传播

当无线电波的频率较低时，地面和电离层就像两个金属板，无线电波在地面和电离层下缘形成的壳形空间传播，使无线电波在两者之间形成的通道内传播，使无线电波沿着通道导向传播地点，像“波导”一样，这样的传播方式称为地面—电离层波导传播，如图 6.6 所示。这种传播方式传播损耗小，受电离层扰动影响小，传播相位稳定，主要用于低频、甚低频远距离通信及标准时间信号的传播，但大气噪声电平高，工作频带窄。

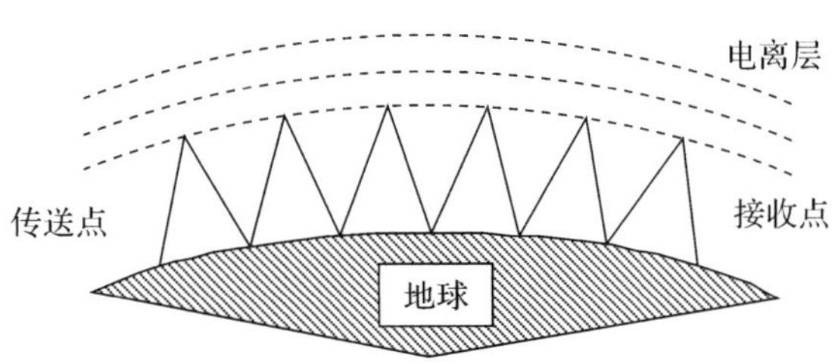

图 6.6　地面—电离层波导传播方式

6. 星际传播

地球大气对天体辐射的电磁波起着吸收和反射作用，阻止其通过，对地球起保护作用，但对频率为 10 MHz～300 GHz 范围内的无线电波是透明或部分透明的，结合地球大气中水和氧对其的吸收，就会形成很多个小的窗口，可以通过电离层传向太空，或从太空传向地面，这种传播方式称为星际传播，如图 6.7 所示。遥感卫星、通信卫星、星际导航都采用此种传播方式。

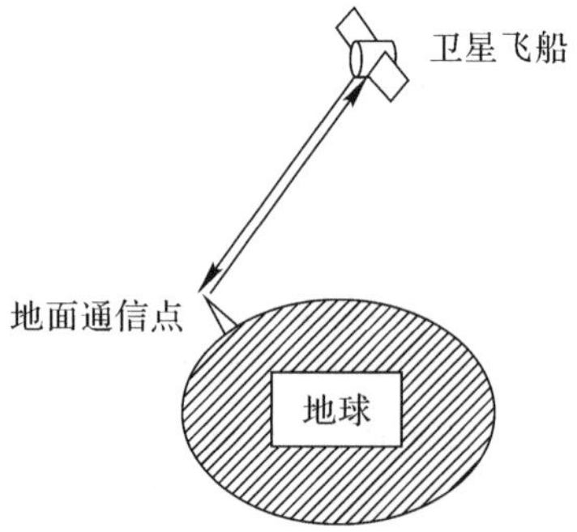

图 6.7　星际传播方式

6.2　电波传播基础

6.2.1　无线电波在自由空间的传播

若理想媒质的相对介电常数为 1，相对磁导率为 1，导电率为 0，由其形成的无限大均匀空间称为自由空间。理想的自由空间是不存在的，因为宇宙中存在着各种各样的物质，无线电波传播到这些物质的时候，必然会发生反射、折射、散射、绕射、损耗等各种物理现象和变化，但无线电波在自由空间的传播是基础，我们通常把空气和真空看成自由空间。那么无线电波在自由空间中传播会发生什么变化呢？

我们知道波从自由空间中一点发出，会向四周散发出去，就像湖面的涟漪一样，也像一个烧红的铁球向周围散热一样。如图 6.8 所示，假设波源位于 o 点，波源的功率为 P_t，在距离波源距离为 r 处的 P 点的电场强度为 E_0，则 P 点处的功率密度为

$$S_0=\frac{1}{2}\frac{E_0^2}{\eta_0} \tag{6.3}$$

式中，η_0 是自由空间的波阻抗，为 120πΩ。P 点处的功率密度和波源辐射功率 P_t 平均在半径为 r 的球面上应该相等，于是有

$$S_0=\frac{1}{2}\frac{E_0^2}{\eta_0}=\frac{P_t}{4\pi r^2} \tag{6.4}$$

可以求得 E_0 为

$$E_0=\frac{1}{r}\sqrt{\frac{\eta_0 P_t}{2\pi}}=\frac{1}{r}\sqrt{60P_t} \tag{6.5}$$

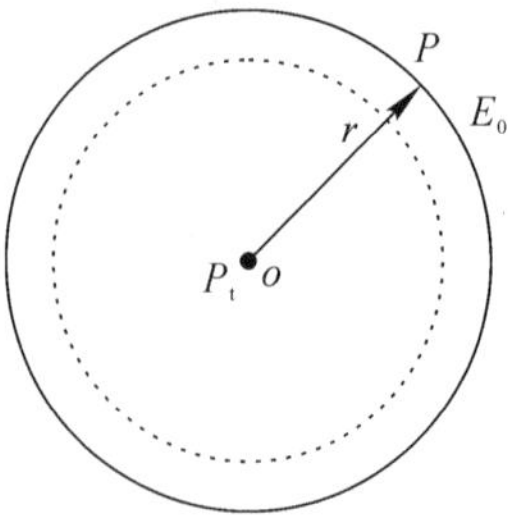

图 6.8　理想点源辐射

天线用于实现无线电波的定向辐射和接收，若一个天线的增益为 G，那么天线就像一个增益为 G 的放大器，相当于把发射功率放大了 G 倍，或者是把接收信号放大了 G 倍。那么，位于发射天线辐射最强方向上，距离发射天线 r 处的电场强度为

$$E_{max}=\frac{1}{r}\sqrt{60G_tP_t} \tag{6.6}$$

式中，G_t为发射天线的增益，P_t为发射的功率。该处的功率密度为

$$S_{max}=\frac{1}{2}\frac{E_{max}^2}{\eta_0}=\frac{G_tP_t}{4\pi r^2} \tag{6.7}$$

设接收天线的有效面积为 A_e，则接收天线在发射天线的最大辐射方向上，距离发射天线 r 处接收到的功率 P_r为

$$P_r=S_{max}A_e=\frac{G_tP_tA_e}{4\pi r^2} \tag{6.8}$$

假设接收天线的增益为 G_r，则接收天线等效的接收面积为

$$A_e=\frac{\lambda^2G_r}{4\pi} \tag{6.9}$$

将式(6.9)代入式(6.8)，可得

$$P_r=\left(\frac{\lambda}{4\pi r}\right)^2G_tG_rP_t \tag{6.10}$$

式(6.10)表明了相距 r 的发射天线与接收天线，发射功率为 P_t时，接收机收到的功率。

自由空间基本传播损耗 L_0是两个理想点源之间的传播损耗，定义为增益 G_t为 1 的发射天线的输入功率 P_t与增益 G_r为 1 的接收天线的输出功率 P_r之比，即

$$L_0=\frac{P_t}{P_r}=\left(\frac{4\pi r}{\lambda}\right)^2 \tag{6.11}$$

若用分贝表示，则有

$$L_0=10\lg\frac{P_t}{P_r}=20\lg\left(\frac{4\pi r}{\lambda}\right)(\mathrm{dB}) \tag{6.12}$$

或

$$\begin{aligned}L_0&=32.45+20\lg f(\mathrm{MHz})+20\lg r(\mathrm{km})(\mathrm{dB})\\&=92.45+20\lg f(\mathrm{GHz})+20\lg r(\mathrm{km})(\mathrm{dB})\end{aligned} \tag{6.13}$$

式中，f 为工作频率，r 为传播距离。从点源发出的波都可以看作球面波。式(6.11)～式(6.13)表示的是自由空间中，由于球面波随着传播距离的增加，能量的自然扩散引起的损耗，当频率增加 1 倍或距离增加 1 倍时，损耗增加 6 dB。

6.2.2　大气对电波传播的影响

无线电波实际上多是在地球大气中传播，大气对无线电波传播有什么影响呢？我们首先看看地球大气的组成特点。

在地球引力的作用下，大量气体聚集在地球周围，形成数千千米的大气层。气体密度随距离地面高度的增加而变得越来越稀薄，大气层的上界可以延伸到离地面 6400 km。科学家计算大气质量约为 6×10^{18} kg，差不多占地球总质量的百万分之一。按照大气层中各种气体的体积分类，其主要成分包括：氮气 78%，氧气 21%，氩气 0.93%，二氧化碳 0.03%，

氖气 0.0018%，此外还有水汽和尘埃等。

自地面垂直向上，大气层通常分为 5 层：对流层、平流层、中间层、热层和外逸层。

1. 对流层

对流层距地面高度约为 0～12 km，赤道地区上界为 18～19 km，极地地区上界为 8～10 km。对流层是贴近地面的最底层，是大气中最活跃、与人类关系最密切的一层。我们常见的风雨雷电等天气现象就发生在这一层，该层中温度随高度的升高而逐渐降低，每升高 1 km 温度降低 6 ℃。日常通信广播的无线电波主要在这一层传播。

2. 平流层

平流层距地面高度约为 12～50 km，该层大气主要以平流运动为主，有利于高空飞行，飞机一般在这一层中飞行。另外，平流层中的臭氧层吸收太阳紫外线，保护地球上的生物免受太阳光的有害辐射。平流层中温度随高度增加迅速增高。飞机导航通信的无线电波主要在这一层传播。

3. 中间层

中间层距地面高度约为 50～80 km，进入大气的流星体大部分在中间层燃烧殆尽，该层温度随高度增加而逐渐降低。在中间层底部，高浓度的臭氧会吸收太阳光中的紫外线使平均气温在－2.5℃左右，甚至会高达 0℃，但随着高度增加，臭氧浓度随之减少，中间层顶部的平均气温会降至－92.5℃的低温。

4. 热层

热层又称暖层或增温层，距地面高度约为 80～500 km，热层的空气受太阳短波辐射而处于高度电离的状态，电离层便处于本层中。极光也是在热层顶部发生的。

热层的温度随高度增加而迅速增加，这是由于波长小于 0.175 μm 的太阳紫外辐射都被该层中的大气物质(主要是原子氧)吸收的缘故。层内温度很高，昼夜变化很大。其温度增高程度与太阳活动有关，当太阳活动加强时，温度随高度增加很快，这时 500 km 处的气温可增至 2000 K，当太阳活动减弱时，温度随高度的增加较慢，500 km 处的温度只有 500 K。热层下部尚有少量的水分存在，因此偶尔会出现银白并微带青色的夜光云。

5. 外逸层

外逸层距离地面高度为 500 km 以上，是大气层的最外层。这层空气在太阳紫外线和宇宙射线的作用下，大部分分子发生电离。外逸层空气极为稀薄，其密度几乎与太空密度相同，故又常称为外大气层。外逸层的质量只有大气层总质量的 10^{-11}，由于空气受地心引力极小，气体及微粒可以从这层飞出地球引力场而进入太空，实际上地球大气与星际空间并没有截然的界限。外逸层的温度随高度增加而略有增加，外逸层的温度虽然极高，但由于大气密度极低，所以不会令人感到任何温暖，普通的温度计也只能度量到摄氏零度以下的温度显示。

无线电波在大气中的传播，会受到大气中天气情况的影响，如风、雨、雷电、雾、雪、云等，另外，地形地貌、地表的障碍物、植被、白天/黑夜、工作频率、传播方式等都也对电波传播产生影响。所有的这些影响，一般都会造成接收天线处的电场减小，小于自由空间传播的场强，输出到接收机的功率减小，信号减弱。根据式(6.6)，这时接收点处的场强 E_r

可以表示为

$$E_r = E_{max}A = \frac{\sqrt{60P_tG_t}}{r}A \tag{6.14}$$

式中，A 表示在传播距离、工作频率、发射天线和发射功率相同的情况下，接收点的实际场强 E_r 和自由空间场强 E_{max} 相比衰减的倍数，称为该传播通道的衰减因子，它与工作频率、传播距离、大气参数、地形地貌、传播方式等有关，即

$$A = \frac{E_r}{E_{max}} \tag{6.15}$$

根据式(6.7)可知，这时接收点处的功率密度 S_r 为

$$S_r = \frac{1}{2}\frac{E_r^2}{\eta_0} = \frac{G_tP_t}{4\pi r^2}A^2 \tag{6.16}$$

进一步可以得到接收天线的输出功率为

$$P_r = \left(\frac{\lambda}{4\pi r}\right)^2 A^2 G_t G_r P_t \tag{6.17}$$

定义发射天线的输入功率 P_t 与接收天线的输出功率 P_r 之比为该传播通道的传播损耗 L，即

$$L = \frac{P_t}{P_r} = \left(\frac{4\pi r}{\lambda}\right)^2 \frac{1}{A^2 G_t G_r} \tag{6.18}$$

若用分贝表示，则有

$$L(\text{dB}) = 10\lg\frac{P_t}{P_r} = 20\lg\left(\frac{4\pi r}{\lambda}\right) - A(\text{dB}) - G_t(\text{dB}) - G_r(\text{dB}) \tag{6.19}$$

若不考虑发射天线与接收天线的增益，即令 $G_t = 0$，$G_r = 0$，则式(6.12)就是无线电波在该传播通道中传播的基本传播损耗 L_b，也称为路径传输损耗，即

$$L_b = 20\lg\left(\frac{4\pi r}{\lambda}\right) - A(\text{dB}) \tag{6.20}$$

由于衰减因子 A 随传播方式和其他传播因素的不同而不同，因此我们将结合具体的无线电波的传播方式分别介绍。

6.3 电波传播的方式

6.3.1 地面波传播

1. 地球表面的电特性

地球是一个略扁些的旋转椭球体，赤道半径稍长为 6378 km，极地半径稍短为 6357 km，平均半径为 6371 km，赤道周长为 40 076 km，地球表面积为 5.1 亿平方千米，其中 71％为海洋，29％为陆地。地球内部由地核、地幔、地壳三部分构成，如图 6.9 所示。地壳厚度各处不同，海洋下面薄，最薄处约为 5 km，陆地平均厚度为 33 km，地幔厚度为 2850 km，地核半径为 3460 km。地壳由土壤、水和岩石组成，形成地球坚硬的外壳，地壳物质的密度一般为 2.6～2.9 g/cm^3，上部密度较小，下部密度较大。地幔占地球体积的 82.3％，质量占地球质量的 67.8％。地幔可近似看成横向均匀的，纵向以 650 km 深处为界

分为上地幔和下地幔，上地幔平均密度为 3.5 g/cm³。上地幔上部约从 70 km 延伸到 250 km 左右存在一个软流圈，是熔岩的主要产生地，火山喷发就从这里开始。下地幔平均密度为 5.1 g/cm³。地核占地球体积的 16.2%，质量占地球质量的 31.3%，地核密度为 9.98～12.5 g/cm³。

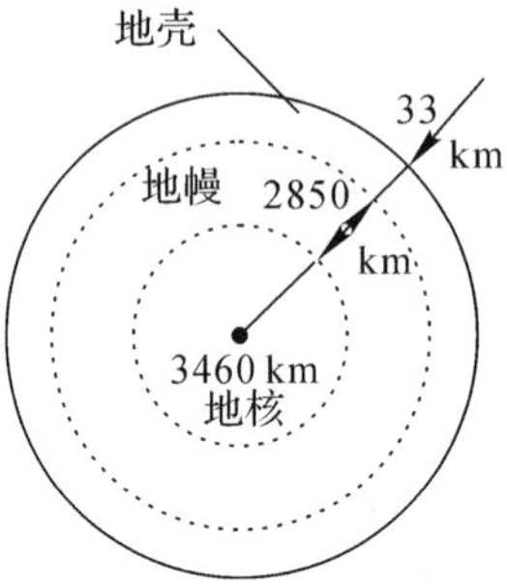

图 6.9 地球的结构

通过地壳运动、火山喷发、气候演变等，地球表面形成了高山、河流、海洋、湖泊、沙漠、山地丘陵、草原、森林等地貌地形和植被，对无线电波的传播造成影响。表 6.4 给出了各类地面的电参数，通常各类地面的相对磁导率 μ_r 取 1。

表 6.4 各类地面的电参数

地面类型	相对介电常数 ε_r	电导率 σ/(S/m)
海水	80	4
淡水(湖泊等)	80	5×10^{-3}
湿润土壤	20	10^{-2}
干燥土壤	4	10^{-3}
高原沙土	10	2×10^{-3}
森林	1～2	10^{-3}～1
山地	5～9	10^{-4}
大城市	3	10^{-4}

在交变电磁场的作用下，大地土壤内既有位移电流又有传导电流，位移电流密度为 $\omega\varepsilon E$，传导电流密度为 σE。通常把传导电流密度和位移电流密度的比值 $\sigma/\omega\varepsilon=60\lambda_0\sigma/\varepsilon=1$ 看作导体和电介质的分界线，λ_0 为无线电波在自由空间中的波长，可见其比值和无线电波的频率成反比，同一种媒质，当频率较低时可能是导体，当频率较高时又会成为介质体。当传导电流密度远大于位移电流密度时，即 $\sigma/\omega\varepsilon\gg1$，土壤可看作良导体，反之，当位移电流密度远大于传导电流密度时，即 $\sigma/\omega\varepsilon\ll1$，土壤可看作理想介质体。表 6.5 给出了各种介质中，比值 $\sigma/\omega\varepsilon$ 在频率为 300 MHz 和 3 kHz 时变化的情况，从表 6.5 中可以看出频率对介质的性质影响很大。

表 6.5　各种介质中不同频率无线电波传导电流密度与位移电流密度的比值

比值 频率 介质类型	300 MHz	3 kHz
海水($\varepsilon_r=80$，$\sigma=4$)	3	3×10^{5}
湿土($\varepsilon_r=20$，$\sigma=10^{-2}$)	3×10^{-2}	3×10^{3}
干土($\varepsilon_r=4$，$\sigma=10^{-3}$)	1.5×10^{-2}	1.5×10^{3}
岩石($\varepsilon_r=6$，$\sigma=10^{-7}$)	10^{-6}	10^{-1}

一般无线电波都是简谐波，这时大地可看作半导电的各向同性线性媒质，大地电参数可以用复介电常数 ε_c 来表示，即

$$\varepsilon_c=\varepsilon-j\frac{\sigma}{\omega} \tag{6.21}$$

式中，ε 是大地的介电常数，σ 是大地的电导率，ω 是无线电波的角频率。相对复介电常数 ε_{cr} 为

$$\varepsilon_{cr}=\frac{\varepsilon_c}{\varepsilon_0}=\varepsilon_r-j\frac{\sigma}{\omega\varepsilon_0}=\varepsilon_r-j60\lambda_0\sigma \tag{6.22}$$

式中，λ_0 为无线电波在自由空间中的波长。

2. 地面波的传播特性

大地可看作高低起伏的半导电媒质，无线电波沿地表传播时，不仅会在空气中传播，而且会在大地中激起位移电流和传导电流，使无线电波部分能量传入地下沿大地传播。由于大气的作用，无线电波在大气中传播会有损耗，进入大地的无线电波，由于大地的损耗作用更大，也会产生损耗。所以无线电波沿地面传播的损耗有两方面，一是大气中的传播损耗，二是进入大地中的电磁场能量引起的损耗。

为了适应地面波传播的特点，一般采用在地面架设直立天线来辐射垂直极化的无线电波，如图 6.10 所示。取地面向上方向为 z 轴正方向，波的传播方向为 x 轴的正方向。为了便于描述，设大气为媒质 1，大地为媒质 2。设天线辐射的垂直极化无线电波的电场强度矢量沿 z 轴正方向，即有分量 E_{z1}，磁场强度矢量只有 $-H_{y1}$ 分量。另一方面，我们知道，无线电波沿地面传播，会在大地中激起传导电流，传导电流沿无线电波的传播方向，即 x 轴的正方向，故在大地中电场强度矢量存在沿 x 方向的分量 E_{x2} 和沿 z 轴方向的分量 E_{z2}，磁场强度矢量仅存在 $-H_{y2}$ 分量，根据电磁场的边界条件可以得到，大气在接近地面处存在 E_{x1} 分量，且有

$$E_{x1}=E_{x2} \tag{6.23}$$

$$\varepsilon_0E_{z1}=\varepsilon_cE_{z2} \tag{6.24}$$

$$H_{y1}=H_{y2} \tag{6.25}$$

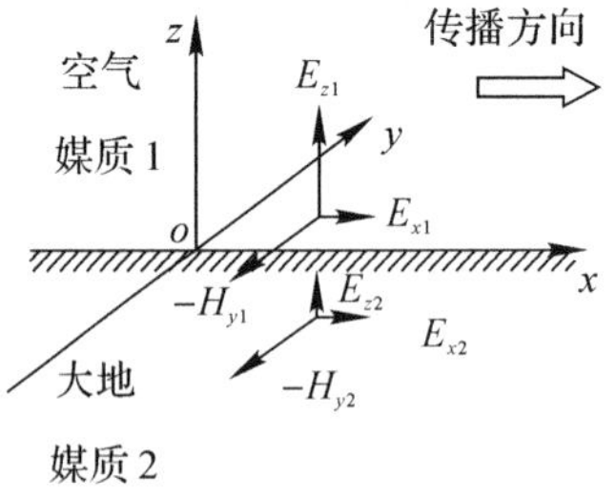

图 6.10　地面处的场

由于$|\varepsilon_{cr}|\gg 1$，有如下近似关系：

$$H_{y1}\approx\frac{1}{\eta_0}E_{z1}=\sqrt{\frac{\varepsilon_0}{\mu_0}}E_{z1} \tag{6.26}$$

$$H_{y2}\approx\frac{1}{\eta_c}E_{x2}=\sqrt{\frac{\varepsilon_c}{\mu_0}}E_{x2} \tag{6.27}$$

所以大地中的垂直分量E_{z2}要远小于大气中的垂直分量E_{z1}。在大气中的能流密度矢量即坡印廷矢量不仅存在x方向分量S_{x1}，还存在进入地面的分量$-S_{z1}$。合成的能流密度矢量$\boldsymbol{S}_1$不再平行于x轴，而是和x轴有一个夹角φ，我们称波前发生了倾斜，这个夹角φ和大气中电场强度矢量E_1和垂直分量$\boldsymbol{E}_{z1}$的夹角相等，如图 6.11 所示，倾斜角度φ可由

$$\tan\varphi=\left|\frac{E_{x1}}{E_{z1}}\right|=\sqrt[4]{\varepsilon_{cr}^2+\left(\frac{\sigma}{\omega\varepsilon_0}\right)^2}=\sqrt[4]{\varepsilon_{cr}^2+(60\lambda_0\sigma)^2} \tag{6.28}$$

进行计算。

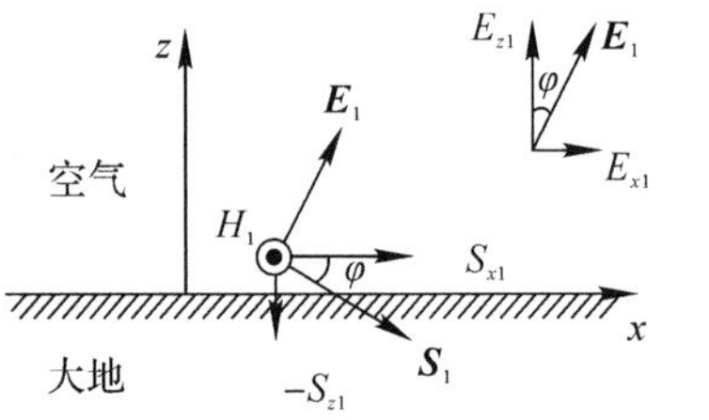

图 6.11　地波的能流密度矢量

通过以上分析，可以得出以下结论：

(1) 地面波是横磁波(TM 波)，沿传播方向x方向，电场强度矢量分量不为 0，横向分量E_{z1}远大于纵向分量E_{x1}，合成场是一个沿x方向传播的椭圆极化波。

(2) 垂直极化波沿地面传播时，由于大地对无线电波的吸收作用，电场产生了纵向分量E_{x1}，相应地沿z轴负方向，向地下传输的能流密度为$S_{z1}=\frac{1}{2}\mathrm{Re}(E_{x1}H_{y1}^*)$代表着地面波的传播损耗。大地的电导率越大或无线电波的频率越低，则纵向分量E_{x1}就越小，这时，地面波的传播损耗就越小，这说明地面波传播方式适合于超长波、长波波段。中波也可以利用地面波进行近距离传播。

(3) 地面波传播使波前倾斜，就有了纵向分量，并使部分能量进入地下传播，我们可以利用架低的水平天线接收空中的水平极化波能量和埋地水平天线接收地下波能量。

(4) 地面波是沿着地表传播的，仅受地表的地貌、地形影响，但这些因素一般不随时间

变化，同时不受天气、天文现象的影响，故信号传播稳定，这是地面波传播的优点。

3. 地面波场强的计算

首先介绍无线电波沿平面地面传播时场强的计算问题。当无线电波从直立天线发出，以球面波的形式不断向外传播时，大气和大地同时不断地吸收损耗无线电波的能量，参照式(6.14)，接收点的场强可以写为

$$E_{z1}=\frac{\sqrt{60P_tG_t}}{r}W \tag{6.29}$$

式中，P_t是天线的输入功率，G_t是天线的增益，W 是地面吸收作用的地面衰减因子。一般对于长度小于四分之一波长的短直立天线，G_t可取 3。式(6.29)计算出的单位是国际单位制，为伏/米。也可以采用下式表示：

$$E_{z1}=\frac{245\sqrt{P_t(\text{kW})G_t}}{r(\text{km})}W \quad (\text{mV/m}) \tag{6.30}$$

式(6.30)计算出的单位是毫伏/米。

地面衰减因子由大地的电参数决定，所以地面衰减因子是传播距离 r，大地电参数 ε、σ、μ 以及频率 f 的函数，即

$$W=W(r,\ \varepsilon,\ \sigma,\ \mu,\ f) \tag{6.31}$$

当把大地看作理想导体时，$W=1$。一般情况下，工程计算取 W 为

$$W\approx\frac{2+0.3x}{2+x+0.6x^2} \tag{6.32}$$

式中，x 为辅助参量，称为数值距离，无量纲，计算式为

$$x=\frac{\pi r}{\lambda_0}\frac{\sqrt{(\varepsilon_r-1)^2+(60\lambda_0\sigma)^2}}{\varepsilon_r^2+(60\lambda_0\sigma)^2} \tag{6.33}$$

当 $60\lambda_0\sigma\gg\varepsilon_r$ 时，

$$x\approx\frac{\pi r}{60\lambda_0^2\sigma} \tag{6.34}$$

当 $x>25$ 时，即地面属于不良导电和较短波长情况时，W 的计算可简化为

$$W\approx\frac{1}{2x} \tag{6.35}$$

上式说明当数值距离较大时，W 和 x 成反比关系。即地面波的场强随传播距离的变化规律由 $1/r$ 变为了 $1/r^2$，随距离衰减更快。

式(6.29)和式(6.30)的应用条件是：地面是平面，通信距离较短，波长较长。表 6.6 给出了可以把地面看作平面的限制距离。

表 6.6 可以作为平面地面的限制距离

波长/m	限制距离/km
200～20 000	300～400
50～200	50～100
10～50	10

当超出限制距离时，由于无线电波的绕射作用，问题将变得复杂，这时可以根据国际无线电咨询委员会(CCIR)推荐的一簇曲线进行计算，如图 6.12～图 6.14 所示。

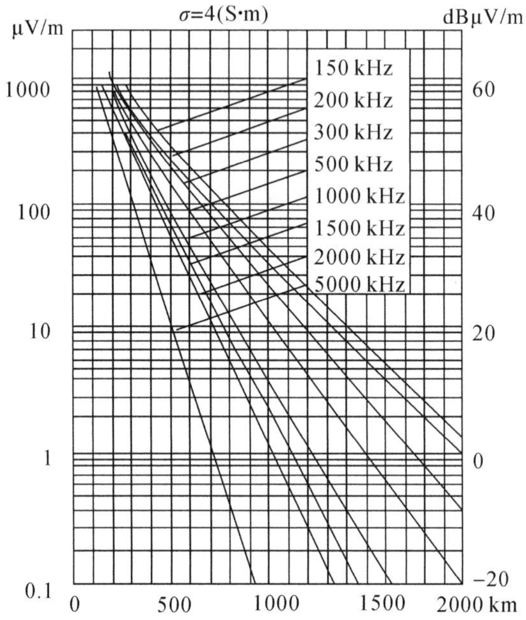

图 6.12　海面上地面波场强与距离的关系

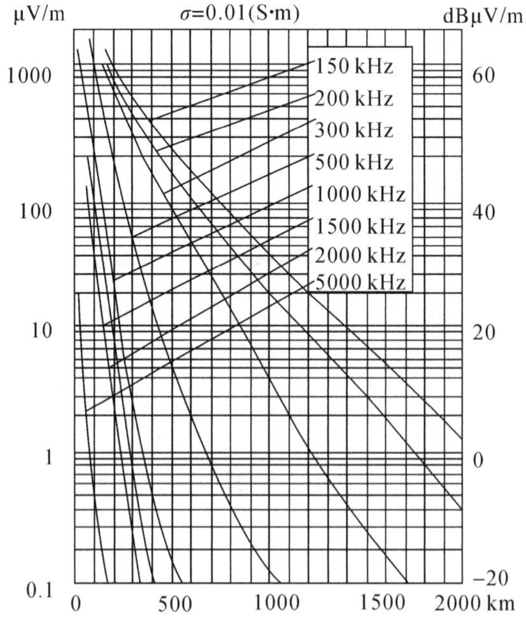

图 6.13　湿土上地面波场强与距离的关系

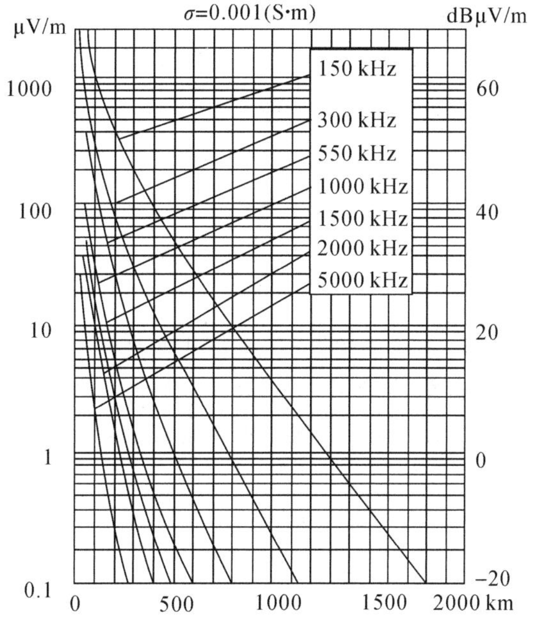

图 6.14　干土上地面波场强与距离的关系

这些曲线是输入功率为 1 kW 的短天线($G_t=3$)在海面、湿土、干土地面上场强与距离的关系。若输入功率变为 P_t(kW)，增益为 G_t，则所求场强等于曲线上求得的数值乘以 $\sqrt{P_t G_t/3}$。

4. 其他因素对地面波传播的影响

前面讨论的情况是把地面看作均匀的半导电媒质的情况。实际上，经常会碰到地面波在几种不同形式的地面传播的情况。如无线电波先在陆地传播，后又进入海洋上传播，再到陆地传播，或者先在海洋上传播，再到陆地传播，或无线电波先后经过平原、森林、沙漠、沼泽、山地等，这时我们就需要讨论不同性质地面引起的地面波的变化，需考虑不同性质地面的电参数进行求解计算。这里不作详细讨论，仅给出两种情况加以说明。

图 6.15 给出了无线电波沿陆地—海洋—陆地和海洋—陆地—海洋两种组合情况的地面波的传播变化。从图中可以看出，海洋导电性能强，陆地导电性能弱，海洋上场强较陆地上的场强衰减慢；地面波从陆地到海洋场强会有一个增大的过程，随后再衰减；而从海洋到陆地则场强没有增大过程，直接快速衰减。从图 6.14 中还可以看出，相同的传播距离，按陆地—海洋—陆地组合比按海洋—陆地—海洋组合衰减要大，也就是说两端地面导电性能好可以降低地面波的传播损耗，而中间部分对地面波传播影响较小。这就是所谓的“起飞—降落”现象，就好像在发射天线发射时，发射天线附近地面的性质对地面波传播影响较大，随着传播距离增大，无线电波从地面“起飞”到空中，随后在一定高度的自由大气中传播，地面影响小，而到达接收天线处，无线电波又从空中“降落”到地面，被接收天线接收，这时接收天线附近地面的性质影响较大，所以应架设收发天线在导电性能良好的地面上，这样可以改善接收和发射的性能，从而降低总的传播损耗。

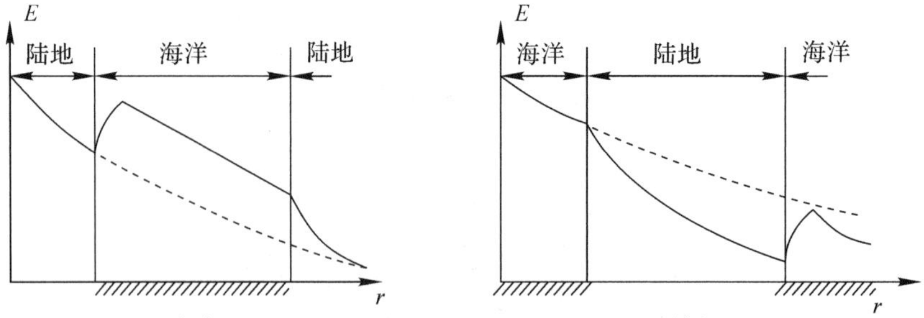

图 6.15　三种不同性质地面地面波的场强变化情况

利用地面波进入大地内部的能量可以进行水下或地下通信，完成对潜艇的导航和通信。水下和地下通信必须用极低的频率才能降低传播损耗，一般频率会选择在 100 kHz 以下，最低可达 1 kHz，对潜通信也可以采用地面波和水下地下通信相结合的方式，如在两端采用地下或水下通信，而中间采用地面波方式。

6.3.2　天波传播

无线电波能在地面和电离层之间来回反射而传播至较远的地方，其中每经过一次电离层反射称为一跳，如图 6.16 所示。我们把经过电离层反射到地面的无线电波称为天波，而把经过电离层反射的无线电波传播方式称为天波传播，可见电离层对天波传播起着至关重要的作用。

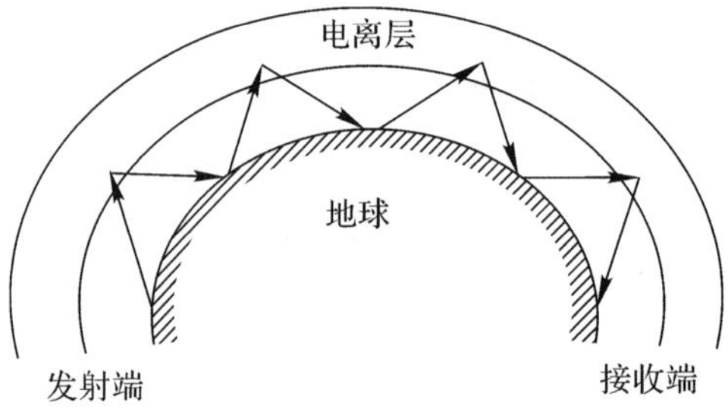

图 6.16　电离层对无线电波的反射

1. 电离层的结构

电离层是指分布在地球周围的大气层中，距地面 60 km～1000 km 之间存在大气的电离区域。在这个区域中，存在大量的自由电子和正离子，还存在着大量的负离子以及未被电离的中性分子、原子。

电离层的结构和大气的性质密切相关。距离地面 100 km 以内的区域由于上升气流和下降气流的作用，与地表的大气组成大致相同，而在 100 km 以上，由于不同气体质量的关系，大气出现了分差现象，质量较大的气体在下层，质量较小的气体在上层，从下到上依次为：恒定成分层、氧分子层、氮分子层、氧原子层、氮原子层。

当大气被太阳光中的紫外线照射时，会发生电离现象。电离的程度可以用单位体积中的自由电子数 N，即电子密度来表示，它与大气分层的密度和太阳光的强度有关。实验证明，大气中电子密度的极值发生在几个不同的高度上，每一个极值所在的范围称为一个层。

白天有 4 个电离层存在，由下至上分别是 D 层、E 层、F_1层和 F_2层，晚上，由于太阳光消失，电离源消失，电离层的电子密度普遍下降，D 层消失，F_1层和 F_2层合并为一层，仍称为 F_2层。电离层的结构如图 6.17 所示，D 层在大气恒定成分层，较均匀，高度在 60～80 km 之间，E 层在氧分子层，其高度在 100～120 km 之间，E 层在白天、晚上都存在；F_1层位于氮分子层，只在白天存在，高度在 200～250 km 之间；F_2层在氧原子层，在白天、晚上都存在，其电子密度是各层中最大的，高度在 350～400 km 之间。

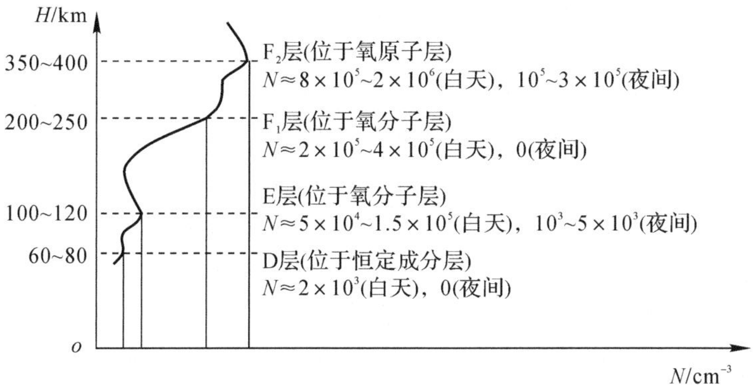

图 6.17　电离层电子密度与高度的关系

2. 电离层的变化规律

电离层的参数包括高度和电子密度，与地理位置、季节、时间以及太阳活动有关，其变化分为规则变化和不规则变化。

1）电离层的规则变化

（1）日变化，是指昼夜 24 小时内的变化规律。日落后，D 层由于电子和离子的不断复合而消失，F_1层和 F_2层合并，而 E 层和 F_2层的电子密度则在日落后相应减小，极小值出现在黎明前。日出之后，各层的电子密度开始增长，在正午后达到最大值，以后又开始减小。

（2）季节变化，这是由地球绕太阳公转引起的季节性周期变化规律。在夏季的北半球（南北半球刚好相反），D 层、E 层、F_1层的电子密度都比冬季的大，但 F_2层例外，这是由于 F_2层的大气在夏季受热向高空膨胀，气体密度降低，使可能增到很大的电子密度反而变小了。

（3）随太阳黑子 11 年的周期变化。太阳黑子是指太阳表面经常出现的黑斑或黑点。据天文观测，太阳黑子的数目和大小经常改变，黑子成群成双或单个出现，它是以 11 年为周期变化的。太阳的活动性是以太阳一年中出现的平均黑子数来表征的。太阳黑子数最大的年份，即太阳活动的高年，电离层中各层的电离增加，电子密度增大；太阳活动性弱的年份，电子密度就减小。

（4）随地理位置变化，是指电离层参数随地理位置变化的规律。低纬度区上空电离层的电子密度高，高纬度区上空电离层的电子密度小。维度越高，太阳照射就越弱，电离就弱，电离层电子密度就小。

2）电离层的不规则变化

除了规则变化外，有时电离状态还会发生一些随机的、非周期的、突发的急剧变化，称为不规则变化。

(1) 突发 E 层，是发生在 E 层高度上的一种常见的、较为稳定的不均匀结构。由于它的出现不太有规律，故称为突发 E 层，或称为 E_s 层，它是由一些电子浓度很高的“电子云块”、彼此间被弱电离气体所分开，像网状似聚集而成的电离薄层。E_s 层对无线电波有时呈半透明性质，即入射波的部分能量遭到反射，部分能量将穿透 E_s 层，因此产生附加损耗。有时入射波受到 E_s 层的全反射而到达不了 E_s 层以上的区域，形成所谓的“遮蔽”现象，这导致借助于 F_2 层的反射而构成的短波定点中断。我们也可以运用 E_s 层电子密度大的特点来改善天波通信。

(2) 电离层骚扰，当太阳发生耀斑时，常常辐射出大量的紫外线和 X 射线，以光速到达地球，当穿透高层大气到达 D 层时，会使 D 层的电离度突然增强，电子密度显著增大，可比正常值大 10 倍，大大增加了电离层对无线电波的吸收，可造成短波通信中断，由于其发生往往是突然的，因此称这种现象为电离层骚扰。它的持续时间一般为几分钟到几小时不等。因为这种现象是太阳耀斑出现时产生的强辐射作用所致，所以只发生在地球上太阳的照射区，一般对低纬度区传播的无线电波影响较大。

(3) 电离层暴，当太阳耀斑爆发时，除了辐射较强的紫外线和 X 射线外，还喷发出大量的带电微粒流。当带电微粒流与高层大气发生相互作用时，正常的电离层状态遭到破坏，这种电离层状态的异常变化称为电离层暴。这种情况在 F_2 层表现最为明显，电子密度最大值出现的高度上升，通信质量下降。电离层暴持续时间长、范围广，对短波通信危害极大。

3. 无线电波在电离层中的传播

假设无线电波在均匀的电离气体中传播，电离气体电子密度为 N，无线电波的频率为 f，电子与其他粒子碰撞的频率为 v，则不计及电子碰撞的等效相对介电常数为

$$\varepsilon_{er}=1-80.8\,\frac{N}{f^2} \tag{6.36}$$

式中，N 的单位取 cm^{-3}，f 的单位取 kHz。当计及电子与其他粒子的碰撞后，就会产生电子动能损耗，等效为媒质的导电率 σ_e 不为 0，这时，等效的相对介电常数和等效的 σ_e 为

$$\varepsilon_{er}=1-3190\,\frac{N}{v^2+\omega^2} \tag{6.37}$$

$$\sigma_e=2.82\times10^{-8}\frac{Nv}{v^2+\omega^2}\quad(\mathrm{S\cdot m}) \tag{6.38}$$

式中，ω 为无线电波的角频率，$\omega=2\pi f$。N 和 f 的单位取法同式(6.36)。

无线电波在电离气体中传播，其相速度(即等相位面移动的速度) v_p 和其群速度(即能量传播的速度) v_g 分别为

$$v_p=\frac{c}{\sqrt{\varepsilon_{er}}}=\frac{c}{n} \tag{6.39}$$

$$v_g=nc \tag{6.40}$$

式中，$n=\sqrt{\varepsilon_{er}}$ 为电离气体的折射率，c 为自由空间中的光速。

由于地磁场的影响，无线电波在电离气体中传播，任意一个线极化波都可以分解为两个线极化波，其中一个线极化波的电场强度矢量平行于地磁场方向，称为寻常波；另一个

线极化波的电场强度矢量垂直于地磁场方向，称为非寻常波。由于无线电波的电场可以引起电离气体中电子沿电场方向的振动，而磁场只作用于垂直于磁场运动的电子，也就是说地磁场只作用于非寻常波，而对寻常波不起作用，这样就使得电离气体对两种波表现出不同的电参数性质，这两个波将会按不同的程度发生折射，这种现象称为双折射现象。由于电离气体在地磁场的作用下有双折射现象的存在，故会使一个方向来的无线电波经过电离气体后产生两个不同方向传播的波。

通常电离层的电子密度随高度而变化，在某一个高度层，会形成电子密度逐渐增加的情况，这时有

$$n=\sqrt{\varepsilon_{er}}=\sqrt{1-80.8\frac{N}{f^2}} \tag{6.41}$$

我们把这样的电离层看成电子密度逐层变化的分层结构，折射率 n 逐渐减小，无线电波会在电离层中逐渐折射向下弯曲，如图 6.18 所示。

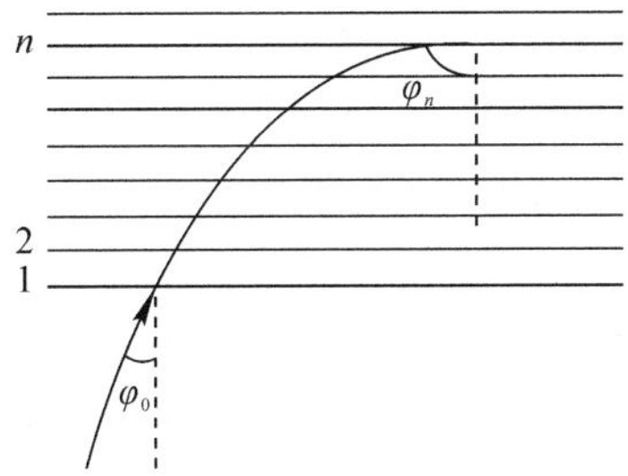

图 6.18　电波在电离层中的折射

设无线电波在第 n 层被折射回地面，根据折射定律，电离层能够反射无线电波，返回地面的条件是

$$\sin\varphi_0=n_n=\sqrt{1-80.8\frac{N_n}{f^2}} \tag{6.42}$$

式中，n_n是第 n 层的折射率，N_n为第 n 层的电子密度。从式(6.42)中可以看出，入射角相同，无线电波频率越大，需要电子密度越大，即需要在电离层较高的地方才能反射回来；电离层不变，入射角越小，需要的电子密度也越大。极限情况下，当 $\varphi_0=0$ 时，反射条件为

$$f=f_c=\sqrt{80.8N_n}\approx 9\sqrt{N_n} \tag{6.43}$$

式中，f_c称为临界频率。将式(6.43)代入式(6.42)可得

$$f=f_c\sec\varphi_0 \tag{6.44}$$

这就是通常的正割定律，它表明无线电波从电离层中某定点反射回来时，斜入射波的反射频率 f 比垂直入射波的反射频率 f_c高。

由正割定律可得电离层能够反射的最大频率为

$$f_{max}=\sqrt{\frac{80.8N_{max}}{\cos^2\varphi_{max}}} \tag{6.45}$$

式中，N_{max}为电离层的最大电子密度，φ_{max}为无线电波的最大入射角。考虑到地球的曲率，可以得到仰角为 Δ 时，电离层能反射的最大频率为

$$f_{max}=\sqrt{\frac{80.8N_{max}(1+2h/R)}{\sin^2\Delta+(2h/R)}} \tag{6.46}$$

式中，R 为地球平均半径，h 为电离层高度。

无线电波在电离层中传播，由于电子的碰撞效应，会引起无线电波能量的吸收损耗，主要发生在电离层底层 D 层和发生折返效应的顶层。D 层中气体密度大，电子碰撞频繁，无线电波损耗大，由于本层折射系数接近 1，所以无线电波可以近似认为直线穿过 D 层，故称 D 层的吸收为无偏吸收。在顶层接近折返点时，入射角增大，等效的折射系数小，无线电波的传播速度小，增加了电子的碰撞机会，使吸收衰减增大，无线电波的传播损耗增加。由于无线电波在此区域的传播轨迹是曲线，故把电离层顶部的吸收称为偏移吸收。

实际上，电离层的吸收作用可以通过积分式沿无线电波的传播路径积分得到

$$L = \int_l \frac{60\pi N e^2 v}{\sqrt{\varepsilon_{er}}\, m(\omega^2 + v^2)} \mathrm{d}l \tag{6.47}$$

式中，$e=1.602\times10^{-19}$ C 为电子电量，$m=9.109\ 56\times10^{-31}$ kg 为电子质量，l 为无线电波传播路径，通常计算非常复杂，一般都采用半经验公式计算。其损耗规律有以下几点：

(1) 对短波传播而言，一般情况下，电离层吸收主要是无偏吸收，正午时刻无线电波的衰减较大，夜晚较小。

(2) 在短波通信中要尽可能选用较高的频率，因为无线电波频率越高，受到的吸收就越小。

(3) 地磁场的存在影响电子的运动状态，因此也影响到无线电波的衰减，尤其是当无线电波的频率接近磁旋谐振频率 $f=1.4$ MHz 时，电子的振荡速度大增，波的衰减也大增。

4. 波长对天波传播的影响

波长为 10～100 m，频率为 3～30 MHz 的无线电波称为短波，又称为高频无线电波。短波使用天波传播时，具有以下优点：一是电离层这种媒质的抗毁性能好，只有高空核爆才能造成破坏；二是传播损耗小，适合远距离通信；三是设备简单，成本低。

由于短波天线增益低，波束发散，同时，电离层是分层的，电波传播时可能有多次反射，存在多个路径，即存在多径效应，其结果会使接收电平有严重的衰落现象，并引起传输失真，所以短波天波传播要应用抗衰落技术进行改善。短波天波传播还会形成所谓的静区现象，这时由于短波的地面波传播较近，而天波经反射又到达了较远的地方，中间就形成了无线电波不能到达的静区。静区是一个以发射天线为中心的环形区域，它的正确设计和使用可以起到保密通信的效果。

波长为 100～1000 m，频率为 300 kHz～3 MHz 的无线电波称为中波，中波也可以采用天波传播。因为中波频率在电离层临界频率以下，故电离层能反射中波，通常是在 E 层反射。又由于夜晚 D 层消失，D 层的吸收也随之消失了，所以中波多在晚上使用天波传播。中波天波传播也存在衰落现象，这主要是近距离的地面波传播和天波传播的叠加形成的。由于电离层的昼夜变化，中波天播传播信号日夜变化大。由于中波天波传播多在晚上，所以太阳活动性及电离层暴对中波天波传播的影响极小。

波长为 1～10 km，频率为 30～300 kHz 的无线电波称为长波，长波主要依靠地面波传播，但也可以采用天波传播方式。白天由 D 层下缘反射，夜间 D 层消失，则由 E 层下缘反射，经一跳或多跳传播，传播距离可达几千米到几万米。电离层对长波而言就好像良导体，电离层吸收小，损耗小。太阳的活动性和电离层暴对长波传播影响小，信号稳定。

6.3.3　视距传播

当无线电波频率达到超短波波段和微波波段，即当频率大于于 30 MHz 以后，无线电波以地面波传播时，地面吸收加剧，当无线电波投射到电离层时，又大于电离层的临界频率，无线电波不能重新返回地面，天波传播方式失去了作用，这时，无线电波只能用视距传播方式或散射传播方式进行传播。

1. 视线距离的计算

由于地球是球形的，当收发距离较远时，收发天线就不能“互见”。当收发天线高度一定，收发天线能够“互见”的最大地面距离称为视线距离。设发射天线高度为 h_t，接收天线高度为 h_r，地球平均半径为 a，则视线距离 r_0 的计算示意图如图 6.19 所示。在图 6.19 中，C 为视线 AB 与地面的切点，A' 为发射天线在地面的投影点，B' 为接收天线在地面的投影点，r_1 为点 C 与点 A 的视线距离，r_2 为点 C 与点 B 的视线距离。在 Rt△OAC 中，有

$$AC^2 = AO^2 - OC^2$$

$$AC^2 = (a+h_t)^2 - a^2 = 2ah_t + h_t^2$$

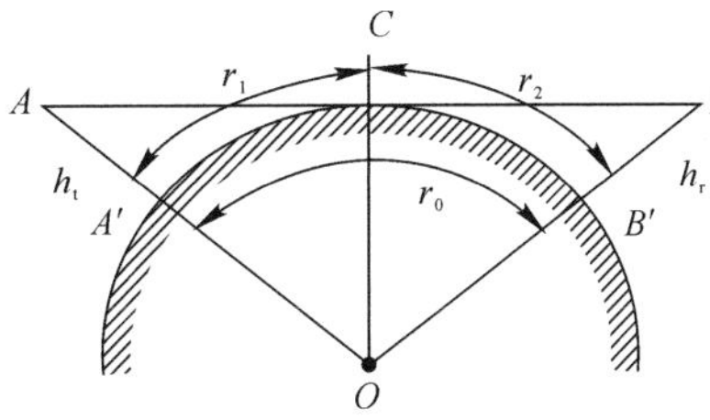

图 6.19　视线距离的计算

由于 $a \gg h_t$，所以有

$$AC = \sqrt{2ah_t}$$

当 AB 距离较远，h_t 较小时，有 $r_1 \approx AC$，于是有

$$r_1 = \sqrt{2ah_t} \tag{6.48}$$

同理，当 AB 距离较远，当 h_r 较小时，有

$$r_2 = \sqrt{2ah_r} \tag{6.49}$$

则

$$r_0 = r_1 + r_2 = \sqrt{2ah_t} + \sqrt{2ah_r}$$

当把地球的半径 $a = 6370$ km 代入，可得

$$r_0 = 3.57(\sqrt{h_t(\text{m})} + \sqrt{h_r(\text{m})})\ (\text{km}) \tag{6.50}$$

由式(6.50)可以看出，收发天线架设的高度决定了收发天线之间的视线距离。

设接收点和发射点之间的距离为 d，视线距离为 r_0，则依据 d 的取值，可以把通信区域分为亮区($d<0.7r_0$)、阴影区($d>1.2r_0 \sim 1.4r_0$)、半阴影区($0.7r_0< d<1.2r_0 \sim 1.4r_0$)。在不同区域，接收点场强的变化规律不同。亮区的场强主要由直射波决定，半阴影区的场强由直射波和绕射波决定，而阴影区的场强主要由绕射波决定。

2. 无限大地面时接收场强的计算

首先不考虑地球的曲率影响，将地面看作无限大半导电的平面地面，如图 6.20 所示。

无线电波从 A 点辐射出去，有两条路径到达接收点 B，一条是直射波 AB，另一条是经地面 C 点反射到达 B 点的路径 ACB，无线电波的入射角为 θ_i，反射角为 θ_r，$\theta_r=\theta_i$。接收点 B 处的场强 E 是直射波场强 E_1 和反射波场强 E_2 的叠加。根据电磁理论，可知

$$E=E_1+E_2=E_1[1+|R|e^{-j(k\Delta r+\varphi)}] \tag{6.51}$$

式中，R 为地面的反射系数，其模值为 $|R|$，相角为 φ，Δr 为直射波和反射波的路径差，值为

$$\Delta r=r_2-r_1 \tag{6.52}$$

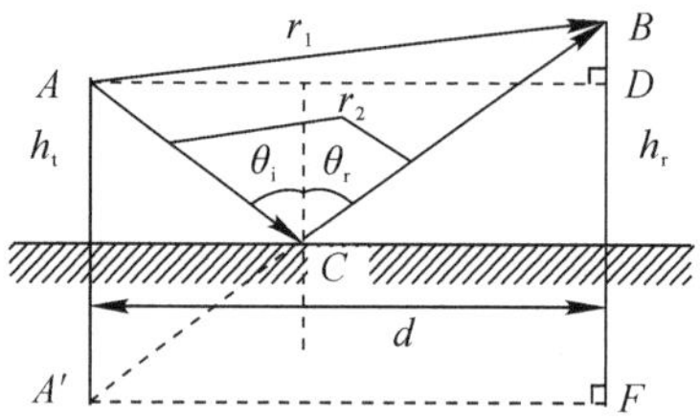

图 6.20 接收场强的计算

对于平行极化波，有

$$R=R_h=\frac{\cos\theta_i-\sqrt{\varepsilon_{cr}-\sin^2\theta_i}}{\cos\theta_i+\sqrt{\varepsilon_{cr}-\sin^2\theta_i}} \tag{6.53}$$

对于垂直极化波，有

$$R=R_v=\frac{\varepsilon_{cr}\cos\theta_i-\sqrt{\varepsilon_{cr}-\sin^2\theta_i}}{\varepsilon_{cr}\cos\theta_i+\sqrt{\varepsilon_{cr}-\sin^2\theta_i}} \tag{6.54}$$

式中，ε_{cr} 为大地的等效相对介电常数，满足

$$\varepsilon_{cr}=\frac{\varepsilon_c}{\varepsilon_0}=\varepsilon_r-j\frac{\sigma}{\omega\varepsilon_0}=\varepsilon_r-j60\lambda_0\sigma \tag{6.55}$$

对于视距通信来说，无线电波通常接近水平传播，对地面而言入射角接近 $\pi/2$，这时，不管是平行极化波还是垂直极化波，地面的反射系数 $R\approx-1$，其模值接近 1，相角为 π。这时直射波和反射波合成的场强取决于二者的路径差 Δr，这时接收点场强可以化为

$$\begin{aligned}E&=E_1+E_2=E_1[1+|R|e^{-j(k\Delta r+\varphi)}]\\&=2E_1\left|\sin\left(\frac{\pi}{\lambda}\Delta r\right)\right|\end{aligned} \tag{6.56}$$

从图 6.20 中可以看出，当 $d\gg h_t$，$d\gg h_r$ 时，有

$$r_1=\sqrt{d^2+(h_r-h_t)^2}\approx d\left[1+\frac{(h_r-h_t)^2}{2d^2}\right] \tag{6.57}$$

$$r_2=\sqrt{d^2+(h_t+h_r)^2}\approx d\left[1+\frac{(h_t+h_r)^2}{2d^2}\right] \tag{6.58}$$

$$\Delta r=r_2-r_1=\frac{2h_th_r}{d} \tag{6.59}$$

将式(6.59)代入式(6.56)可得接收点的场强为

$$E=2E_1\left|\sin\left(\frac{2\pi h_th_r}{\lambda d}\right)\right| \tag{6.60}$$

可见当反射波和直射波相位相同时相加增强，此时接收点场强值为最强值，为直射波场强的 2 倍；当反射波和直射波相位相反时相消减弱，此时接收点场强值最弱，理论上可以降到 0，但实际上直射波和反射波的幅度有微小的差别，加上其他绕射波的存在等，不可能降为 0。

图 6.21 给出了 $h_t=h_r=20$ m，$\lambda=0.3$ m 时，E/E_1 随通信距离 d 变化的情况。从图 6.21中可以看出，当接收点和发射点之间的距离 d 变小时，接收场强变化剧烈，当 d 变大时，接收场强变化趋缓，且最后是单调下降的趋势。从式(6.60)还可以看出，适当调整接收天线或发射天线的高度也可以使接收场强的幅度增强。

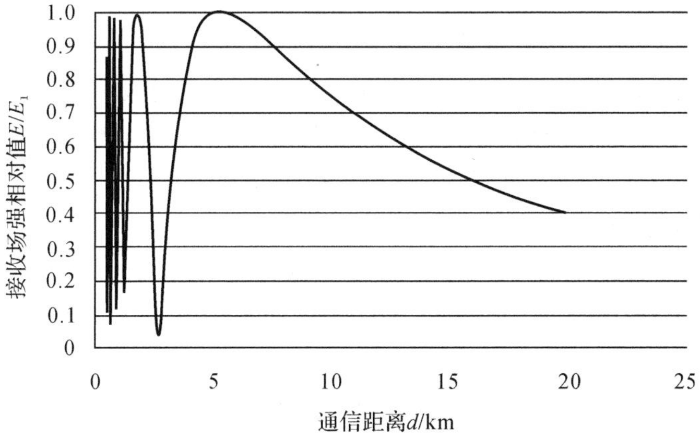

图 6.21　接收场强相对值 E/E_1 与通信距离 d 的关系

3. 地球曲率的影响

地球实际上是一个球体，地面不可能是一个无限大的半导电平面，那么怎样利用式(6.60)计算接收场强呢？我们可以用某一平面来等效球面地面，这样就可以运用式(6.60)来进行计算了。

球形曲面等效为平面如图 6.22 所示。在图中，通过反射点 C 作一切平面 MN，h_t'和 h_r'分别是发射天线和接收天线至切平面 MN 的距离。以参量 h_t'和 h_r'代替 h_t和 h_r，接收点的接收场强取决于 r_1和 r_2的路径差，而对于球面来说，场强也是由这个路径差决定的。由此可见，在计算接收场强时，此平面与球面等效，用平面代替球面后，就可利用式(6.60)来计算接收场强。分析这两种情形时，因 d 很大，故二者的距离 d 可以认为是相等的，而高度相差较大，即 $h_t'<h_t$，$h_r'<h_r$。h_t'、h_r'是用式(6.60)计算时所应用的有效天线高度。天线的有效高度要小于它的实际高度，当 d 很大时，由于 E 正比于 h_t和 h_r的乘积，所以当考虑地球曲率后，天线等效高度比实际高度减小，电场强度 E 是减小的。

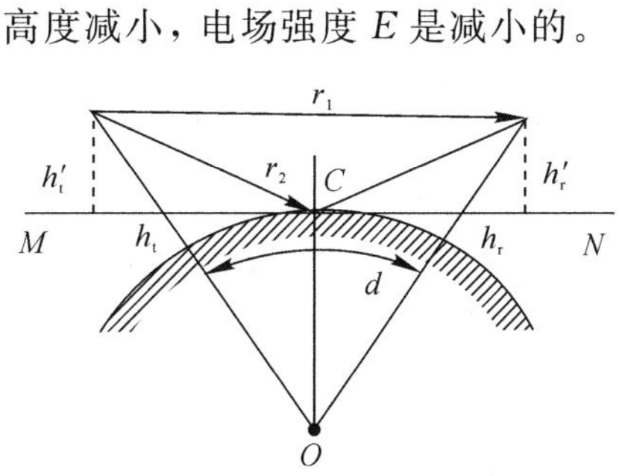

图 6.22　天线的有效高度

由于地球曲率的影响，无线电波在球面上的反射散射作用比在平面上的反射散射作用要大，如图 6.23 所示。

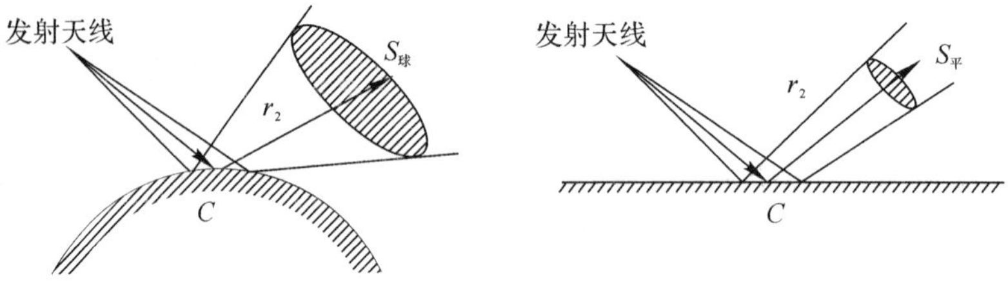

图 6.23　球面反射的散射作用

一般通信距离 d 很大，要远大于天线的高度，而这时直射波和反射波的相位差为 π，直射波和反射波反相，地球曲率的影响使反射波的扩散作用增大，相对就减小了反射波的强度，而直射波基本不变，这样就使得接收总场略有增强。

4. 地面起伏的影响

当地面不能看作光滑平面而有起伏时，对视距传播是有影响的，特别是对反射波影响较直射波更大。地面起伏对无线电波的视距传播的影响又与无线电波的波长和地面的起伏幅度有密切关系。

(1) 当地面略有起伏，波长又较长时，地面起伏的影响就较低。一般米波段受地面起伏的影响可以忽略，而分米波和厘米波的影响就很大，因为这时地面的起伏幅度和周期可以和波长相比拟，能够形成某种电磁谐振效应，从而使地面起伏的电磁效应增加。

如果某区域地面反射波的相位差超过 $\pi/4$，那么反射就具有漫反射的性质，地面本身被认为是粗糙的；反之，认为地面仍是光滑的，所以地面的粗糙程度和无线电波的波长密切相关。在厘米波段，大多数的地面都要引起漫反射。地面是粗糙时，漫反射的产生相当于降低了反射系数的模值。

对于粗糙地面而言，不能仅考虑反射点处的入射场引起的反射场，而且应考虑包括反射点在内的某个区域的场的影响，而这一区域以外的场不对反射场构成显著影响，这一区域称为第一菲涅尔区。简单地讲，第一菲涅尔区就是以从波源(发射天线处)到反射点的路程为基准，路径差在 $\lambda/2$ 以内的区域，可以证明，这一区域是一个椭圆形区域。

(2) 当地面起伏较大，波长较短时，地面起伏的影响就很大。当超短波在丘陵地带传播，或翻越山脉时，传播的物理状态就变得复杂。如图 6.24 所示，设发射天线架设于山梁 A 点处，接收天线架设于山梁 B 点处，中间是起伏丘陵地带或山脉，根据电磁理论，只有第一菲涅尔区内部的地貌或障碍物才会对通信造成影响，而此时会对接收场构成影响的最大可能的区域是与直射波路径相比所有路径差在 $\lambda/2$ 以内的点所构成的区域，这是一个以 A 点、B 点为焦点的扁长椭球区域。若障碍物不在此区域内，则障碍物不构成影响，若障碍物在此区域内，则有影响。实际工作中，为了简化运算，常常只考虑传播距离内最高障碍物的情况，只需计算障碍物最高点作为反射点时，路径差是否大于 $\lambda/2$，若大于则没有落入第一菲涅尔区，反之则落入了第一菲涅尔区。其中直射波射线 AB 高于地形最高点 C 的距离称为传播余隙 H_c，传播余隙一般取

$$H_c=\sqrt{\frac{\lambda d_1 d_2}{3(d_1+d_2)}}\sim\sqrt{\frac{\lambda d_1 d_2}{d_1+d_2}} \tag{6.61}$$

式中，d_1、d_2为最高点 C 分别到发射点 A 和接收点 B 的地面距离。传播余隙不宜过大，否则发射天线和接收天线会架设过高。有时传播余隙为 0 或小于 0 时接收点也能收到信号，这是由无线电波的绕射作用和多径效应引起的。

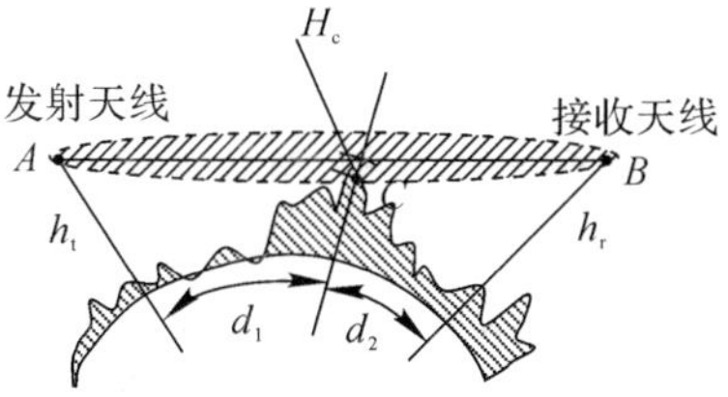

图 6.24　视距传播越过丘陵山脉

5. 低层大气的影响

低层大气对无线电波的影响主要体现在两个方面，一是大气折射的影响使无线电波的传播不再沿直线传播；二是大气吸收的影响引起无线电波的附加衰减。

大气低层主要是对流层，位于地面至上空约 10～18 km，对流层的空气成分大致与地面相同，主要由氧气、氮气组成，还包括水蒸气和二氧化碳等。对流层温度一般随高度增加而下降，每升高 1000 m，温度下降 6 ℃，这样就使得大气密度随高度增加逐渐减小，随之，对流层的折射率也随高度增加逐渐减小。但由于气象的变化，有时也会出现温度逆升，从而使折射率随高度增加而增加的情况。

对流层的折射率可大致按下列经验公式计算：

$$(n-1)\times 10^6=\frac{77.6}{T}\left(p+\frac{4810}{T}e\right) \tag{6.62}$$

式中，n 是大气折射率，p 是大气压强，单位是 mbar，e 是水汽压强，单位也是 mbar，T 是绝对温度，单位是 K，$T=t+273$，t 是摄氏温度。由于 n 与 1 相差极小，一般差值为 10^{-6}～10^{-4}。为了方便，定义折射指数 N 为

$$N=(n-1)\times 10^6 \tag{6.63}$$

于是有

$$N=\frac{77.6}{T}\left(p+\frac{4810}{T}e\right) \tag{6.64}$$

N 的单位记为 N，无量纲。

国际航空委员会规定：当海面上的气压为 1013 mbar，气温为 288 K，温度梯度为 −6.5 ℃/km，相对湿度为 60%，水汽压强为 10 mbar，水汽压强梯度为 −3.5 mbar/km 时的大气称为“标准大气”。紧贴海面的标准大气的折射指数为 318 N，温带地区地面处的大气折射指数为 310～320 N，平均为 315 N。大气折射指数梯度为

$$\frac{\mathrm{d}N}{\mathrm{d}h}=-39\ \mathrm{N/km} \tag{6.65}$$

实际大气中，随着气象的变化，不同高度的大气压、温度、水汽压强都是不同的，大气的折射率和折射指数也是不同的。一般情况下，大气的折射指数梯度小于 0，这使得无线电波的传播路径逐渐向下弯曲，如图 6.25 所示。

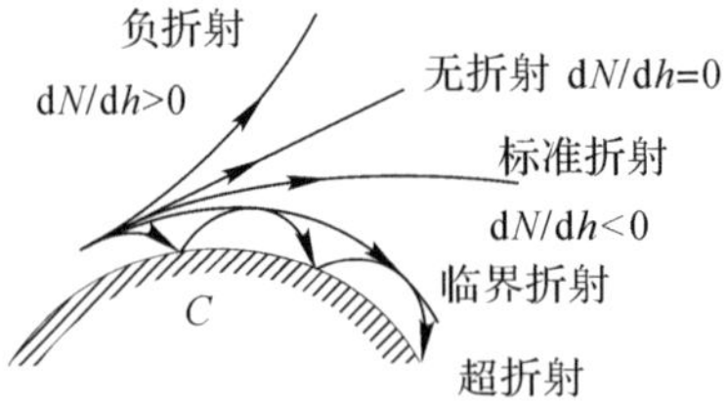

图 6.25　低层大气的折射现象

若 dN/dh=-157 N/km，此时无线电波水平传播，使得传播路径恰好与地面平行，称为临界折射。若 dN/dh<-157 N/km，大气折射能力急剧增加，可能使无线电波在一定高度的大气层内连续折射，称为超折射或波导效应。而典型的情况 dN/dh=-39 N/km 称为标准折射。随着气象变化，大气折射指数梯度大于 0 时会使得无线电波的传播路径逐渐向上弯曲，如图 6.25 所示，这种情况我们称为负折射现象。

由于大气的折射作用，使得无线电波的传播路径弯曲，此时难以直接运用直线传播的公式来计算实际传播问题。我们引入等效地球半径的概念，可以把无线电波路径的弯曲“拉直”，仍可看成直线传播，这样就可以解决实际无线电波传播的计算问题。

等效的方法是：当无线电波沿实际路径传播时，路径上任意一点到地面的距离和无线电波沿直线路径在等效地球上空传播时同一点到等效地球地面的距离相等；或者设实际传播路径在任意一点的曲率半径为 ρ，该点处的曲率和地球表面的曲率差与等效直线的曲率(直线的曲率为 0)和等效地球表面的曲率差保持不变。设地球的半径为 a，等效地球半径为 a_e，则有

$$\frac{1}{a}-\frac{1}{\rho}=\frac{1}{a_e} \tag{6.66}$$

所以，等效地球的半径为

$$a_e=\frac{a}{1-\dfrac{a}{\rho}}=Ka \tag{6.67}$$

式中，K 称为等效地球半径系数，标准折射时，$K=4/3$。不同的 K 值也会引起视线距离相应的变化。此时，视线距离修正为

$$r_0=\sqrt{2Ka}\left(\sqrt{h_t}+\sqrt{h_r}\right) \tag{6.68}$$

在标准折射条件下，$K=4/3$，这时的视线距离为

$$r_0=4.12\left(\sqrt{h_t(\mathrm{m})}+\sqrt{h_r(\mathrm{m})}\right)(\mathrm{km}) \tag{6.69}$$

大气低层和直到 90 km 的高度范围内，成分有氧气、氮气、氩气、二氧化碳、水汽等，其中水汽分子和氧气分子对微波起主要吸收作用。当无线电波频率与水汽分子、氧气分子形成的电偶极矩和磁偶极矩的谐振频率相同或相近时，会产生强烈的谐振吸收效应。氧分子的吸收峰为 60 GHz 和 118 GHz，水汽分子的吸收峰为 22 GHz 和 183 GHz。图 6.26 给出了大气中水汽和氧气的吸收衰减率与频率的关系。在 100 GHz 以下，大气中存在三个吸收较小的频段，称为大气传播的“窗口”，分别是 19 GHz、35 GHz 和 90 GHz。在 20 GHz 以下，氧的吸收作用与频率关系较小，在 4 GHz 时吸收约为 0.0062 dB/km；而水汽的吸收则与频率关系较明显，在 2 GHz 时为 0.000 12 dB/km，8 GHz 时为 0.0012 dB/km，20 GHz 时为 0.12 dB/km。当微波频率 $f<10$ GHz 时可以不考虑大气吸收的影响。

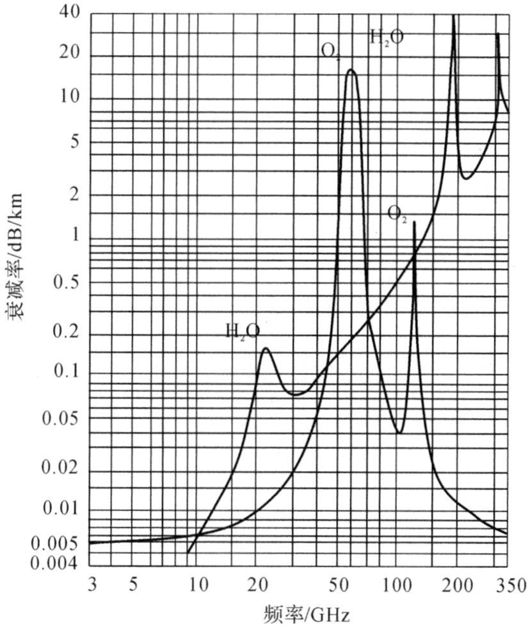

图 6.26　大气中水汽和氧气的吸收衰减率

计算大气吸收衰减时，要根据传播路径，用其长度乘以在该频率下大气每千米的吸收率得到。若传播路径穿过不同的大气区域，则要分段计算其吸收衰减。

6.3.4　散射传播

无线电波的散射传播是利用不同高度大气层中不均匀体的散射作用进行传播通信的。依据大气高度和散射体的不同，散射传播分为对流层散射传播、电离层散射传播和流星余迹散射传播。

1. 对流层散射传播

由于季节、昼夜、气象等因素，使得对流层中存在很多尺度小的湍流体，每一个湍流体等效的介电常数都不相同，并且随着时间进行着快速和慢速变化。无线电波照射到湍流体上，每一个湍流体就像二次辐射波源一样，使无线电波向四周扩散，这些扩散到四周的无线电波在接收点被接收，这样就完成了散射通信。为了提高散射通信质量，就要求发射天线与接收天线对准同一块不均匀散射体。

对流层的散射传播有以下特点：

(1) 散射损耗随距离的增加而增大。由于受到对流层高度的限制，一般认为对流层散射通信的最大距离为 600～800 km。但若考虑大气对无线电波的折射作用，则最大通信距离可达 1000 km。

(2) 散射体散射损耗与频率的关系不密切。一般来说，散射损耗随着频率的增加而略有增大，这是由于无线电波频率增加后，湍流尺度的电尺寸变大，散射体的前向散射变强，相对而言其他方向散射波略有减小，使散射损耗略有增大。

(3) 接收信号电平随时间变化大。散射传播的信号变化分为快变化和慢变化两类。

快变化是指接收信号电平在十几分钟内的变化，由于接收信号是来自散射湍流体的不同部分的叠加，随着湍流体的快速变化，湍流体不同部分散射的波到达接收点的振幅和相位也在发生变化，而这些变化都是随机的，从而使接收信号也在快速变化，所以接收的快变化具有随机起伏的衰落现象。

慢变化是指接收信号电平在一小时到几个月的时间内的变化。它主要是由于对流层中昼夜交替、季节变换、大的气象变化等引起的大尺度、大范围参数的变化所致。慢变化虽然也是随机的，但还是有一定的规律可循。

(4) 散射传播的信号带宽受通信距离和天线的增益(方向性)影响。由于散射波的散射源分布在空间中一个区域的不同位置，使接收信号出现衰落现象，同时各个散射源散射出的散射波到达接收点时，也具有不同的时间延迟(相位)，这些不同延迟的散射波叠加后就会引起信号波形的畸变，从而使信号带宽变窄。为了获得较宽的信号带宽，可以缩短通信距离和提高天线的增益(方向性)，使参与散射传播的有效区域减小，从而减小各散射波的时间延迟，改善信号波形和信号带宽。

2. 电离层散射传播

电离层散射传播主要利用电离层中电子密度的不均匀性进行无线电波的散射传播。电离层散射传播的机理和对流层散射传播的机理类似，电离层中由于太阳光照、大气微小湍流引起大气密度的变化，也存在电子密度的不均匀区域，且随机变化，从而引起等效的大气介电常数变化，进而形成不均匀的散射区域，对照射过来的无线电波进行散射，传向四周。

电离层散射一般发生在E层底部，由于电离层较对流层高，利用电离层进行散射通信的距离比对流层散射要远得多，一次反射距离可达1000～2200 km，而且在此范围内接收信号变化不大。电离层散射与无线电波频率关系较密切，能被电离层散射的无线电波的频率范围是30～100 MHz，常用频率范围是40～60 MHz，而且频率越高，信号电平的减弱就越显著。电离层散射由于高度高、距离远，不失真的带宽只有2～2 kHz，同时由于衰落的原因必须采取相应的抗衰落措施，如分集接收等。由于电离层散射就是靠电离层中电子密度的不均匀进行的，故电离层的骚扰等不会造成传播中断，这是电离层散射的优点。

3. 流星余迹散射传播

星际空间中存在着大量宇宙尘埃微粒和微小的固体物质块，其中有一些是由于彗星经过太阳附近时被太阳强大的辐射和引力破坏所激发出来的，还有一些是其他天体运动产生的，所有这些能够侵入地球大气层的都称为流星体。

流星体的质量一般很小，大部分可见的流星体的质量在1 g以下，直径在0.1～1 cm之间，速度介于11 km/s到72 km/s之间。随着地球的运动，流星体受到地球的引力影响或由于地球运行穿过流星体的轨道，就会使流星体进入地球大气层，高速运动的流星体与大气摩擦产生高温，使大气电离，这就会在大气中造成大量的流星余迹，在夜空中表现为一条光迹，这种现象叫流星，一般发生在距地面高度为80～120 km的高空中。

流星包括偶发的单个流星、火流星和流星雨三种。火流星看上去非常明亮，发着“沙沙”的响声，有时还有爆炸声。流星体质量较大，一般大于几百克，进入地球大气后在高空不能燃烧殆尽，而进一步闯入低层稠密大气，以极高的速度和地球大气剧烈摩擦，产生出耀眼的光亮。火流星消失后，有时会留下云雾状的长带，可存在几秒到几分钟，甚至几十分钟。流星雨是地球进入了某个彗星的轨道，而有大量的流星余迹产生，会持续几天或几个月。流星虽然绝大多数都是微小的，但数量极大，每年落入、侵入地球大气层的总质量约有20 万吨之巨。流星余迹中的电子、离子密度大且不均匀，这时，无线电波照射到流星余迹，也会产生散射波，形成流星余迹散射。流星余迹的平均高度约为 90 km，在空中的暂留时间平均为几毫秒到几秒。流星余迹由于数量巨大，可以利用它们进行散射通信，也可以利用偶发的、大的流星余迹进行保密散射通信。

6.3.5　星际传播

星际传播包括地面和卫星、飞船的无线电波通信方式，也包括卫星之间或卫星和飞船之间的无线电波通信方式。其中后者可以认为是自由空间中无线电波的传播，其损耗就是自由空间无线电波传播的损耗。前者由于无线电波穿过了地球的大气层，其损耗包括两部分，一是地球大气的吸收损耗，二是自由空间路径的扩散损耗。下面我们就以卫星通信系统的损耗计算为例加以说明。

卫星通信系统是指由轨道中运转的卫星作为中继站，来连接地面两点间远距离通信的系统。通信卫星离地面约 36 000 km，在地球赤道上空，向东以圆轨道运动，卫星公转周期与地球自转周期相同，故称为同步卫星。同步卫星发射的无线电波可覆盖地球表面约三分之一的面积，经度每隔 120°分配一颗卫星，三颗卫星即可构成环球卫星通信网，如图 6.27 所示。太平洋区域卫星在东经 174°的赤道上空，印度洋区域卫星在东经 61°位置，而大西洋区域卫星则在西经 25°。同步卫星覆盖区域内的地面站依靠卫星转播，可与卫星覆盖区域内的任意地面站通信。

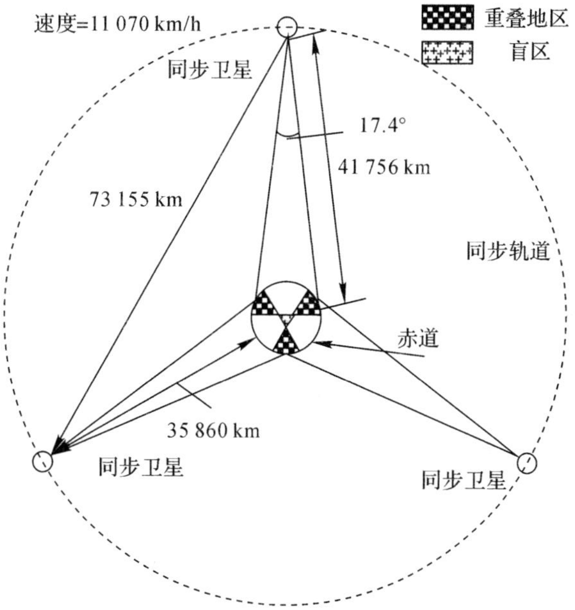

图 6.27　卫星通信系统

设某卫星至地面站为下行线，所用的频段为 3.4～4.2 GHz，地面站至卫星为上行线，所用频段为 5.925～6.425 GHz。若以 d 代表卫星与地面之间的距离，约为 40 000 km，则

可计算出其在自由空间的传播损耗为

$$L_b(\text{dB})=32.45+20\lg f(\text{MHz})+20\lg d(\text{km}) \tag{6.70}$$

当 $f=4$ GHz 时，可得 $L_b=196.53$ dB；当 $f=6$ GHz 时，$L_b=200.05$ dB。

大气吸收损耗要根据天线仰角、频率、大气的折射情况，通信地点的大气参数等，以及无线电波传播路径进行叠加计算，经计算仰角为90°时损耗最小，$f=4$ GHz 时约为0.03～0.06 dB，$f=6$ GHz 时约为0.04～0.07 dB。随着仰角的减小，损耗逐渐增大，当仰角减小为10°时，$f=4$ GHz 和 6 GHz 时的损耗分别增大到0.15～0.3 dB和0.19～0.35 dB；当仰角进一步减小至0°时，大气吸收损耗增大较多，$f=4$ GHz 和 6 GHz 时的损耗分别增大到2.4～4.8 dB和3.0～5.6 dB。当仰角较大，例如大于10°，频率较低，例如小于10 GHz，大气吸收衰减可以忽略，可见星际传播主要是自由空间的扩散损耗。当遇到恶劣天气情况，如云、雨、雾、雪等时，还应计入它们所在地区路径引起的损耗。

习　题

6.1　计算垂直发射天线在100 km处的场强，设工作频率为1 MHz，天线底部电流为50 A，天线的有效高度为48 m，无线电波在(1)湿土；(2)干土上传播。

6.2　电离气体内的电子密度为106个/cm^3，求频率为20 MHz的无线电波在此电离气体内的相速度和群速度。假设不存在外磁场。

6.3　设F_2层的临界频率为$f_c=10$ MHz，若入射角为70°，求最高可用频率及最佳工作频率。

6.4　设某地冬季F_2层的电子密度为：白天$N=2\times10^6$个/cm^3，夜间$N=10^5$个/cm^3，试计算临界频率。在实际通信中，其夜间工作波长比白天工作波长长还是短？

6.5　设某地某时电离层的临界频率为5 MHz，无线电波以仰角$\Delta=30°$投射其上，求它能返回地面的最短波长。

6.6　试求频率为5 MHz的无线电波在电子密度为1.5×10^5个/cm^{3}的电离层反射时的最小入射角。

6.7　无线电波的波长为50 m，进入电离层的入射角为45°，试求能使无线电波返回的电离层的电子密度。

6.8　收、发天线的高度分别为36 m和400 m，求几何视线距离和无线电波视线距离，假设大气为标准大气。

第 7 章　天线基础知识

天线已成为当今无线电设备中不可缺少的设备，广泛地应用于各个领域。本章主要介绍天线的基本理论、基本分析方法，以及典型应用下一些常用天线的具体形式及它们的工作原理。本章首先简单地回顾天线的发展历史，介绍天线的基础理论，然后通过电偶极子阐明辐射的概念，以及天线的主要技术参数，进而介绍天线中一些非常有用的定理及原理。

7.1　天线发展简史

天线(Antenna)的历史有一百多年。1873 年，麦克斯韦(Maxwell)在前人的基础上提出了统一的电磁场方程组，并预言了电磁现象的波动性质。1887 年，赫兹(Hertz)以实验证明了这个理论的正确性。在这个实验中，它应用了人类历史上最早的两种天线(见图 7.1)。发射天线是两根 30 cm 长的金属杆，杆的终端连接两块 40 cm^2 的金属板，原理就是现在的电容加载电偶极子；接收天线是半径为 35 cm 的金属圆框，实际上就是现在的电偶极子或小框天线。

海因里希·赫兹(Heinrich Hertz,1857年—1894年)

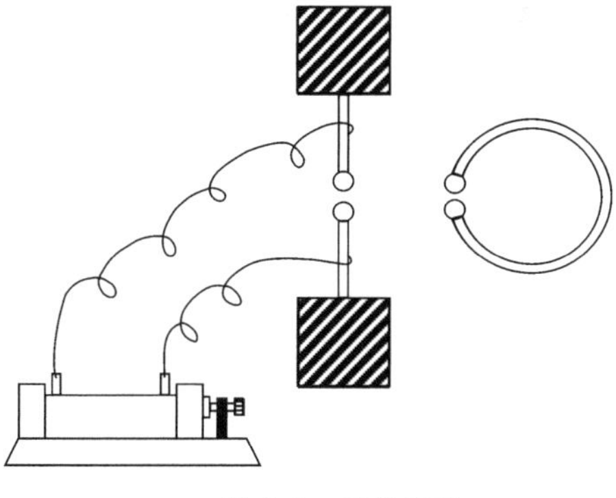

图 7.1　赫兹振子

在 Hertz 的实验以后，人们紧接着探索无线电波的实际应用，两个先驱者是波波夫(Попов)和马可尼(Marconi)，前者在 1895 年发明雷暴指示器，后者在 1896 年实现了无线通信。他们两人都提出了各自的天线装置。值得一提的是，马可尼于 1901 年在其跨大西洋无线通信中使用的发射天线(见图 7.2)，这是一种由 50 条铜线组成的锥形结构，由两个高为 150ft(英尺)(1ft=30.48 cm)、相距 200ft 的桅杆支撑，发射机(电火花放电式)接在天线和地之间，当时应用的频率约为 50～100 kHz 的长波波段。这种天线的尺寸远小于波长，实际上是一种扇形的单极子天线。

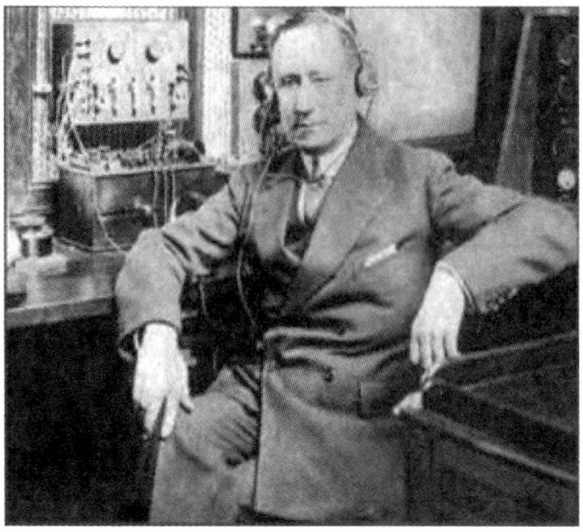

古利莫·马可尼(Guglielmo Marconi,1874年—1937年)

图 7.2　1905 年古利莫·马可尼在英格兰波尔多架设的方锥天线,发射波长为 1000 m 的信号

自赫兹和马可尼发明天线以来,天线在社会生活中的重要性与日俱增,如今已成为不可或缺的设备。天线无处不在,如家庭或工作场所,汽车或飞机,船舶、卫星和航天器的有限空间内,甚至可以由步行者随身携带。

一项伟大的科学成果从发现到为人类所利用,往往需要经过几代人前赴后继的努力。麦克斯韦预言电磁波的存在,但却没有能亲手通过实验证实他的预言;赫兹透过闪烁的火花,第一次证实电磁波的存在,但却断然否认利用电磁波进行通信的可能性。他认为,若要利用电磁波进行通信,需要有一面面积与欧洲大陆相当的巨型反射镜。但是,"赫兹电波"的闪光,却照亮了两个年轻人不朽的征程,这两个年轻人便是波波夫和马可尼。

1895 年 5 月 7 日,年仅 36 岁的波波夫在彼德堡的俄国物理化学会的物理分会上,宣读了关于"金属屑与电振荡的关系"的论文,并当众展示了他发明的无线电接收机。当他的助手雷布金在大厅的另一端接通火花式电波发生器时,波波夫的无线电接收机便响起铃来;断开电波发生器,铃声立即中止。几十年后,为了纪念波波夫在这一天的划时代创举,当时的苏联政府便把 5 月 7 日定为"无线电发明日"。1896 年 3 月 24 日,波波夫和雷布金在俄国物理化学协会的年会上,操纵着他们自己制作的无线电收发信机,表演了用无线电传送莫尔斯电码。当时拍发的报文是"海因里希·赫兹",以此表示他们对这位电磁波先驱者的崇敬,虽然当时的通信距离只有 250 米,但它毕竟是世界上最早通过无线电传送的有明确内容的电报。

就在同年的 6 月,年方 21 的意大利青年马可尼也发明了无线电收报机,并在英国取得了专利,当时通信距离只有 30 米。

马可尼 1874 年 4 月 25 日生于意大利波伦亚。他自幼便有广泛的爱好,对电学、机械学、化学都有浓厚的兴趣。13 岁那年,他便在赫兹证实电磁波存在的论文的启发下,萌发了利用电磁波进行通信的大胆设想。他时而在阁楼上,时而在庭院或农场里进行无线电通信的试验。1894 年,他成功地进行了相距 2 英里的无线电通信的收与发。

马可尼发明之路荆棘丛生。他在申请政府赞助落空后,于 1896 年毅然赴英。在那里他得到了科学界和实业界的重视和支持,并取得了专利。1897 年,马可尼成立了世界上第一家无线电器材公司——美国马可尼公司。这一年的 5 月 18 日,马可尼进行横跨布里斯托尔海峡的无线电通信获得成功。1898 年，英国举行游艇赛，终点是距海岸 20 英里的海上。《都柏林快报》特聘马可尼用无线电传递消息，游艇一到终点，他便通过无线电波让岸上的人们立即知道胜负结果，观众为之欣喜若狂。可以说，这是无线电通信的第一次实际应用。

二极管的发明，对马可尼的研究起到了积极推动作用。1901 年，他成功地进行了跨越大西洋的远距离无线电通信。实验是在英国和芬兰岛之间进行的，两地相隔 2700 千米。从此，人类迎来了利用无线电波进行远距离通信的新时代。

1937 年 7 月 20 日，马可尼病逝于罗马。罗马上万人为他举行了国葬；英国邮电局的无线电报和电话业务为之中断了 2 分钟，以表示对这位首先把无线电理论用于通信的先驱、1909 年诺贝尔物理学奖获得者的崇敬与哀悼。

20 世纪初期，电离层尚未被发现，人们利用中长波段的地波传播方式进行无线通信。实践对理论提出的要求是：计算地波的场强，即解决地波传播的机理问题。Sommerfeld 在 1909 年及 1926 年得出在地面上的水平或垂直的电或磁偶极子的辐射场的赫兹势的积分表达式，即 Sommerfeld 积分，是研究近地天线的理论基础，但是此积分不易给出场强的数值结果，至今仍是研究对象。

20 世纪 20 至 30 年代，由于电离层的发现及三极管的发明，无线电通信及广播迅速发展。电离层使人们利用短波进行远距离通信成为可能，而三极管则提供了强大的长中短波功率。短波通信及广播要求天线有较强的方向性，于是出现了初期的行波天线(如菱形天线、鱼骨天线)及阵列天线(如同相水平天线)。

长中短波天线多是线天线，早期对这种类型天线的计算方法是先根据传输线理论假设线上的电流分布，然后由矢量势或赫兹势函数求其辐射场的空间分布即波瓣图，由坡印廷矢量在空间积分求其辐射功率，从而求出辐射电阻。自 20 世纪 30 年代中期开始，为了较精确地求出线天线的电流分布及输入阻抗，很多人从边值问题的角度来研究一种典型的线天线——对称振子。King 和 Hallen 提出用积分方程解圆柱形天线的电流分布。Stratton 和 Chu 用椭球模型，Schelkunoff 用双圆锥模型来模拟对称振子，目的是建立合适的坐标系统来解微分方程。

从 20 世纪 30 年代中期到第二次世界大战时期，由于雷达的研制，开拓了新的波段——微波，随之出现一大类新型的天线：波导缝隙天线、喇叭天线、抛物反射面天线及透镜天线等。这类天线的外形、原理及分析方法都与前一类的线天线不同。分析这类天线发现，其方向性的共同特点是：由一个面上的已知电磁场分布求其远区的场分布。对此，Schelkunoff 于 1936 年提出等效原理的概念：如果全部电磁场源限于一个封闭曲面 S 以内，则 S 面外任一点的场可由曲面上的切向电场和切向磁场分布求出，把它们分别看作等效的面磁流和面电流分布，就可以和线天线一样通过向量势(电和磁的)求出曲面以外的场。稍后 Stratton 和 Chu 于 1939 年提出电磁场矢量积分公式，其概念是：一个封闭曲面 S 内任一点的电磁场可以分为两部分，一是 S 内全部电磁场源的贡献，二是 S 上的电场和磁场的贡献。如果在 S 外没有电磁源，作一个半径为无穷大的封闭区面 S_∞，则 S 外的电磁场只取决于 $S+S_\infty$ 上的电磁场分布，再根据 Sommerfeld 辐射条件，S_∞ 的贡献为零，这样 S 外任一点的电磁场仅仅取决于 S 上的电磁场分布，这就是这类天线方向性的计算原理。这两种方法得出的最后结果完全相同，前者从麦克斯韦方程的概念出发，直接由切向电场磁场分布得到面磁流、面电流分布，概念简单；后者在数学上比较严格，但推导过程复杂。前者的积分中仅包括切向电场及切向磁场(等效于面磁流及面电流)，而后者的面积分中除切向场外还包括法向场(等效于面磁荷及面电荷)，直接应用不如前者方便。

第二次世界大战后的三十几年，是无线电电子学飞速发展的时代，天线学科也是在这个背景下发展起来的。例如：雷达要求更精确的跟踪体制，于是出现了单脉冲天线；要求更灵活的扫描方法，于是出现了相控阵天线；近代无线电设备要求有更宽的频带，于是出现了超宽频带天线——等角螺旋天线和对数周期天线。20 世纪 70 年代开始研究微带天线，其背景是空间飞行器要求有小剖面的天线。实践向天线工作者提出了越来越复杂的新课题，例如在分层媒介(如空间飞行器重返大气层时产生的等离子体壳套)中的天线特性，天线的瞬态特性，具有超低旁瓣及特殊波瓣形状的天线，信号处理天线等，这些都是正在研究的课题。

多年来我国的天线研制工作取得了很大的进展，早在 20 世纪 50 年代中期就自行设计了雷达天线，现在已经有了自己的相控阵天线和卫星通信地面站天线，我国已成功地发射了人造卫星、远程火箭和神州系列飞船，这也反映了天线的研制水平。目前我国已有一支专门的天线研究队伍和一批天线研制生产机构，有些工作已经接近或达到世界先进水平。如何在较短的时间内赶上世界先进水平并更好地解决我国在现代生活和科技中提出的天线课题，是我国天线工作者光荣而艰巨的任务。

7.2 天线的功能与分类

7.2.1 天线的功能

无线电广播、通信、雷达、遥测、遥感以及导航等无线电系统都是利用无线电波来传递信号的，无线电波的发射和接收完全依靠天线来完成，天线是通信、雷达、导航、广播等系统的必要装置。可见，天线就是用来定向辐射或接收无线电波的装置，它有两个作用，一是它是一种能量转换器，可将由馈线送来的导行波转换为能在空间传播的无线电波，或将空间传来的无线电波转换成能沿馈线传播的导行波；二是它具有定向性，可以按照人们希望的方向进行定向的辐射或接收。图 7.3 和图 7.4 分别给出了天线在系统中的两个典型应用。

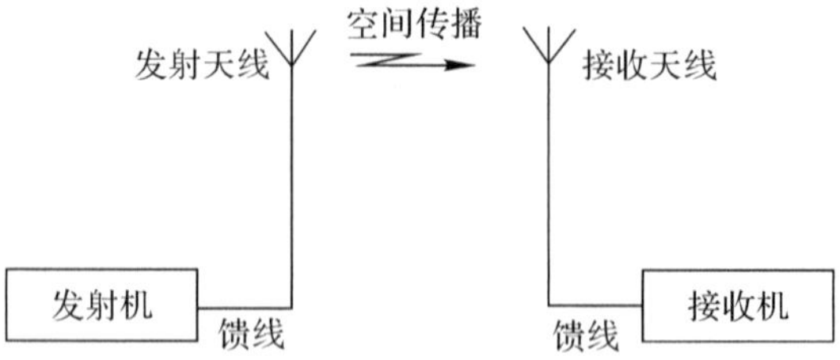

图 7.3　无线电通信系统基本框图

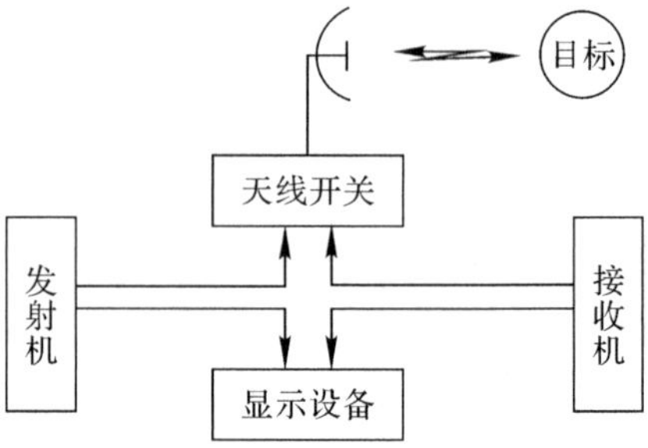

图 7.4　无线电定位系统基本框图

7.2.2 天线的分类

按功能分，天线有发射天线和接收天线，天线在不少无线电设备中兼有发射和接收两种功能；按适用波段分，天线有长波天线、中波天线、短波天线和微波天线；按结构分，天线有线天线和面天线。天线的种类很多，图 7.5 给出了天线家族体系。

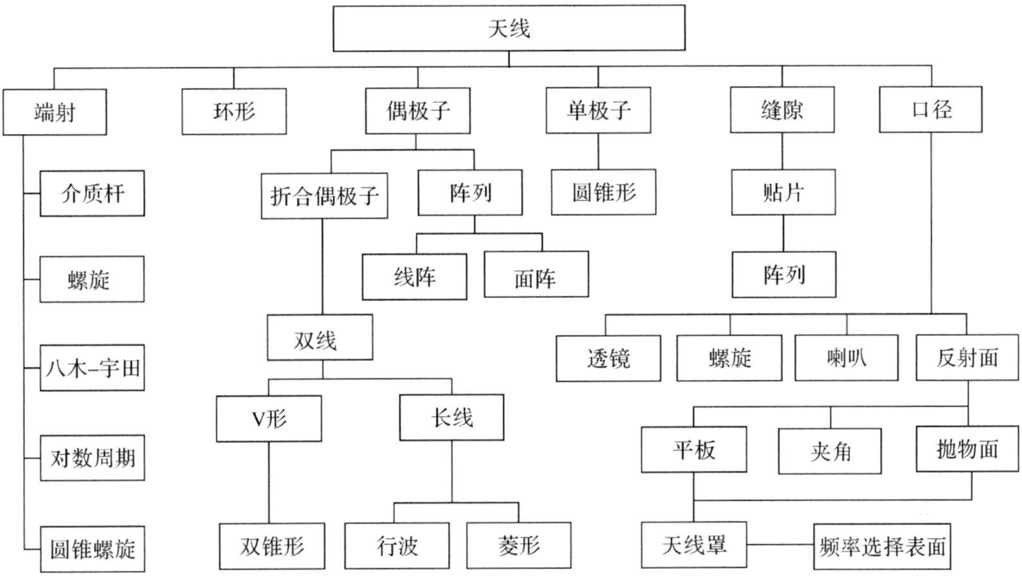

图 7.5　天线家族体系图

7.2.3　天线的组成与分析方法

天线的辐射问题是宏观电磁场问题，严格的分析方法是求解满足边界条件的麦克斯韦方程的解，原则上与分析波导以及空腔所采用的方法相同。但在分析天线时，若采用这种方法将会导致数学上的复杂性。因此，实际上常采用近似解法，即将天线辐射问题分为两个独立问题：一个是确定天线上的电流分布或是确定所包围场源体积表面上的电磁场分布，即为内场问题；另一个是根据已给定的电流分布或包围场源体积表面上的场分布求空间辐射场分布，即为外场问题。

求解天线外场问题最常用的工程方法是用线性叠加原理，即在线性系统内，若干个场源产生于空间的总场是各个场源单独存在时所激发的部分场线性叠加的结果。对于线天线和面天线可看成是微分场源连续存在的合成体，上述线性叠加体现为积分运算。离散的、连续的场源，工程上常常都可用叠加原理来处理外场问题，使问题得到统一简化。

7.3　天线的基本特性参数

描述天线工作特性的参数称为天线电参数(Basic Antenna Parameters)，又称电指标。它们是定量衡量天线性能的尺度。我们有必要了解天线电参数，以便正确设计或选择天线。

大多数天线电参数是针对发射状态规定的，以衡量天线把高频电磁能量转变成空间电波能量以及定向辐射的能力。下面以电基本振子或磁基本振子为例介绍发射天线的主要电参数。

7.3.1 天线的方向性

由电基本振子的分析可知，天线辐射出去的电磁波虽然是一球面波，但却不是均匀球面波，因此，任何一个天线的辐射场都具有方向性。

所谓方向性，就是在相同距离的条件下天线辐射场的相对值与空间方向(子午角 θ、方位角 φ)的关系，如图 7.6 所示。

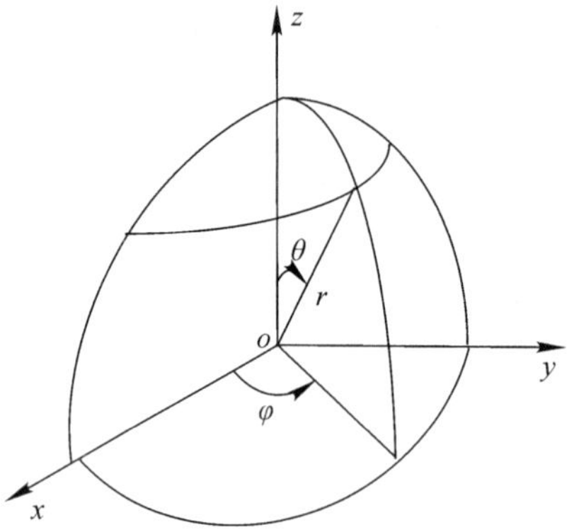

图 7.6　空间方位角

若天线辐射的电场强度为 $\boldsymbol{E}(r, \theta, \varphi)$，把电场强度(绝对值)写成

$$|\boldsymbol{E}(r, \theta, \varphi)|=\frac{60I}{r}f(\theta, \varphi) \tag{7.1}$$

式中，I 为归算电流，对于驻波天线，通常取波腹电流 I_m 作为归算电流；$f(\theta, \varphi)$为场强方向函数。因此，方向函数可定义为

$$f(\theta, \varphi)=\frac{|\boldsymbol{E}(r, \theta, \varphi)|}{60I/r} \tag{7.2}$$

将电基本振子的辐射场表达式(7.44)代入上式，可得电基本振子的方向函数为

$$f(\theta, \varphi)=f(\theta)=\frac{\pi l}{\lambda}|\sin\theta| \tag{7.3}$$

为了便于比较不同天线的方向性，常采用归一化方向函数，用 $F(\theta, \varphi)$表示，即

$$F(\theta, \phi)=\frac{f(\theta, \phi)}{f_{\max}(\theta, \phi)}=\frac{|\boldsymbol{E}(\theta, \phi)|}{|E_{\max}|} \tag{7.4}$$

式中，$f_{\max}(\theta, \varphi)$为方向函数的最大值；$E_{\max}$为最大辐射方向上的电场强度；$E(\theta, \varphi)$为同一距离$(\theta, \varphi)$方向上的电场强度。

归一化方向函数 $F(\theta, \varphi)$的最大值为 1，因此，电基本振子的归一化方向函数可写为

$$|F(\theta, \varphi)|=|\sin\theta| \tag{7.5}$$

为了分析和对比方便，我们定义理想点源是无方向性天线，它在各个方向上、相同距离处产生的辐射场的大小是相等的，因此，它的归一化方向函数为

$$F(\theta, \varphi)=1 \tag{7.6}$$

式(7.2)定义了天线的方向函数，它与 r、I 无关。将方向函数用曲线描绘出来，称为方向图(Field Pattern)。方向图就是与天线等距离处，天线辐射场大小在空间中的相对分布随方向变化的图形。依据归一化方向函数而绘出的为归一化方向图。

变化 θ 及 φ 得出的方向图是立体方向图。对于电基本振子，由于归一化方向函数 $F(\theta, \varphi)=|\sin\theta|$，因此其立体方向图如图 7.7 所示。

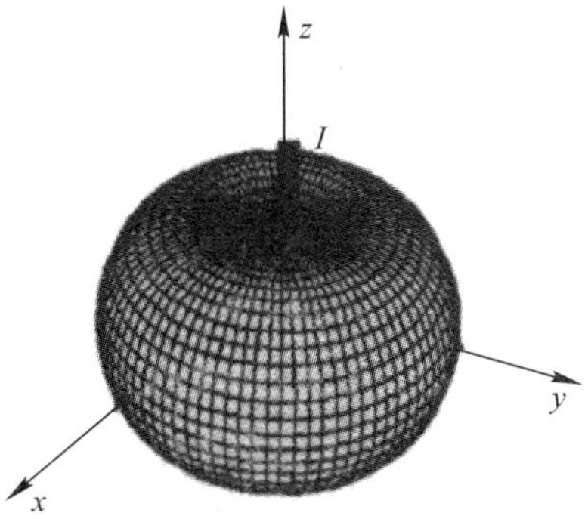

图 7.7 电基本振子立体方向图

在实际中，工程上常常采用两个特定正交平面方向图。在自由空间中，两个最重要的平面方向图是 E 面和 H 面方向图。E 面即电场强度矢量所在并包含最大辐射方向的平面；H 面即磁场强度矢量所在并包含最大辐射方向的平面。

方向图可用极坐标绘制，角度表示方向，矢径表示场强大小。这种图形直观性强，但零点或最小值不易分清。方向图也可用直角坐标绘制，横坐标表示方向角，纵坐标表示辐射幅值。由于横坐标可按任意标尺扩展，故图形清晰。如图 7.8 所示，对于球坐标系中沿 z 轴放置的电基本振子而言，E 面即为包含 z 轴的任一平面，例如 yoz 面，此面的方向函数 $F_E(\theta)=|\sin\theta|$。而 H 面即为 xoy 面，此面的方向函数 $F_H(\varphi)=1$，如图 7.9 所示，H 面的归一化方向图为一单位圆。E 面和 H 面方向图就是立体方向图沿 E 面和 H 面两个主平面的剖面图。

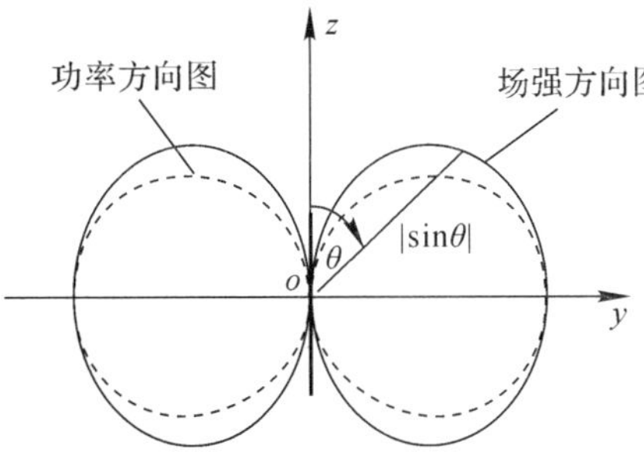

图 7.8 电基本振子 E 面方向图

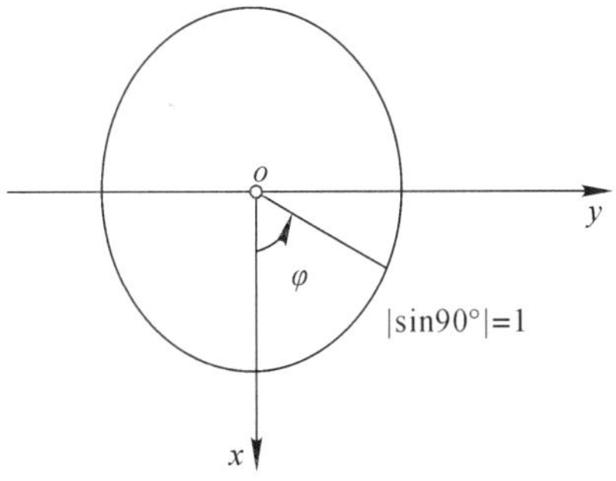

图 7.9 电基本振子 H 面方向图

但是要注意的是，尽管球坐标系中的磁基本振子方向性和电基本振子一样，但 E 面和 H 面的位置恰好互换。

有时还需要讨论辐射的功率密度(坡印廷矢量模值)与方向之间的关系，因此引进功率方向图(Power Pattern)$\Phi(\theta, \varphi)$。容易得出，它与场强方向图之间的关系为

$$\Phi(\theta, \varphi)=F^2(\theta, \varphi) \tag{7.7}$$

电基本振子 E 平面功率方向图也如图 7.8 所示。

实际天线的方向图要比电基本振子的方向图复杂，通常有多个波瓣，可细分为主瓣、副瓣和后瓣，如图 7.10 所示。

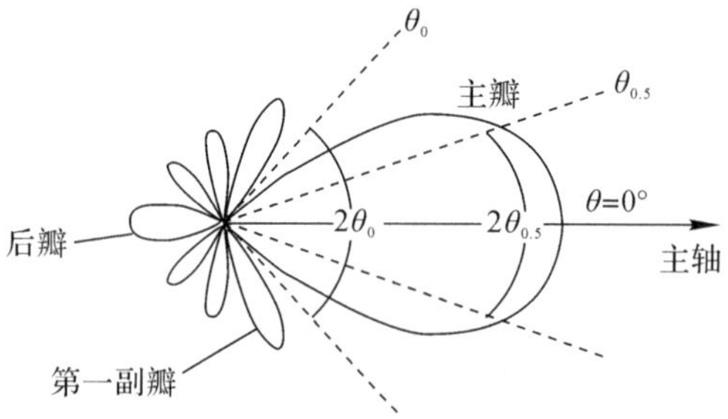

图 7.10 天线方向图的一般形状

用来描述方向图的参数通常有：

(1) 零功率点波瓣宽度(Beam Width between First Nulls，BWFN)$2\theta_{0E}$或$2\theta_{0H}$(下标E、H表示E、H面，下同)：指主瓣最大值两边两个零辐射方向之间的夹角。

(2) 半功率点波瓣宽度(Half Power Beam Width，HPBW)$2\theta_{0.5E}$或$2\theta_{0.5H}$：指主瓣最大值两边场强等于最大值的0.707倍(或等于最大功率密度的一半)的两辐射方向之间的夹角，又叫3 dB波束宽度。如果天线的方向图只有一个强的主瓣，其他副瓣均较弱，则它的定向辐射性能的强弱就可以通过两个主平面内的半功率点波瓣宽度来判断。

(3) 副瓣电平(Side Lobe Level，SLL)：指副瓣最大值与主瓣最大值之比，一般以分贝表示，即

$$\text{SLL}=10\lg\frac{S_{\text{av, max2}}}{S_{\text{av, max}}}=20\lg\frac{E_{\text{max2}}}{E_{\text{max}}}\quad \text{dB} \tag{7.8}$$

式中，$S_{\text{av, max2}}$和$S_{\text{av, max}}$分别为最大副瓣和主瓣的功率密度最大值；E_{max2}和E_{max}分别为最大副瓣和主瓣的场强最大值。副瓣一般指向不需要辐射的区域，因此要求天线的副瓣电平应尽可能地低。

(4) 前后比：指主瓣最大值与后瓣最大值之比，通常也用分贝表示。

上述方向图参数虽能从一定程度上描述方向图的状态，但它们一般仅能反映方向图中特定方向的辐射强弱程度，未能反映辐射在全空间的分布状态，因而不能单独体现天线的定向辐射能力。为了更精确地比较不同天线之间的方向性，需要引入一个能定量地表示天线定向辐射能力的电参数，这就是方向系数(Directivity)。

方向系数的定义是：在同一距离及相同辐射功率的条件下，某天线在最大辐射方向上的辐射功率密度S_{max}(或场强$|E_{\text{max}}|^2$的平方)和无方向性天线(点源)的辐射功率密度S_0(或场强$|E_0|^2$的平方)之比，记为D。用公式表示如下：

$$D=\frac{S_{\text{max}}}{S_0}\bigg|_{P_r=P_{r0}}=\frac{|E_{\text{max}}|^2}{|E_0|^2}\bigg|_{P_r=P_{r0}} \tag{7.9}$$

式中，P_r、P_{r0}分别为实际天线和无方向性天线的辐射功率。无方向性天线本身的方向系数为1。

因为无方向性天线在r处产生的辐射功率密度为

$$S_0=\frac{P_{r0}}{4\pi r^2}=\frac{|E_0|^2}{240\pi} \tag{7.10}$$

所以由方向系数的定义得

$$D=\frac{r^2|E_{\max}|^2}{60P_r} \tag{7.11}$$

因此，在最大辐射方向上有

$$E_{\max}=\frac{\sqrt{60P_rD}}{r} \tag{7.12}$$

上式表明，天线的辐射场与 P_rD 的平方根成正比，所以对于不同的天线，若它们的辐射功率相等，则同在最大辐射方向且同一 r 处的观察点，辐射场之比为

$$\frac{E_{\max1}}{E_{\max2}}=\frac{\sqrt{D_1}}{\sqrt{D_2}} \tag{7.13}$$

若要求它们在同一 r 处观察点的辐射场相等，则要求

$$\frac{P_{r1}}{P_{r2}}=\frac{D_2}{D_1} \tag{7.14}$$

即所需要的辐射功率与方向系数成反比。

天线的辐射功率可由坡印廷矢量积分法来计算，此时可在天线的远区以 r 为半径作出包围天线的积分球面：

$$P_r=\iint_S \boldsymbol{S}_{av}(\theta,\ \phi)\cdot \mathrm{d}\boldsymbol{S}=\int_0^{2\pi}\int_0^{\pi}S_{av}(\theta,\ \phi)r^2\sin\theta\mathrm{d}\theta\mathrm{d}\phi \tag{7.15}$$

由于

$$S_0=\left.\frac{P_{r0}}{4\pi r^2}\right|_{P_{r0}=P_r}=\frac{P_r}{4\pi r^2}=\frac{1}{4\pi}\int_0^{2\pi}\int_0^{\pi}S_{av}(\theta,\ \varphi)\sin\theta\mathrm{d}\theta\mathrm{d}\varphi \tag{7.16}$$

所以，由式(7.9)可得

$$\begin{aligned}D&=\frac{S_{av,\ \max}}{\dfrac{1}{4\pi}\displaystyle\int_0^{2\pi}\int_0^{\pi}S_{av}(0,\ \varphi)\sin\theta\mathrm{d}\theta\mathrm{d}\varphi}\\&=\frac{4\pi}{\displaystyle\int_0^{2\pi}\int_0^{\pi}\frac{S_{av}(\theta,\ \varphi)}{S_{av,\ \max}}\sin\theta\mathrm{d}\theta\mathrm{d}\varphi}\end{aligned} \tag{7.17}$$

由天线的归一化方向函数(见式(7.4))可知

$$\frac{S_{av,\ (\theta,\ \phi)}}{S_{av,\ \max}}=\frac{E^2(\theta,\ \varphi)}{E_{\max}^2}=F^2(\theta,\ \varphi)$$

方向系数最终计算公式为

$$D=\frac{4\pi}{\displaystyle\int_0^{2\pi}\int_0^{\pi}F^2(\theta,\ \varphi)\sin\theta\mathrm{d}\theta\mathrm{d}\varphi} \tag{7.18}$$

显然，方向系数与辐射功率在全空间的分布状态有关。要使天线的方向系数大，不仅要求主瓣窄，而且要求全空间的副瓣电平小。

例 7.1　求出沿 z 轴放置的电基本振子的方向系数。

解　已知电基本振子的归一化方向函数为

$$F(\theta,\ \varphi)=|\sin\theta|$$

将其代入方向系数的表达式得

$$D=\frac{4\pi}{\int_0^{2\pi}\int_0^{\pi}\sin^3\theta d\theta d\varphi}=1.5$$

若以分贝表示，则 $D=10\lg1.5=1.76$ dB。可见，电基本振子的方向系数是很低的。

为了强调方向系数是以无方向性天线作为比较标准得出的，有时将 dB 写成 dBi，以示说明。

当副瓣电平较低时（−20 dB 以下），可根据两个主平面的波瓣宽度来近似估算方向系数，即

$$D=\frac{41\ 000}{(2\theta_{0.5E})(2\theta_{0.5H})} \tag{7.19}$$

式中波瓣宽度均用度数表示。

如果需要计算天线其他方向上的方向系数 $D(\theta, \varphi)$，则可以很容易得出它与天线最大方向系数 $D_{\max}$ 的关系为

$$D(\theta, \varphi)=\left.\frac{S(\theta, \varphi)}{S_0}\right|_{P_r=P_{r0}}=D_{\max}F^2(\theta, \varphi) \tag{7.20}$$

7.3.2 天线的效率

一般来说，载有高频电流的天线导体及其绝缘介质都会产生损耗，因此输入天线的实际功率并不能全部转换成电磁波能量，可以用天线效率(Efficiency)来表示这种能量转换的有效程度。天线效率定义为天线辐射功率 P_r 与输入功率 P_{in} 之比，记为 η_A，即

$$\eta_A=\frac{P_r}{P_{in}} \tag{7.21}$$

辐射功率与辐射电阻之间的联系公式为 $P_r=\frac{1}{2}I^2R_r$，依据电场强度与方向函数的关系式(7.1)，则辐射电阻的一般表达式为

$$R_r=\frac{30}{\pi}\int_0^{2\pi}\int_0^{\pi}f^2(\theta, \varphi)\sin\theta d\theta d\varphi \tag{7.22}$$

与方向系数的计算公式(7.18)进行对比后，方向系数与辐射电阻之间的联系为

$$D=\frac{120f_{\max}^2}{R_r} \tag{7.23}$$

类似于辐射功率和辐射电阻之间的关系，也可将损耗功率 P_L 与损耗电阻 R_L 联系起来，即

$$P_L=\frac{1}{2}I^2R_L \tag{7.24}$$

式中，R_L 是归算于电流 I 的损耗电阻，这样

$$\eta_A=\frac{P_r}{P_r+P_L}=\frac{R_r}{R_r+R_L} \tag{7.25}$$

注意，式中 R_r、R_L 应归算于同一电流。

一般来讲，损耗电阻的计算是比较困难的，但可由实验确定。从式(7.25)可以看出，若要提高天线效率，必须尽可能地减小损耗电阻和提高辐射电阻。通常，超短波和微波天线的效率很高，接近于 1。

值得注意的是，这里定义的天线效率并未包含天线与传输线失配引起的反射损失，考虑到天线输入端的电压反射系数为 Γ，则天线的总效率为

$$\eta_{\Sigma}=(1-|\Gamma|^{2})\eta_{A} \tag{7.26}$$

7.3.3　天线的增益

方向系数只是衡量天线定向辐射特性的参数，它只取决于方向图；天线效率则表示了天线在能量上的转换效能；而增益系数(Gain，简称增益)则表示了天线的定向收益程度。

增益系数的定义是：在同一距离及相同输入功率的条件下，某天线在最大辐射方向上的辐射功率密度 S_{max}(或场强的平方 $|E_{max}|^2$)和理想无方向性天线(理想点源)的辐射功率密度 S_0(或场强的平方 $|E_0|^2$)之比，记为 G。用公式表示如下：

$$G=\left.\frac{S_{max}}{S_0}\right|_{P_{in}=P_{in0}}=\left.\frac{|E_{max}|^2}{|E_0|^2}\right|_{P_{in}=P_{in0}} \tag{7.27}$$

式中 P_{in}、P_{in0} 分别为实际天线和理想无方向性天线的输入功率。理想无方向性天线本身的增益系数为 1。

考虑到效率的定义，在有耗情况下，功率密度为无耗时的 η_A 倍，式(7.27)可改写为

$$G=\left.\frac{S_{max}}{S_0}\right|_{P_{in}=P_{in0}}=\left.\frac{\eta_A S_{max}}{S_0}\right|_{P_r=P_{r0}} \tag{7.28}$$

即

$$G=\eta_A D \tag{7.29}$$

由此可见，增益系数是综合衡量天线能量转换效率和方向特性的参数，它是方向系数与天线效率的乘积。在实际中，天线的最大增益系数是比方向系数更为重要的电参量，即使它们密切相关。

根据式(7.29)，可将式(7.12)改写为

$$E_{max}=\frac{\sqrt{60P_r D}}{r}=\frac{\sqrt{60P_{in}G}}{r} \tag{7.30}$$

增益系数也可以用分贝表示为 $10\lg G$。因为一个增益系数为 10、输入功率为 1 W 的天线和一个增益系数为 2、输入功率为 5 W 的天线在最大辐射方向上具有同样的效果，所以又将 $P_r D$ 或 $P_{in}G$ 定义为天线的有效辐射功率。使用高增益天线可以在维持输入功率不变的条件下，增大有效辐射功率。由于发射机的输出功率是有限的，因此在通信系统的设计中，对提高天线的增益常常抱有很大的期望。频率越高的天线越容易得到很高的增益。

7.3.4　天线的阻抗

天线通过传输线与发射机相连，天线作为传输线的负载，与传输线之间存在阻抗匹配问题。天线与传输线的连接处称为天线的输入端，天线输入端呈现的阻抗值定义为天线的输入阻抗(Input Resistance)，即天线的输入阻抗 Z_{in} 为天线的输入端电压与电流之比：

$$Z_{in}=\frac{U_{in}}{I_{in}}=R_{in}+jX_{in} \tag{7.31}$$

其中，R_{in}、X_{in} 分别为输入电阻和输入电抗，它们分别对应有功功率和无功功率。有功功率

以损耗和辐射两种方式耗散掉，而无功功率则驻存在近区中。

天线的输入阻抗取决于天线的结构、工作频率以及周围环境的影响。输入阻抗的计算是比较困难的，因为它需要准确地知道天线上的激励电流。除了少数天线外，大多数天线的输入阻抗在工程中采用近似计算或实验测定。

事实上，在计算天线的辐射功率时，如果将计算辐射功率的封闭曲面设置在天线的近区内，用天线的近区场进行计算，则所求出的辐射功率 P_r 将同样含有有功功率及无功功率。如果引入归算电流(输入电流 I_{in}或波腹电流 I_m)，则辐射功率与归算电流之间的关系为

$$\begin{aligned}P_r &= \frac{1}{2}|I_{in}|^2 Z_{r0} = \frac{1}{2}|I_m|^2(R_{r0}+jX_{r0}) \\ &= \frac{1}{2}|I_{in}|^2 Z_{rm} = \frac{1}{2}|I_m|^2(R_{rm}+jX_{rm})\end{aligned} \tag{7.32}$$

式中 Z_{r0}、Z_{rm}分别为归于输入电流和波腹电流的辐射阻抗(Radiation Resistance)。R_{r0}、R_{rm}、X_{r0}、X_{rm}为相应的辐射电阻和辐射电抗。因此，辐射阻抗是一个假想的等效阻抗，其数值与归算电流有关。归算电流不同，辐射阻抗的数值也不同。

Z_r与 Z_{in}之间有一定的关系，因为输入实功率为辐射实功率和损耗功率之和，当所有的功率均用输入端电流为归算电流时，$R_{in}=R_{r0}+R_{L0}$，其中 R_{L0}为归算于输入端电流的损耗电阻。

7.3.5 天线的极化

天线的极化(Polarization)是指该天线在给定方向上远区辐射电场的空间取向，一般而言，特指为该天线在最大辐射方向上的电场的空间取向。实际上，天线的极化随着偏离最大辐射方向而改变，天线不同辐射方向可以有不同的极化。

所谓辐射场的极化，即在空间某一固定位置上电场矢量终端随时间运动的轨迹，按其轨迹的形状可分为线极化、圆极化和椭圆极化，其中圆极化还可以根据其旋转方向分为右旋圆极化和左旋圆极化。就圆极化而言，一般规定：若手的拇指朝向波的传播方向，四指弯向电场矢量的旋转方向，这时若电场矢量终端的旋转方向与传播方向符合右手螺旋规则，则为右旋圆极化，若符合左手螺旋规则，则为左旋圆极化。

图 7.11 显示了某一时刻，以$+z$ 轴为传播方向的 x 方向线极化的场强矢量线在空间的分布图。图 7.12 和图 7.13 显示了某一时刻，以$+z$ 轴为传播方向的右、左旋圆极化的场强矢量线在空间的分布图。要注意到，固定时间的场强矢量线在空间的分布旋向与固定位置的场强矢量线随时间的旋向相反。椭圆极化的旋向定义与圆极化类似。

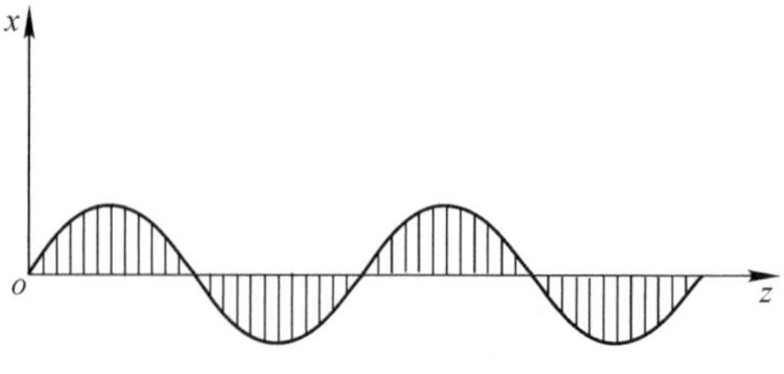

图 7.11 某一时刻 x 方向线极化的场强矢量线在空间的分布图(以 z 轴为传播方向)

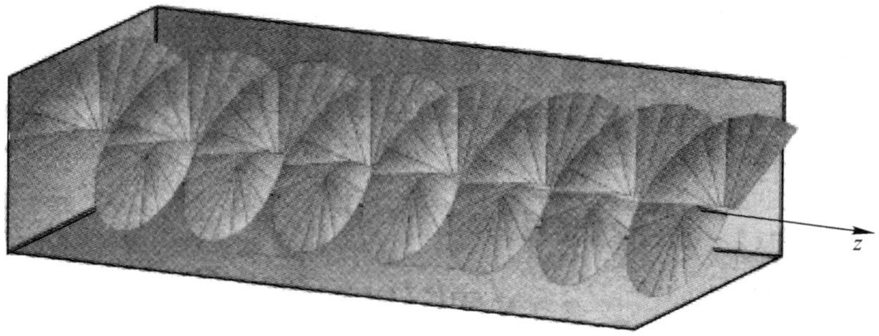

图 7.12　某一时刻左旋圆极化的场强矢量线在空间的分布图
（以 z 轴为传播方向）

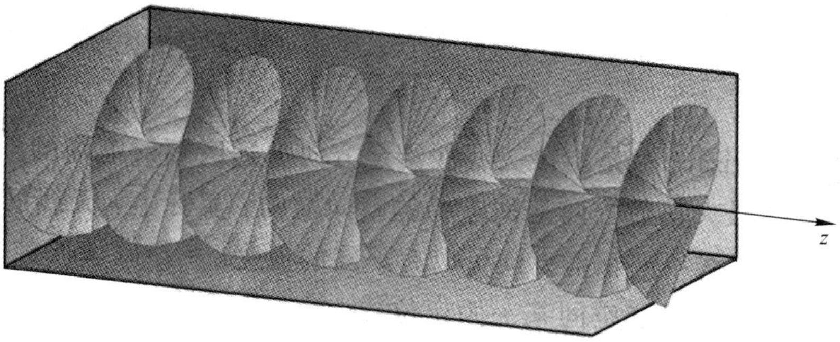

图 7.13　某一时刻右旋圆极化的场强矢量线在空间的分布图
（以 z 轴为传播方向）

天线不能接收与其正交的极化分量。例如，线极化天线不能接收来波中与其极化方向垂直的线极化波；圆极化天线不能接收来波中与其旋向相反的圆极化分量，对于椭圆极化来波，其中与接收天线的极化旋向相反的圆极化分量不能被接收。极化失配意味着功率损失，为衡量这种损失，特定义极化失配因子 ν_p 表示(Polarization-mismatch Factor)，其值在 0～1 之间。

7.3.6　天线的工作带宽

天线的所有电参数都和工作频率有关。任何天线的工作频率都有一定的范围，当工作频率偏离中心工作频率 f_0 时，天线的电参数将变差，其变差的容许程度取决于天线设备系统的工作特性要求。当工作频率变化时，天线有关电参数变化的程度在允许的范围内，此时对应的频率范围称为频带宽度(Band Width)。根据天线设备系统的工作场合不同，影响天线频带宽度的主要电参数也不同。

根据频带宽度的不同，可以把天线分为窄频带天线、宽频带天线和超宽频带天线。若天线的最高工作频率为 f_{max}，最低工作频率为 f_{min}，对于窄频带天线，常用相对带宽，即 $[(f_{max}-f_{min})/f_0]\times 100\%$ 来表示其频带宽度。而对于超宽频带天线，常用绝对带宽，即 f_{max}/f_{min} 来表示其频带宽度，即天线能够满足性能指标的前提下，工作的最高频率是最低频率的几个倍频程。

通常，相对带宽只有百分之几的为窄频带天线，例如引向天线；相对带宽达百分之几十的为宽频带天线，例如螺旋天线；绝对带宽可达到几个倍频程的称为超宽频带天线，例如对数周期天线。

7.3.7 天线的互易

天线的互易定理通常被用来证明天线用于发射和接收时的互易性，即互易天线在用于发射时和用于接收时的方向图等特性是相同的，所以可以通过分析发射天线来分析接收天线。互易定理的一般形式如下：

$$\int_S (\boldsymbol{E}_1 \times \boldsymbol{H}_2 - \boldsymbol{E}_2 \times \boldsymbol{H}_1) \cdot \mathrm{d}S = \int_{V_1} (\boldsymbol{E}_2 \cdot \boldsymbol{J}_1 - \boldsymbol{H}_2 \cdot \boldsymbol{J}_1^{\mathrm{m}}) \cdot \mathrm{d}V - \int_{V_2} (\boldsymbol{E}_1 \cdot \boldsymbol{J}_2 - \boldsymbol{H}_1 \cdot \boldsymbol{J}_2^{\mathrm{m}}) \cdot \mathrm{d}V \tag{7.33}$$

这是洛伦兹互易定理的基本形式，两个场源 $\boldsymbol{J}_1$，$\boldsymbol{J}_1^{\mathrm{m}}$ 和 $\boldsymbol{J}_2$，$\boldsymbol{J}_2^{\mathrm{m}}$ 各自所激发的场分别是($\boldsymbol{E}_1$、$\boldsymbol{H}_1$)和($\boldsymbol{E}_2$、$\boldsymbol{H}_2$)，其中 S 为包围体积 V 的封闭面，V_1 和 V_2 是两个场源分别占有的体积。当场源分布在有限区域时，取 S 为无穷大，则此时场源在 S_∞ 面上的面积分为 0，即

$$\int_S (\boldsymbol{E}_1 \times \boldsymbol{H}_2 - \boldsymbol{E}_2 \times \boldsymbol{H}_1) \cdot \mathrm{d}\boldsymbol{S} = 0 \tag{7.34}$$

则有

$$\int_{V_1} (\boldsymbol{E}_2 \cdot \boldsymbol{J}_1 - \boldsymbol{H}_2 \cdot \boldsymbol{J}_1^{\mathrm{m}}) \cdot \mathrm{d}V = \int_{V_2} (\boldsymbol{E}_1 \cdot \boldsymbol{J}_2 - \boldsymbol{H}_1 \cdot \boldsymbol{J}_2^{\mathrm{m}}) \cdot \mathrm{d}V \tag{7.35}$$

该式也被称为卡森形式互易定理，其互易性源自麦克斯韦方程组的线性。

7.3.8 天线的有效长度

一般而言，天线上的电流分布是不均匀的，也就是说天线上各部位的辐射能力不一样。为了衡量天线的实际辐射能力，常采用有效长度(Effective Length)来表示。它的定义是：在保持实际天线最大辐射方向上的场强值不变的条件下，假设天线上的电流分布为均匀分布时天线的等效长度。通常将归算于输入电流 I_{in} 的有效长度记为 $l_{\mathrm{e,in}}$，把归算于波腹电流 I_{m} 的有效长度记为 $l_{\mathrm{e,m}}$。

如图 7.14 所示，设实际长度为 l 的某天线的电流分布为 $I(z)$，根据式(7.44)，考虑到各电基本振子辐射场的叠加，此时该天线在最大辐射方向产生的电场为

$$E_{\max} = \int_0^l \mathrm{d}E = \int_0^l \frac{60\pi}{\lambda r} I(z)\mathrm{d}z = \frac{60\pi}{\lambda r}\int_0^l I(z)\mathrm{d}z \tag{7.36}$$

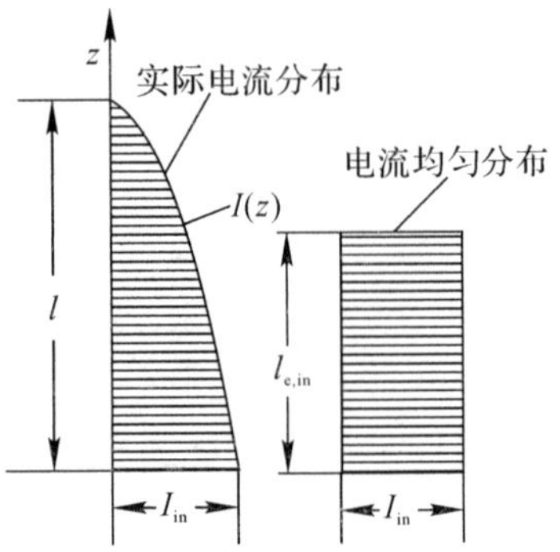

图 7.14 振子有效长度的等效

若以该天线的输入端电流 I_{in} 为归算电流，则电流以 I_{in} 为均匀分布、长度为 $l_{e,in}$ 时天线在最大辐射方向产生的电场可类似于电基本振子的辐射电场，即

$$E_{max}=\frac{60\pi I_{in}l_{e,in}}{\lambda r} \tag{7.37}$$

令上两式相等，得

$$I_{in}l_{e,in}=\int_0^l I(z)\mathrm{d}z \tag{7.38}$$

由上式可看出，以高度为一边，则实际电流与等效均匀电流所包围的面积相等。在一般情况下，归算于输入电流 I_{in} 的有效长度与归算于波腹电流 I_m 的有效长度不相等。

引入有效长度以后，考虑到电基本振子最大场强的计算，则线天线辐射场强的一般表达式为

$$|E(\theta,\varphi)|=|E_{max}|F(\theta,\varphi)=\frac{60\pi Il_e}{\lambda r}F(\theta,\varphi) \tag{7.39}$$

式中，l_e 与 $F(\theta,\varphi)$ 均用同一电流 I 归算。

将式(7.23)与式(7.39)结合起来，还可得出方向系数与辐射电阻、有效长度之间的关系式：

$$D=\frac{30k^2l_e^2}{R_r} \tag{7.40}$$

在天线的设计过程中，有一些专门的措施可以加大天线的等效长度，用来提高天线的辐射能力。

7.4　天线的发射与接收

无源天线是一种互易结构，按互易定理，不论作为发射天线还是接收天线，天线的参数都是固定的。发射天线能把发射机输出的高频交流变为辐射电磁能，即变为空间电磁波；接收天线把到达的空间电磁波变为高频交流能，传送到接收机的输入回路，如图 7.15 所示。

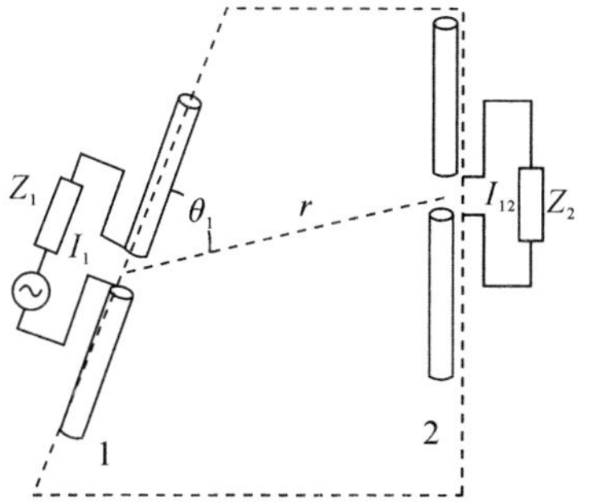

(a) 1 发射 2 接收

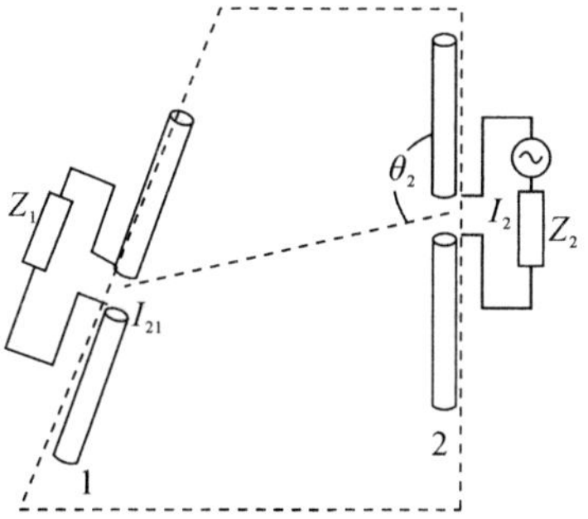

(b) 2 发射 1 接收

图 7.15　用互易原理分析接收天线

在测试中，某些天线参数可以直接测量得出，比如天线输入阻抗、输入电压驻波比(VSWR)、方向图和增益系数，称为天线的一次实验参数，简称为一次参数。其余的参数称

为二次参数，即可以根据一次参数借图解或计算求得，比如谐振频率、频率特性和带宽等性能参数可以通过输入阻抗、输入电压驻波比的测量换算过来。主瓣宽度、旁瓣最大值的相对电平、方向性系数可以通过对方向图和增益系数的测量得出。

天线通过馈线系统和收发机相连。天线作为发射机的负载，它把从发射机得到的功率辐射到空间。同时作为接收天线时，它耦合从空间来的电磁波能量，通过馈线将其传输到接收机输入端，此时接收机可以看作天线的负载。

由传输线理论可知，微波能量要想最大限度地得到传输，天线与传输线必须有良好的阻抗匹配，阻抗匹配的好坏将影响功率传输的效率。换句话说就是要求在天线的工作频带内保证尽可能小的电压驻波比(VSWR)。同时，在天线输入端口过度失配的情况下，收发机的效率及稳定性将极大地恶化。特别是作为发射机负载的天线，如果有过大的阻抗失配，发射机功放(PA)输出的能量不能有效地辐射出去，反射严重，很容易造成PA中的管芯发热并烧毁。对于接收机，前级低噪声放大器(LNA)输入端口一般考虑使用最小噪声系数情况下的负载设计，天线的过度失配会对LNA中管芯的输入端阻抗造成影响，使其不能得到设计的噪声系数指标，甚至可能造成低噪声放大器的自激现象。因此，天线阻抗匹配的好坏将直接影响到整个系统的性能指标及稳定性程度。使用网络分析仪测量天线输入阻抗实质上就是测量天线输入端口的 Z 参数。

由互易定理可知，发射天线和接收天线具有相同的方向图，所以实际测试天线时，可以将发射天线作为被测天线放在接收天线的位置，通过测量出其方向图就可以知道发射天线的方向图。下面详细介绍一下天线方向图的测量方法。

三维空间方向图的测绘十分麻烦，是不切实际的。实际工作中，一般只需测得水平面和垂直面(即 xy 平面和 xz 平面)的方向图即可。天线方向图可以用极坐标绘制，也可以用直角坐标绘制。极坐标方向图的特点是直观、简单，从方向图可以直接看出天线辐射场强的空间分布特性，但当天线方向图的主瓣窄而副瓣低时，直角坐标绘制法则显示出更大的优点，因为表示角度的横坐标和表示辐射强度的纵坐标均可任意选取，可以更细致、清晰地绘制方向图。天线方向图测量装置如图7.16所示。

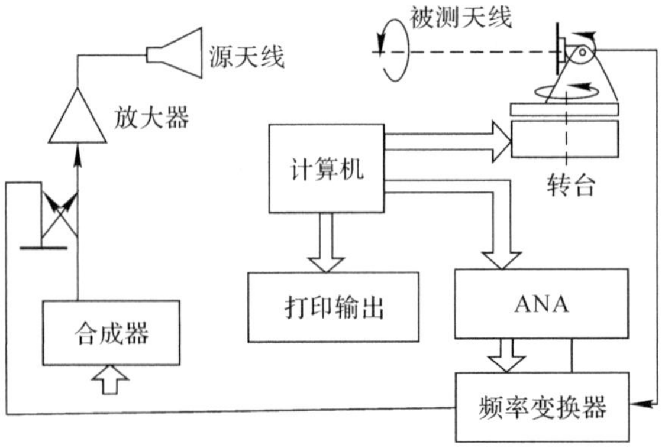

图7.16 天线方向图测量装置

要测定方向图，就需要两个天线：辅助天线固定不动，待测天线安装在特制的有角标指示的转台上，转台由计算机通过步进电机控制。自动网络分析仪(ANA)用来测量两副天线间的传输系数，并通过数据接口将测量结果传给计算机。计算机将角度和 ANA 测试数进行综合处理，通过打印机输出测试结果。

测试水平方向图时，可让待测天线在水平面内旋转，记下不同方位角时相应的场强响应。测试垂直面方向图时，可以将待测天线绕水平轴转动 90°后仍按测水平面方向图的办法得到，也可以直接在垂直面内旋转待测天线，通过测取不同仰角时的场强响应而得到。

7.5　基本振子的辐射

天线有两个主要作用，其一是将高频振荡能量转换成高频电磁波的能量辐射出去(作为发射天线)，或拾取电磁波能量转换成高频能量通过馈线送入接收机(作为接收天线)；其二是尽可能有效地辐射和接收这些能量。

尽管各类天线的结构、特性各不相同，但是分析它们的基础都是建立在电、磁基本振子的辐射机理上的。电、磁基本振子作为最基本的辐射源，本节简要介绍它们的基本性质。

7.5.1　电基本振子的辐射场

电基本振子(Electric Short Dipole)又称电流元，它是指一段载有高频电流的理想直导线，长度 l 远小于波长 λ，半径 a 远小于 l，同时振子沿线电流 I 处处等幅同相。用这样的电流元可以构成实际的更复杂的天线，因而电基本振子的辐射特性是研究更复杂天线辐射特性的基础。

如图 7.17 所示，利用电磁场理论，可以给出在球坐标系原点 o 沿 z 轴放置的电基本振子在无限大自由空间中场强的表达式为

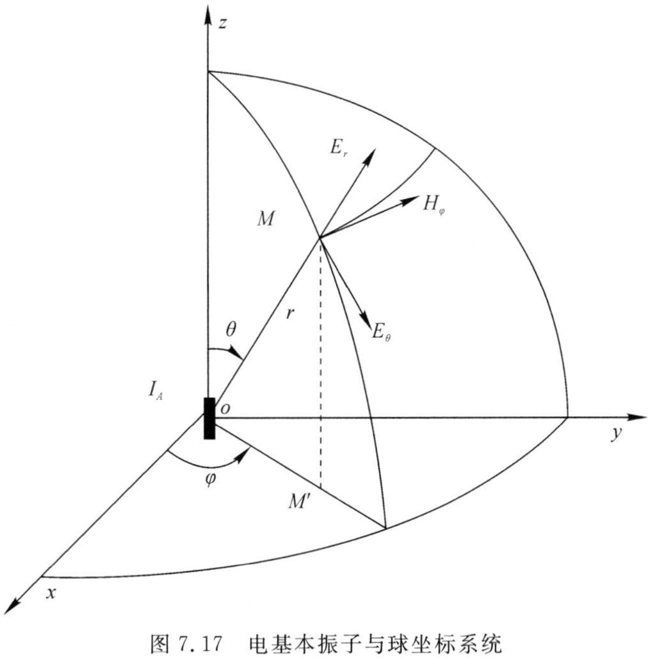

图 7.17　电基本振子与球坐标系统

$$
\left.\begin{aligned}
&H_r=0\\
&H_\theta=0\\
&H_\varphi=\frac{Il}{4\pi}\sin\theta\left(\mathrm{j}\,\frac{k}{r}+\frac{1}{r^2}\right)\mathrm{e}^{-\mathrm{j}kr}\\
&E_r=\frac{Il}{4\pi}\frac{2}{\omega\varepsilon_0}\cos\theta\left(\frac{k}{r^2}-\mathrm{j}\,\frac{1}{r^3}\right)\mathrm{e}^{-\mathrm{j}kr}\\
&E_\theta=\frac{Il}{4\pi}\frac{1}{\omega\varepsilon_0}\sin\theta\left(\mathrm{j}\,\frac{k^2}{r}+\frac{k}{r^2}-\mathrm{j}\,\frac{1}{r^3}\right)\mathrm{e}^{-\mathrm{j}kr}\\
&E_\varphi=0
\end{aligned}\right\}\tag{7.41}
$$

$$
\left.\begin{aligned}
&\boldsymbol{E}=E_r\boldsymbol{e}_r+E_\theta\boldsymbol{e}_\theta\\
&\boldsymbol{H}=H_\varphi\boldsymbol{e}_\varphi
\end{aligned}\right\}\tag{7.42}
$$

式中，$\boldsymbol{E}$ 为电场强度，单位为 V/m；$\boldsymbol{H}$ 为磁场强度，单位为 A/m；场强的下标 r、θ、φ 表示球坐标系中矢量的各分量；$\boldsymbol{e}_r$、$\boldsymbol{e}_\theta$、$\boldsymbol{e}_\varphi$ 分别为球坐标系中沿 r、θ、φ 增大方向的单位矢量；$\varepsilon_0=10^{-9}/(36\pi)$(F/m)，为自由空间的介电常数；$\mu_0=4\pi\times10^{-7}$(H/m)，为自由空间的磁导率；$k=\omega\sqrt{\mu_0\varepsilon_0}=2\pi/\lambda$，为自由空间的相移常数，$\lambda$ 为自由空间波长，式中略去了时间因子 $\mathrm{e}^{\mathrm{j}\omega t}$。

由此可见，电基本振子的场强矢量由三个分量 H_φ、E_r、E_θ 组成，每个分量都由几项组成，它们与距离 r 有着复杂的关系。根据距离的远近，必须分区讨论场量的性质。

7.5.2 辐射场的划分

1. 近区场

$kr\ll1$(即 $r\ll\lambda/(2\pi)$)的区域称为近区，此区域内

$$
\frac{1}{kr}\ll\frac{1}{(kr)^2}\ll\frac{1}{(kr)^3}
$$

因此忽略式(7.41)中 $1/r$ 项，并且认为 $\mathrm{e}^{-\mathrm{j}kr}\approx1$，则电基本振子的近区场表达式为

$$
\left.\begin{aligned}
&H_\varphi=\frac{Il}{4\pi r^2}\sin\theta\\
&E_r=-\mathrm{j}\,\frac{Il}{4\pi r^3}\frac{2}{\omega\varepsilon_0}\cos\theta\\
&E_\theta=-\mathrm{j}\,\frac{Il}{4\pi r^3}\frac{1}{\omega\varepsilon_0}\sin\theta\\
&E_\varphi=H_r=H_\theta=0
\end{aligned}\right\}\tag{7.43}
$$

将上式和静电场中电偶极子产生的电场以及恒定电流产生的磁场作比较，可以发现，除了电基本振子的电磁场随时间变化外，在近区内的场振幅表达式完全相同，故近区场也称为似稳场或准静态场。

近区场的另一个重要特点是电场和磁场之间存在 $\pi/2$ 的相位差，于是坡印廷矢量的平均值 $\boldsymbol{S}_{\mathrm{av}}=\frac{1}{2}\mathrm{Re}[\boldsymbol{E}\times\boldsymbol{H}^*]=\boldsymbol{0}$，能量在电场和磁场以及场与源之间交换而没有辐射，所以近区场也称为感应场，可以用它来计算天线的输入电抗。必须注意，以上讨论中我们忽略了很小的 $1/r$ 项，但正是它们构成了电基本振子远区的辐射实功率。

2. 远区场

$kr \gg 1$（即 $r \gg \lambda/(2\pi)$）的区域称为远区，在此区域内

$$\frac{1}{kr} \gg \frac{1}{(kr)^2} \gg \frac{1}{(kr)^3}$$

因此保留式(7.41)中的最大项后，电基本振子的远区场表达式为

$$\left.\begin{aligned} H_\varphi &= \mathrm{j}\,\frac{Il}{2\lambda r}\sin\theta \mathrm{e}^{-\mathrm{j}kr} \\ E_\theta &= \mathrm{j}\,\frac{60\pi Il}{\lambda r}\sin\theta \mathrm{e}^{-\mathrm{j}kr} \\ H_r &= H_\theta = E_r = E_\varphi = 0 \end{aligned}\right\} \tag{7.44}$$

由上式可见，远区场的性质与近区场的性质完全不同，场强只有两个相位相同的分量（E_θ，H_φ），其电力线分布如图 7.18 所示，场矢量如图 7.19 所示。

图 7.18　电基本振子电力线

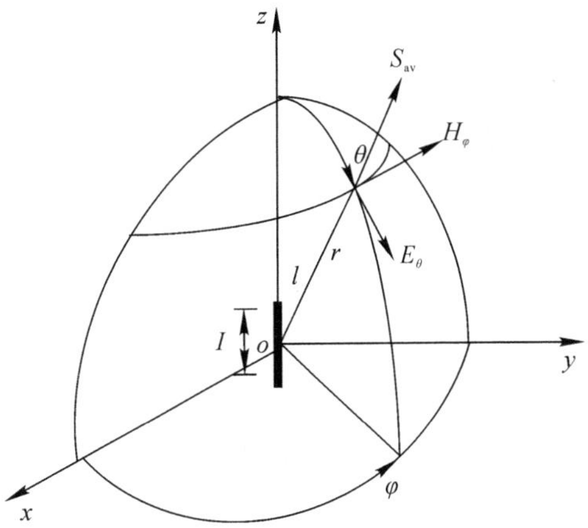

图 7.19　电基本振子远区场场矢量

远区场坡印廷矢量的平均值为：

$$\boldsymbol{S}_{\mathrm{av}} = \frac{1}{2}\mathrm{Re}[\boldsymbol{E}\times\boldsymbol{H}^*] = \frac{15\pi I^2 l^2}{\lambda^2 r^2}\sin^2\theta\ \boldsymbol{e}_r \tag{7.45}$$

有能量沿 $\boldsymbol{r}$ 方向向外辐射，故远区场又称为辐射场。该辐射场有如下性质：

(1) E_θ、H_φ 均与距离 r 成反比，波的传播速度为 $c = 1/\sqrt{\mu_0\varepsilon_0}$，$E_\theta$ 和 H_φ 中都含有相位因子 $\mathrm{e}^{\mathrm{j}kt}$，说明辐射场的等相位面 r 等于常数的球面，所以称其为球面波。$\boldsymbol{E}$、$\boldsymbol{H}$ 和 $\boldsymbol{S}_{\mathrm{av}}$ 相互垂直，且符合右手螺旋定则。

(2) 传播方向上电磁场的分量为零，故称其为横电磁波，记为 TEM 波。

(3) E_θ 和 H_φ 的比值为常数，称为媒质的波阻抗，记为 η。对于自由空间，有

$$\eta = \frac{E_\theta}{H_\varphi} = \sqrt{\frac{\mu_0}{\varepsilon_0}} = 120\pi\quad \Omega \tag{7.46}$$

这一关系说明在讨论天线辐射场时，只要掌握其中一个场量，另一个即可用上式求出。通常总是采用电场强度作为分析的主体。

(4) E_θ、H_φ 与 $\sin\theta$ 成正比，说明电基本振子的辐射具有方向性，辐射场不是均匀球面波。因此，任何实际的电磁辐射绝不可能具有完全的球对称性，这也是所有辐射场的普遍特性。

电偶极子向自由空间辐射的总功率称为辐射功率 P_r，它等于坡印廷矢量在任一包围电偶极子的球面上的积分，即

$$P_r = \oint_S \boldsymbol{S}_{av} \cdot d\boldsymbol{S} = \oint_S \frac{1}{2}\mathrm{Re}[\boldsymbol{E} \times \boldsymbol{H}^*] \cdot d\boldsymbol{S}$$

$$= \int_0^{2\pi} d\varphi \int_0^{\pi} \frac{15\pi I^2 l^2}{\lambda^2} \sin^3\theta d\theta$$

$$= 40\pi^2 I^2 \left(\frac{l}{\lambda}\right)^2 \tag{7.47}$$

因此，辐射功率取决于电偶极子的电长度，若几何长度不变，频率越高或波长越短，则辐射功率越大。因为已经假定空间媒质不消耗功率且在空间内无其他场源，所以辐射功率与距离 r 无关。

既然辐射出去的能量不再返回波源，为方便起见，将天线辐射的功率看成被一个等效电阻吸收的功率，这个等效电阻就称为辐射电阻 R_r。类似于普通电路，可以得出：

$$P_r = \frac{1}{2} I^2 R_r \tag{7.48}$$

其中，R_r 称为该天线归算于电流 I 的辐射电阻，这里 I 是电流的振幅值。将式(7.48)代入式(7.47)，得电基本振子的辐射电阻为

$$R_r = 80\pi^2 \left(\frac{l}{\lambda}\right)^2 \tag{7.49}$$

习　题

7.1　设有一无方向性天线，其辐射功率 $P_r = 100$ W，计算 $r = 10$ km 处的辐射场强值。当改用方向系数 $D = 20$ 时，求在最大辐射方向上天线的场强值。若要求产生相等场强的条件下，则此有方向性天线的辐射功率应为多少？

7.2　电基本振子如题 7.2 图所示放置在 z 轴上，请解答下列问题：

(1) 指出辐射场的传播方向、电场方向和磁场方向。

(2) 辐射的是什么极化的波？

(3) 指出过 M 点的等相位面的形状。

(4) 若已知 M 点的电场 $\boldsymbol{E}$，试求该点的磁场 $\boldsymbol{H}$。

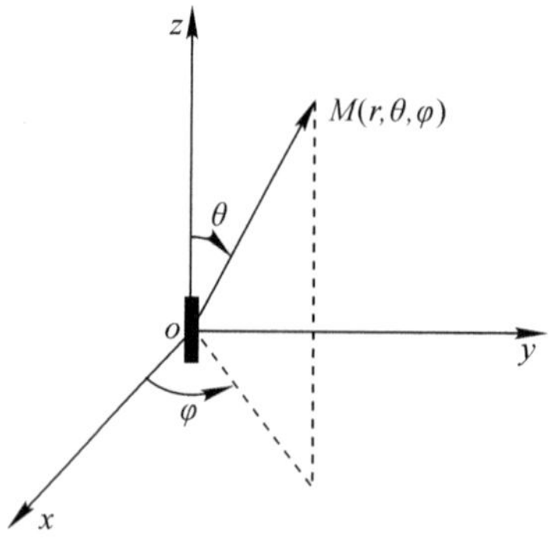

题 7.2 图

(5) 辐射场的大小与哪些因素有关?

(6) 指出最大辐射的方向和最小辐射的方向。

(7) 指出 E 面和 H 面，并大概画出方向图。

7.3　一电基本振子的辐射功率 $P_r=100$ W，试求 $r=10$ km 处，$\theta=0°$、$45°$和 $90°$的场强，θ 为射线与振子轴之间的夹角。

7.4　一基本振子密封在塑料盒中作为发射天线，用另一电基本振子接收，按天线极化匹配的要求，它仅在与之极化匹配时感应产生的电动势为最大。那么用什么方法来鉴别密封盒内装的是电基本振子还是磁基本振子?

7.5　圆环与一电基本振子共同构成一组合天线，环面和振子轴置于同一平面中，两天线的中心重合。试求此组合天线 E 面和 H 面的方向图，设两天线在各自的最大辐射方向上远区同距离点产生的场强相等。

7.6　甲、乙两天线的方向系数相同，但甲增益系数为乙的两倍，它们都以最大辐射方向对准远区的 M 点，求两天线在 M 点产生的场强比，并用分贝表示。

(1) 两天线的辐射功率相同时。

(2) 两天线的输入功率相同时。

7.7　已知某天线归一化方向函数为

$$F(\theta)=\cos\left(\frac{\pi}{4}\cos\theta-\frac{\pi}{4}\right)$$

用直角坐标绘出 E 面方向图，并计算其 $2\theta_{3\text{dB}}$。

7.8　已知某天线的归一化方向函数为

$$F(\theta)=\begin{cases}\cos^2\theta & |\theta|\leqslant\pi/2\\ 0 & |\theta|>\pi/2\end{cases}$$

试求其方向系数 D。

7.9　练习场强比、功率密度比和分贝数之间的换算。

场强比			20		
功率密度比	2500			0.15	
分贝数		25			−24.6

7.10　通过比较法测量天线增益时，测得标准天线($G=10$ dB)的输入功率为 1 W，被测天线的输入功率为 1.4 W。在接收天线处，标准天线相对被测天线的场强指示为 1∶2，试求被测天线的天线增益。

7.11　由班级自己组织参观本地的电视发射台，了解馈线的引出、功分器与移相器、天线主体结构、匹配装置等，撰写参观技术报告。

7.12　由班级自己组织参观本地或附近的通信台发射天线场，了解天线的种类、馈线的引出、避雷、天线在天线场中的布置与排列、天线的吸收负载、支架、拉线等结构，撰写参观技术报告。

第8章　线　天　线

线天线是发展最早，也是最基础的一类天线，早期具有非常广泛的应用。本章首先以振子天线为代表介绍了其电流分布，并在此基础上引入远场辐射方向图的理论计算、参数影响分析等。然后再介绍几种常用线天线的结构和工作原理，包括单极天线、加载天线、折合振子和螺旋天线。

8.1　对称振子天线

线天线中最常用的是对称振子天线。为求解这一类天线的辐射问题，首先必须求出天线上的电流分布，然后根据边界条件求解麦克斯韦方程。若要得到精确解答，则工作量是非常巨大的，因此在工程上常用近似解。这种近似方法，就是假定沿导线的电流分布服从长线上的电流分布规律。已知沿线的电流分布，就可以将该天线划分为 n 个电流元，虽然各个线上的电流分布是不均匀的，但每个电流元的电流分布是等幅同相的。在第 7 章中，我们已知电流元的远区场强公式，利用叠加原理就可求出对称振子天线的辐射场，这就是解这一类线天线辐射问题的基本方法。

8.1.1　对称振子天线的结构与电流分布

对称振子天线由两根同样粗细和同等长度的直导线所构成，如图 8.1 所示。这两根导线称为对称振子的两臂，每臂的长度用 l 表示。对称振子在中间馈电，馈电后，对称振子的两臂将产生一定的电流，并与空间的位移电流构成闭合回路。

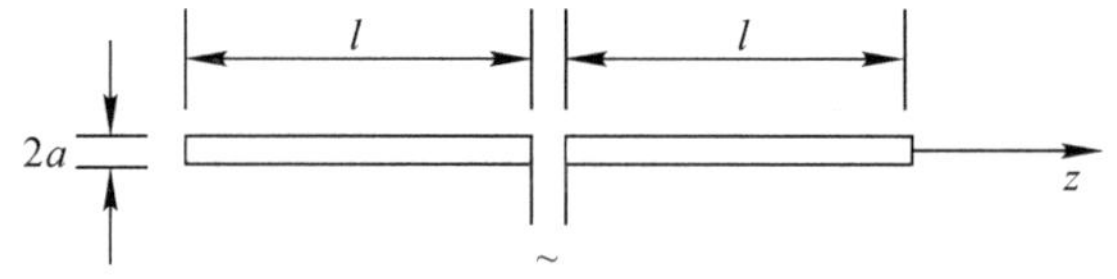

图 8.1　对称振子天线

对称振子可以看作张开的终端开路的双线传输线。可以认为振子两臂上的电流分布与张开前的传输线上的电流分布近似一样，即：

(1) 振子端点是电流波节点，而馈电点的电流要视振子长度而定。

(2) 电流按正弦规律分布。

(3) 电流分布对于中心点是完全对称的，即振子两臂上对应点的电流大小相等，方向一致。

若取图 8.1 所示的坐标系统，则有

$$I(z)=I_m \sin k(l-|z|) \tag{8.1}$$

式中，I_m 为波腹点的电流幅值，k 为相移常数，$k=2\pi/\lambda$。

图 8.2 画出了几种简单对称振子的电流分布图形。

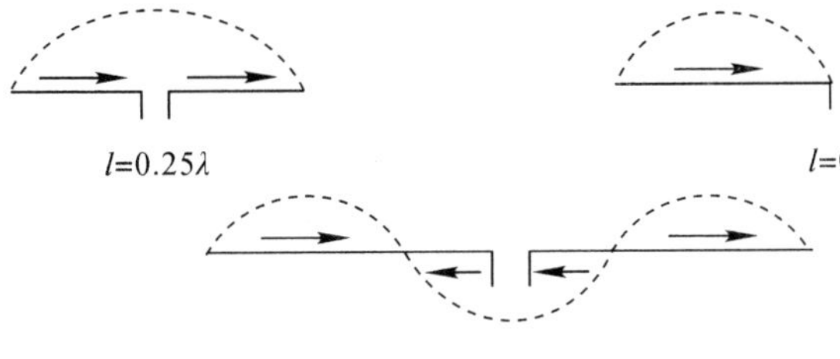

图 8.2 简单对称振子的电流分布

$l/\lambda=0.25$ 的对称振子，因其全长为半个波长，故称为半波振子，电流波腹点正好在馈电输入端。$l/\lambda=0.5$ 的对称振子，其全长为一个波长，故称为全波振子，理论上，馈电输入端正好是电流波节点，但与实际情况不相符合，实际情况如图 8.3 所示。当 $\frac{l}{\lambda}>0.5$ 时，振子中间的电流会与两边的电流反相，造成辐射效率下降，故一般不采用。这是因为前面假定的电流分布是以无耗开路均匀传输线得来的，但实际上由于天线存在辐射，故沿线能量必然有损耗，而且振子上各元段之间存在互耦现象，所以会影响振子上的电流分布。例如左臂上的电流所产生的场会在右臂上产生感应电动势和表面电流，这样就改变了右臂上的电流分布。实际上振子臂上各处的分布参数是不同的，但是为了分析方便起见，我们仍以理论上的电流分布为依据进行讨论。

图 8.3 全波振子的实际电流分布

8.1.2 对称振子的辐射场

假定振子的半径 a 远小于波长，其所在的坐标系如图 8.4 所示。

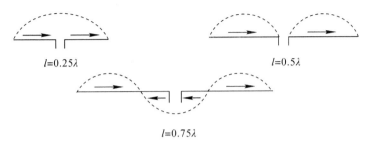

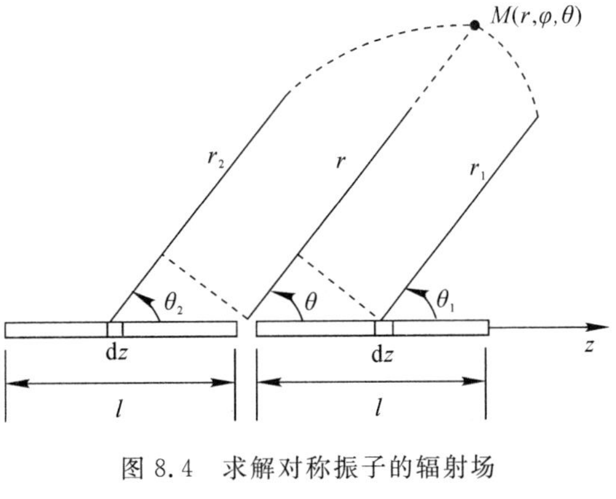

图 8.4 求解对称振子的辐射场

假定把对称振子分割成许多长度相同的小元段 dz，并满足 $a\ll dz\ll\lambda$ 的条件。这样，每个小元段上的电流在每一瞬间都可近似认为是均匀的，可以看作一个电流元。每一个电流元的辐射场可由式(7.44)得到：

$$E_\theta = \mathrm{j}\,\frac{60\pi I\mathrm{d}l}{\lambda r}\sin\theta \mathrm{e}^{-\mathrm{j}kr}$$

在振子左右臂上取两个位置对称的元段 dz，它们距振子中心的距离都是 z，则它们的辐射场分别为

$$\mathrm{d}E_{\theta_1} = \mathrm{j}\,\frac{60\pi I(z)\mathrm{d}z}{\lambda r_1}\sin\theta_1 \mathrm{e}^{-\mathrm{j}kr_1} \tag{8.2}$$

$$\mathrm{d}E_{\theta_2} = \mathrm{j}\,\frac{60\pi I(z)\mathrm{d}z}{\lambda r_2}\sin\theta_2 \mathrm{e}^{-\mathrm{j}kr_2} \tag{8.3}$$

由左右两臂上两个对称元段 dz 在观察点 M 产生的总场强应为

$$\mathrm{d}E_\theta = \mathrm{d}E_{\theta_1} + \mathrm{d}E_{\theta_2} \tag{8.4}$$

由于观察点离天线很远，即 $r \gg \lambda$，因此可认为 $\boldsymbol{r}_1$、$\boldsymbol{r}_2$、$\boldsymbol{r}$ 相互平行。在讨论辐射场的幅度时，可认为 $\theta_1=\theta_2=\theta$，$r_1=r_2=r$。但在讨论辐射场的相位时，不能作这样的近似，必须考虑由于路程差而引起的相位差，即 $r_1 \neq r_2 \neq r$，它们之间有以下关系：

$$\begin{cases} r_1 = r - z\cos\theta \\ r_2 = r + z\cos\theta \end{cases} \tag{8.5}$$

将式(8.5)代入得

$$\begin{aligned}
\mathrm{d}E_\theta &= \mathrm{j}\,\frac{60\pi I(z)\mathrm{d}z}{\lambda r}\sin\theta \mathrm{e}^{-\mathrm{j}k(r-z\cos\theta)} + \mathrm{j}\,\frac{60\pi I(z)\mathrm{d}z}{\lambda r}\sin\theta \mathrm{e}^{-\mathrm{j}k(r+z\cos\theta)} \\
&= \mathrm{j}\,\frac{60\pi I(z)\mathrm{d}z}{\lambda r}\sin\theta\left[\mathrm{e}^{-\mathrm{j}k(r-z\cos\theta)} + \mathrm{e}^{-\mathrm{j}k(r+z\cos\theta)}\right] \\
&= \mathrm{j}\,\frac{60\pi I(z)\mathrm{d}z}{\lambda r}\sin\theta \mathrm{e}^{-\mathrm{j}kr}\left[\mathrm{e}^{\mathrm{j}kz\cos\theta} + \mathrm{e}^{-\mathrm{j}kz\cos\theta}\right]
\end{aligned}$$

应用欧拉公式，并将式(8.1)代入得

$$\begin{aligned}
\mathrm{d}E_\theta &= \mathrm{j}\,\frac{60\pi I_\mathrm{m}\sin k(l-|z|)}{\lambda r}\sin\theta \mathrm{e}^{-\mathrm{j}kr}\left[2\cos(kz\cos\theta)\right]\mathrm{d}z \\
&= \mathrm{j}\,\frac{120\pi}{\lambda r} I_\mathrm{m}\sin\theta \mathrm{e}^{-\mathrm{j}kr} \cdot \sin k(l-|z|)\cos(kz\cos\theta)\mathrm{d}z
\end{aligned}$$

然后，沿振子臂长 l 进行积分，即为整个振子的辐射场，其结果为

$$\begin{aligned}
E_\theta &= \mathrm{j}\,\frac{120\pi}{\lambda r} I_\mathrm{m}\sin\theta \mathrm{e}^{-\mathrm{j}kr}\int_0^l \sin k(l-|z|)\cos(kz\cos\theta)\mathrm{d}z \\
&= \mathrm{j}\,\frac{60\pi I_\mathrm{m}}{\lambda r}\left[\frac{\cos(kl\cos\theta)-\cos kl}{\sin\theta}\right]\mathrm{e}^{-\mathrm{j}kr}
\end{aligned} \tag{8.6}$$

式(8.6)就是常用的对称振子的辐射场强表示式。

8.1.3 长度对天线方向函数、方向图和波瓣宽度的影响

1. 对方向函数的影响

对称振子的方向函数为

$$f(\theta) = \frac{\cos(kl\cos\theta)-\cos kl}{\sin\theta} \tag{8.7}$$

可见，对称振子的方向函数与 φ 无关。也就是说，它的方向图是围绕振子轴的回转体。

对于半波振子 $l=0.25\lambda$，有

$$f(\theta)=\frac{\cos\left(\frac{\pi}{2}\cos\theta\right)}{\sin\theta}$$

对于全波振子 $l=0.5\lambda$，有

$$f(\theta)=\frac{\cos(\pi\cos\theta)+1}{\sin\theta}$$

主向值：对于半波振子，$f\left(\frac{\pi}{2}\right)=1$；对于全波振子，$f\left(\frac{\pi}{2}\right)=2$。即在垂直于振子轴的方向上有最大辐射，但对于臂长更长的对称振子，其主向不一定在 $\theta=\pi/2$ 的方向上。

2. 对方向图的影响

各种不同长度对称振子的方向图如图 8.5 所示。

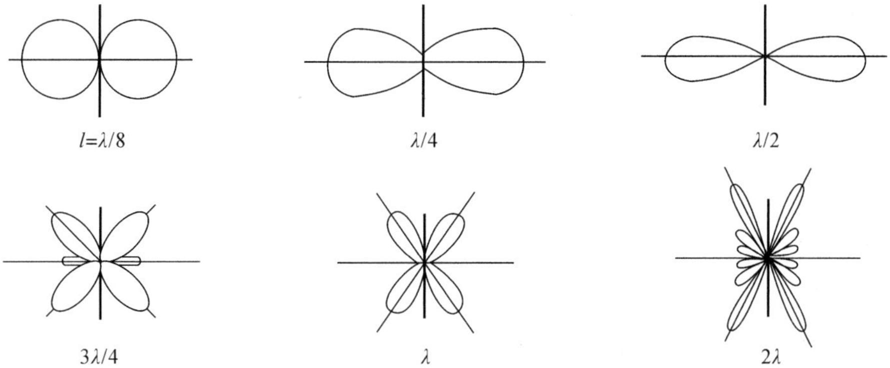

图 8.5　各种不同臂长对称振子的方向图

由图可见，在 $l/\lambda<0.5$ 时，随着 l/λ 的增加，方向图变得尖锐，并且只有主瓣($\theta=90°$)。当 $l/\lambda>0.5$ 时出现副瓣，并随着 l/λ 的增加，原来的副瓣逐渐变成主瓣，而原来的主瓣则变成了副瓣(在 $l/\lambda=1$ 时，原来的主瓣消失)。l/λ 再增大时，其主瓣将变得更窄，而副瓣的数目将增多。

方向图随 l/λ 而变的原因是由振子的电流分布的变化引起的，当 $l/\lambda<0.5$ 时，天线两臂上的电流始终同相，各个电流元在观察点上所产生的电场之间存在波程差，只有在垂直于振子轴的方向，这种波程差为零，叠加时为同相增加，故辐射最大。当 $l/\lambda=0.5$ 时，天线上开始出现反相的电流分布，由于有一部分反相电流，在 $\theta=90°$ 的方向将不可能全部同相叠加，而被反相的部分抵消掉一些，所以主向不在 $\theta=90°$ 的方向。当 $l=\lambda$ 时，两臂上的电流分布如图 8.6 所示，它可视为四个半波振子组成的天线阵，边缘两半波振子同相，中间两半波振子与前者反相。这样在 $\theta=90°$ 方向上的辐射场完全抵消，为零辐射方向。

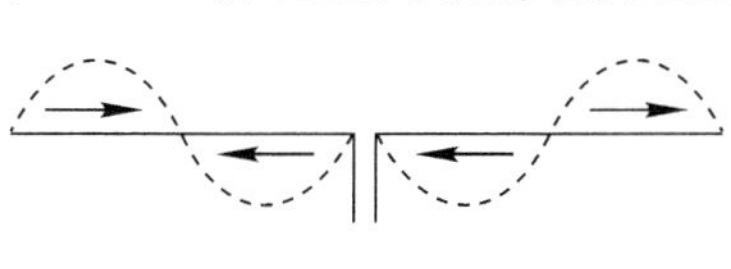

图 8.6　$l=\lambda$ 的对称振子电流分布

以上分析都是在假定天线无衰减的情况下得出的。若考虑衰减，则方向图的零辐射不是真正的零，而有一个较小的值。

3. 对波瓣宽度的影响

已知 $\theta=90°$，$f(\theta)=1$。设半功率点的径向与 z 轴的夹角是 θ_r，令

$$f(\theta_r)=\frac{\cos\left(\frac{\pi}{2}\cos\theta_r\right)}{\sin\theta_r}=0.707$$

解得 $\theta_r=51°$。因此半波对称振子的半功率点间的夹角(即半功率波瓣宽度)为 $2\theta_{0.5}=180°-2\times51°=78°$。

采用类似方法可得出各种不同臂长的对称振子的波瓣宽度。

4. 对工作频带的影响

振子愈粗，其平均特性阻抗 Z_c 愈低，输入阻抗随 l/λ 的变化愈缓慢。若振子长度固定不变，改变工作波长，则粗振子能在较宽的频带范围内获得匹配。在天线工程中，常采用降低天线特性阻抗的办法来加宽天线的工作频带，最简单的办法就是加大振子的直径，为使结构简单和减轻重量常做成笼形。

8.2 其他常用线天线

8.2.1 单极天线

1. 理想导电平面上的单极子天线

单极天线也叫单极子天线(Monopole Antenna)，是指在理想导电平面(地面)上直立放置的线天线，故也称为直立天线(Vertical Antenna)。图 8.7 中给出了在无限大理想导电平面上的单极子天线及其镜像图。根据镜像原理，在地面上长度为 h 的单极子天线与其镜像可以构成一个全长为 $2h$ 的偶极子(即对称振子，dipole)，因此，单极子的场在导电平面的上半空间与偶极子的上半部分相同，但在导电平面下半空间的场为零。

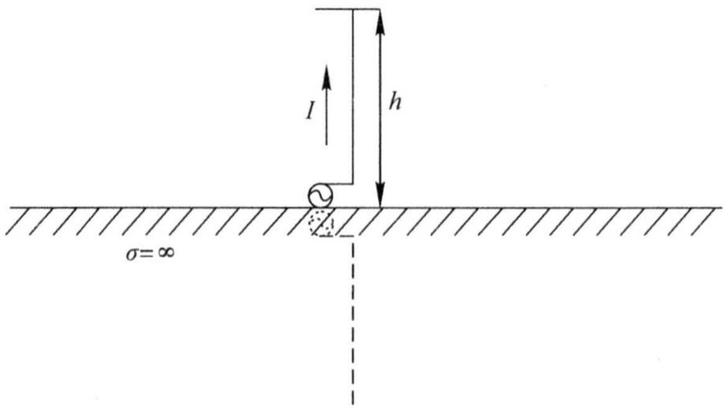

图 8.7 单极子天线及其镜像图

由于单极子天线输入端的缝隙宽度只有偶极子的一半，故其端电压只有偶极子的一半，二者的输入电流相同，所以单极子输入阻抗只有相应偶极子的一半。

$$Z_{单极子}=\frac{V_{单极子}}{I_{单极子}}=\frac{\frac{1}{2}V_{偶极子}}{I_{偶极子}}=\frac{1}{2}Z_{偶极子} \tag{8.8}$$

由于单极子天线只在上半空间辐射，辐射功率只有相同电流的偶极子辐射功率的一半，因此其辐射电阻也是相应偶极子辐射电阻的一半。

$$R_{单极子}=\frac{P_{单极子}}{\frac{1}{2}|I_{单极子}|^2}=\frac{\frac{1}{2}P_{偶极子}}{\frac{1}{2}|I_{偶极子}|^2}=\frac{1}{2}R_{偶极子} \tag{8.9}$$

由于导电平面上方的单极子天线所激发的场与相应偶极子一样，故二者的辐射方向图在导电平面上方也是相同的，而单极子的波束立体角只有自由空间中相应偶极子的一半，导致其方向性是相应偶极子的两倍。

$$D_{单极子}=\frac{4\pi}{\Omega_{单极子}}=\frac{4\pi}{\frac{1}{2}\Omega_{偶极子}}=2D_{偶极子} \tag{8.10}$$

2. 有限尺寸导电平面上的单极子天线

单极子天线可以广泛应用在长、中、短波以及超短波段。一般直立天线的高度 h 要比波长 λ 小得多，故可以将导电平面视为理想无限大的地面，但工作在超短波波段的单极子天线尺寸可与波长相比拟，此时要考虑有限尺寸导电平面的大小对于天线性能以及天线加载的影响。实际的单极子天线的导电平面可以用导体圆盘或几根径向导体棒实现(构成布朗天线)，如图 8.8 所示。

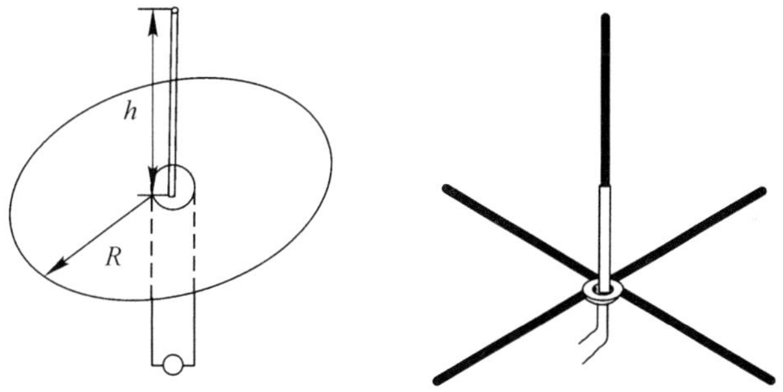

(a) 圆盘地面上的单极天线　　(b) 布朗天线

图 8.8　两种接地单极天线

有限尺寸会对天线的辐射电阻和方向图产生一定影响，根据前人经验，对于辐射电阻的影响在于随着圆盘尺寸半径 R 的增大，辐射电阻会以周期约为 λ 发生上下起伏的变化，最终趋于稳定值。有限圆盘对于方向图的影响在于随着圆盘尺寸半径的增大，方向图的最大辐射方向不再是水平方向，而是呈上扬趋势。

8.2.2　加载天线

加载是指在天线的适当位置插入某种元件或网络，以改变天线中的电流分布。加载技术是天线工程中一种常用的小型化与宽带化方法。广义地说，加载元件包括无源器件和有源网络。实际工程中以无源加载最为常见。常见的加载方式有顶部加载、介质加载、分布加载、集总加载等。工作频率不高的情况常采用集总加载，而工作频率较高时则采用分布加载。

1. 顶部加载

顶部加载的作用是降低天线容性阻抗，提高天线辐射电阻，还能满足天线自谐振所需的电长度。顶部加载的形式有多种(如图 8.9 所示)，顶端加一水平金属板、球或柱，短波单极子天线的顶端加一星状辐射叶片；天线顶端加一根或几根水平导线或从顶端向四周引出几根倾斜导线，构成 T 形、倒 L 形和伞形的天线。

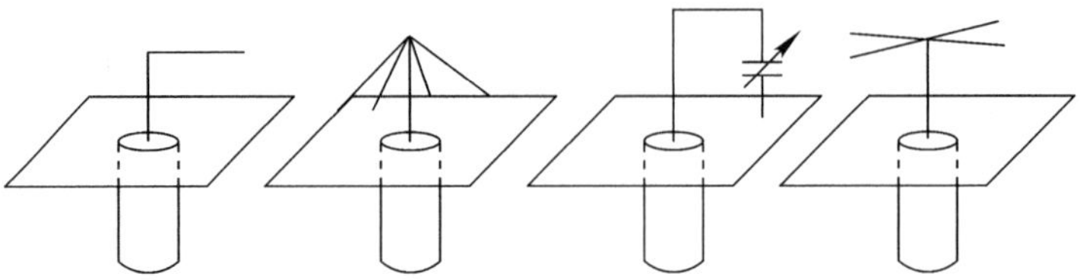

图 8.9　顶部加载天线

顶负载加载：线、板、片等都称为天线的顶负载，其作用是增大顶端对地的分布电容，使天线顶端的电流不再为零，其基本结构如图 8.10 所示。顶负载的加载亦改善了下半段电流的分布，提高了天线的有效高度，但其仍存在一定的弊端。通常来说，顶部加载线越长越好，但过大就会导致很大的负担，由于增大了天线空间半径，易造成使用中的不良后果。故移动中的短波电台等顶部加载不宜过大，否则太重会行动不便。对于固定或半固定式电台，可允许顶负载大一些。

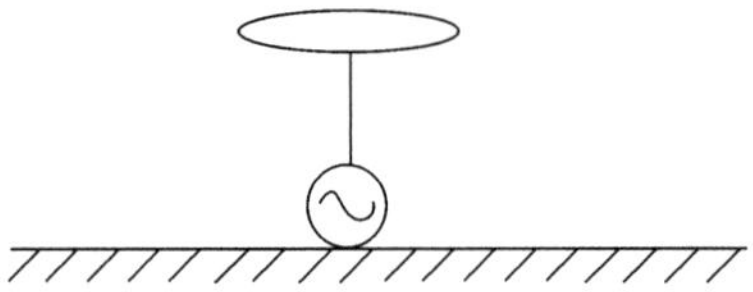

图 8.10　顶负载加载天线

2. 介质加载

介质加载天线(见图 8.11)是指通过在天线周围加入一种介质来相对缩短天线长度，改变天线周围的电介质或是磁介质。其原理是通过缩短电波在高介电常数物质中的波长来达到天线小型化目的，但介质加载也引起了天线效率的降低，由于介质材料带来的功率损耗和低输入阻抗，使得天线效率、增益等都受到影响。

天线缩短长度与加载介质的相对介电常数和相对磁导率有关，如图 8.11 所示。其中，自由空间中波长为 λ_0，天线长度为 $\frac{\lambda}{4}$。加载相对介电常数 ε_r，相对磁导率为 μ_r 的介质后，该介质中的波长为 $\lambda_0/\sqrt{\varepsilon_r\mu_r}$，在椭圆介质中的天线长度为 $h=\lambda_0/4\sqrt{\varepsilon_r\mu_r}$，故方形介质加载天线长度 h 满足 $\lambda_0/4\sqrt{\varepsilon_r\mu_r}<h<\lambda_0/4$。

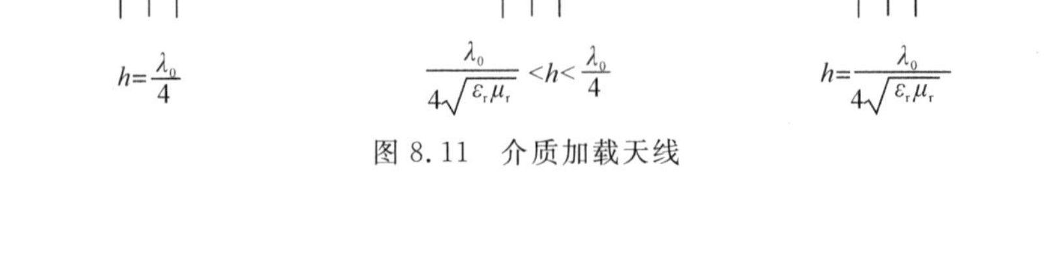

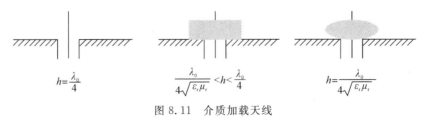

图 8.11　介质加载天线

3. 分布加载

分布加载是指对天线按一定位置函数加载，其输入阻抗也会呈一定规律变化。如果天线中的电流密度和天线中连续分布的轴向电场成比例，则称此类天线为串联型分布加载天线。加载元件包括阻性元件、容性元件、感性元件以及混合性加载元件等。加载元件可以均匀或者非均匀地分布在整个或者部分天线上。理论上加载的分布段数越多，天线的宽频特性越好，但考虑到段数过多给天线加工带来的困难，故需结合实际需求慎重选择。分布加载通常应用在工作波长较短、频率较高的频段中，例如在 VHF 和 UHF 频段可以通过在介质棒上涂覆导电物质来实现，但由于制作难度大，不宜应用在过高频段。下面给出一个容性分布加载的例子。

如图 8.12 所示，分布电容加载天线是采用多个具有缝隙的金属段连接而成的。其中每一个缝隙都构成一个加载电容，由于使用的元件是无耗的，其效率比电阻元件加载的效率略高一些(分布电阻会吸收部分能量，以牺牲效率为代价获得较宽的工作频带)，但是所形成的带宽不如电阻加载的行波天线宽。

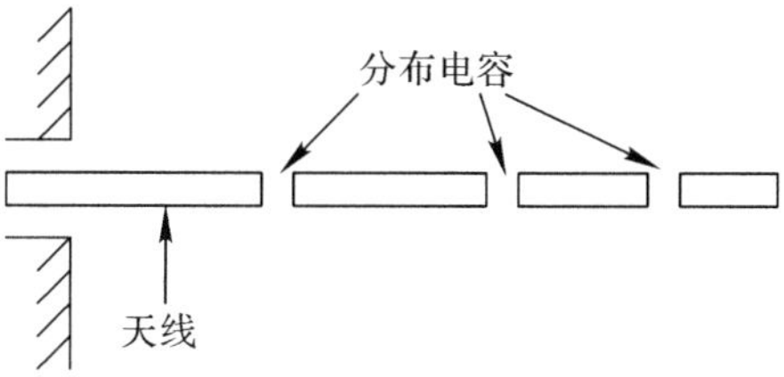

图 8.12　分布电容加载天线结构图

4. 集总加载

集总加载天线是指在天线上一个或者几个位置加入集总参数元件(包括电感、电容等)，以此来改变天线上电流的分布。在频率较低的短波、中波波段，由于天线的几何长度太大，不利于分布加载天线的加工，故在实际中多采用集总加载天线。相比分布加载天线而言，集总加载天线具有结构简单、容易制作的特点，因此得到了实际工程的广泛应用。

如图 8.13 所示，电感线圈加载天线通过线圈加载改善了下半段电流的分布，一方面提高了天线的有效高度，另一方面匹配也得到了改善，其中线圈加载的位置与数值存在最优化的问题，通过对参数进行优化来达到实际工程需求。

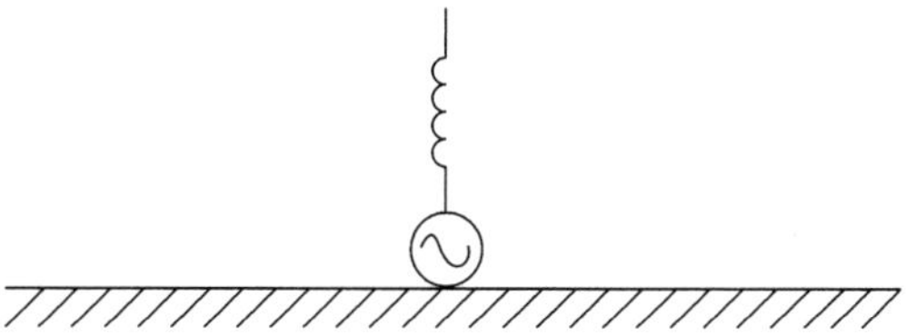

图 8.13　电感线圈加载天线结构图

8.2.3　折合振子天线

折合振子天线(Folded Dipole Antenna)是一种非常流行且实用的导线天线。实际折合振子的长度通常取为半波长，它可以看成全波对称振子折合而成。由于它的优良特性、容易构建以及结构的刚性，被广泛应用于超短波波段。半波折合振子的特性阻抗十分接近于 300 Ω 双导线传输线，而且改变导体的直径还可以改变输入阻抗，除具有预期的阻抗特性外，半波折合振子的带宽比普通半波振子的大，所以常常用作八木天线阵及其他天线的馈电天线。

1. 结构及电流分布

折合振子天线可看作由短路双线传输线在 a、b 两点处左右拉开形成，如图 8.14 所示。折合振子的两端 a、b 两点处为电流波节点，中间为波腹点，并且折合振子两线上的电流等幅同相，因此，折合振子可以等效为平行排列、间距很近、馈电相同的二元对称振子阵。

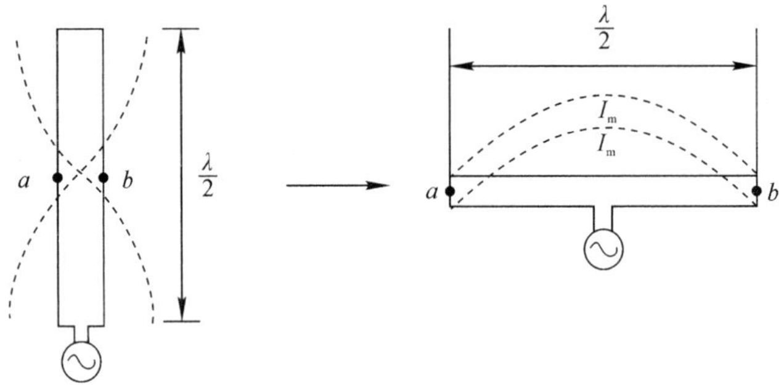

图 8.14　折合振子示意图

2. 折合振子天线的特性

对于远场区，由于间距很小，两个对称振子之间的相位差可以忽略，因此折合振子的辐射场相当于两个对称振子的辐射场的叠加，所以在折合振子与单个对称振子馈电电流相同的条件下，折合振子的辐射功率是单个对称振子辐射功率的两倍。在辐射功率相同的条件下，折合振子的输入电流是单个对称振子的输入电流的一半。折合振子还有以下特性：

（1）辐射阻抗：折合振子的总辐射阻抗为单个半波振子辐射阻抗的 4 倍。

$$R_{\Sigma}=R_{in}=4\times73\ \Omega=292\ \Omega\approx300\ \Omega$$

（2）带宽特性：折合振子天线带宽比同等粗细的对称振子宽。

（3）方向图：折合振子方向图与半波振子方向图相同。

3. 折合振子天线的分析方法

对于折合振子天线来说，采用奇偶模激励法是最严格和方便的方法，如图 8.15 所示。其中偶模激励对应于折合振子的天线模式；奇模激励对应于折合振子的传输线模式；而任意激励可以看作偶模激励和奇模激励的叠加。

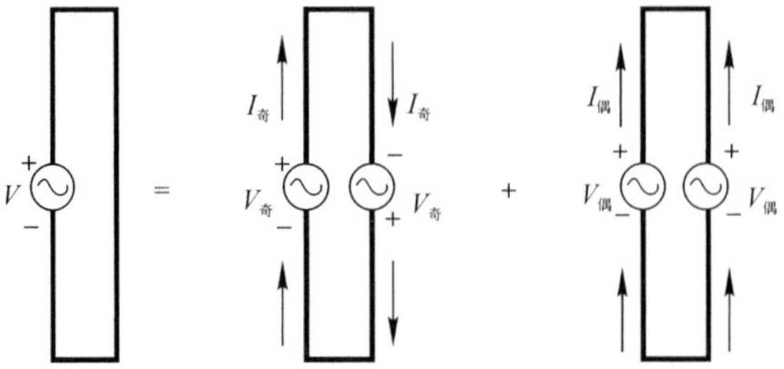

图 8.15　折合振子分析方法图

8.2.4　螺旋天线

螺旋天线(Helical Antenna)是指将导线绕制成螺旋形线圈而构成的天线。通常它由同轴线馈电，同轴线的内导体与螺旋线相接，外导体与导体圆盘(可提供金属接地板)相连，其具体结构和参数如图 8.16 所示。圆盘的直径一般取 $d_g=0.75\lambda$，导线的直径 d 一般取 $d=0.005-0.05\lambda$，螺旋的直径为 D，周长 $C=\pi D$，螺距为 S，螺距角为 α，螺旋一圈的长度为 l，则含有 N 圈的螺旋天线轴向长度为 $L=NS$，其中 $l=\sqrt{C^2+S^2}$，$\tan\alpha=S/C$。

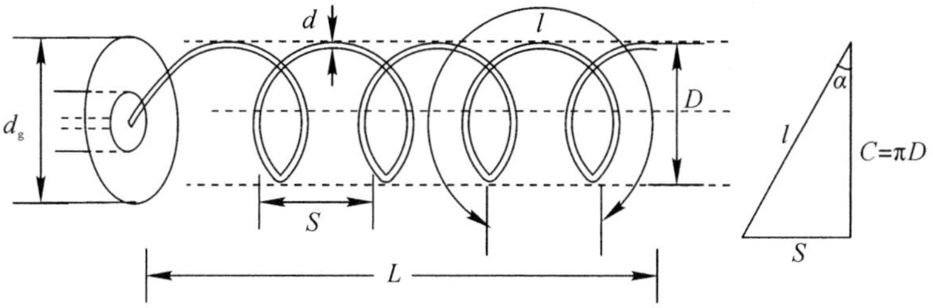

图 8.16　螺旋天线结构图及其参数间的关系

根据不同电尺寸下工作的方向图，可以将螺旋天线工作模式分为如图 8.17 所示的几种：

(1) 法向模式天线：$\dfrac{C}{\lambda}\ll 1$ 时，最大辐射方向与螺旋轴线相垂直；

(2) 轴向模式天线：$0.75\leqslant\dfrac{C}{\lambda}\leqslant 1.3$ 时，即 $C\approx\lambda$，最大辐射方向沿轴线方向；

(3) 圆锥模式天线：当$\dfrac{C}{\lambda}$进一步增大，最大辐射方向偏离轴线分裂成两个方向，其方向图呈圆锥形。

其中最实用的就是法向模和轴向模，下面详细介绍这两种模式。

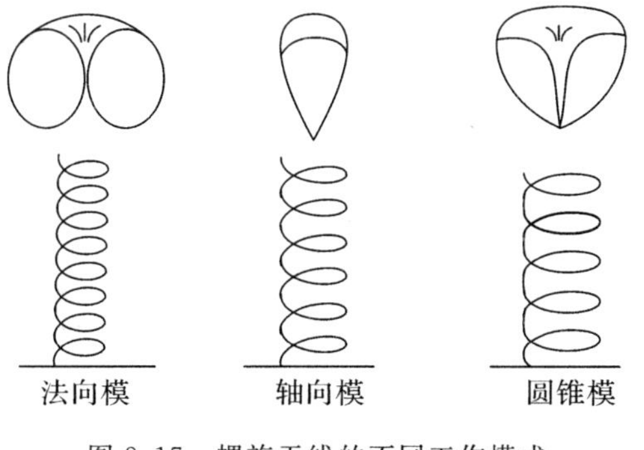

图 8.17　螺旋天线的不同工作模式

1. 法向模螺旋天线

工作于法向模的螺旋天线的方向图类似于单极子天线，N 圈螺旋天线可以看成由 N 个单元组成。每个单元都由一个小电流环(磁流元)和一个偶极子(电流元)组成。由于螺旋直径远远小于波长，小电流环的辐射场很小，在计算中主要考虑电流元的辐射，故法向模螺旋天线也可以看作分布加载电感的单极子天线，但相比单极子而言减小了长度，所以常用在车载天线和手机外置天线中。其示意图如图 8.18 所示，由于法向模螺旋天线的尺寸远小于波长，其远场图与圈数 N 无关，故这里只研究一圈的辐射即可。

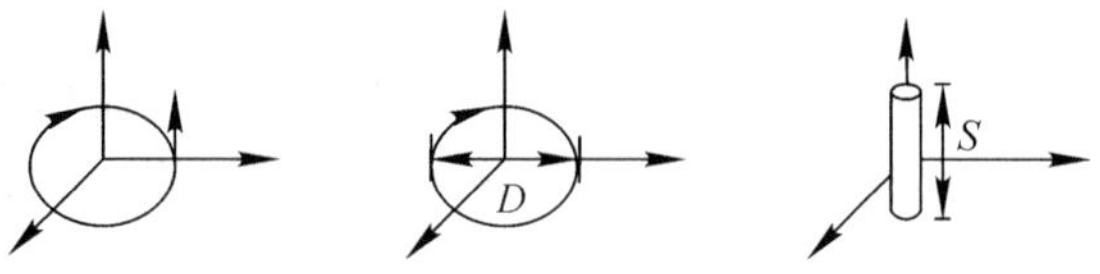

图 8.18 螺旋天线单元等效为电流环和偶极子的叠加

根据小电流环的远区场公式可以得到直径为 D 的小电流环远区场为

$$E_\varphi=\frac{\eta I\pi^2D^2}{4r\lambda^2}\sin\theta \mathrm{e}^{-\mathrm{j}kr}=\frac{30\pi IC^2}{r\lambda^2}\sin\theta \mathrm{e}^{-\mathrm{j}kr} \tag{8.11}$$

而长为 S 的电偶极子的远区场为

$$E_\theta=\mathrm{j}\,\frac{\eta IS}{2\lambda r}\sin\theta \mathrm{e}^{-\mathrm{j}kr}=\mathrm{j}\,\frac{60\pi IS}{\lambda r}\sin\theta \mathrm{e}^{-\mathrm{j}kr} \tag{8.12}$$

上面两个公式说明，两个相互垂直、相位相差 90°、具有相同方向图且都为 $\sin\theta$ 的场组成椭圆极化波，其轴比为

$$AR=\frac{|E_\theta|}{|E_\varphi|}=\frac{2S\lambda}{C^2}=\frac{2S/\lambda}{(C/\lambda)^2} \tag{8.13}$$

对于法向模螺旋天线，由于 $C\ll\lambda$，故轴比很大，辐射近似为垂直极化波。

2. 轴向模螺旋天线

轴向模螺旋天线具有以下特点：

(1) 最大辐射方向沿轴线，且辐射场是圆极化波。

(2) 沿线近似传播行波。

(3) 输入阻抗近似为纯电阻。

(4) 具有宽带特性。

分析轴向模螺旋天线时，可以利用阵列理论来建模，即近似地将其看作由 N 个环形天线组成的阵列，每一圈看作阵元。为简单起见，设螺旋线一圈的周长为 λ。首先讨论单个阵元(圆环)的辐射特性，如图 8.19 所示。

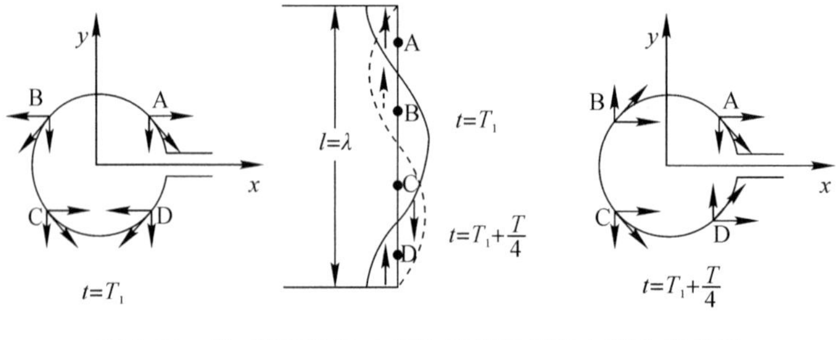

图 8.19 T_1 时刻和 $T_1+T/4$ 时刻阵元的电流分布和场

从电流分布的变化可以看出，经过 1/4 周期后，轴向辐射场绕 z 轴旋转了 90°，显然经过一个周期的时间间隔，电流矢量将旋转一周，由于电流振幅不变，所以辐射场值也不会变。因此得出结论：周长为 λ 的行波圆环沿轴向辐射圆极化波。按不同螺旋绕制方式(左/右手螺旋)可将螺旋天线分为左旋圆极化天线(左手螺旋)和右旋圆极化天线(右手螺旋)。

考虑到螺旋天线的电性能受到其几何结构的影响，前人总结经验发现，当 $12^\circ<\alpha<15^\circ$ 时，工作效果最佳。对于 $\frac{3}{4}<\frac{C}{\lambda}<\frac{4}{3}$ 和 $N>3$ 的螺旋天线，有以下系列经验公式：

(1) 以度表示的半功率波束宽度：$\mathrm{HP}=\frac{52^\circ}{(C/\lambda)\sqrt{NS/\lambda}}$；

(2) 增益：$G=\frac{26\ 000}{HP^2}=6.2\left(\frac{C}{\lambda}\right)^2 N\frac{S}{\lambda}$；

(3) 方向系数：$D=12(C/\lambda)^2 NS/\lambda$；

(4) 沿轴向的轴比：$AR=\frac{2N+1}{2N}$；

(5) 输入阻抗：$R_{in}=140(C/\lambda)$。

习　题

8.1　试画出 $l=1.5\lambda$，$l=2\lambda$ 对称振子的电流分布，写出两个对称振子的方向函数公式。

8.2　设一半波振子的轴线平行于 x 轴放置，画出该天线的水平面方向图和垂直面方向图(z 轴与地面垂直)。

8.3　设在相距 1.5 km 的两个站之间进行通信，每站均以半波振子为天线，工作频率为 300 MHz。若一个站发射的功率为 100 W，则另一个站的最大接收功率为多少？

8.4　设有一半波振子沿东西方向放置，一移动电台停在正南方时收到最大场强；当电台沿以半波天线为中心的圆周移动时，发现场强逐渐减小。问当场强减小到最大值的 $1/\sqrt{2}$ 时，电台的位置已偏离正南方多少角度？

8.5　为什么对称振子的轴向无辐射？

第9章 口径天线

口径天线是典型的面天线，由于其中高等增益和定向性，在雷达、微波通信领域具有重要应用。本章首先从面天线的基本概念入手，然后过渡到面天线分析的核心思想，即惠更斯-菲涅尔原理，在此基础上以电、磁基本阵子构成的面元理论来分析面天线的辐射，最后再介绍几种常见面天线的结构和工作原理，缝隙天线、微带贴片天线、喇叭天线与抛物线天线等。

9.1 面天线的基本概念与惠更斯-菲涅尔原理

9.1.1 面天线的基本概念

前面讨论的线天线的辐射特性与天线上的电流状态密切相关，即与天线导线的形状、线上电流的振幅分布及相位分布、线的长度等有关；且单个线天线增益有限，半波对称振子的方向系数 $D=2.15$ dB，这对于远距离的通信是远远不够的；虽然多个天线排成的天线阵系统可获得很高的增益，但其馈电网络复杂、体积庞大、结构笨重及调整困难，成本较高；而且提高频率后虽然使天线电尺寸增大从而提高了增益，但当频率提高到一定程度即波长很短时，单元天线尺寸很小，这时天线功率容量不可能提高，极易发生高功率击穿，而且天线阻抗很难控制，阵列中各单元的互耦问题很难解决。

为了解决线天线固有的弱点，出现了面天线。最简单的面天线是一个开口波导，如图9.1所示。馈电同轴电缆的一段芯线伸入波导内，在波导内激励起某种模式的电磁导波，传至波导开口端后将向空间辐射电磁波。其空间辐射特性基本上由波导口径尺寸及波导口上的电磁场结构决定，而不必考虑探针的状态与电流状态，因此称为口径天线或面天线。

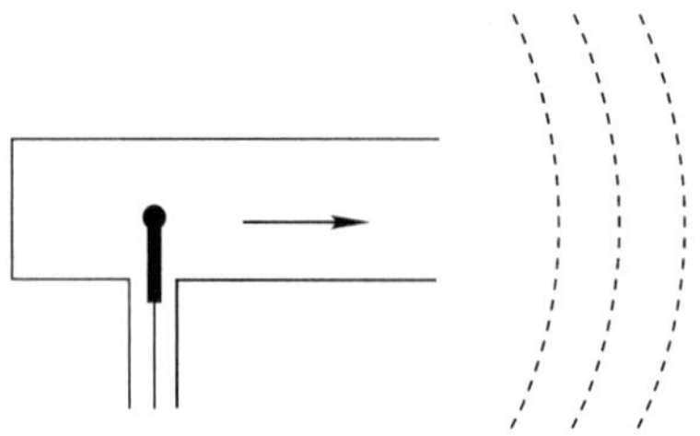

图 9.1 最简单的面天线——开口波导

在 $\lambda<10$ cm，即微波波段，多采用面天线。

面天线的主要形式有：

(1) 喇叭天线：由终端开口的波导加大口径逐渐张开而形成。常用的有矩形喇叭天线、圆形喇叭天线，通常用作标准增益天线、反射面天线的馈源。

(2) 反射面天线：由馈源(也称照射器)和金属反射面构成。馈源(照射器)通常由振子天线或喇叭天线构成，金属反射面对馈源产生的电磁波进行全反射，形成天线的方向性。常用的有抛物面天线、卡塞格伦天线。

面天线的基本问题是确定它的辐射电磁场，原则上开口波导辐射器的辐射特性可对芯线上电流及波导内、外壁的电流辐射进行积分求得，但这在数学上是非常困难的，对其他面天线将更加困难。由惠更斯-菲涅尔原理可知，面天线的辐射特性基本上由口径面上的电磁场决定，因此面天线辐射场的计算通常采用口径场积分的方法，称为口径积分或辐射积分。

9.1.2　惠更斯-菲涅尔原理

在波动理论中，惠更斯原理认为，波在传播过程中，波阵面上每一点都是子波源，由这些子波源产生的球面波波前的包络构成下一时刻的波阵面。这个原理定性解释了波在前进中的绕射现象。后来，菲涅尔发展了这个原理，认为波在前进过程中，空间任一点的波场是包围波源的任意封闭曲面上各点的子波源发出的波在该点以各种幅度和相位叠加的结果，如图 9.2 所示。

图 9.2　惠更斯原理

将把惠更斯-菲涅尔原理用于电磁辐射问题，则表明空间任一点电磁场，是包围天线的任意封闭曲面上各点产生的电磁场在该点叠加的结果。

对于开口波导，可把封闭面取得紧贴波导外壁和口径平面。对于理想导体，波导外壁上的电场切线分量为零、磁场不为零，为分析方便，假定导体表面电流为零，因此开口波导的辐射场只由口径平面上的场决定。而实际情况是，导体表面附近的场不为零，对辐射场仍有贡献，这点贡献可由导体表面的电流求得。研究表明波导外表面(或其他面天线的非激励表面，例如抛物面的背面)对辐射场影响的最低电平在 −20 dB 左右，当天线口径电尺寸较大或不关心这些低电平时，这些影响可忽略，因此把惠更斯-菲涅尔原理用于电磁波辐射就发展为研究面天线的口径积分法。

波阵面上每一点的作用都相当于一个小球面波源，从这些波源产生二次辐射的球面子波，相继的波阵面就是这些二次子波波阵面的叠加。或者说，新的波阵面是这些子波波面的包络面。在图 9.2(b)中，A 是原波阵面，A′是传播中的下一个波阵面，可以看到 A′是 A 上各个球面子波波面的包络面。这些小球面波源，常称为惠更斯元。

惠更斯原理是波动中的一个普遍原理，在机械波和电磁波中都同样适用。电磁波本身就是以波动形式存在的电磁场，因此，就电磁波而言，惠更斯元就是在传播过程中，在一定的波阵面上振动着的电磁场。下面进一步说明电磁场中这种惠更斯元的性质。

设想在空间传播着横电磁波(TEM)，我们在它的波阵面上取很小很小的一个小方块，称为面元，在此面元上电场强度 $\boldsymbol{E}$ 和磁场强度 $\boldsymbol{H}$ 都是均匀分布的。如把此面元放在坐标原点与 xy 平面重合，如图 9.3 所示，则电场 $\boldsymbol{E}$ 在 z 轴正方向，磁场 $\boldsymbol{H}$ 在 y 轴正方向，传播方向为 z 轴正方向。此外，根据 TEM 波的特点，在传播中储于电场和储于磁场的能量是相同的。因此，如果要把此面元上的 $\boldsymbol{E}$ 场看作惠更斯源，则电场 $\boldsymbol{E}$ 的振动将激起一个电磁场；磁场 $\boldsymbol{H}$ 的振动也将激起一个电磁场，这两个电磁场之和才是此面元上电磁场激起的子波辐射场。那么，什么样的辐射源所产生的电磁场，才分别与图 9.3 的电场和磁场相当呢？因此，需要回忆电基本振子(电流元)和磁基本振子(电流环)的电磁场。如果像图 9.4 那样放置电基本振子和磁基本振子，则相应的磁场和电场将如图 9.3 所示。

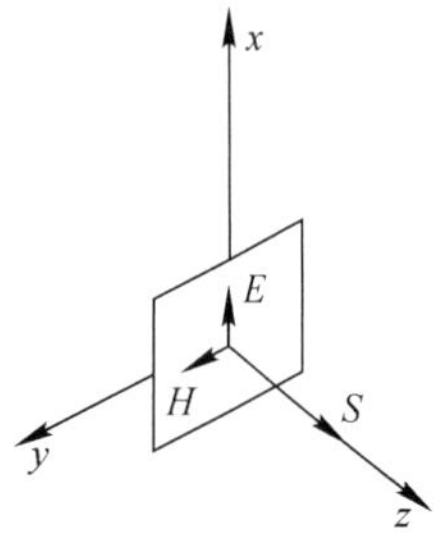

图 9.3　波阵面上的面元

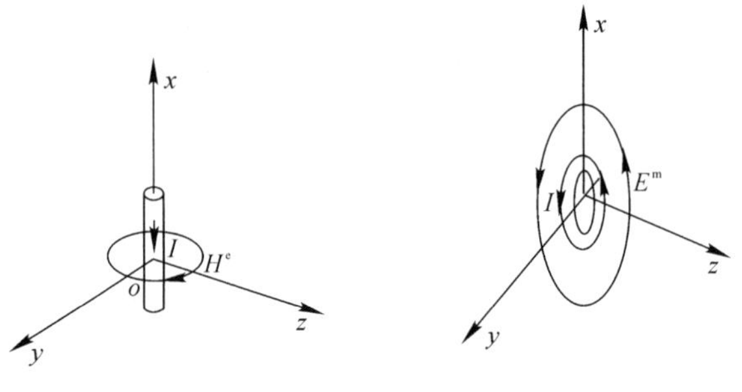

(a) 电基本振子　　(b) 磁基本振子

图 9.4　等效惠更斯元

因此，横电磁波(TEM)波阵面上任一点的惠更斯元可用电基本振子和磁基本振子来等效，从这种等效可以导出惠更斯元所产生的辐射场的一般表示式。

9.2　面元的辐射

9.2.1　磁基本振子

磁基本振子(Magnetic Short Dipole)又称磁流元、磁偶极子。尽管它是虚拟的，迄今为止还不能肯定在自然界中是否有孤立的磁荷和磁流存在，但是它可以与一些实际波源相对应，例如小环天线或者已建立起来的电场波源，用此概念可以简化计算，因此讨论它是有必要的。

如图 9.5 所示，设想一段长为 $l(l\ll\lambda)$ 的磁流元 $I_m l$ 置于球坐标系的原点，根据电磁对偶性原理，只需要进行如下变换：

$$\left.\begin{array}{l}\boldsymbol{E}_e\Leftrightarrow\boldsymbol{H}_m\\ \boldsymbol{H}_e\Leftrightarrow-\boldsymbol{E}_m\\ I_e\Leftrightarrow I_m,\ Q_e\Leftrightarrow Q_m\\ \varepsilon_0\Leftrightarrow\mu_0\end{array}\right\}\tag{9.1}$$

其中，下标 e、m 分别对应电源和磁源，则磁基本振子远区辐射场的表达式为

$$
\left.\begin{aligned}
E_{\varphi} &= -\mathrm{j}\,\frac{I_{\mathrm{m}} l}{2\lambda r}\sin\theta \mathrm{e}^{-\mathrm{j}kr} \\
H_{\theta} &= \mathrm{j}\,\frac{I_{\mathrm{m}} l}{2\lambda r}\sin\theta \mathrm{e}^{-\mathrm{j}kr}
\end{aligned}\right\} \tag{9.2}
$$

比较电基本振子与磁基本振子的辐射场，可以得知它们除了辐射场的极化方向相互正交之外，其他特性完全相同。

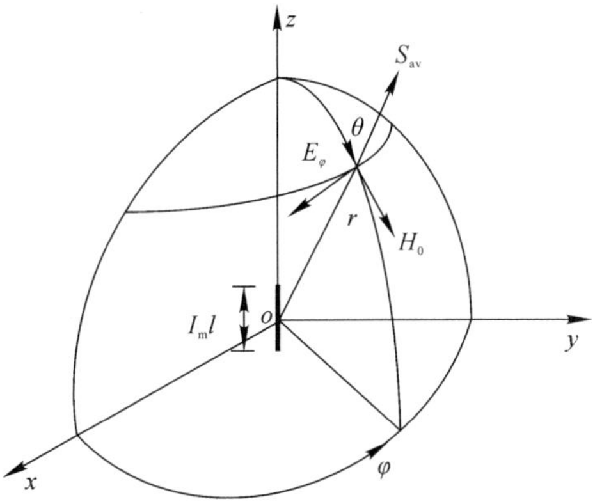

图 9.5　磁基本振子的坐标

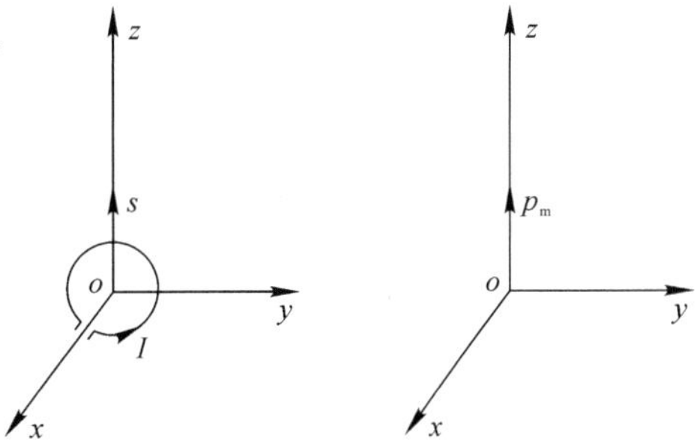

(a) 小电流环　(b) 磁矩

图 9.6　小电流环和与其等效的磁矩

磁基本振子的实际模型是载有高频电流的理想细导体小圆环，如图 9.6 所示，它的周长远小于波长，而且环上的谐变电流 I 的振幅和相位处处相同。相应的磁矩和环上电流的关系为

$$
\boldsymbol{p}_{\mathrm{m}} = \mu_0 I \boldsymbol{s} \tag{9.3}
$$

式中，$\boldsymbol{s}$ 为环面积矢量，方向由环电流 I 按右手螺旋定则确定。

若求小电流环远区的辐射场，我们可以把磁矩看成一个时变的磁偶极子，磁极上的磁荷是 $+q_{\mathrm{m}}$、$-q_{\mathrm{m}}$，它们之间的距离为 l。磁荷之间有假想的磁流 I_{m}，以满足磁流的连续性，则磁矩又可表示为

$$
p_{\mathrm{m}} = q_{\mathrm{m}} l \tag{9.4}
$$

式中 l 的方向与环面积矢量的方向一致。

比较式(9.3)和式(9.4)，得

$$
q_{\mathrm{m}} = \frac{\mu_0 I s}{l},\quad I_{\mathrm{m}} = \frac{\mathrm{d}q_{\mathrm{m}}}{\mathrm{d}t} = \frac{\mu_0 s}{l}\frac{\mathrm{d}I}{\mathrm{d}t}
$$

用复数表示的磁流为

$$
I_{\mathrm{m}} = \mathrm{j}\,\frac{\omega\mu_0 s}{l} I \tag{9.5}
$$

将式(9.5)代入式(9.2)，经化简可得小电流环的远区场为

$$
\left.\begin{aligned}
E_{\varphi} &= \frac{\omega\mu_0 s I}{2\lambda r}\sin\theta \mathrm{e}^{-\mathrm{j}kr} \\
H_{\theta} &= -\frac{\omega\mu_0 s I}{2\lambda r}\sqrt{\frac{\varepsilon_0}{\mu_0}}\sin\theta \mathrm{e}^{-\mathrm{j}kr}
\end{aligned}\right\} \tag{9.6}
$$

小电流环是一种实用天线，称为环形天线。事实上，对于一个很小的环来说，如果环的周长远小于 $\lambda/4$，则该天线的辐射场的方向性与环的实际形状无关，即环可以是矩形、三角

形或其他形状。

磁偶极子的辐射总功率是

$$\begin{aligned}P_{\mathrm{r}} &= \oint_{S} \boldsymbol{S}_{\mathrm{av}} \cdot \mathrm{d}\boldsymbol{S} = \oint_{S} \frac{1}{2}\mathrm{Re}[\boldsymbol{E} \times \boldsymbol{H}^{*}] \cdot \mathrm{d}\boldsymbol{S} \\ &= 160\pi^{4} I_{\mathrm{m}}^{2} \left(\frac{s}{\lambda}\right)^{2}\end{aligned} \tag{9.7}$$

其辐射电阻是

$$R_{\mathrm{r}} = \frac{2P_{\mathrm{r}}}{I_{\mathrm{m}}^{2}} = 320\pi^{4} \left(\frac{s}{\lambda^{2}}\right)^{2} \tag{9.8}$$

由此可见，同样电长度的导线绕制成磁偶极子，在电流振幅相同的情况下，远区的辐射功率比电偶极子的要小几个数量级。

9.2.2 面元的辐射场

如图 9.7 所示，口径面上正交的电磁场分布可由惠更斯元(面元)等效，面天线口径面上由无穷多个惠更斯元组成，其辐射是无穷多个惠更斯元辐射的叠加。惠更斯元位于 xoy 平面内，其电场分量 E_y、磁场分量 H_x 可由与之垂直正交的磁基本振子，磁流为 $J_x^{\mathrm{m}}\mathrm{d}y = E y\mathrm{d}y$，长度为 $\mathrm{d}x$ 和电基本振子，电流为 $J_y\mathrm{d}x = H_x\mathrm{d}x$，长度为 $\mathrm{d}y$ 构成，因此，惠更斯元的辐射场由电、磁基本振子的辐射场在空间叠加，电场有 E_θ 分量和 E_φ 分量，且相位相同，因此合成场仍属线极化波；磁场与电场构成横电磁波(TEM)，因此磁场存在 H_θ 分量和 H_φ 分量，而且满足 $\eta_0 = \frac{E_\theta}{H_\varphi} = \frac{E_\varphi}{H_\theta}$，其中 η_0 为自由空间平面波波阻抗。由电、磁基本振子的辐射场可知，E 面(yoz 平面)内有

$$\begin{aligned}\mathrm{d}\boldsymbol{E}^{\mathrm{e}} &= \mathrm{j}\,\frac{E_y}{2\lambda r}\cos\theta \mathrm{e}^{-\mathrm{j}kr}\,\mathrm{d}x\mathrm{d}y\boldsymbol{e}_\theta \\ \mathrm{d}\boldsymbol{E}^{\mathrm{m}} &= \mathrm{j}\,\frac{E_y}{2\lambda r}\mathrm{e}^{-\mathrm{j}kr}\,\mathrm{d}x\mathrm{d}y\boldsymbol{e}_\theta\end{aligned} \tag{9.9}$$

H 面(xoz 平面)内有

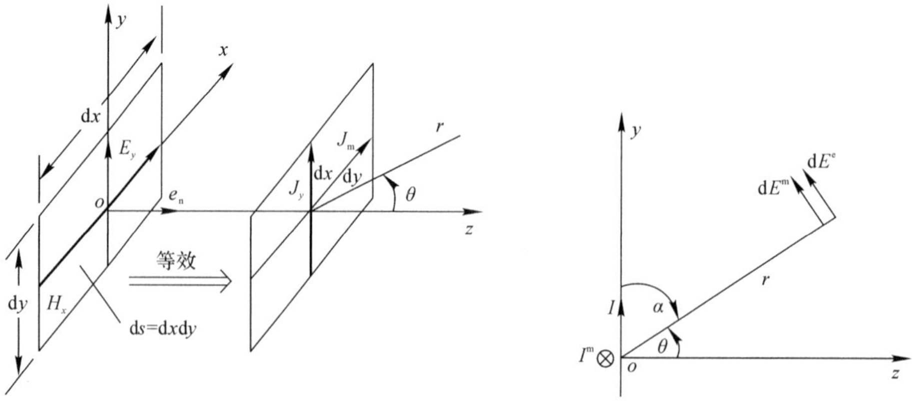

图 9.7　惠更斯辐射源由电、磁基本振子等效的原理图

$$
\begin{aligned}
\mathrm{d}\boldsymbol{E}^{\mathrm{e}} &= \mathrm{j}\,\frac{1}{2\lambda r}E_y \mathrm{e}^{-\mathrm{j}kr}\,\mathrm{d}S\boldsymbol{e}_\varphi \\
\mathrm{d}\boldsymbol{E}^{\mathrm{m}} &= \mathrm{j}\,\frac{1}{2\lambda r}E_y \cos\theta \mathrm{e}^{-\mathrm{j}kr}\,\mathrm{d}S\boldsymbol{e}_\varphi
\end{aligned}
\tag{9.10}
$$

若面元上电场表示为 $\boldsymbol{E}_S = E_x\boldsymbol{e}_x + E_y\boldsymbol{e}_y$，由式(9.9)和式(9.10)联立可得惠更斯元辐射场的一般形式为

$$
\left.
\begin{aligned}
E_\theta &= \frac{\mathrm{j}}{2\lambda}(1+\cos\theta)\mathrm{d}S[E_x\cos\varphi + E_y\sin\varphi]\frac{\mathrm{e}^{-\mathrm{j}kr}}{r} \\
E_\varphi &= \frac{\mathrm{j}}{2\lambda}(1+\cos\theta)\mathrm{d}S[-E_x\sin\varphi + E_y\cos\varphi]\frac{\mathrm{e}^{-\mathrm{j}kr}}{r}
\end{aligned}
\right\}
\tag{9.11}
$$

9.2.3　口径场与口径天线的等效面积

如图 9.8(a)所示，S_1 是天线金属表面，S_2 是任意取的和 S_1 完全衔接的空气界面，S_1+S_2 构成包围辐射源的完整封闭面，由惠更斯-菲涅尔原理知，天线在空间的辐射场基本上由封闭面 S_1+S_2 上的子波源决定。为了简化分析常假设天线金属表面是由理想导体构成的，即假设在 S_1 外表面上的电磁场等于零，这样天线远区辐射场就由给定的或求出的天线口径面 S_2 上的电磁场唯一确定，因此求解面天线在整个空间的电磁场问题分为两部分：一部分是确定口径面上的场分布，即天线的内部问题；另一部分是天线远区辐射场，即天线的外部问题。天线口径面 S_2 上的电磁场是由初级馈源产生的，这个场与初级馈源的形式、尺寸和位置、媒质参数，以及 S_1 和 S_2 的形状和尺寸有关，内部问题的求解常采用电磁场的辅助源法和矢位法，并且把理想条件下得到的解直接或加以修正后作为实际情况的解。天线的外部问题，即天线辐射场问题就转变为口径面上面元的辐射场在空间的叠加，则整个面天线是由口径面上无穷多个惠更斯辐射元组成的天线阵。显然，面天线不是离散元阵，而是单元间距趋于无限小的连续元阵，用叠加原理计算面天线合成场，不再是若干项求和，而是一个面积分。

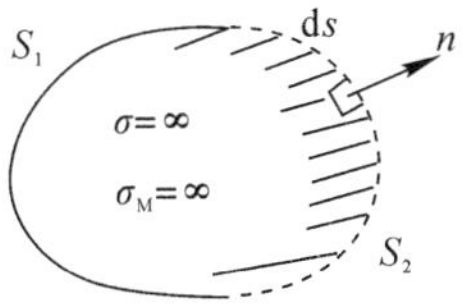

(a) 包围天线的封闭面

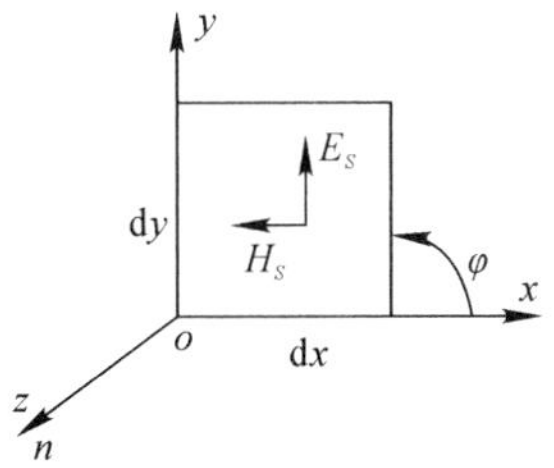

(b) 惠更斯元

图 9.8　辐射积分面和惠更斯元

设口径面上的电场为 $\boldsymbol{E}_S = E_x\boldsymbol{e}_x + E_y\boldsymbol{e}_y$，在 S_2 上任取一个面元 $\mathrm{d}S = \mathrm{d}x\mathrm{d}y$，见图 9.8(b)，由式(9.11)对 S_2 面上的所有惠更斯元的辐射场进行积分，即得口径面在空间的总辐射场。通常口径面 S_2 取作平面 S，这对积分较方便。在图 9.9 中，面元 $\mathrm{d}S$ 的坐标为(x_S, y_S)，矢径 $\boldsymbol{\rho}_S = x_S\boldsymbol{e}_x + y_S\boldsymbol{e}_y$，射线波程为 r_S，把 r_S 代入式(9.11)，并用微分符号表示，则惠更斯元的场为

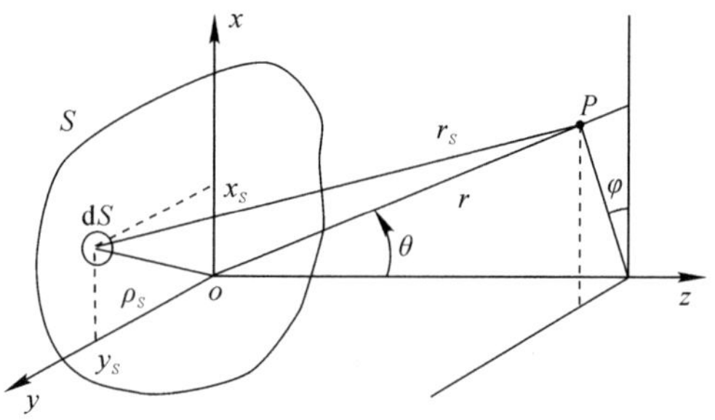

图 9.9 平面口径的坐标系

$$d\boldsymbol{E}=dE_\theta\boldsymbol{e}_\theta+dE_\varphi\boldsymbol{e}_\varphi$$

$$\left.\begin{aligned}dE_\theta&=\frac{j}{2\lambda}(1+\cos\theta)[E_x\cos\varphi+E_y\sin\varphi]dS\,\frac{e^{-jkr_S}}{r_S}\\dE_\varphi&=\frac{j}{2\lambda}(1+\cos\theta)[-E_x\sin\varphi+E_y\cos\varphi]dS\,\frac{e^{-jkr_S}}{r_S}\end{aligned}\right\}\tag{9.12}$$

整个口径面 S 的总辐射场为

$$\boldsymbol{E}=E_\theta\boldsymbol{e}_\theta+E_\varphi\boldsymbol{e}_\varphi$$

$$\left.\begin{aligned}E_\theta&=\int_S dE_\theta=\frac{j}{2\lambda r}(1+\cos\theta)[I_x\cos\varphi+I_y\sin\varphi]\\E_\varphi&=\int_S dE_\varphi=\frac{j}{2\lambda r}(1+\cos\theta)[-I_x\sin\varphi+I_y\cos\varphi]\end{aligned}\right\}\tag{9.13}$$

得到式(9.13)时已将振幅近似 $1/r_S\approx1/r$，式中

$$\begin{matrix}I_x\\I_y\end{matrix}=\int_S\begin{matrix}E_x\\E_y\end{matrix}e^{-jkr}dS\tag{9.14}$$

式中，I_x 和 I_y 称为辐射积分。

再用射线平行近似，有

$$r_S\approx r-\boldsymbol{\rho}_S\cdot\boldsymbol{e}_r=r-x_S\sin\theta\cos\phi-y_S\sin\theta\sin\phi\tag{9.15}$$

这里 $\boldsymbol{e}_r=\boldsymbol{x}_S\sin\theta\cos\varphi+\boldsymbol{y}_S\sin\theta\sin\varphi+z_S\cos\theta$ 是矢径 $\boldsymbol{r}$ 的单位矢，即 $\boldsymbol{r}=r\boldsymbol{e}_r$。最后，式(9.13)化为

$$E_\theta=\frac{j}{2\lambda}(1+\cos\theta)[N_x\cos\varphi+N_y\sin\varphi]e^{-jkr}/r$$

$$E_\varphi=\frac{j}{2\lambda}(1+\cos\theta)[-N_x\sin\varphi+N_y\cos\varphi]e^{-jkr}/r\tag{9.16}$$

式中

$$\begin{matrix}N_x\\N_y\end{matrix}=\int_S\begin{matrix}E_x\\E_y\end{matrix}e^{-jk(x_S\sin\theta\cos\varphi+y_S\sin\theta\sin\varphi)}dS\tag{9.17}$$

是辐射积分的直角坐标形式，它们相当于天线阵中的阵因子。实际上，面天线就是由无数惠更斯元构成的连续面阵。

从式(9.13)和式(9.14)可知，面天线远区辐射场计算公式相当简单，只要给出天线口径平面上的电磁场分布，远区辐射场就不难求出。应该明确辐射积分是假设天线口径为平面，且投射波波阵面与口径面重合的结果。若不满足这些条件，计算辐射场会产生误差。

通常取某一坐标轴与口径上主极化一致，例如 E_x 为主极化，则主极化的场为

$$\left.\begin{aligned}E_\theta&=\frac{\mathrm{j}}{2\lambda}(1+\cos\theta)\cos\varphi N_x \mathrm{e}^{-\mathrm{j}kr}/r\\E_\varphi&=-\frac{\mathrm{j}}{2\lambda}(1+\cos\theta)\sin\varphi N_x \mathrm{e}^{-\mathrm{j}kr}/r\end{aligned}\right\}\tag{9.18}$$

而正交极化 E_y 的场为

$$\left.\begin{aligned}E_\theta&=\frac{\mathrm{j}}{2\lambda}(1+\cos\theta)\sin\varphi N_y \mathrm{e}^{-\mathrm{j}kr}/r\\E_\varphi&=-\frac{\mathrm{j}}{2\lambda}(1+\cos\theta)\cos\varphi N_x \mathrm{e}^{-\mathrm{j}kr}/r\end{aligned}\right\}\tag{9.19}$$

顺便指出，当口径场 $\boldsymbol{E}_S$ 和 $\boldsymbol{H}_S$ 不满足正交关系式 $\boldsymbol{e}_z\times\boldsymbol{E}_S=\eta_S\boldsymbol{H}_S$ 时，辐射积分与式(9.17)不一样，但结果类似。此外，前述讨论中隐含 $\boldsymbol{E}_S$ 和 $\boldsymbol{H}_S$ 是没有 z 向分量的。

同线天线一样，衡量面天线方向特性的主要参数为方向系数。为获得高方向系数，天线口径场 $\boldsymbol{E}_S$ 是同相的或基本同相的(需要波束扫描或偏移的情况除外)，因此，我们主要研究同相口径的辐射。

面天线的方向系数仍按下式

$$D=\left.\frac{\boldsymbol{S}_{\max}}{\boldsymbol{S}_0}\right|_{P_\mathrm{r},\,r}=\left.\frac{|\boldsymbol{E}|^2_{\max}}{|\boldsymbol{E}_0|^2}\right|_{P_\mathrm{r},r}$$

定义。若天线只有主极化 $\boldsymbol{E}_S=E_x\boldsymbol{e}_x$，则口径上各点的功率流密度为 $S=|E_x|^2/240\pi$，口径总辐射功率为

$$P_\mathrm{r}=\int_S\frac{|E_x|^2}{240\pi}\mathrm{d}S\tag{9.20}$$

通常，口径对称且口径上各点的场同相或相位对称分布，这时，最大辐射在 $\theta=0°$ 方向，即

$$|E|_{\max}=\sqrt{|E_\theta(\theta=0)|^2+|E_\varphi(\theta=0)|^2}$$

由式(9.18)得

$$|E|_{\max}=\frac{1}{\lambda r}\left|\int_S E_x\mathrm{d}S\right|\tag{9.21}$$

注意

$$S_0=\frac{P_\mathrm{r}}{4\pi r^2}=\frac{|E_S|^2}{240\pi}$$

把式(9.20)和式(9.21)代入 D 的定义式中得

$$D=\frac{4\pi}{\lambda^2}\frac{\left|\int_S E_x\mathrm{d}S\right|^2}{\int_S|E_x|^2\mathrm{d}S}\tag{9.22}$$

比较接收天线中定义的天线有效面积，则面天线的有效面积为

$$A_\mathrm{e}=\frac{\left|\int_S E_x\mathrm{d}S\right|^2}{\int_S|E_x|^2\mathrm{d}S}\tag{9.23}$$

从而有

$$D=\frac{4\pi}{\lambda^2}A_e \tag{9.24}$$

当口径场均匀分布(等辐同相分布)时，$E_x=E_0$ 为常数，由式(9.23)得 $A_e=E_0^2A^2/E_0^2A=A$，A 为天线口面几何面积即为天线的最大有效面积，则天线的最大方向系数为 $D_{max}=\frac{4\pi}{\lambda_2}A$。

因此，定义

$$\upsilon=\frac{A_e}{A}=\frac{1}{A}\frac{\left|\int_S E_x \mathrm{d}S\right|^2}{\int_S |E_x|^2 \mathrm{d}S} \tag{9.25}$$

为天线口径效率，又称为口面利用系数。υ 表示口径场不均匀分布时有效口径面积和实际口径面积之比。当口径场不均匀分布时(包括幅度与相位不均匀分布)，$\upsilon<1$；当口径场均匀分布时，$\upsilon=1$，且与口径形状无关。在这种情况下，天线有最大的方向系数，因此为了提高面天线的方向系数，应尽量使口径面上的电磁场均匀分布。其他情况下的方向系数都比这个小，而且口径场分布越不均匀，口径效率越低。

由式(9.24)和式(9.25)得面天线方向系数公式如下：

$$D=\frac{4\pi}{\lambda^2}A\upsilon,\ \upsilon=\frac{1}{A}\frac{\left|\int_S E_x \mathrm{d}S\right|^2}{A\int_S |E_x|^2 \mathrm{d}S} \tag{9.26}$$

即 D 与 υ、A 成正比。

9.3 常见口径天线

常见的口径(面)天线包括缝隙天线、微带贴片天线、喇叭天线、反射面天线等，它们都有较高的增益。反射面天线运用光学聚焦原理，可以获得极高的增益，可高达几千到几万，广泛应用于通信、雷达和射电望远镜(天文)中常用的反射面天线有抛物面天线和卡塞格伦天线。

9.3.1 缝隙天线

缝隙天线(Slot Antenna)是指在导电平面内通过开口形成缝隙(或槽)，加入馈电后形成辐射的天线，如图 9.10 所示。缝隙天线的工作原理是通过缝隙上的激励源和导电平面的尺寸形状来决定其电流分布，从而影响其辐射场。由于其结构的特点，缝隙天线很适合作为共形天线应用于飞行器上。

理想缝隙天线是在无穷大、无限薄的理想导电平板上开缝隙形成的。如图 9.10 所示，缝隙长度为 L，缝隙宽度为 W，电压 U 加载在缝隙中点，其电场呈上下对称分布，同一表面上的等效磁流由于也是相对中点呈上下对称分布的，故理想缝隙可以等效为磁流源激励的对称缝隙，相同尺寸的带状对称振子与之互补，所以可以通过互补的对称振子的场来求缝隙天线的场。

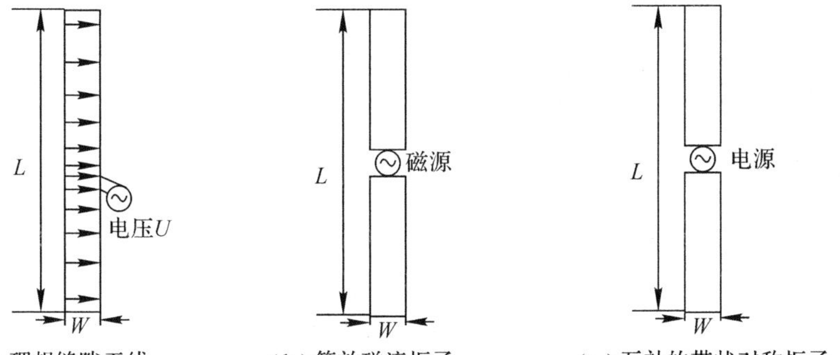

图 9.10　理想缝隙天线及其等效

无限大导体平面上的半波长缝隙天线与互补的半波长对称振子的方向图相同，但电场 $\boldsymbol{E}$ 和磁场 $\boldsymbol{H}$ 互换，如图 9.11 所示。利用对偶原理，缝隙天线远区电场可由对称振子远区磁场得到，其方向函数与对称振子的相同。缝隙天线的输入阻抗可表示成其互补对称振子的输入阻抗的关系式。

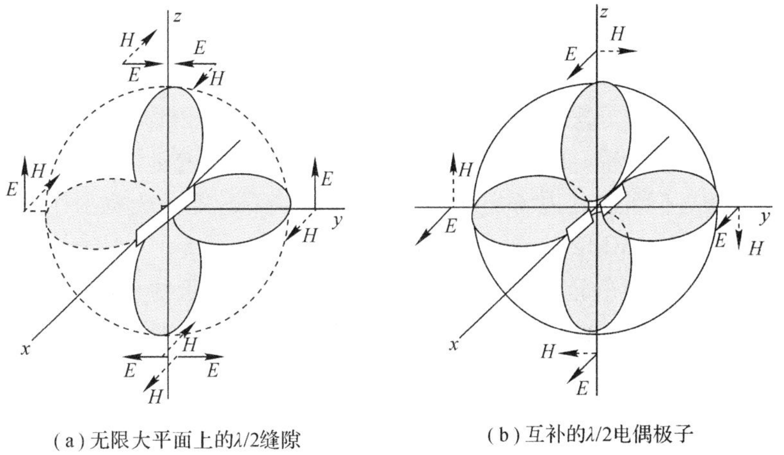

图 9.11　缝隙天线方向图

自由空间缝隙天线的阻抗 Z_s 与偶极子的阻抗 Z_d 变换关系为

$$Z_s = \frac{Z_0^{\ 2}}{4Z_d} = \frac{35\ 476}{Z_d}\quad (\Omega)\text{，其中 } Z_0 = 120\pi = 376.7\ \Omega$$

实际缝隙天线所在的导电平面都是有限大的，若直接采用理想情况来进行分析会引入较大的误差，为了解决这个问题，可以采用逐步逼近的方法来对误差进行修正：首先，依然假定导电平面是无穷大的，通过巴俾涅原理得到互补关系以求得电流分布，再结合近似电流分布和缝隙中的等效磁流可以求出实际天线的高次逼近辐射场。因为有限尺寸导电平面上的实际缝隙天线在导电平面边缘会存在比较强的绕射现象，所以会与理想缝隙天线的方向图有所差别。

有限尺寸导电平面上的缝隙天线的方向图具有以下几个特点：

(1) H 面方向图与理想缝隙天线的相差不大。

(2) E 面方向图相比理想缝隙天线而言，在沿着导电平面的方向上是没有辐射的，方向图的最大辐射方向偏离缝隙平面的法向方向。

(3) 方向图的波动与导电平面的尺寸相关，尺寸越大，波动次数越多，但波动幅度越小，理想缝隙天线的辐射方向图就是圆。

9.3.2 微带贴片天线

微带天线(Microstrip Antennas)是由导体薄片粘贴在背面有导体接地板的介质基片上形成的天线。微带辐射器的概念首先由 Deschamps 于 1953 年提出。但是，到了 20 世纪 70 年代初，当较好的理论模型以及对敷铜或敷金的介质基片的光刻技术发展之后，实际的微带天线才制造出来，此后这种新型的天线得到长足发展。与常用的微波天线相比，它有如下一些优点：体积小，重量轻，低剖面，能与载体共形；制造成本低，易于批量生产；天线的散射截面较小；能得到单方向的宽瓣方向图，最大辐射方向在平面的法线方向；易于和微带线路集成；易于实现线极化和圆极化，容易实现双频段、双极化等多功能工作。微带天线得到愈来愈广泛的重视，已用于约 100 MHz～100 GHz 的宽广频域上，包括卫星通信、雷达、遥感、制导武器，以及便携式无线电设备上。相同结构的微带天线组成微带天线阵可以获得更高的增益和更大的带宽。

1. 矩形微带天线

微带天线的基本工作原理可以通过考察矩形微带贴片来理解。对微带天线的分析可以用数值方法求解，精确度高，但编程计算复杂，适合异形贴片的微带天线；还可以利用空腔模型法或传输线法近似求出其内场分布，然后用等效场源分布求出辐射场，例如矩形微带天线(Rectangular - Patch Microstrip Antenna)的分析。

矩形微带天线是由矩形导体薄片粘贴在背面有导体接地板的介质基片上形成的天线。如图 9.12 所示，通常利用微带传输线或同轴探针来馈电，使导体贴片与接地板之间激励起高频电磁场，并通过贴片四周与接地板之间的缝隙向外辐射。微带贴片也可看作宽为 W、长为 L 的一段微带传输线，其终端($y=L$ 边)处因为呈现开路，将形成电压波腹和电流的波节。一般取 $L\approx\lambda_g/2$，λ_g 为微带线上波长。于是另一端($y=0$ 边)也呈现电压波腹和电流的波节，此时贴片与接地板间的电场分布也如图 9.12 所示，该电场可近似表达为(设沿贴片宽度和基片厚度方向电场无变化)

$$E_x=E_0\cos\left(\frac{\pi y}{L}\right) \tag{9.27}$$

由对偶边界条件，贴片四周窄缝上等效的面磁流密度为

$$\boldsymbol{J}_S^{\mathrm{m}}=-\boldsymbol{e}_{\mathrm{n}}\times\boldsymbol{E} \tag{9.28}$$

式中，$\boldsymbol{E}=\boldsymbol{e}_xE_x$，$\boldsymbol{e}_x$ 是 x 方向单位矢量；$\boldsymbol{e}_{\mathrm{n}}$ 是缝隙表面(辐射口径)的外法线方向单位矢量。由式(9.28)，缝隙表面上的等效面磁流均与接地板平行，如图 9.12 虚线箭头所示。可以分析出，沿两条 W 边的磁流是同向的，故其辐射场在贴片法线方向(z 轴)同相相加，呈最大值，且随偏离此方向的角度的增大而减小，形成边射方向图。沿每条 L 边的磁流都由反对称的两个部分构成，它们在 H 面(xoz 面)上各处的辐射互相抵消；而两条 L 边的磁流又彼此呈反对称分布，因而在 E 面(xoz 面)上各处的场也都相消。在其他平面上这些磁流的辐

射不会完全相消，但与沿两条 W 边的辐射相比，都相当弱，成为交叉极化分量。

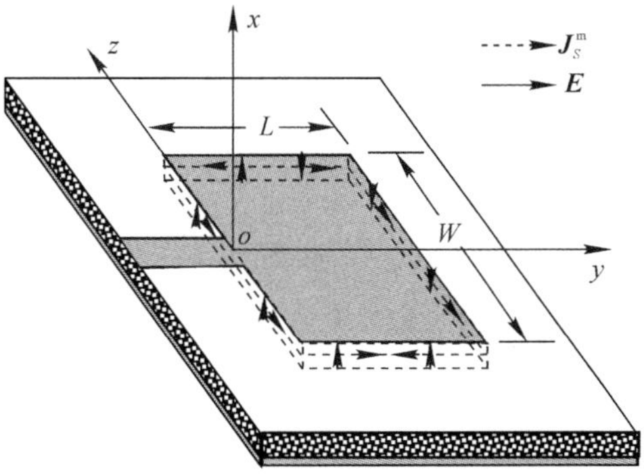

图 9.12　矩形微带天线结构及等效面磁流密度

由图 9.12 可知，矩形微带天线的辐射主要沿两条 W 的缝隙产生，此二边称为辐射边。首先计算 $y=0$ 处辐射边产生的辐射场，该处的等效面磁流密度 $\boldsymbol{J}_S^{\mathrm{m}}=-\boldsymbol{e}\times\boldsymbol{E}_0$。采用矢位法，对于远区观察点 $P(r,\theta,\varphi)$（θ 从 z 轴算起，φ 从 x 轴算起），等效磁流产生的电矢位可以由电流产生的磁矢位对偶得出：

$$\boldsymbol{F}=-\boldsymbol{e}_z\frac{1}{4\pi r}\int_{-W/2}^{W/2}\int_{-h}^{h}E_0\,\mathrm{e}^{-\mathrm{j}k(r-x\sin\theta\cos\phi+z\cos\theta)}\,\mathrm{d}z\mathrm{d}x \tag{9.29}$$

式中已经计入了接地板引起的 $\boldsymbol{J}_S^m$ 正镜像效应。积分得

$$\boldsymbol{F}=-\boldsymbol{e}_z\frac{E_0h}{\pi r}\frac{\sin(kh\sin\theta\cos\phi)}{kh\sin\theta\cos\phi}\frac{\sin\left(\frac{1}{2}kW\cos\theta\right)}{k\cos\theta}\mathrm{e}^{-\mathrm{j}kr} \tag{9.30}$$

由磁矢位引起的电场为

$$\boldsymbol{E}=-\nabla\times\boldsymbol{F} \tag{9.31}$$

对于远区，只保留 $1/r$ 项，得

$$\boldsymbol{E}=\boldsymbol{e}_\phi\frac{E_0h}{\pi r}\frac{\sin(kh\sin\theta\cos\phi)}{kh\sin\theta\cos\phi}\frac{\sin\left(\frac{1}{2}kW\cos\theta\right)}{k\cos\theta}\mathrm{e}^{-\mathrm{j}kr} \tag{9.32}$$

再计入 $y=L$ 处辐射边的远区场，考虑到间隔距离为 $\lambda_g/2$ 的等幅同相二元阵的阵因子为

$$f_n=2\cos\left(\frac{1}{2}kL\sin\theta\cos\varphi\right) \tag{9.33}$$

则微带天线远区辐射场为

$$\boldsymbol{E}=\boldsymbol{e}_\phi\mathrm{j}\frac{2E_0h}{\pi r}\frac{\sin(kh\sin\theta\cos\phi)}{kh\sin\theta\cos\phi}\frac{\sin\left(\frac{1}{2}kW\cos\theta\right)}{\frac{1}{2}\cos\theta}\sin\theta\cos\left(\frac{1}{2}kL\sin\theta\sin\phi\right)\mathrm{e}^{-\mathrm{j}kr} \tag{9.34}$$

实际上，$kh\ll1$，上式中阵因子约为 1，故方向函数可表示为

$$F(\theta,\varphi)=\left|\frac{\sin\left(\frac{1}{2}kW\cos\theta\right)}{\frac{1}{2}kW\cos\theta}\sin\theta\cos\left(\frac{1}{2}kL\sin\theta\sin\varphi\right)\right| \tag{9.35}$$

H 面（$\varphi=0°$，xoz 面）：

$$F_H(\theta)=\left|\frac{\sin\left(\dfrac{1}{2}kW\cos\theta\right)}{\dfrac{1}{2}kW\cos\theta}\sin\theta\right| \tag{9.36}$$

E 面（$\theta=90°$，xoy 面）：

$$F_E(\phi)=\left|\cos\left(\frac{1}{2}kL\sin\varphi\right)\right| \tag{9.37}$$

图 9.13 显示了某特定矩形微带天线的计算和实测方向图，两者略有差别，因为在以上的理论分析中，假设接地板为无限大的理想导电板，而实际上它的面积是有限的。

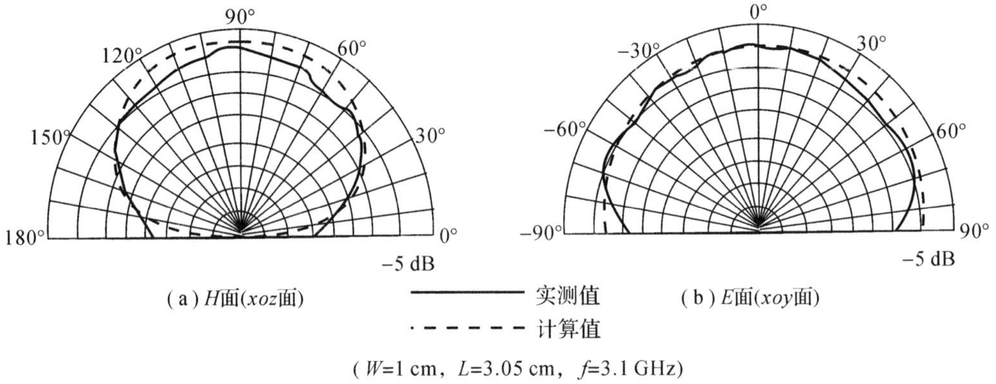

图 9.13　矩形微带天线方向图

原则上将方向函数 $F(\theta, \varphi)$代入方向系数的一般公式(7.18)，就可以求得矩形微带天线的方向系数。当 $W\ll\lambda$ 时，矩形微带天线的方向系数 $D\approx3\times2=6$，因子 3 是单个辐射边的方向系数。

如果定义 $U_{\mathrm{m}}=E_0h$，按辐射电导的定义式

$$P_{\mathrm{r}}=\frac{1}{2}U_{\mathrm{m}}^2G_{\mathrm{r,\,m}}$$

可求得每一条辐射边的辐射电导

$$G_{\mathrm{r,\,m}}=\frac{1}{\pi}\sqrt{\frac{\varepsilon}{\mu}}\int_0^{\pi}\frac{\sin^2\left(\dfrac{\pi W}{\lambda}\cos\theta\right)}{\cos^2\theta}\sin^3\theta\mathrm{d}\theta \tag{9.38}$$

当 $W\ll\lambda$ 时，有

$$G_{\mathrm{r,\,m}}\approx\frac{1}{90}\left(\frac{W}{\lambda}\right)^2 \tag{9.39}$$

当 $W\gg\lambda$ 时，有

$$G_{\mathrm{r,\,m}}\approx\frac{1}{120}\frac{W}{\lambda} \tag{9.40}$$

矩形微带天线的输入阻抗可用微带传输线法进行计算，图 9.14 表示其等效电路。每一条辐射边等效为并联的导纳 $G+\mathrm{j}B$。如果不考虑两条辐射边的互耦，则每一条辐射边都可以等效成相同的导纳，它们被长度为 L、宽度为 W 的低阻微带隔开。设该低阻微带线的特性导纳为 Y_{c}，则输入端的输入导纳为

$$Y_{in}=(G+jB)+Y_c\frac{G+j[B+Y_c\tan(\beta L)]}{Y_c+j(G+jB)\tan(\beta L)} \tag{9.41}$$

式中 $\beta=\frac{2\pi}{\lambda_g}=\frac{2\pi}{\lambda}\sqrt{\varepsilon_e}$，为微带线的相移常数，$\varepsilon_e$ 为其有效介电常数。当辐射边处于谐振状态时，输入导纳 $Y_{in}=2G_{r,m}$。

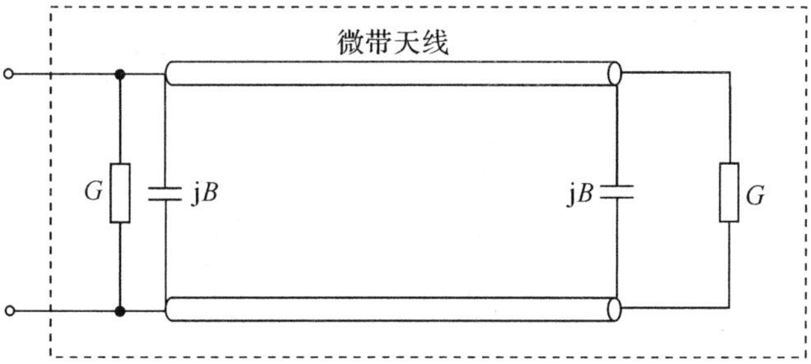

图 9.14 矩形微带天线等效电路

2. 双频微带天线(Duel - Band Microstrip Antenna)

许多卫星及通信系统需要同一天线工作于两个频段，如 GPS(Global Positioning System)全球定位系统、GSM(Global System for Mobilecommunications，全球移动通信系统)/PCS(Personal Communication Services，个人通信业务)系统等。同时，对于频谱资源日益紧张的现代通信领域，迫切需要天线具有双极化功能，因为双极化可使它的通信容量增加 1 倍。对于有些系统，则要求系统工作于双频，且各个频段的极化又不同。微带天线的工作频率非常适合于这些通信系统，而微带天线的设计灵活性也使其在这些领域中得到了广泛的应用。目前已有很多关于双频、双极化或双频双极化微带天线的研究报道。

实现双频工作，对于矩形贴片应用较多的是利用激励多模来获得双频，如图 9.15 所示，在矩形贴片非辐射边开两条长度相等的缝隙，在离贴片中心一适当距离处馈电，能得到较好的匹配。此种天线激励了一种介于 TM_{10} 与 TM_{20} 之间的模式，新模的表面电流分布与 TM_{10} 相似，与 TM_{10} 具有相同的极化平面和相似的辐射特性，由这种模式与 TM_{10} 一起实现双频工作。

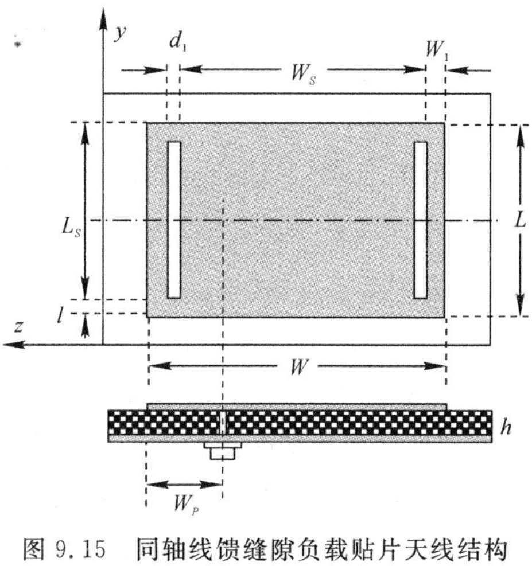

图 9.15 同轴线馈缝隙负载贴片天线结构

当天线尺寸 $W=15.5$ mm，$L=11.5$ mm，$l=0.5$ mm，$W_1=d_1=1$ mm，$W_P=5.5$ mm，基片的相对介电常数 $\varepsilon_r=2.2$、厚度 $h=0.8$ mm 时，图 9.16 利用 FDTD(时域有限差分法)计算了该天线的 S_{11} 参数随馈电位置的频率变化曲线。从图中可以看出明显的双频特性，馈电位置对天线的频率特性有较明显的影响，改变馈电位置可以影响天线的阻抗特性，这也为寻找最佳匹配提供了依据。

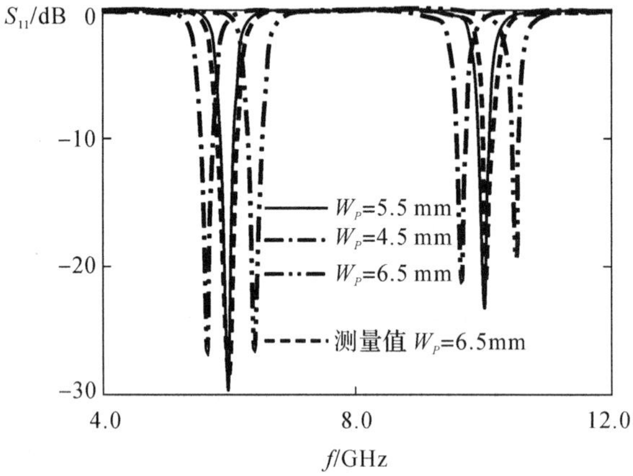

图 9.16　天线的 $|S_{11}|$ 参数曲线

采用分层结构则是实现双频工作的另一重要途径。图 9.17 给出了工作于 GPS 两个频率的近耦合馈电双频微带天线的结构图。

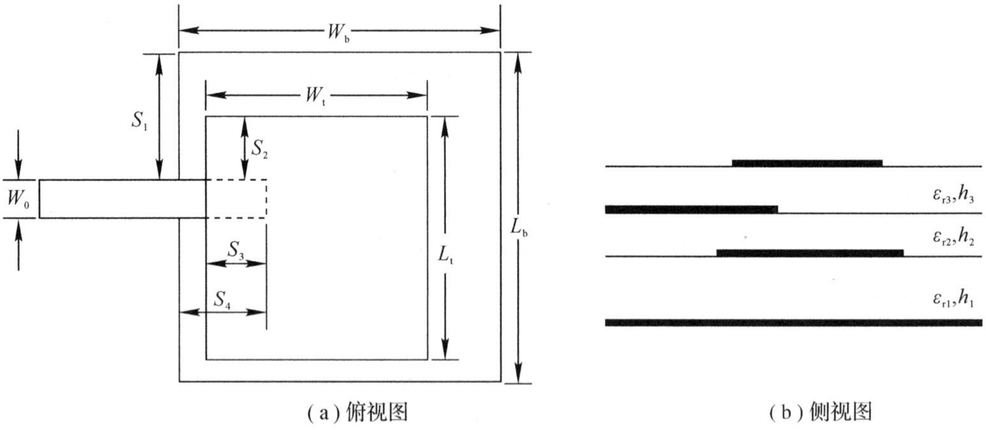

(a) 俯视图　　(b) 侧视图

图 9.17　分层双频圆极化微带天线结构示意图

该天线包括三层介质结构、两个谐振于所需工作频率的近方形贴片和一个微带线馈电结构，两个近方形贴片分别置于第一层介质和第三层介质的顶部，而微带线的馈电线则夹于两贴片之间，位于第二层介质的顶部。在三层介质层具有相同介电常数 $\varepsilon_r=2.2$ 的条件下，图 9.18 仍然利用 FDTD 方法计算了该天线的 S_{11} 参数曲线，并与实测值进行了比较。

微带天线的研究方向除了多频工作、实现圆极化以外，还有展宽频带、小型化、组阵等。近年来利用微带传输线上开出的缝隙形成漏波(Leak Wave)，实现了新型微带馈电线缝隙天线阵。随着对微带天线理论分析的不断深入，微带天线将获得更广泛的应用。

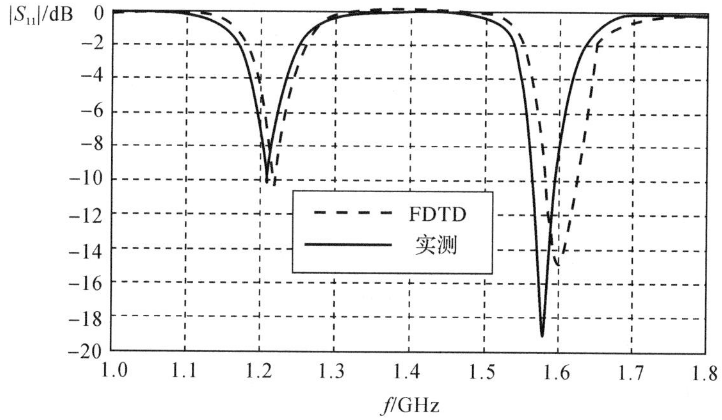

L_t=62.275 mm, W_t=58.750 mm, L_b=78.765 mm, W_b=75.5 mm, S_1=20.79 mm
S_2=8.36 mm, S_3=10.4 mm, W_0=9.8 mm, h_1=31.4 mm, h_2=h_3=1.57 mm

图 9.18 分层双频圆极化微带天线的 $|S_{11}|$ 参数曲线

9.3.3 喇叭天线

在面天线中，喇叭天线是最常用的微波天线之一，它既可作为馈源，也可单独作为天线。其主要特点是：若尺寸选得适当，可以获得较尖锐的波束，且副瓣很小；频率特性好，适用于较宽的频带；结构简单等，因此在雷达和通信中获得了广泛的应用。

1. 喇叭天线的种类及其辐射

喇叭天线可以看成是由波导截面逐渐张开而形成的。最常见的喇叭天线如图 9.19 所示。

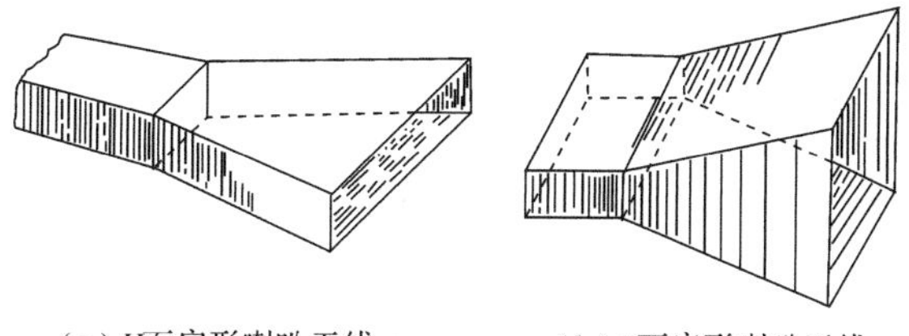

(a) H面扇形喇叭天线　(b) E面扇形喇叭天线

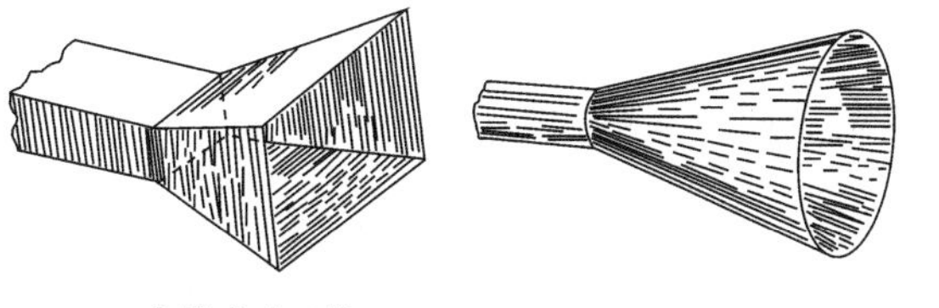

(c) 角锥喇叭天线　(d) 圆锥喇叭天线

图 9.19 各种喇叭天线

由于波导末端的开口处相当于一个向空间辐射电磁波的“窗口”，因此，它也是一种形式的天线，称为波导辐射器，但它的截面积(口径面积)较小，所以辐射的方向性很差。例如，当 $\lambda=10$ cm 时，标准波导截面尺寸为 7.2×3.4 cm^2，由相应的公式可以算得，E 面的主瓣宽度为 150°，H 面的主瓣宽度为 95°。计算时注意口径面的电场分布：沿 b 边是均匀分布，沿 a 边是余弦分布。因此 $(2\theta_{0.5})_E=0.88\dfrac{\lambda}{b}$(弧度)，$(2\theta_{0.5})_H=1.18\dfrac{\lambda}{a}$(弧度)。

此外，由于波导开口处电磁波的传输条件突变，因此反射较大。我们知道，矩形波导传输 TE_{10} 波时的等效特性阻抗为

$$(Z_c)_{TE_{10}}=\frac{b}{a}\frac{120\pi}{\sqrt{1-\left(\frac{\lambda}{2a}\right)^2}}$$

如果 $\lambda=10$ cm，还是上述波导截面，那么，等效特性阻抗 $(Z_c)_{TE_{10}}=526\ \Omega$。可见，在波导口处，波导的特性阻抗与自由空间的波阻抗(377 Ω)不能很好匹配，故电磁波就要从波导口向内反射，从而降低辐射功率。据测量，反射系数可高达 0.25～0.3，所以，除特殊情况外，用开口波导作天线是不合适的。

为了提高方向性和增强辐射功率，就要设法增加口径面积和减小向内反射的功率，将其截面逐渐扩大，变成喇叭形状，就可解决这两个问题，这很容易理解。事实证明，当喇叭的边长大于几个波长时，喇叭口上的反射很小，以至于可以忽略不计。

矩形波导辐射器在 E 面内逐渐张开，称为 E 面扇形喇叭天线；在 H 面内逐渐张开，称为 H 面扇形喇叭天线；在 E 面和 H 面都逐渐张开，称为角锥喇叭天线。圆锥喇叭天线则是圆波导辐射器逐渐张开而形成的，如图 9.19(d)所示。

喇叭天线馈电方便，可以用同轴线馈电，也可以用波导直接馈电。

2. 喇叭的口径场

要计算辐射场，须先知道口径场分布。然而，要精确计算喇叭天线的口径场分布是很困难的，这是因为喇叭逐渐张开后，在口径面上的场的振幅和相位都略有畸变，为此，只能作近似计算。一般认为，喇叭的口径场分布和它相连的波导内的波形相接近，其振幅的畸变可以不考虑，而只考虑相位的变化。对于一个矩形波导馈电的喇叭天线来说，设波导口径上的场分布为 TE_{10} 波，则

$$E_y=E_0\cos\left(\frac{\pi}{a}x\right)$$

此处，坐标原点 o 选在波导口径的中心，这是为了以后计算方便，如图 9.20 所示。且场在 xoy 面上是等相位的，那么在喇叭口径面上的场分布仍近似看作 $E_y=E_0\cos\left(\frac{\pi}{a}a\right)$，但口径面不是等相位面。下面具体讨论喇叭天线。

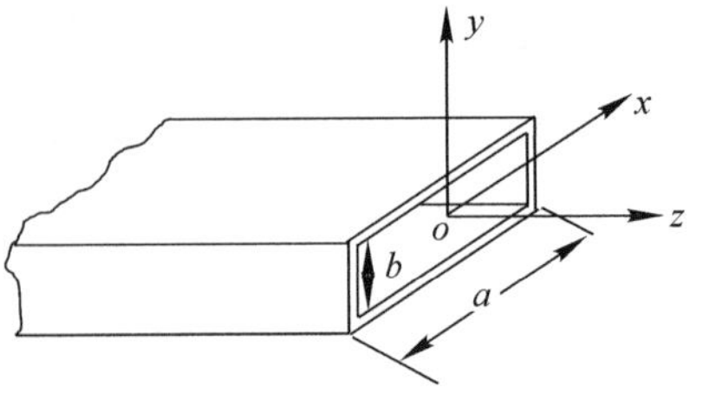

图 9.20　矩形波导口径

1) E 面扇形喇叭天线的口径面电场分布

E 面扇形喇叭天线的场结构如图 9.21 所示。

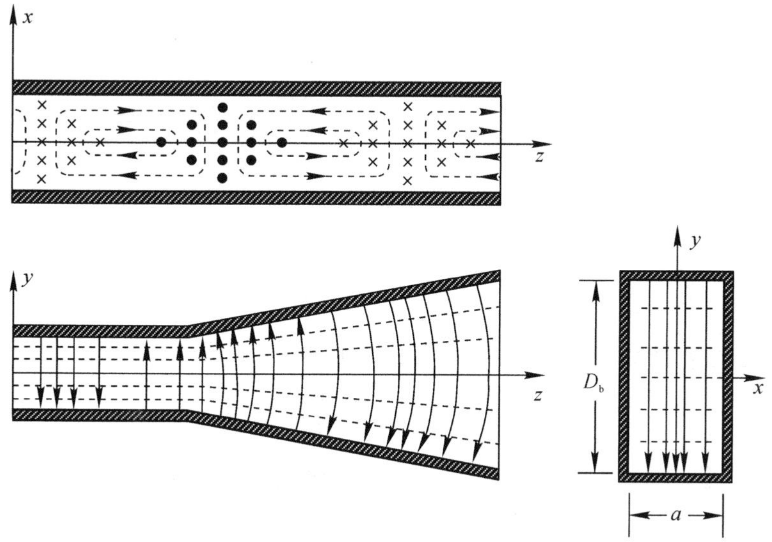

图 9.21　E 面扇形喇叭天线的场结构

由图可知，在喇叭口径面上的电场振幅分布近似与波导内的电场振幅分布相同，即按 $E_y=E_0\cos\left(\frac{\pi}{a}x\right)$ 分布，但口径面上的等相位面不是平面，而是柱面了。这就是说，若能把这相位分布求出来，那么其辐射场也就被确定了。

下面就来确定 E 面扇形喇叭的相位分布。

对于 E 面扇形喇叭，其纵向截面是一个等腰梯形，若将等腰梯形的两边延长后相交于一点 o，即成等腰三角形。如图 9.22 所示，图中 oo' 为 E 面扩展的三角形高度，用 R_E 表示，D_b 为 E 面扩展后口径尺寸的长度，$2\varphi_0$ 为 E 面扩展的张角，$A'o'B'$ 为其等相位面。若以喇叭口径中心 o' 点的相位为零，则在距 o' 为 y 的 M 点的相位比 o' 点的相位落后

$$\varphi_y=\frac{2\pi}{\lambda}MN$$

其中，$MN=oM-oo'=\sqrt{R_E^2+y^2}-R_E=R_E\left[\sqrt{1+\left(\frac{y}{R_E}\right)^2}-1\right]$。

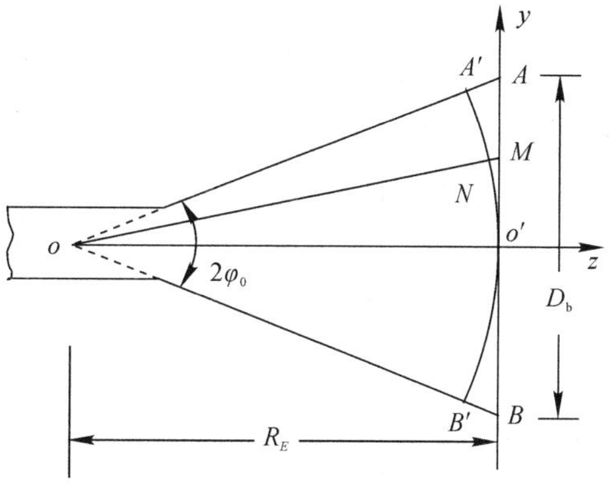

图 9.22　E 面扇形喇叭天线口径场的相位计算

将根号部分按二项式展开后得

$$\varphi_y=\frac{2\pi}{\lambda}\left(\frac{1}{2}\frac{y^2}{R_E}-\frac{1}{8}\frac{y^4}{R_E^3}+\cdots\right)$$

若喇叭尺寸满足 $D_b \ll R_E$，则可略去上式中 y^4/R_E^3 项及其以后各项，于是得：

$$\varphi_y=\frac{\pi y^2}{\lambda R_E}$$

当 $y=\pm D_b/2$ 时，相位偏移为最大，即

$$(\varphi_y)_{\max}=\frac{\pi D_b^2}{4\lambda R_E}$$

综上所述，E 面扇形喇叭天线口径上电场分布可表示为

$$E_y=E_0\cos\left(\frac{\pi}{a}x\right)e^{-j\frac{\pi y^2}{\lambda R_E}} \tag{9.42}$$

由此得出结论：对于 E 面扇形喇叭天线，电场振幅在 x 方向按余弦分布，相位在 y 方向按平方律分布。

2）H 面扇形喇叭天线的口径面电场分布

H 面扇形喇叭天线的场结构如图 9.23 所示。若波导中传输 TE_{10} 波，则在喇叭内也近似认为传输 TE_{10} 波，其区别仅在于 H 面的张开使磁场有些变形，而等相位面为柱面，与 E 面扇形喇叭天线的分析方法相同。结果为，口径面电场振幅按余弦分布，相位按平方律分布(坐标 y 换成 x 即可)，即：

$$E_y=E_0\cos\left(\frac{\pi}{D_a}x\right)e^{-j\frac{\pi x^2}{\lambda R_H}} \tag{9.43}$$

式中，D_a 为沿 H 面扩展的口径尺寸，R_H 为 H 面扩展的三角形的高度。

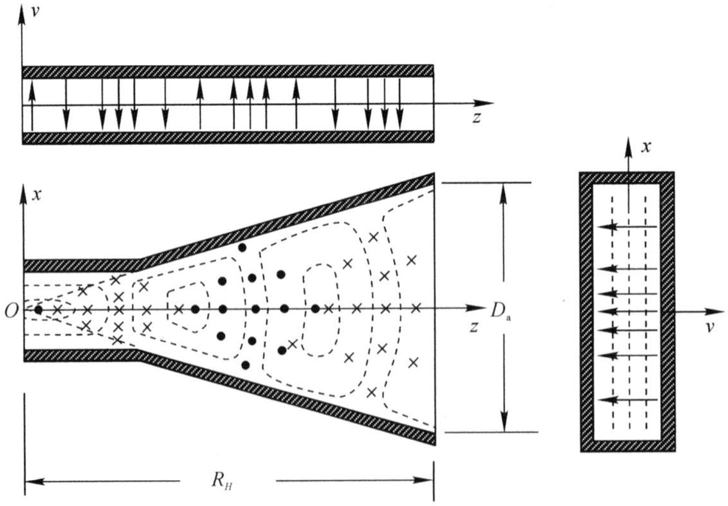

图 9.23　H 面扇形喇叭天线的场结构

3）角锥喇叭天线口径面的电场分布

角锥喇叭天线的内场结构可近似地用 E 面和 H 面扇形喇叭天线的内场结构表示，即认为在 E 面的场结构与 E 面扇形喇叭天线在该面的场结构相同，在 H 面的场结构与 H 面

扇形喇叭天线在该面的场结构相同。若波导中传输 TE_{10} 波，则近似地认为在角锥喇叭天线中也传输 TE_{10} 波，只是由于 E 面和 H 面的张开，使得电场和磁场结构都略有畸变，其等相位面既非平面，也非柱面，而是球面了(假定 $R_E=R_H=R$)。因此，角锥喇叭天线的口径面上，无论是在 x 方向，还是在 y 方向，都将产生相位差(比 o' 落后)φ_{xy}。

由图 9.24 可以求得：

$$\varphi_{xy}=\frac{2\pi}{\lambda}(oM-oo')=\frac{2\pi}{\lambda}\left[\sqrt{R^2+(x^2+y^2)}-R\right]$$

$$=\frac{2\pi}{\lambda}\left[R\left(1+\frac{x^2+y^2}{2R^2}-\frac{(x^2+y^2)^2}{8R^4}\right)-R\right]$$

当 $R\gg\sqrt{x^2+y^2}$ 时，则式中含有 $1/R^4$ 项及其以后各项都可略去不计，则

$$\varphi_{xy}=\frac{2\pi}{\lambda}\frac{x^2+y^2}{2R^2}=\frac{\pi(x^2+y^2)}{\lambda R} \tag{9.44}$$

当 $x=\pm\frac{D_a}{2}$，$y=\pm\frac{D_b}{2}$时，相位差最大，即

$$(\varphi_{xy})_{\max}=\frac{\pi}{4\lambda}\frac{D_a^2+D_b^2}{R}$$

一般情况下，$R_E\neq R_H$，则式(9.44)可近似为

$$\varphi_{xy}=\frac{\pi}{\lambda}\left(\frac{x^2}{R_H}+\frac{y^2}{R_E}\right) \tag{9.45}$$

当 $x=\pm\frac{D_a}{2}$，$y=\pm\frac{D_b}{2}$时，相位差最大，即

$$(\varphi_{xy})_{\max}=\frac{\pi}{4\lambda}\left(\frac{D_a^2}{R_H}+\frac{D_b^2}{R_E}\right)$$

综上所述，角锥喇叭天线口径场可表示为

$$E_y=E_0\cos\left(\frac{\pi}{D_a}x\right)e^{-j\frac{\pi}{\lambda}\left(\frac{x^2}{R_H}+\frac{y^2}{R_E}\right)} \tag{9.46}$$

由此得出结论：对于角锥喇叭天线的口径场，其电场振幅沿 x 方向为余弦分布，而相位沿 x、y 方向都是平方律分布。

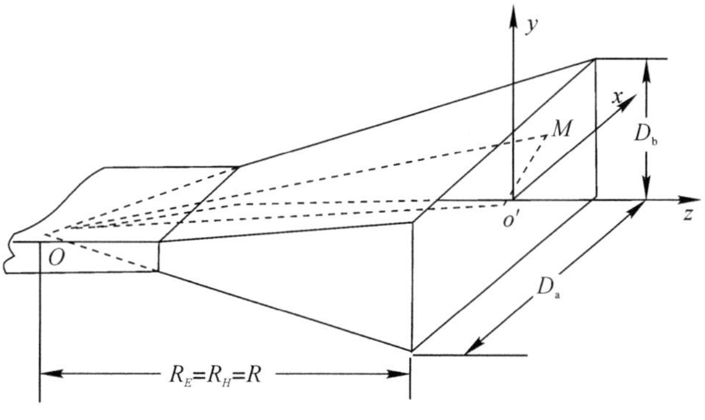

图 9.24　角锥喇叭天线口径场的相位计算

4) 圆锥喇叭天线口径面的电场分布

由于数学推导复杂，这里对圆锥喇叭天线口径面的电场分布就不作介绍，以后也只给

出分析结果，以供分析计算具体天线的主要参数时参考。但应指出，所给结果是在圆锥喇叭天线中的场结构与圆波导传输 TE_{11} 波相似的条件下得出的。

3. 喇叭天线的方向性

1）方向函数

有了喇叭天线的口径场，将它代入下式中

$$E(\theta, \phi) = \mathrm{j}\frac{1+\cos\theta}{2\lambda r_0}\mathrm{e}^{-\mathrm{j}kr_0}\iint_S E_y(x, y)\mathrm{e}^{-\mathrm{j}k(x_S\sin\theta\cos\phi+y_S\sin\theta\sin\phi)}\mathrm{d}x_S\mathrm{d}y_S$$

便可获得喇叭天线的辐射场，从而得到方向函数。不过，积分计算很复杂，为此改用近似方法求方向函数，即在要求不太严的情况下，相位偏移对主瓣影响又不太大时，不去考虑口径面相位偏移的影响，而近似认为口径场是同相的。通过前面分析可知，E 面、H 面及角锥喇叭三者的口径场振幅分布的共同点是，沿 y 方向均匀分布，沿 x 方向余弦分布。那么，E 面和 H 面的方向性函数可近似为

$$E_H(\theta)\approx\frac{\cos u_x}{1-\left(\frac{2}{\pi}u_x\right)}=\frac{\cos\left(\frac{\pi D_a}{\lambda}\sin\theta\right)}{1-\left(\frac{2D_a}{\lambda}\sin\theta\right)^2} \tag{9.47}$$

$$F_E(\theta)\approx\frac{\sin u_y}{u_y}=\frac{\cos\left(\frac{\pi D_b}{\lambda}\sin\theta\right)}{\frac{\pi D_b}{\lambda}\sin\theta} \tag{9.48}$$

式中，D_a、D_b 分别为喇叭口径面在 x 及 y 方向上的尺寸。

圆锥喇叭天线的方向性函数，由于数学上的困难，不再讨论。

2）增益系数

按理说，增益系数的计算应从辐射场的公式中求出总辐射功率和最大辐射方向的场强，但由于数学推导很繁，故此只给出其结果。

H 面扇形喇叭天线：

$$G_H=\frac{4\pi}{\lambda^2}A\times 0.8\ \upsilon_H \tag{9.49}$$

E 面扇形喇叭天线：

$$G_E=\frac{4\pi}{\lambda^2}A\times 0.8\ \upsilon_E \tag{9.50}$$

角锥喇叭天线：

$$G=\frac{4\pi}{\lambda^2}A\times 0.8\upsilon_H\upsilon_E \tag{9.51}$$

以上各式中的 υ_H、υ_E 是因口径场平方相位偏移所引起的新的口径面积利用系数，它们都是与喇叭尺寸(D_a、R_H 或者 D_b、R_E)有关的复杂的数学表达式。因为角锥喇叭天线在 E 面和 H 面都有相位偏移，因此喇叭天线口径面积利用系数更小。将式(9.49)、式(9.50)代入式(9.51)，可得角锥喇叭的增益系数与 E 面、H 面喇叭的增益系数之间的关系：

$$G=\frac{\pi}{32}\left(\frac{\lambda}{D_b}G_H\right)\left(\frac{\lambda}{D_a}G_E\right)\approx\frac{1}{10}\left(\frac{\lambda}{D_b}G_H\right)\left(\frac{\lambda}{D_a}G_E\right) \tag{9.52}$$

根据式(9.49)、式(9.50)画出的增益系数与喇叭尺寸的关系曲线如图 9.25 及图 9.26 所示。圆锥喇叭天线增益系数与喇叭尺寸的关系曲线见图 9.27，这些是在喇叭天线的工程设计中常用的曲线。

E 面、*H* 面扇形喇叭天线的增益系数可以由图 9.25、图 9.26 查得，角锥喇叭天线的增益系数则可通过式(9.52)计算得出。

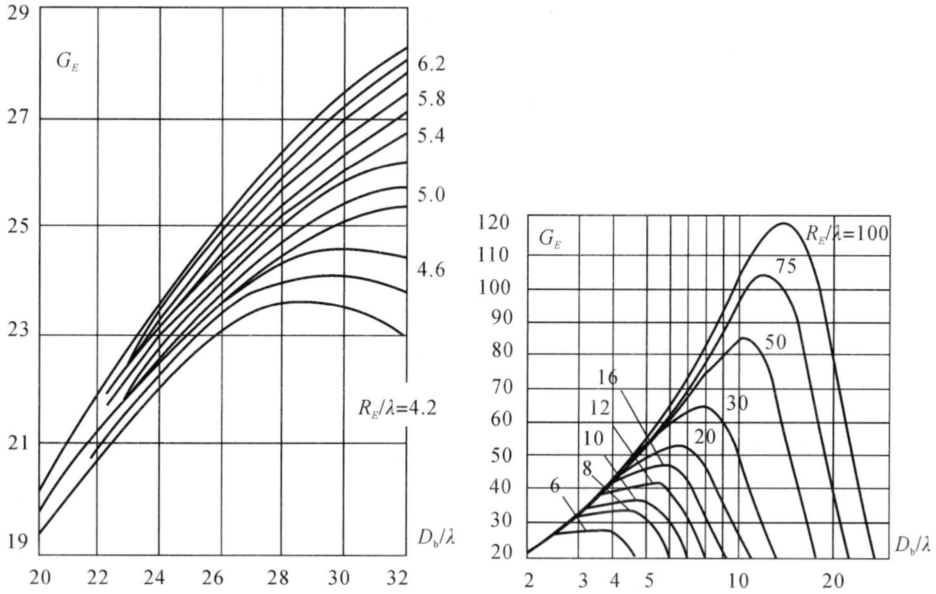

图 9.25　*E* 面扇形喇叭天线增益系数与喇叭尺寸的关系曲线

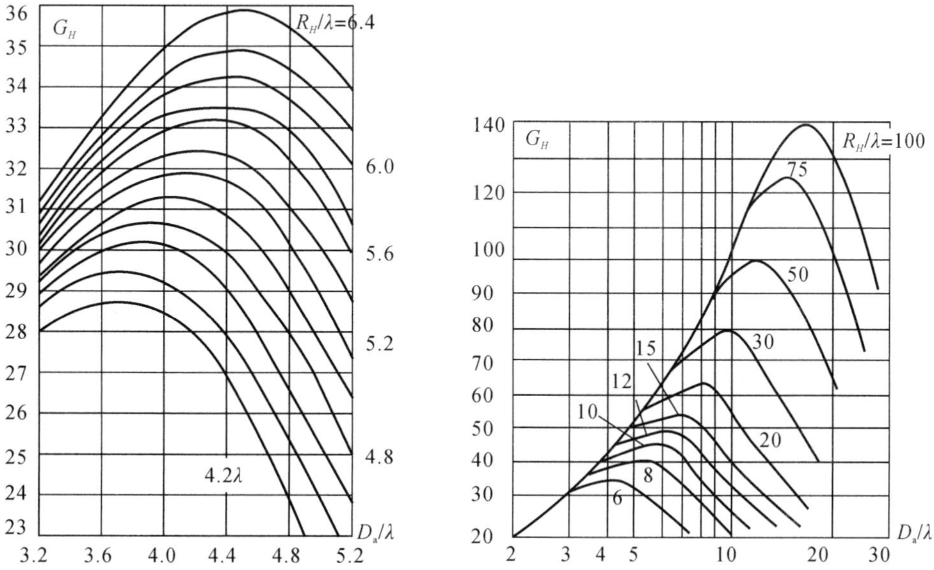

图 9.26　*H* 面扇形喇叭天线增益系数与喇叭尺寸的关系曲线

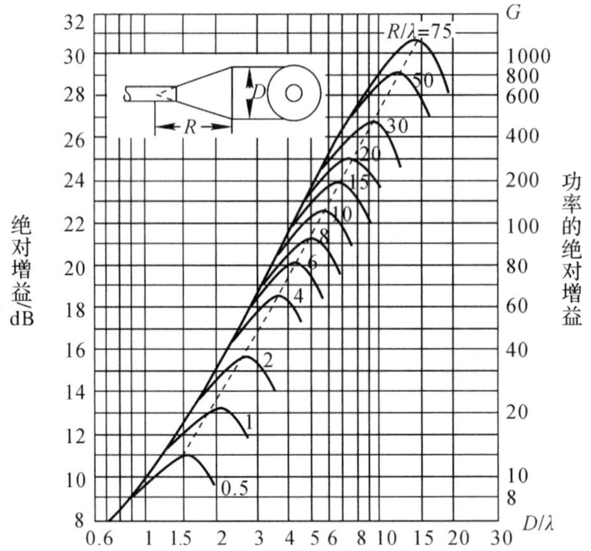

图 9.27　圆锥喇叭天线增益系数与喇叭尺寸的关系曲线

由图可见，对于每种喇叭长度，都有一个增益系数为最大值的口径宽度最佳值(即此时的增益系数最大)。这是因为尺寸一定时，增加 D_a、D_b 或 D 的值，可使口径面积 A 增加，故增益系数增加。但同时口径场的相位偏移也在增加，当超过最佳值以后，相位偏移使增益系数的减小占了上风，因而再增加 D_a、D_b 或 D 时，增益系数反而下降。尺寸对应增益系数最大值时的喇叭，称为最佳喇叭。

从图 9.25 和图 9.26 中还可看出，在 $\frac{R_H}{\lambda}$ 或 $\frac{R_E}{\lambda}$ 为常数的各条曲线上，各最大值点所对应的横坐标 $\frac{D_a}{\lambda}$ 或 $\frac{D_b}{\lambda}$ 与 $\frac{R_H}{\lambda}$ 或 $\frac{R_E}{\lambda}$ 大致的关系为

$$\frac{R_H}{\lambda} \approx \frac{1}{3}\left(\frac{D_a}{\lambda}\right)^2;\ \frac{R_E}{\lambda} \approx \frac{1}{2}\left(\frac{D_b}{\lambda}\right)^2$$

由此便可得到口径宽度一定时的最佳长度为

H 面喇叭天线：$R_{H\text{最佳}} = \frac{1}{3}\frac{D_a^2}{\lambda}$；

E 面喇叭天线：$R_{E\text{最佳}} = \frac{1}{2}\frac{D_b^2}{\lambda}$。

在最佳喇叭天线的条件下，相应口径最大值的相位差为

H 面喇叭天线：$(\varphi_x)_{\max} = \frac{\pi D_a^2}{4\lambda R_H} = \frac{3}{4}\pi$；

E 面喇叭天线：$(\varphi_y)_{\max} = \frac{\pi D_b^2}{4\lambda R_E} = \frac{1}{2}\pi$。

3）喇叭天线的主瓣宽度

考虑到喇叭天线口径场的相位偏移的影响，喇叭天线的半功率波瓣宽度为

E 面喇叭天线：

$$(2\theta_{0.5})_H = 68\frac{\lambda}{a}(\text{度})；(2\theta_{0.5})_E = 53\frac{\lambda}{D_b}(\text{度})$$

H 面喇叭天线：

$$(2\theta_{0.5})_H = 80\frac{\lambda}{D_a}(\text{度})；(2\theta_{0.5})_E = 51\frac{\lambda}{b}(\text{度})$$

角锥喇叭天线：

$$(2\theta_{0.5})_H = 80\frac{\lambda}{D_a}(\text{度})；(2\theta_{0.5})_E = 53\frac{\lambda}{D_b}(\text{度})$$

图 9.28 给出了最佳圆锥喇叭天线的方向图。左半部分(虚线)为 H 面方向图，右半部分(实线)为 E 面方向图。由图可看出，对于 $D/\lambda=3.4$，$R/\lambda=3.5$ 的最佳圆锥喇叭天线，其 E 面和 H 面的主瓣宽度约为 20°。

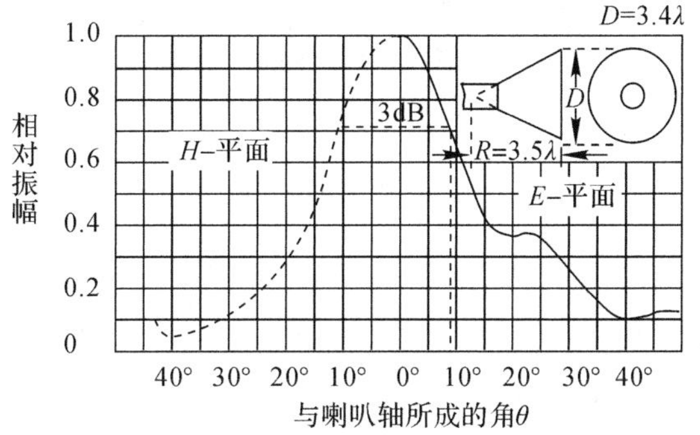

图 9.28 最佳圆锥喇叭天线的方向性图($D/\lambda=3.4$，$R/\lambda=3.5$)

4. 喇叭天线辐射圆极化波

上述讨论均指线极化波，但实际上有时需要喇叭天线辐射圆极化波。如何使喇叭天线辐射圆极化波呢？由波的极化概念及波导理论可知，第一，必须设法在喇叭天线口径面上产生圆极化场，即产生沿同一方向传输的两个场，它们的频率相同，互相垂直，振幅相等而初相差为 90°；第二，必须满足圆极化场传输的边界条件，即利用圆波导传输 TE_{11} 波。由此可见，必须采用圆锥喇叭天线以满足边界条件，合理地进行激励以产生圆极化波。

1) 双探针激励圆极化天线结构及工作原理

双探针激励圆极化天线的剖视图如图 9.29 所示。它是由一段一端短路的圆形波导段和圆锥喇叭及两个互相垂直的激励探针组成。

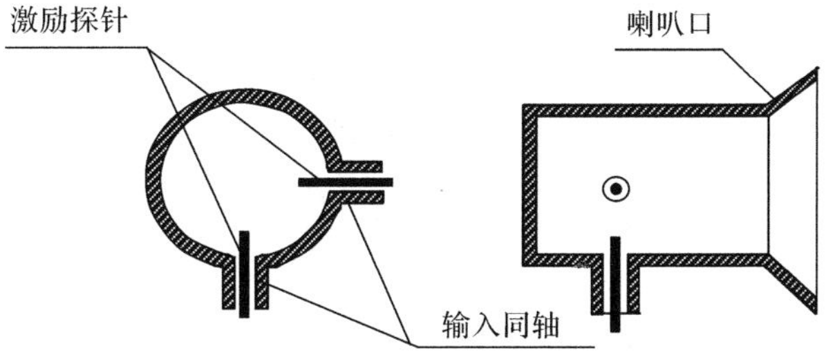

图 9.29 双探针激励圆极化天线的剖视图

两个互相垂直的激励探针安装在靠近圆波导短路端的地方，由同轴线馈电，它们各自激励起 TE_{11}° 波的线极化波，且两个 TE_{11}° 波在空间位置相差 90°。如果输入两探针的信号幅度大小相等，相位差 90°，则合成波就是圆极化波，经圆锥喇叭口向空间辐射出去。

2）单探针激励圆极化天线的结构及工作原理

单探针激励圆极化天线内部结构如图 9.30 所示。它由一段短路的圆波导段、圆锥喇叭、带激励探针的弯插头、三对调整销钉组成。

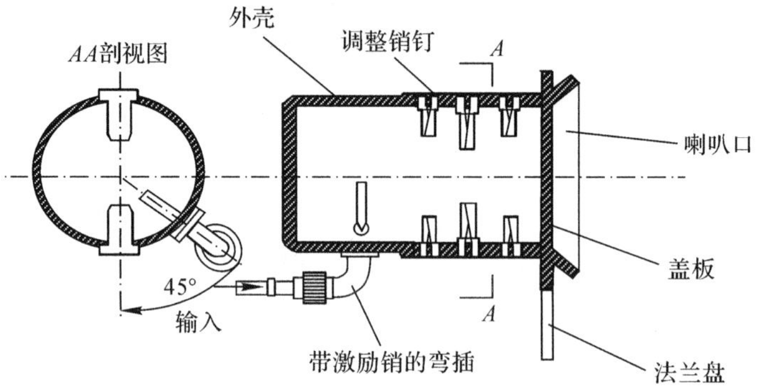

图 9.30　单探针激励圆极化天线内部结构示意图

探针在波导内激起 TE_{11}° 波的线极化波，其电场 E 的方向是和激励探针平行的，可以把它看作两个互相垂直的等值分量的合成，如图 9.31 所示。三对调整销钉在圆波导内的安装位置相互平行，且与激励探针成 45°夹角。因此，两电场分量大小相等，在空间互相垂直，且电场分量 E_1、E_2 分别与调整销钉垂直、平行。这样，线极化波 E 就可转变成圆极化波了。

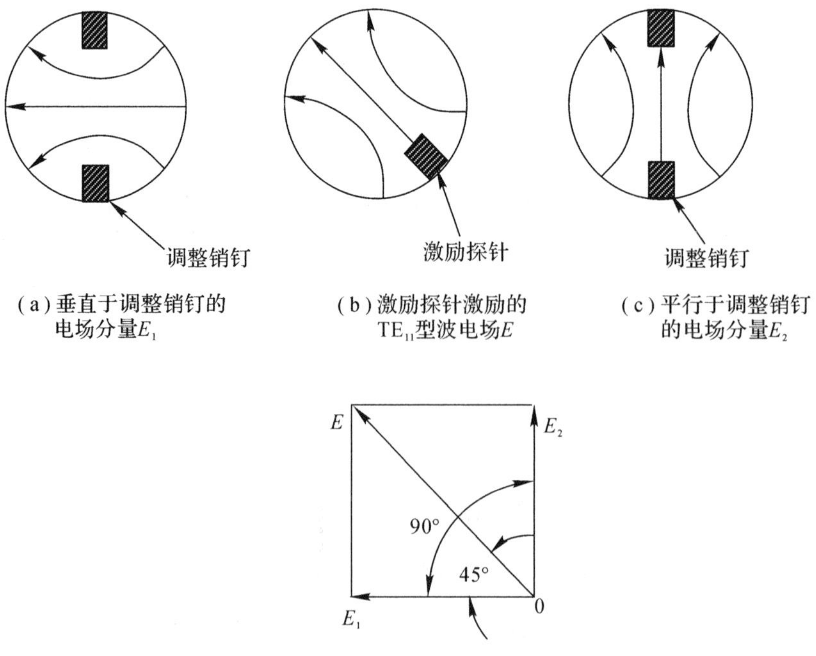

图 9.31　圆波导内 TE_{11} 波电场 E 的分解图示

根据波导理论，电磁波通过长度为 l 的波导段后，必然引起相位的滞后，即长度为 l 的波导段对电磁波有相移作用，其相移为

$$\varphi=\omega t_0$$

式中，ω 为电磁波的角频率，t_0 为电磁波通过波导段的时间，即 $t_0=\dfrac{l}{v}$（v 为电磁波在波导内的传播速度）。

在第一对销钉处，两个相互垂直的电场分量的幅度相等、相位相同。为分析方便，令

$$E_1=E_{\mathrm{m}}\sin\omega t$$

$$E_2=E_{\mathrm{m}}\sin\omega t$$

三对调整销钉对于垂直于它们的电场分量不起作用(因为垂直导体的电场分量在导体内不产生感应电流)，因此，分量 E_1 由第一对销钉传播到第三对销钉后为

$$E_1=E_{\mathrm{m}}\sin(\omega t+\varphi_1)$$

其中，φ_1 为 E_1 分量由第一对销钉传播到第三对销钉的相移值，即

$$\varphi_1=\omega t_1$$

式中，t_1 为 E_1 分量由第一对销钉传播到第三对销钉所用的时间。

三对销钉对平行于它们的电场分量 E_2 有附加的相移作用，这是因为三对销钉可以等效成三个集总电容(通常销钉长度小于 $\lambda_g/4$，为容性销钉)，从而使波的速度减小，通过的时间变长，即使相移增加。若设相移为 φ_2，则

$$\varphi_2>\varphi_1$$

式中，$\varphi_2=\omega t_2(t_2>t_1)$。

调整销钉伸入波导内的长度，可改变销钉所形成的等效电容的大小，从而改变了 E_2 分量的传播速度，即调整了 E_2 分量的相移大小。适当调整销钉伸入波导内的长度，可使 E_2 与 E_1 两分量的相位差为 90°，即

$$\varphi_2=\varphi_1+\frac{\pi}{2}$$

则分量 E_2 传播到第三对销钉处变为

$$E_2=E_{\mathrm{m}}\sin(\omega t+\varphi_2)=E_{\mathrm{m}}\sin\left(\omega t+\varphi_1+\frac{\pi}{2}\right)$$

这样，电场分量 E_1 与 E_2 振幅相等，相位差为 90°，且在空间相互垂直，满足了合成圆极化波的条件，因而天线的口径场为圆极化波。根据面天线理论，该圆锥喇叭天线向空间辐射的电磁波也为圆极化波。

9.3.4　抛物面天线

随着卫星通信、电视技术的普及，从城市到农村，从平原到深山，到处都架设着大“铝锅”，这就是现代信息传输技术中的主力——抛物面天线。

抛物面天线(单镜面)是借鉴光学望远镜而产生的，它由一个轻巧的抛物面反射器和一个置于抛物面焦点的馈源构成。抛物面天线通常分为圆锥抛物面和抛物柱面两大类，本节只讨论前一种，而且主要讨论圆口径的圆锥抛物面。所谓圆锥抛物面是由抛物线绕对称轴

旋转所形成的曲面。

抛物面天线的工作原理可用几何光学射线法说明(见图 9.32)。令馈源天线的相位中心与焦点 F 重合，由 F 发出的球面波服从几何光学射线定律。

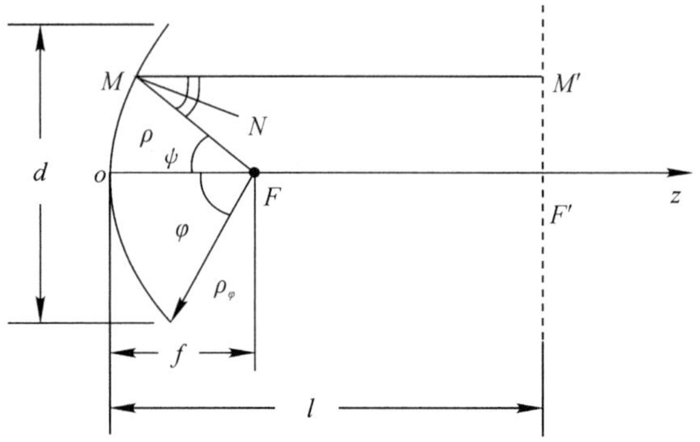

图 9.32　抛物面天线工作原理图

1. 反射线平行律

反射线平行律即由焦点 F 发出的射线经抛物面反射后，反射线与轴线平行。如入射线为 FM，反射线为 MM'，M 点的法线为 MN，对于抛物面，有$\angle FMN=\angle M'MN=\psi/2$，即反射线 MM' 与轴平行，反射面上的任意点均如此。

2. 等光程律

等光程律即所有由 F 点发出的射线经抛物面反射后到达任何与 $oz(oF)$ 轴垂直的平面上的光程相等，即

$$Fo+oF'=f+l=FM+MM'=\rho+MM'$$

式中，ρ 是由 F 到 M 的矢径，因 $MM'=\rho\cos\psi+(l-f)$，所以

$$\rho=\frac{2f}{1+\cos\psi}=\frac{f}{\cos^2(\psi/2)}=f\sec^2(\psi/2) \tag{9.53}$$

实际上，式(9.53)正是极坐标中抛物线的定义式，这个式子和等光程律互为因果，式中 f 为抛物线的焦距。由上可知，抛物面天线的工作原理为：由焦点 F 发出的球面波经抛物面反射后变为波前垂直于 oz 轴的平面波，在口径上各点的场同相，因而沿 oz 方向可得最强辐射。直角坐标下的抛物面方程为 $x^2+y^2=4fz$。

抛物面的口径直径 d、焦距 f 和半张角 ψ 有如下关系：

$$\tan\frac{\psi}{2}=\frac{d}{4f}\quad 或\quad d=4f\tan\frac{\psi}{2} \tag{9.54}$$

为了使抛物面天线获得高增益，通常都按最佳增益设计抛物面的结构，即要求口面场同相等辐分布(即均匀分布)，同时抛物面从馈源截获功率最多，漏失功率最少。显然，上述是两个矛盾体的要求，因此，在最佳状态时可以使口径获得较均匀的照射，从而使得口径效率 υ 较大，而且抛物面从馈源处截获的功率多，从而 η_a 也较高，结果增益因子 $g=\upsilon\eta_a$ 最大。偏离最佳状态时，不是 υ 小 η_a 大，就是 υ 大 η_a 小，结果 g 下降，因此要求馈源的方向图与抛物面的半张角有恰当配合，才能使抛物面天线获得最佳增益，通常用焦径比 f/d

描述。

截获效率 η_a 的定义为

$$\eta_a = \frac{\text{投射到反射面上的功率}}{\text{馈源总辐射功率}}$$

通常实用天线的焦径比 $f/d=0.25\sim0.5$，大多数为 $0.3\sim0.4$。抛物天线的增益可按下式计算

$$G=\frac{4\pi}{\lambda^2}Sg,\ S=\pi\left(\frac{d}{2}\right)^2 \tag{9.55}$$

式中，d 为天线直径，S 为口径面积。有报道，实际天线的 g 可达 0.8，但这是极个别的。粗制滥造的抛物面天线 g 只有 0.2，一般的值请参见表 9.1，这是根据一些实际天线得到的。

表 9.1　抛物面天线特性简易估算表

类型 \ 参数	FSLL/dB	K/度	g	$G\cdot BW^2$	A
最佳增益	−17	67	0.6	27 000	0.3～0.2
中等性能	−20	72	0.55	28 000	0.2～0.1
低边瓣	−25	80	0.47	29 000	<0.1
高效率	−12	59	0.70	24 000	

表 9.1 中，FSLL 为第一副瓣电平。A 为抛物面口径场边缘电平。$BW=K\lambda/d$ 为半功率波瓣宽度，K 为波瓣宽度系数，$G\cdot BW^2$ 称为增益波瓣宽度积。由表可知，天线的增益(自然数)和波瓣宽度的平方成反比，而且不同副瓣性能的天线的这个比例系数不一样，显然 FSLL、K 和 g、A 等都有相互制约关系，表中的数据是指做得较好的天线。许多的实际天线 g 值应降低 20%，而 K 应加 5%～30%。

对于由圆锥抛物面切割成的矩形口径天线，也可用此表估算性能，不过直径 d 要用口径尺寸 d_1 或 d_2 代替，面积则是 $S=d_1\cdot d_2$。

我国电视卫星工作在 C 波段($f=4$ GHz)，据表 9.1，取 $g=0.5$，$K=70°$，直径 $d=3$ m 的抛物天线增益 $G\approx39$ dB，半功率波瓣宽度 BW＝1.8°。1992 年在市场出现的 $d=1.2$ m 的家用小天线，$G\approx31$ dB，BW≈4.4°，可以收看亚洲一号卫星的电视节目，但图像质量比 3 m 天线要差。

卡塞格伦天线是一种双反射面天线，主反射面是抛物面，副反射面是置于主面与其焦点之间的一个小双曲反射面，其性能和单镜面天线相似，不同之处是由于多了副反射面，可以把本应置于焦点的馈源放到抛物面顶点附近，如图 9.33 所示。

卡(塞格伦)式天线出现在 20 世纪 60 年代初期，同期出现的单脉冲跟踪天线和深空探测射电望远镜天线都要求馈源靠近天线顶部(后馈方式)，而原来单镜面抛物面天线的前馈方式(馈源置于焦点)将大大损害单脉冲天线和射电望远镜天线的性能。借鉴于卡塞格伦式光学望远镜的工作原理，产生了卡式天线。由于卡式天线可采用小焦径比($f/d<0.3$)工作，且馈源靠近天线底座，结构紧凑，以致后来大、中型卫星地面站天线都采用这种方案。

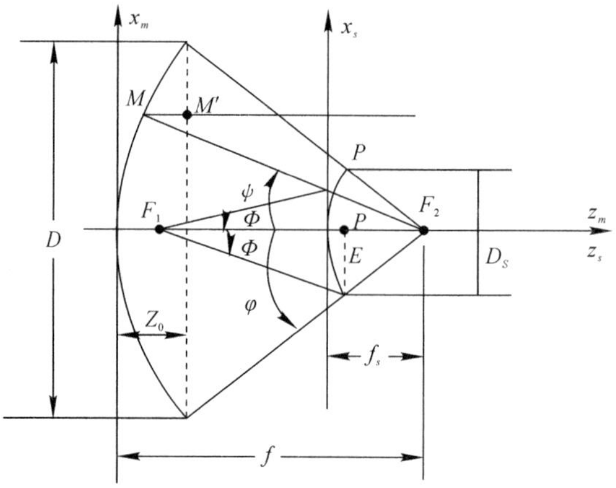

图 9.33　卡塞格伦天线工作原理图

卡式天线的工作原理可用图 9.33 来说明。和主反射面类似，副反射面是双曲线绕对称轴旋转的双曲锥面，双曲面一个焦点 F_1(实焦点)靠近抛物面顶部，另一焦点 F_2(虚焦点)与抛物面焦点重合。双曲面具有这样的性质，从焦点 F_1 发出的球面波经双曲面反射后变为相位中心在另一焦点 F_2 的球面波，由于 F_2 与抛物面的焦点重合，反射后的球面波经主反射面反射后形成同相的口径场，从而获得沿 z 向的最大辐射，因此，有了副面后，得以从前馈变为后馈。不过，由于抛物面的半张角 ψ 一般比双曲面的半张角 Φ 大，后馈馈源的方向图比前馈馈源的方向图要窄一些，因为要使主反射面处于最佳增益状态，边缘电平应该约为 -10 dB($A=0.16$)。

从卡式天线的工作原理可知，如果口径尺寸 D 和口径场的照射相同(如最佳增益照射)，单镜抛物面天线和双镜卡式天线的性能一样，因此，表 9.1 对二者通用。分析证明，用一个馈源放在实焦点作主反射面焦距为 f 的卡式天线的照射器时，主反射面口径场分布与用这个馈源直接去照射焦距为 Mf 的抛物面的口径场分布一样，后者称为卡式天线的等效抛物面，而 $M=(e+1)/(e-1)$ 称为放大率，e 是双曲面的偏心率。一般情况下，取 $M=4\sim8$，$f_e=Mf$ 称为等效焦距。

习　题

9.1　电磁场中的惠更斯元可由哪些基本辐射单元等效?

9.2　概述微带天线的主要优缺点，并说明微带天线的辐射机理。

9.3　在面天线中，口径场的振幅分布对天线方向性有何影响?

9.4　有人说，E 面扇形喇叭，则 E 面波瓣宽度窄；H 面扇形喇叭，则 H 面波瓣宽度窄，对吗? 为什么?

9.5　试述 E 面、H 面扇形喇叭天线以及角锥喇叭天线的口径分布规律。

9.6　为何要求抛物面天线的馈源辐射球面波?

9.7　简述卡塞格伦天线的工作原理及等效抛物面的概念。

9.8　照射器对抛物反射面之间有哪些影响? 试举例说明消除这种影响的办法。

9.9　若抛物面天线的照射器安装时偏离焦点，将给天线性能带来哪些影响? 为什么说沿轴向的安装精度随焦距的增加而减小?

第 10 章　阵列天线

阵列天线由于其合成波束的高定向性、多样性和扫描能力，是相控阵天线常采用的一种方案。本章首先介绍二元阵列天线的方向性增强原理，并在此基础上拓展到 n 元阵列天线方向性的理论分析。然后介绍两种常见的直线式天线阵，如边射阵和端射阵。最后介绍两种面天线的典型应用，包括相控阵天线、八木天线的结构和工作原理等。

10.1　阵列天线的方向性

由前面的讨论我们知道电流元方向系数 $D=1.5$、半波对称振子方向系数 $D=1.64$，可见它们的方向性很弱。实际无线电系统中大多要求天线具有很强的方向性，增加振子的臂长 l 有可能提高天线的方向性。但由前面的分析可知，随着臂长 l 的增加，电基本振子的方向系数不是单调地不断增加，而是到达最大值 $D=3.2(l\approx0.625\lambda)$之后，臂长增加方向系数反倒下降。显然，要增强天线的方向性不能单纯依靠增加天线长度。

为了增强天线的方向性，将多个独立天线按一定方式排列在一起便组成天线阵(或阵列天线)，构成天线阵的每一个单个天线称为单元天线。天线阵的辐射可由阵内各天线的辐射叠加求得，因此，天线阵的方向性与每一个天线的形式、相对位置和电流分布有关。选择并调整天线的形式、位置和电流关系，就可以得到我们需要的各种形状的方向图。

原则上讲，组成天线阵的阵元形式可以是各不相同的，阵元之间的相对位置、电流关系可以是任意的，但分析这样没有一定规律的天线阵是相当复杂的，因此也不实用。下面我们只研究满足下列条件的天线阵：(1) 组成天线阵的阵元天线的形式是一致的，而且在空间的取向也一致；(2) 各阵元按一定的规律排列，且馈电电流的幅度和相位按一定的规律变化。

天线阵根据其排列方法可分为直线阵、平面阵、立体阵等，但基础是直线阵，平面阵和立体阵可从直线阵推广得出。

天线阵理论只适用于由相似天线元组成的直线阵。相似天线元是指：组阵的天线单元不仅结构形式相同，而且空间取向、工作波长也相同，即它们空间辐射场方向图函数完全相同。

10.1.1　方向性增强原理

设有两个形式和取向都一致的天线排列成二元阵，如图 10.1 所示。天线与天线之间的距离是 d，它们到观察点 P 的距离分别是 r_0 与 r_1。由于观察点很远，可认为 r_0 与 r_1 平行。在 P 点的场强应是两天线在同一点(P 点)辐射场强的

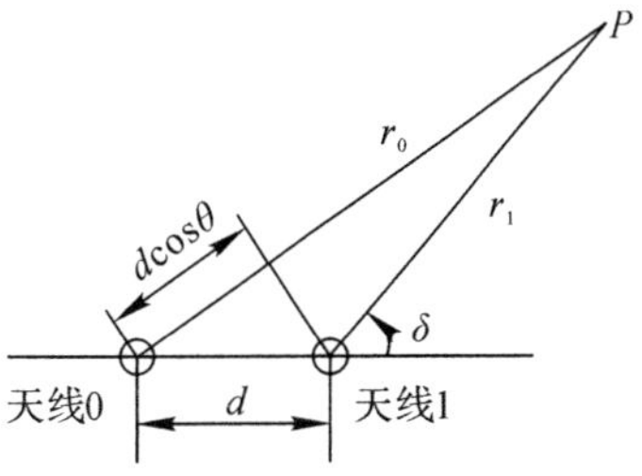

图 10.1　二元天线阵

矢量叠加，在计算合成场的幅度项时，可认为 $r_0=r_1$，在计算合成场的相位项时，必须考虑由于路程差引起的相位差，应用比较精确的公式 $r_1=r_0-kd\cos\delta$。

当两天线的电流分布形式相同时(因天线形式相同)，其绝对值的比是 $I_1/I_0=m$，又当电流 I_1 较 I_0 超前 β 角，即当 $I_1=mI_0e^{j\beta}$时，天线 1 的辐射波较天线 0 的辐射波在到达 P 点时的超前相位为

$$\psi=kd\cos\delta+\beta$$

式中，等式右边的第一项是由于天线位置引起的，δ 是由天线 0 到天线 1 的轴线反时针方向旋转到观察点 P 的夹角。第二项是由于电流相位引起的。

假若天线 0 产生于 P 点的场强是 E_0，由式(8.6)可见，电场强度正比于电流的一次方。于是，天线 1 产生于 P 点的场强应为 $E_1=mE_0e^{j\psi}$。

合成场强是：

$$E=E_0+E_1=E_0(1+me^{j\psi}) \tag{10.1}$$

可以看到，合成场强由两部分相乘，第一个因子 E_0 是天线 0 于 P 点产生的场强，是由天线 0 的类型来决定的，只涉及天线 0 的方向图，而与阵无关；第二个因子$(1+me^{j\psi})$只涉及两天线之间的电流比值和相位差以及它们的相互位置，而与天线的类型无关，称为阵因子。因此，由相同天线构成的天线阵，它的合成方向图是单独一副天线的方向图乘上阵因子，这一原理也适用于多元天线阵，称为方向图相乘原理，即：由很多方向函数均为 $f_1(\psi)$ 的天线单元，排列成的天线阵的方向函数 $f(\psi)$，可以用单元方向函数 $f_1(\psi)$(又称单元因子)与阵因子 $f_a(\psi)$(又称排列方向函数)的乘积表示：

$$f(\psi)=f_1(\psi)\cdot f_a(\psi) \tag{10.2}$$

其中，阵因子 $f_a(\psi)$可理解为：在各元的位置上，放入和该位置的单元天线同振幅、同相位的无方向性的点源天线时的方向函数。

式(10.1)的绝对值为

$$\begin{aligned}|E|&=|E_0(1+me^{j\psi})|\\&=|E_0|\,|1+m\cos\psi+jm\sin\psi|\\&=|E_0|\sqrt{(1+m\cos\psi)^2+m^2\sin^2\psi}\end{aligned} \tag{10.3}$$

可见阵因子 $f_a(\psi)$为

$$f_a(\psi)=\sqrt{(1+m\cos\psi)^2+m^2\sin^2\psi} \tag{10.4}$$

当 $m=1$ 时

$$f_a(\psi)=\sqrt{(1+\cos\psi)^2+\sin^2\psi}=2\cos\frac{\psi}{2}$$

$$|E|=|E_0|2\cos\frac{\psi}{2}$$

将 ψ 代入得

$$|E|=|E_0|\cdot 2\cos\left(\frac{\pi d\cos\delta}{\lambda}+\frac{\beta}{2}\right) \tag{10.5}$$

10.1.2 天线阵影响方向性的因素

下面讨论在不同的 d 与 β 的情况下，根据式(10.4)作出的阵因子方向图。

1. 同相二元阵

当 $m=1$，$\beta=0$ 时，有

$$f_a(\psi)=2\cos\left(\frac{\pi d}{\lambda}\cos\delta\right)$$

当 d/λ 不同时，所得到的阵因子方向图如图 10.2 所示。

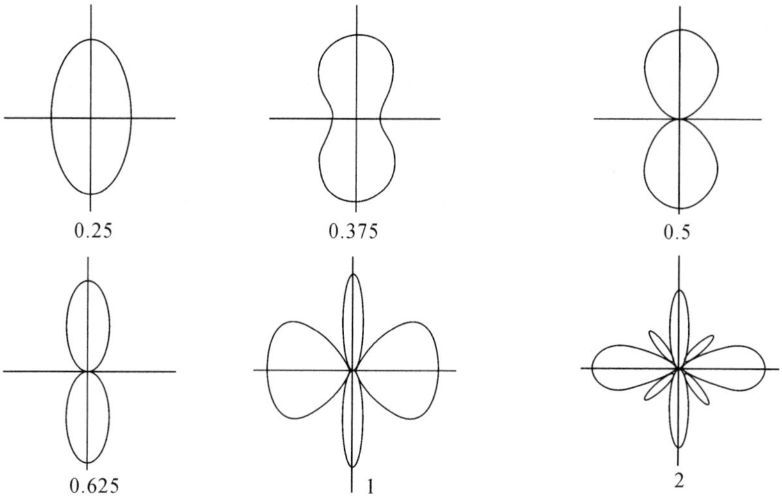

图 10.2　同相二元阵 d/λ 不同时的阵因子方向图

2. 相位差 90°的二元阵

当 $m=1$，$\beta=-90°$时，有

$$f_a(\psi)=2\cos\left(\frac{\pi d}{\lambda}\cos\delta-\frac{\pi}{4}\right)$$

当 $d/\lambda=0.25$ 时的阵因子方向图如图 10.3 所示。其产生的方向图呈心脏形，具有单方向性。这是因为由天线 0 到天线 1 的方向，天线 1 在电流上比天线 0 落后 90°，但在行程上却相差 $\lambda/4$，即又比天线 0 超前 90°，故其场强与天线 0 的场强同相而叠加，得最大辐射。反之，由天线 1 向天线 0 的方向，天线 1 在电流和行程上都比天线 0 落后 90°，总共落后 180°，故其场强与天线 0 反相，完全抵消，这样就成了单方向性。

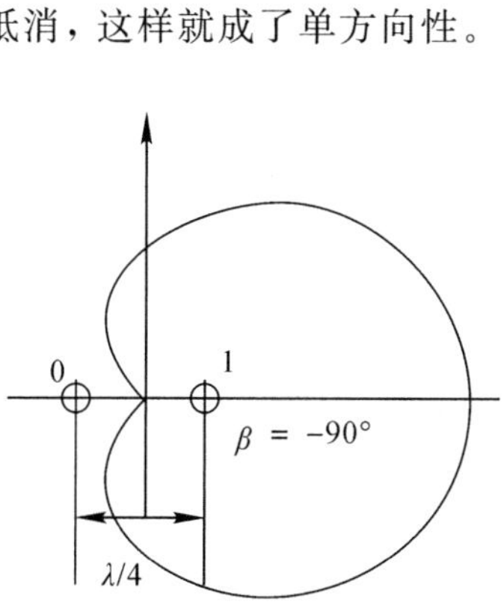

图 10.3　相位差 90°，$d/\lambda=0.25$ 时的阵因子方向图

3. 反相二元阵

当 $m=1$，$\beta=180°$时，有

$$f_a(\psi)=2\sin\left(\frac{\pi d}{\lambda}\cos\delta\right)$$

10.1.3 n 元均匀直线式天线阵

1. n 元均匀直线阵的阵因子

n 个天线单元排列在一条直线上的天线阵称为直线式天线阵，简称直线阵。所谓均匀直线阵，是指各天线单元除了以相同的取向和间距排列成一直线外，它们的电流大小相等，而相位则以均匀的比例递增或递减。

图 10.4 为一个 n 元均匀直线阵，相邻两天线的距离为 d，相位差为 β。天线 1 辐射的电波较天线 0 超前 $\psi_1=kd\cos\delta+\beta$，天线 2 的相位较天线 0 超前 $\psi_2=2kd\cos\delta+2\beta=2\psi_1$，天线 3 的相位较天线 0 超前 $\psi_3=3kd\cos\delta+3\beta=3\psi_1$，依次类推。因此观察点的合成场强可写成

$$E=\sum_{i=0}^{n-1}E_i=E_0\left[1+e^{j\psi}+e^{j2\psi}+e^{j3\psi}+\cdots+e^{j(n-1)\psi}\right] \tag{10.6}$$

式中，$\psi=kd\cos\delta+\beta$。

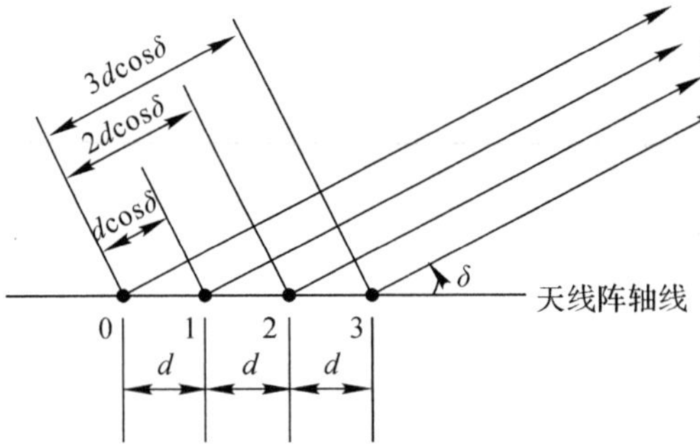

图 10.4 均匀直线阵

利用等比级数求和的公式，式(10.6)可写成

$$|E|=|E_0|\left|\frac{1-e^{jn\psi}}{1-e^{j\psi}}\right|=|E_0|\sqrt{\frac{(1-\cos n\psi)^2+\sin^2 n\psi}{(1-\cos\psi)^2+\sin^2\psi}}=|E_0|\frac{\sin\frac{n\psi}{2}}{\sin\frac{\psi}{2}}$$

阵因子为

$$f_a(\psi)=\frac{\sin\frac{n\psi}{2}}{\sin\frac{\psi}{2}}$$

其最大值的条件可以由 $\frac{df_a(\psi)}{d\psi}=0$ 求得。此式仅当 $\psi=0$ 时成立，所以阵因子的最大值条件是 $\psi=0$，此时最大值为

$$f_{a,\max}=\lim_{\psi\to 0}\frac{\sin\frac{n\psi}{2}}{\sin\frac{\psi}{2}}=n \tag{10.7}$$

可见，对于 n 元天线阵，当 $\psi=0$ 时，天线最大辐射方向的场强比各元天线增大 n 倍。

2. 归一化阵因子方向图

为了分析问题和作图方便，引入规一化阵因子的概念。归一化阵因子定义为

$$F_a(\psi)=\frac{f_a(\psi)}{f_{a,\max}}$$

对于 n 元均匀直线阵，有 $f_{a,\max}=n$，故其归一化的阵因子方向函数为

$$|F_a(\psi)|=\left|\frac{f_a(\psi)}{f_{a,\max}}\right|=\frac{1}{n}\left|\frac{\sin\frac{n\psi}{2}}{\sin\frac{\psi}{2}}\right| \tag{10.8}$$

其方向图的形状与原来的完全一样，只不过缩小了 n 倍，最大值是 1。

根据归一化阵因子式，对于不同的 n 值，可作出归一化阵因子随 ψ 的变化曲线，不同的 n 值有不同的曲线，这些曲线称为归一化阵因子方向图，这是一组用直角坐标表示出来的图形，如图 10.5 所示。图中 ψ 只画到 180°，根据对称性曲线在 360°内周期重复。

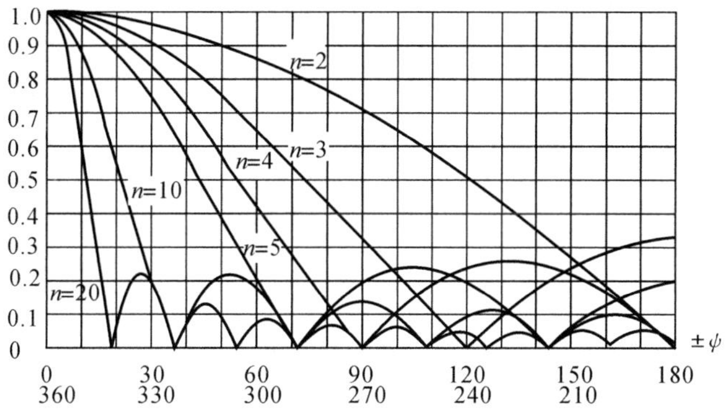

图 10.5　均匀直线阵的归一化阵因子曲线图

由这些曲线可得出以下结论：

(1) 当 n 一定时，阵因子方向图只是 ψ 的函数，当 $\psi=0$ 或 2π 的整数倍时，阵因子有最大值，而当 $\psi=\frac{N2\pi}{n}$时，N 为 1 到 $n-1$ 的整数，阵因子为 0。即 n 元均匀直线阵有 $n-1$ 个辐射零点值。例如四元天线阵有 3 个零点(90°、180°、270°)，五元天线阵有 4 个零点(72°、144°、216°、288°)。

(2) 均匀直线阵的阵因子方向图是以阵元连线为轴的回转体。

(3) 当天线阵的 d、β 不变而增加元数时，主瓣变尖，副瓣数目增多。

10.2　常见直线式天线阵

10.2.1　边射阵

当均匀直线阵的各元电流同相时，即 $\beta=0°$，$\psi=kd\cos\delta$，这时 $\psi=0$ 的最大辐射条件要求为

$$\delta=(2m+1)\frac{\pi}{2}$$

式中 $m=0,1,2,\cdots$，换句话说，在 $\delta=\frac{\pi}{2}$ 和 $\frac{3\pi}{2}$ 的方向，亦即与天线阵轴线垂直的方向，天线有最大的辐射。这种各元电流同相的均匀直线阵，由于在阵轴线的两边有最大的辐射，因此称为边射式天线阵，简称边射阵。

边射阵的归一化阵因子为

$$|F_a(\psi)|=\frac{\left|\sin\frac{n\psi}{2}\right|}{\left|n\sin\frac{\psi}{2}\right|}=\frac{1}{n}\left|\frac{\sin\left(\frac{n\pi d}{\lambda}\cos\delta\right)}{\sin\left(\frac{\pi d}{\lambda}\cos\delta\right)}\right| \tag{10.9}$$

当 $d=\lambda/2$ 时，$n=2$、3、4、6 的阵因子方向图如图 10.6 所示。

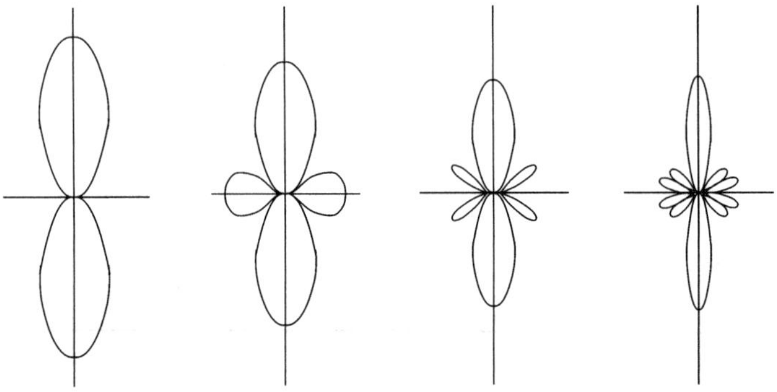

图 10.6　$d=\lambda/2$ 时，同相边射阵的阵因子方向图

10.2.2　端射阵

有时由于地形限制，我们希望在 $\delta=0°$ 的方向有最大的辐射。为了获得这一结果，将 $\delta=0°$，$\psi=0°$ 同时代入 $\psi=kd\cos\delta+\beta$，得到：

$$\beta=-kd \tag{10.10}$$

即欲使最大辐射集中在 $\delta=0°$ 的方向，每两元天线的相位差应符合 $d=\lambda/4$、$\beta=-90°$ 的条件。这种天线阵的最大辐射方向是从相位超前的天线指向相位落后的天线一侧，由于它是沿着天线阵的轴线方向，因此被称为端射式天线阵，简称端射阵。

为了获得单方向辐射，各元天线间的间距 d 不宜大于 $\lambda/4$。

图 10.7 为八元端射阵的方向图，$d=\lambda/4$。图 10.8 为四元端射阵的方向图，因各单元天线间的间距 $d=\lambda/2$，此时天线阵已失去单方向的辐射特性。

天线阵的方向图可由单独天线的方向图与阵因子的方向图相乘求得，但是在求复杂天线阵的方向图时，可将天线阵分为几组，先求出每一组的方向图以及组与组之间的阵因子，然后利用方向图乘法求出合成方向图。如果天线阵更复杂（如面阵或立体阵），在求一个组的方向图时还必须将它再分为几个对称小组来求。

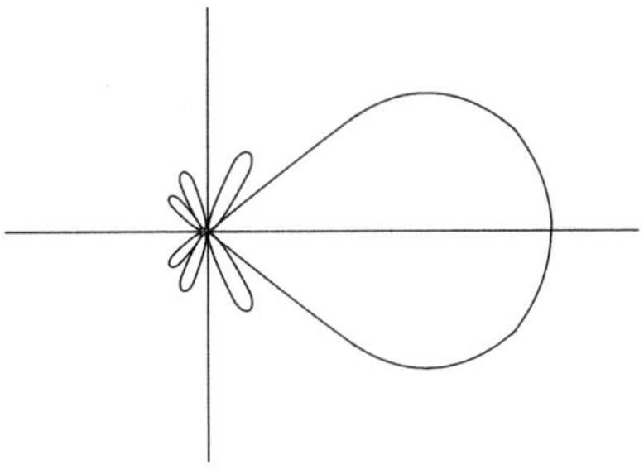

图 10.7　$d=\lambda/4$ 八元端射阵方向图

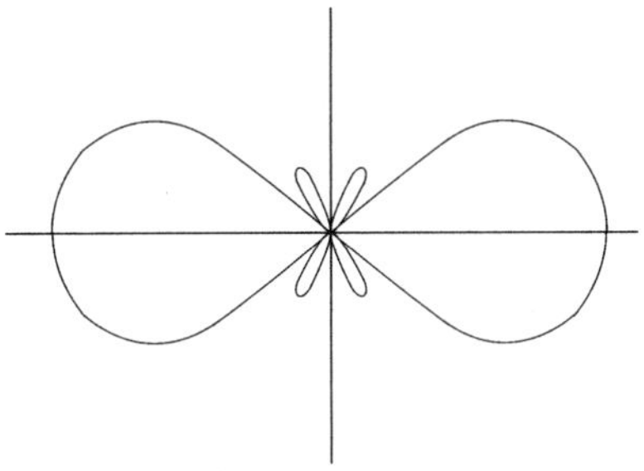

图 10.8　$d=\lambda/2$ 四元端射阵方向图

上述方法的根据是：复杂天线的阵因子可以进行因式分解，相当于将天线阵分为几个对称组。下面以四元边射阵的方向图来说明，如图 10.9 所示。

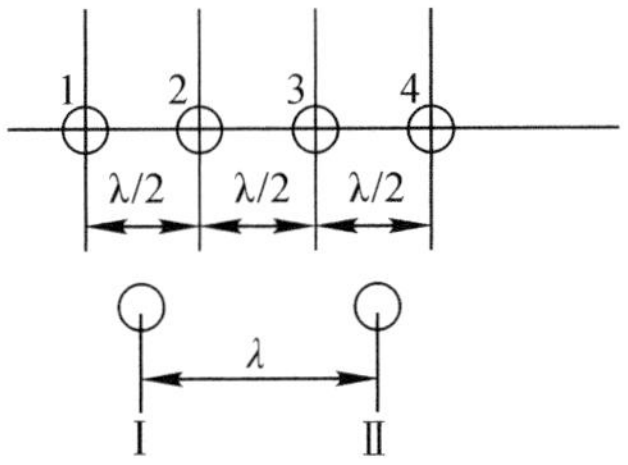

图 10.9　四元边射阵阵因子计算

方向图按式(10.6)应为

$$E=E_0(1+e^{j\psi}+e^{j2\psi}+e^{j3\psi}) \tag{10.11}$$

式中，E_0 为单元天线的方向图。$1+e^{j\psi}+e^{j2\psi}+e^{j3\psi}$是阵因子方向图，可进行因式分解，则式(10.11)可分解为

$$E=E_0(1+e^{j\psi})(1+e^{j2\psi}) \tag{10.12}$$

式中，$1+e^{j\psi}$代表二点元天线相距 $d=\lambda/2$ 的阵因子，而 $1+e^{j2\psi}$代表二点元天线相距 $d=\lambda$ 的阵因子。现在将四元边射阵分成两组，天线 1 与 2 看作一组，用Ⅰ来代表，天线 3 与 4 看作另一组，用Ⅱ来代表，而它们之间的阵因子可以用 $1+e^{j2\psi}$来代表，因此将四元边射阵看成两组的合成方向图，即单独天线的方向图 $E_0(1+e^{j\psi})$与阵因子的方向图 $1+e^{j2\psi}$的乘积。其结果与式(10.12)一致，这说明把阵因子进行因式分解，相当于将天线阵分为几个对称组。

用$|f(\delta)|$表示天线阵的场强幅度方向图函数，由式(10.2)知

$$|f(\delta)|=|f_1(\delta)|\cdot|f_a(\delta)| \tag{10.13}$$

式中，$|f_1(\delta)|$为天线单元的场强幅度方向函数，仅与天线单元的结构形式和尺寸有关，称为场强幅度单元因子。

$$|f_a(\delta)|=\left|\sum_{i=1}^{n}m_i e^{j(kd_i\cos\delta+\beta_i)}\right| \tag{10.14}$$

式中，$|f_a(\delta)|$仅与天线单元的电流分布、空间分布 d_i 和元的个数 n 有关，而与天线单元的结构形式和尺寸无关，因此称为场强幅度阵因子。

一般情况下，在球坐标系中，单元因子和阵因子不仅是 θ 的函数，还可能是方位角 φ 的函数，故天线阵方向图乘积定理的一般形式是

$$|f(\theta,\ \varphi)| = |f_1(\theta,\ \varphi)| \cdot |f_a(\theta,\ \varphi)| \tag{10.15}$$

特别明确：天线阵方向图乘积定理只适用于相似元组成的天线阵，因为如果天线阵中的各元不是相似元，那么在总方向图函数中就提不出公共的单元因子，方向图乘积定理就不成立。

由方向图乘积定理知，欲求天线阵的方向图，必须先求天线单元方向图和阵因子方向图。阵因子与天线单元的方向性无关，可用图 10.10 来形象地说明，图 10.10(a)为组方向图，图 10.10(b)为阵因子方向图，它们相乘后得合成方向图见图 10.10(c)。

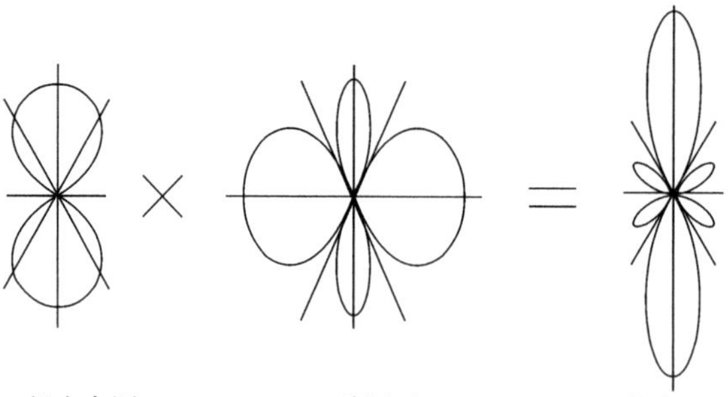

(a)组方向图　　(b)阵因子　　(c)天线阵的方向图

图 10.10　方向图乘法

例 10.1　如图 10.11 所示，由两个半波对称振子组成一个平行二元阵，其间隔距离 $d=0.25\lambda$，电流比 $I_{m2}=I_{m1}e^{j\pi/2}$，求其 E 面(yoz)和 H 面(xoy)的方向函数及方向图。

解：此题所设的二元阵属于等幅二元阵，$m=1$，这是最常见的二元阵类型。对于这样的二元阵，阵因子可以简化为

$$|f_a(\theta,\ \varphi)| = \left|2\cos\frac{\psi}{2}\right| \tag{10.16}$$

由于此题只需要讨论 E 面和 H 面的方向性，因而将 E 面和 H 面分别置于纸面，以利于求解。

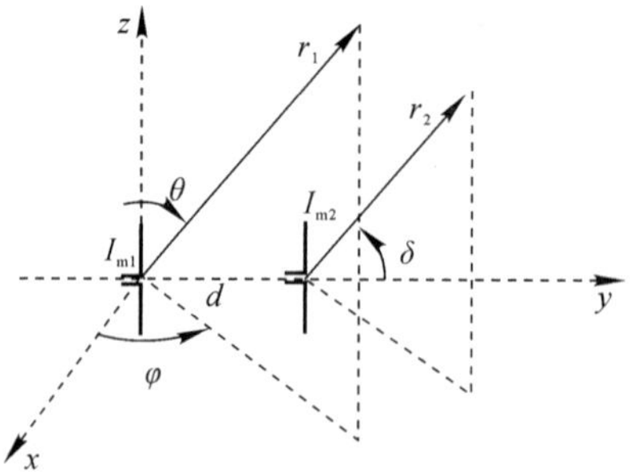

图 10.11　例 10.1 图

(1) E 平面(yoz)。

在单元天线确定的情况下，分析二元阵的首要工作就是分析阵因子，而阵因子是相位差 ψ 的函数，因此有必要先求出 E 面上的相位差表达式。如图 10.12 所示，路径差为

$$\Delta r = d\cos\delta = \frac{\lambda}{4}\cos\delta$$

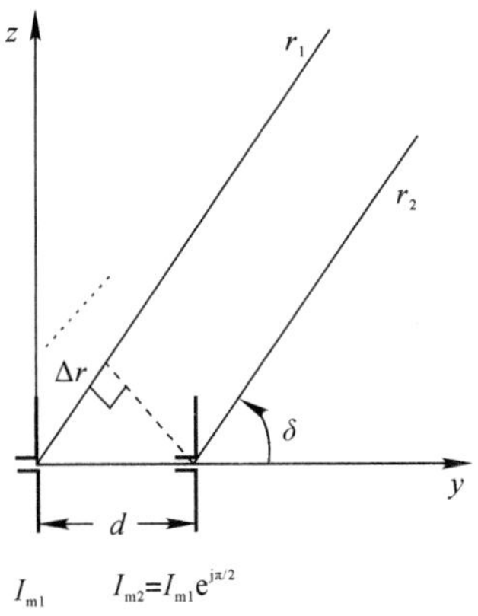

图 10.12 例 10.1 的 E 平面坐标图

所以相位差为

$$\psi_E(\delta)=\frac{\pi}{2}+kd\cos\delta=\frac{\pi}{2}+\frac{\pi}{2}\cos\delta$$

即在 $\delta=0°$ 和 $\delta=180°$ 时，ψ_E 分别为 π 和 0，这意味着，阵因子在 $\delta=0°$ 和 $\delta=180°$ 方向上分别为零辐射和最大辐射。

阵因子可以写为

$$|f_a(\delta)|=\left|2\cos\left(\frac{\pi}{4}+\frac{\pi}{4}\cos\delta\right)\right|$$

而半波振子在 E 面的方向函数可以写为

$$|f_1(\delta)|=\left|\frac{\cos\left(\frac{\pi}{2}\sin\delta\right)}{\cos\delta}\right|$$

根据方向图乘积定理，此二元阵在 E 面的方向函数为

$$|F_E(\delta)|=\left|\frac{\cos\left(\frac{\pi}{2}\sin\delta\right)}{\cos\delta}\right|\times\left|2\cos\left(\frac{\pi}{4}+\frac{\pi}{4}\cos\delta\right)\right|$$

归一化后有

$$|F_E(\delta)|=\left|\frac{\cos\left(\frac{\pi}{2}\sin\delta\right)}{\cos\delta}\right|\times\left|\cos\left(\frac{\pi}{4}+\frac{\pi}{4}\cos\delta\right)\right|$$

由上面的分析可以画出 E 面方向图如图 10.13 所示，图中各方向图已经归一化。

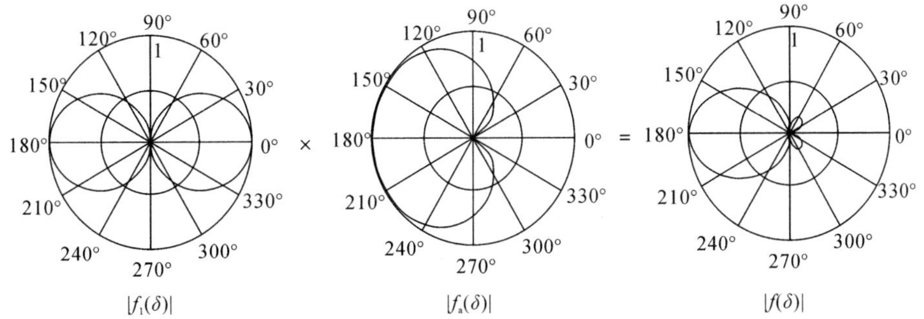

图 10.13 例 10.1 的 E 面方向图

(2) H 平面(xoy)。

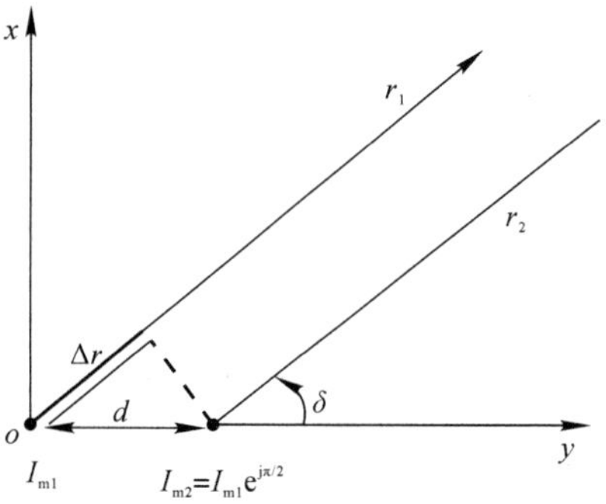

图 10.14　例 10.1 的 H 面坐标图

对于平行二元阵，如图 10.14 所示，H 面阵因子的表达形式和 E 面阵因子完全一样，只是半波振子在 H 面无方向性。应用方向图乘积定理，直接写出 H 面的方向函数为

$$|F_H(\delta)|=1\times\left|\cos\left(\frac{\pi}{4}+\frac{\pi}{4}\cos\delta\right)\right|$$

H 面方向图如图 10.15 所示。

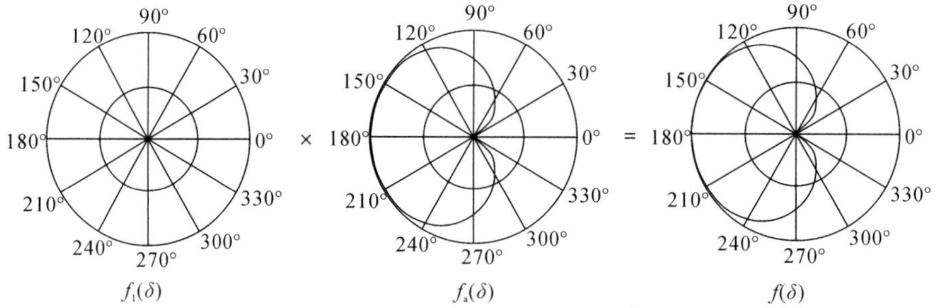

图 10.15　例 10.1 的 H 面方向图

由例题的分析可以看出，在 $\delta=180°$的方向上，波程差和电流激励相位差刚好互相抵消，因此两个单元天线在此方向上的辐射场同相叠加，合成场取最大；而在 $\delta=0°$方向上，总相位差为 π，因此两个单元天线在此方相上的辐射场反相相消，合成场为零，二元阵具有了单向辐射的功能，从而提高了方向性，达到了排阵的目的。

例 10.2　由两个半波振子组成一个共线二元阵，其间隔距离 $d=\lambda$，电流比 $I_{m2}=I_{m1}$，求其 E 面(如图 10.16 所示)和 H 面的方向函数及方向图。

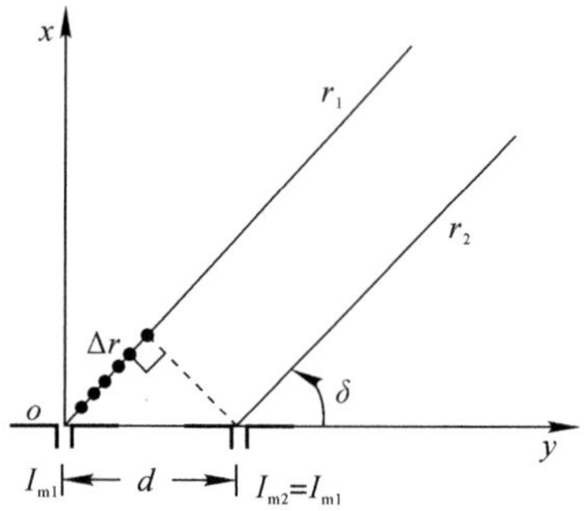

图 10.16　例 10.2 的 E 平面坐标图

解：此题所设的二元阵属于等幅同相二元阵，$m=1$，$\beta=0$，相位差 $\psi=k\Delta r$。

(1) E 平面(yoz)。

相位差 $\psi_E(\delta)=2\pi\cos\delta$，在 $\delta=0°$、$60°$、$90°$、$120°$、$180°$时，ψ_E 分别为 2π(最大辐射)、π(零辐射)、0(最大辐射)、$-\pi$(零辐射)、-2π(最大辐射)。

阵因子为

$$|f_a(\delta)|=|2\cos(\pi\cos\delta)|$$

根据方向图乘积定理，此二元阵在 E 面的方向函数为

$$|f_E(\delta)|=\left|\frac{\cos\left(\dfrac{\pi}{2}\cos\delta\right)}{\sin\delta}\right|\times|2\cos(\pi\cos\delta)|$$

归一化后有

$$F_E(\delta)=\left|\frac{\cos\left(\dfrac{\pi}{2}\cos\delta\right)}{\sin\delta}\right|\times\left|\cos\left(\frac{\pi}{4}+\frac{\pi}{4}\cos\delta\right)\right|$$

E 面方向图如图 10.17 所示。

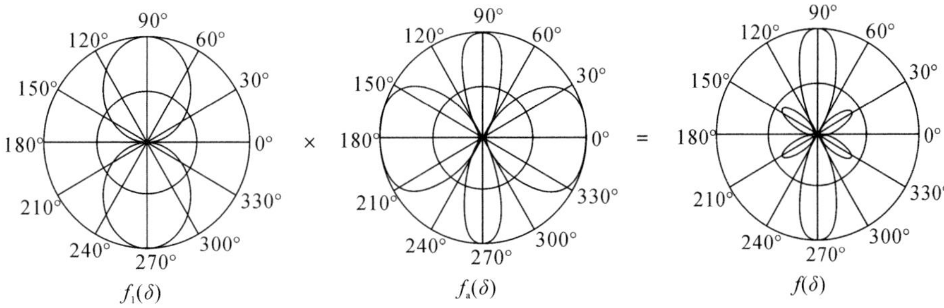

图 10.17　例 10.2 的 E 面方向图

(2) H 平面(xoz)。

如图 10.18 所示，对于共线二元阵，$\psi_H(\delta)=0$，H 面阵因子无方向性。应用方向图乘积定理，直接写出 H 面的方向函数为

$$f_H(\delta)=1\times2=2$$

归一化后有

$$F_H(\delta)=1$$

所以 H 面方向图为一单位圆。

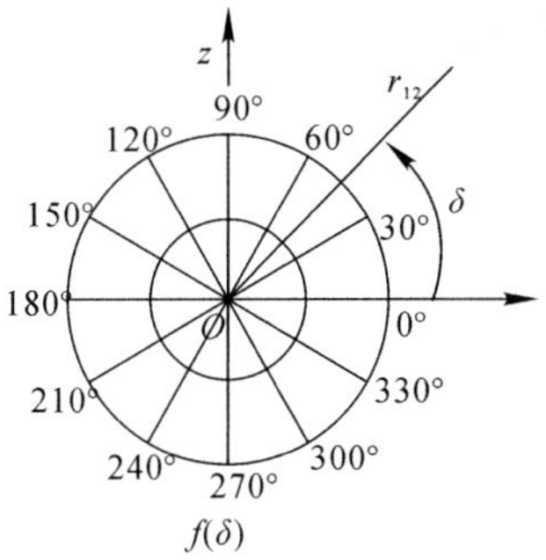

图 10.18　例 10.2 的 H 平面坐标及方向图

例 10.3 由两个半波振子组成一个平行二元阵，其间隔距离 $d=0.75\lambda$，电流比 $I_{m2}=I_{m1}e^{j\pi/2}$，求其方向函数及立体方向图。

解： 如图 10.19 所示，先求阵因子。

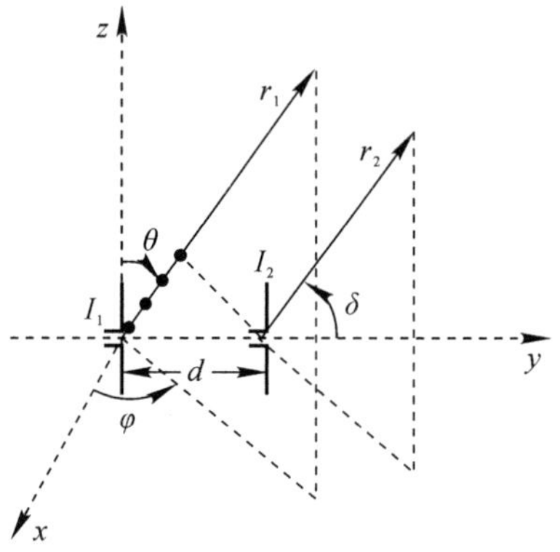

图 10.19 例 10.3 的坐标图

路径差为

$$\Delta r = d\cos\delta = d\boldsymbol{e}_y \cdot \boldsymbol{e}_r = d\sin\theta\sin\varphi$$

所以，总相位差为

$$\psi = \frac{\pi}{2} + 1.5\pi\sin\theta\sin\varphi$$

由式(10.16)，阵因子为

$$f_a(\theta, \varphi) = \left| 2\cos\left(\frac{\pi}{4} + 0.75\pi\sin\theta\sin\varphi\right) \right|$$

根据方向图乘积定理，阵列方向函数为

$$f(\theta, \varphi) = \left| \frac{\cos\left(\frac{\pi}{2}\cos\theta\right)}{\sin\theta} \right| \times \left| 2\cos\left(\frac{\pi}{4} + 0.75\pi\sin\theta\sin\varphi\right) \right|$$

图 10.20 由 Matlab 软件绘出。

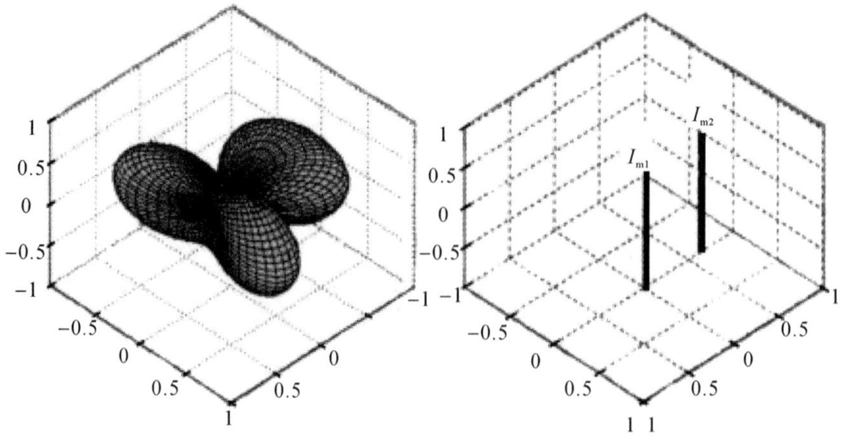

(a) $f(\theta,\varphi)$　　(b) 振子排列对应图

图 10.20 二元阵的归一化立体方向图

通过以上实例的分析可以看出，加大间隔距离 d 会加大波程差的变化范围，导致波瓣个数变多；而改变电流激励初始相差，会改变阵因子的最大辐射方向。常见的二元阵阵因子图形如图 10.21 所示。

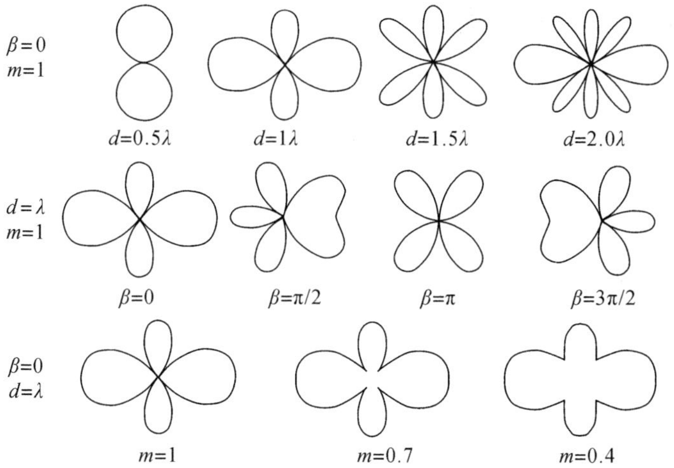

图 10.21　二元阵阵因子图形

对于 n 元相似直线阵，由前面的讨论可知，相邻两个单元在空间同一点的辐射场的相位差为

$$\psi = kd\cos\delta + \beta \tag{10.17}$$

即第 $i+1$ 元的辐射场领先于第 i 元的辐射场的相位。式中表明，ψ 取决于两个相位因素：一是 $kd\cos\delta$，由相邻元的辐射场到达同一观察点的波程差 $d\cos\delta$ 所引起的相位差，称为空间相位差；二是 β，相邻两单元的电流相位差。形成天线阵方向性的根本原因是上述随方向变化的波程差，它产生随方向变化的空间相位差，使诸天线元的辐射场在不同的方向上以不同的相位关系叠加而获得总辐射场，形成天线阵辐射场随方向变化的特性。相邻元的间距以及电流的幅度比和相位差是通过形成阵方向性的根本因素(随方向变化的波程差)产生效应的。

从 ψ 的物理意义可知：$\psi = 2m\pi$ 时，由于天线阵中各天线元的辐射场是同相叠加的，因此场强达到最大，方向图出现最大值。由于 $f_{a,max} = n$ 是各元电流等幅的结果，通常要求天线阵方向图只有一个最大值发生在 $\psi = 0$ 的主瓣。设主瓣最大值方向(天线阵最大辐射方向)为 δ_M，由式(10.17)得

$$\beta = -kd\cos\delta_M \tag{10.18}$$

即阵中各元的电流依次滞后 $kd\cos\delta_M$ 相位时，δ_M 方向的领先空间相位差正好为电流滞后相位差所补偿，各天线元的辐射场是同相叠加的，故该方向成为天线阵最大辐射方向。即

$$\delta_M = \arccos\left(-\frac{\beta}{kd}\right) \tag{10.19}$$

直线阵相邻元电流相位差 β 的变化，将引起方向图最大辐射方向相应变化。如果 β 随时间按一定规律重复变化，天线阵不转动，最大辐射方向连同整个方向图就能在一定空域内往复运行，即实现方向图扫描。由于是利用 β 的变化使方向图扫描，这种扫描称为相位扫描，通过改变相邻元电流相位差实现方向图扫描的天线阵，称为相位扫描天线阵或相控阵。

图 10.22(a)是相位扫描天线阵的原理图。各阵元电流的相位变化由串接在各自馈线中的电控移相器控制。

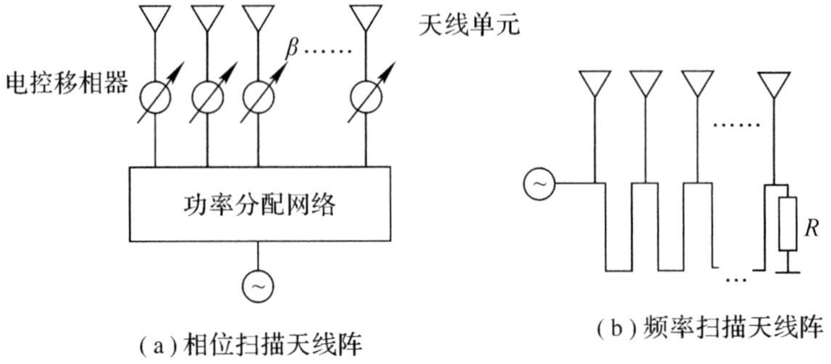

图 10.22　相控阵天线原理

相位扫描阵的 $\beta=-kd\cos\delta_M$，且有

$$\psi=kd(\cos\delta-\cos\delta_M) \tag{10.20}$$

$$|F_a(\delta)|=\frac{1}{n}\left|\frac{\sin\left[\frac{n}{2}kd(\cos\delta-\cos\delta_M)\right]}{\sin\left[\frac{1}{2}kd(\cos\delta-\cos\delta_M)\right]}\right| \tag{10.21}$$

图 10.23 是 $d=\lambda/4$ 的 10 元相位扫描阵在含阵直线平面内的阵方向图($\delta_M=60°$)。

由式(10.19)可知，δ_M 亦与工作频率有关，改变工作频率也可以实现方向图扫描，称为频率扫描。图 10.22(b)表示方向图频率扫描原理，馈线末端接匹配负载。信号频率改变时，随之改变的馈线电长度则引起天线元电流的相位变化。

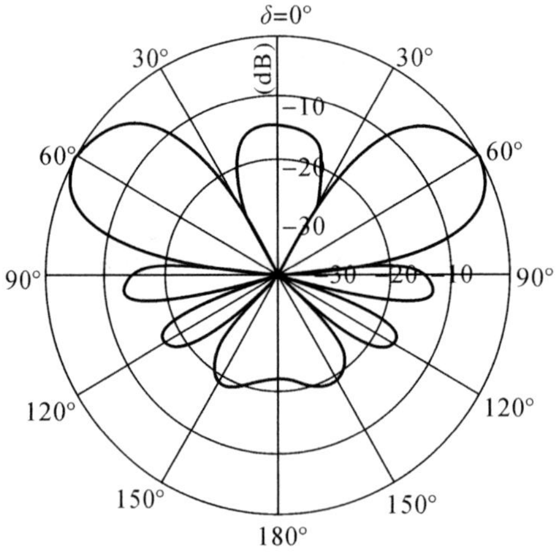

图 10.23　相位扫描阵方向图($n=10$，$d=\lambda/4$，$\delta_M=60°$)

10.3　相控阵天线

相控阵天线是依靠控制阵元的馈电相位来实现波束扫描的阵列天线。随着数字移相器性能的不断完善，目前相控阵天线以其扫描快速、波束控制灵活等优点在雷达天线中得到

了广泛应用。相控阵天线分为一维扫描阵(相控阵)天线和二维扫描阵(相控阵)天线。本节介绍相控阵天线的基本原理。

10.3.1　一维扫描阵

图 10.24 表示一个由无方向性阵元组成的间距为 d 的 N 元直线阵，改变各阵元的相位，就可以使波束在空间的指向 θ 发生改变，完成波束的空间一维扫描，因此称为一维扫描阵。激励各阵元的电流振幅相同，但相位沿阵轴方向按等差级数递变，各天线元之间的相位差是 $\psi=\alpha d$，阵方向函数如下：

$$F(\theta) = I_0 \sum_{n=0}^{N-1} e^{j(n\alpha d + knd\sin\theta)} \tag{10.22}$$

若 $\psi=\alpha d=-kd\sin\theta_s$，上式成为

$$F(\theta) = I_0 \sum_{n=0}^{N-1} e^{jnkd(\sin\theta - \sin\theta_s)} \tag{10.23}$$

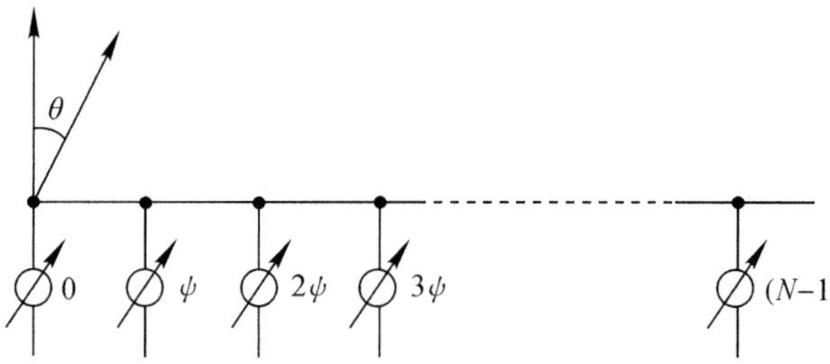

图 10.24　N 元直线阵

当 $\theta=\theta_s$ 时，激励电流引入的相位差与波程引起的相位差相互抵消，各阵元的辐射场同相叠加，使该方向成为最大辐射方向。只要在各阵元上加一相移量分别为 $n\psi=-nkd\sin\theta_s$ 的移相器，主瓣方向将随阵元相位差 ψ 的改变而改变，从而实现空间扫描。阵方向函数为

$$F(\theta)=\frac{\sin\left[\frac{1}{2}Nkd(\sin\theta-\sin\theta_s)\right]}{\sin\left[\frac{1}{2}kd(\sin\theta-\sin\theta_s)\right]} \tag{10.24}$$

上式除了在 $\theta=\theta_s$ 时有最大值之外，在 $\frac{1}{2}kd(\sin\theta-\sin\theta_s)=m\pi(m=\pm1, \pm2,\cdots)$，即 $\sin\theta=\sin\theta_s\pm\frac{m\lambda_0}{d}$ 时也会出现最大值，这些最大值即栅瓣。为使在可见区 $-\frac{\pi}{2}<\theta<\frac{\pi}{2}$ 范围内不出现栅瓣，应使 $-\pi<\frac{1}{2}kd(\sin\theta-\sin\theta_s)<\pi$，即

$$\frac{d}{\lambda_0}<\left|\frac{1}{1+\sin\theta_s}\right| \tag{10.25}$$

将 $-\pi<\frac{1}{2}kd(\sin\theta-\sin\theta_s)<\pi$ 在 θ_s 附近用泰勒级数展开得：

$$\sin\theta-\sin\theta_s\approx(\theta-\theta_s)\cos\theta_s\approx\sin(\theta-\theta_s)\cos\theta_s$$

则阵方向函数式(10.24)可以写成

$$F(\theta)=\frac{\sin\left[\frac{1}{2}Nkd\cos\theta_s(\theta-\theta_s)\right]}{\sin\left[\frac{1}{2}kd\cos\theta_s(\theta-\theta_s)\right]}\xrightarrow{\theta\to\theta_s}\frac{\sin\left[\frac{1}{2}Nkd\cos\theta_s\sin(\theta-\theta_s)\right]}{\sin\left[\frac{1}{2}kd\cos\theta_s\sin(\theta-\theta_s)\right]} \tag{10.26}$$

上式可以看成阵长为 $Nd\cos\theta_s$、法线方向为 θ_s 方向的边射阵的阵因子。可见，扫描的影响等效于使阵投影到与扫描角 θ_s 垂直的平面上，从而使阵的有效长度减小，主瓣宽度变宽，主瓣宽度展宽因子为 $1/\cos\theta_s$。

10.3.2 二维扫描阵

二维扫描阵的各单元通常配置在一个平面上，最简单的二维相控阵是等间距平面阵。下面研究图 10.25 所示的等距平面阵，该阵由沿 x 方向的 M 个无方向性阵元和沿 y 方向的 N 个无方向性阵元组成，共有 $M\times N$ 个阵元。x 方向阵元间距为 d_x，y 方向阵元间距为 d_y。激励各阵元的电流振幅相同，但相位沿 x 方向和沿 y 方向按等差级数递变。设空间任意方向与 x 轴和 y 轴的夹角分别为 α 和 β；阵元激励电流沿 x 轴和 y 轴的相移分别为 $\psi_x=kd_x\cos\alpha_s$ 和 $\psi_y=kd_y\cos\beta_s$，即阵的主瓣方向在 α_s、β_s 上，阵方向函数为

$$F(\alpha,\beta)=\sum_{m=0}^{M-1}\sum_{n=0}^{N-1}e^{jmkd_x(\cos\alpha-\cos\alpha_s)+jnkd_y(\cos\beta-\cos\beta_s)}$$

$$|F(\alpha,\beta)|=\left|\frac{\sin\left(\frac{1}{2}Mkd_x\tau_x\right)}{\sin\left(\frac{1}{2}kd_x\tau_x\right)}\right|\times\left|\frac{\sin\left(\frac{1}{2}Nkd_y\tau_y\right)}{\sin\left(\frac{1}{2}kd_y\tau_y\right)}\right| \tag{10.27}$$

式中，$\tau_x=\cos\alpha-\cos\alpha_s$，$\tau_y=\cos\beta-\cos\beta_s$。方向图的最大辐射方向($\alpha_s$，$\beta_s$)取决于相邻单元间的相位差 ψ_x、ψ_y，即

$$\cos\alpha_s=\frac{\psi_x}{kd_x},\ \cos\beta_s=\frac{\psi_y}{kd_y} \tag{10.28}$$

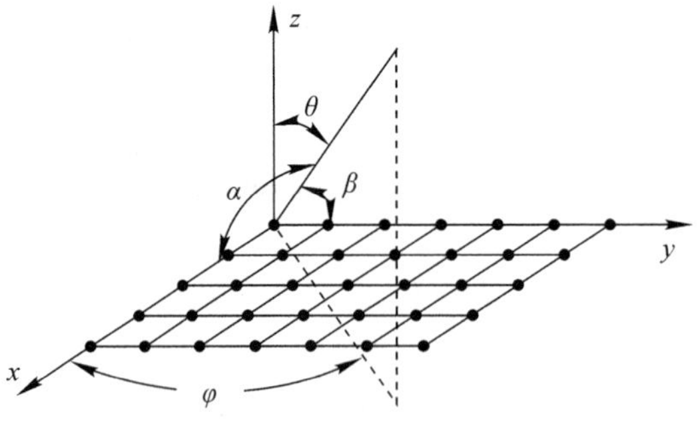

图 10.25 等距平面阵

为了研究波束的扫描特性，定义复数

$$T=\cos\alpha+j\cos\beta \tag{10.29}$$

则最大值为其复平面 T 上的一点 $T_s=\cos\alpha_s+j\cos\beta_s$，此时阵因子可以写成

$$F(\alpha,\beta)=\sum_{m=0}^{M-1}\sum_{n=0}^{N-1}e^{jmkd_x\mathrm{Re}(T-T_s)+jnkd_y\mathrm{Im}(T-T_s)}$$

图 10.26 中，坐标(α，β)与极轴($\theta=0$)指向阵列法线方向的球坐标系(θ，φ)有下列关系：

$$\cos\alpha=\sin\theta\cos\varphi \tag{10.30a}$$

$$\cos\beta=\sin\theta\sin\varphi \tag{10.30b}$$

$$\sin^2\theta=\cos^2\alpha+\cos^2\beta \tag{10.30c}$$

$$\tan\varphi=\frac{\cos\alpha}{\cos\beta} \tag{10.30d}$$

当波束在空间扫描时，T_s 改变，T 平面上的方向图将在 T 平面上移动，但形状不变。由式(10.30)可见，T 平面上的点恰好就是球坐标系(θ, φ)中单位球面上的点在 T 平面上的投影。图 10.26 中给出 φ 和 θ 为常数时，单位球面在 T 平面上的投影示意图。

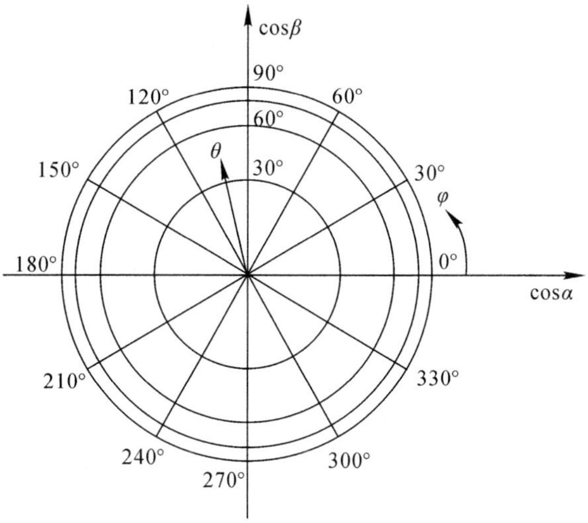

图 10.26　单位球面在 T 平面上的投影示意图

将式(10.30a)和(10.30b)代入式(10.29)，得 T 与球坐标系(θ, φ)的关系为

$$T=\sin\theta e^{j\varphi} \tag{10.31}$$

因为$|T|=\sin\theta$，所以 T 平面也称 $\sin\theta$ 平面。在 T 平面单位圆以内的区域满足$|T|\leqslant\sin\theta\leqslant 1$，$\cos^2\alpha+\cos^2\beta\leqslant 1$，即 $0\leqslant\theta\leqslant\pi/2$，波束位于可见区内，称为实空间。单位圆以外的区域为不可见区，称为虚空间。

利用 T 平面可以方便地研究波束扫描时方向图的变化。下面利用 T 平面来研究波束扫描时是否出现栅瓣。已知在空间某方向上出现波瓣最大值的条件为

$$\tau_x=\cos\alpha-\cos\alpha_s=\pm m\frac{\lambda_0}{d_x}\quad m=0, 1, 2, \cdots \tag{10.32a}$$

$$\tau_y=\cos\beta-\cos\beta_s=\pm n\frac{\lambda_0}{d_y}\quad m=0, 1, 2, \cdots \tag{10.32b}$$

式中，$m=0$，$n=0$ 对应主瓣，$m>0$，$n>0$ 对应栅瓣。在 T 平面上很容易根据间距 d_x、d_y 得到主瓣和栅瓣在空间的位置及波束扫描时它们的变化。下面举例说明。

设阵中各单元之间的间距为 $d_x=d_y=\lambda_0$，由式(10.32)知，波束最大值(主瓣和栅瓣)在 T 平面上 $\cos\alpha$ 和 $\cos\beta$ 方向的间距为 $\tau_x=\tau_y=1$。当把方向图的主瓣指向阵列平面的法线方向时，$\cos\alpha_s=\cos\beta_s=0$，主瓣最大值位于 T 平面的原点，在单位圆即可见区内共有五个最大值，如图 10.27(a)中的黑点所示。这五个最大值中一个是位于单位圆中心的主瓣 T_s，其余四个是位于单位圆边缘的栅瓣。当波束扫描时，若 $\psi_x=\pi$，$\psi_y=-\pi$，即 $\cos\alpha_s=0.5$，$\cos\beta_s=$

-0.5，则这时主瓣最大值 T_s 从原点移向$(0.5, -0.5)$，其他几个最大值都要作相应的平移，平移的方向和 T_s 相同，移动后的情况如图中的白点所示。从图中可以看出，此时单位圆即可见区内只有三个栅瓣。若 $d_x = d_y$，略小于 λ_0，波束最大值在 T 平面上 $\cos\alpha$ 和 $\cos\beta$ 方向的间距略大于1，原来单位圆边缘上的栅瓣移出单位圆，因此扫描前可见区内没有栅瓣，但扫描后可见区内出现栅瓣。若间距变为 $d_x = d_y = 2\lambda_0/3$ 时，波束最大值在 T 平面上 $\cos\alpha$ 和 $\cos\beta$ 方向的间距为 $\tau_x = \tau_y = 1.5$，主瓣及栅瓣在 T 平面上的分布如图10.27(b)所示，此时扫描前后可见区内都只有一个主瓣而没有栅瓣。利用 T 平面很容易找到在扫描过程中不出现栅瓣的条件。

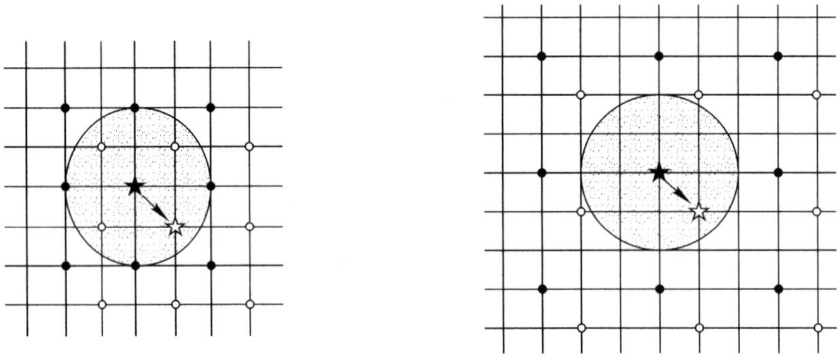

★主瓣(扫描前)；☆主瓣(扫描后)；　●栅瓣(扫描前)；　○栅瓣(扫描后)

(a) $dx=dy=\lambda_0$　　(b) $dx=dy=\frac{2}{3}\lambda_0$

图10.27　波束扫描时方向图主瓣和栅瓣在 T 平面上的位置

10.3.3　阵元间的互耦

1. 口径匹配

当两个辐射单元相距较远时，它们之间的互耦是比较小的，互耦对单元阻抗和方向图的影响可以忽略不计，但当两个辐射单元靠得很近时，它们之间的互耦就不能忽略了。相控阵中阵元之间的间距一般都小于一个波长，因此必须考虑互耦的影响，单元之间的间距、单元的方向图、单元的排列方式及单元在阵中的位置等都影响单元间互耦的大小。例如偶极子的方向函数为 $\cos\theta$，则此两偶极子共线排列时耦合较松，平行排列时耦合较紧。在大型天线阵中处于中心位置的单元与处于边缘位置的单元受互耦的影响也不一样。由于阵元间互耦的影响，阵元的方向图与输入阻抗变得与孤立单元的方向图不一样，单元的输入阻抗还将随扫描角的变化而改变。实验已经发现互耦的影响可能导致方向图出现“盲点”，即在该扫描角方向能量几乎全部被反射回馈源，因此，消除“盲点”，在大扫描角范围内实现单元与馈源的匹配，就成为相控阵天线正常工作必须解决的关键技术。为了解决这个问题，出现了广角匹配技术。

面积为 A 的均匀平面阵的法向增益为 $G = 4\pi A/\lambda_0^2$，扫描角为 θ_s 时，有

$$G = \frac{4\pi A}{\lambda_0^2}\cos\theta_s$$

若 N 元阵中每个单元的增益均相等，则单个阵元的增益为

$$g(\theta_s)=\frac{4\pi A}{N\lambda_0^2}\cos\theta_s$$

如果单元失配，其反射系数 $\Gamma(\theta_s)$ 将是扫描角的函数，因此单元的增益为

$$g(\theta_s)=\frac{4\pi A}{N\lambda_0^2}\cos\theta_s(1-|\Gamma(\theta_s)|^2) \tag{10.33}$$

式中的反射系数 $\Gamma(\theta_s)$ 反映了阵元互耦的影响。理想情况下，$\Gamma(\theta_s)=0$，此时单元增益为

$$g(\theta_s)_{\max}=\frac{4\pi A}{N\lambda_0^2}\cos\theta_s=\frac{4\pi a}{\lambda_0^2}\cos\theta_s \tag{10.34}$$

式中 a 为阵元面积。上式说明，如果单元的反射系数为零，则单元的方向函数应为 $\cos\theta$。可以证明，如果单元的方向函数为 $\cos\theta$ 形式时，其反射系数在扫描过程中恒定不变。这样，如果在某个扫描角实现了匹配也就实现了整个扫描过程的匹配。

如果阵元不具备 $\cos\theta$ 型的方向性，则需要采用其他的方法来实现扫描时的宽角匹配。其中一种方法是利用薄介质板进行补偿，介质板尺寸和阵面一样大，平行地放在面阵的前面，板的存在相当于在等效的空间传输线上并联一容性电抗。

若介质板的厚度为 t，介电常数为 ε，θ 为入射角，则垂直极化时介质板的电纳为

$$\frac{B(\theta)}{G_0}=\frac{2\pi}{\lambda_0}t(\varepsilon-1)\frac{1}{\cos\theta} \tag{10.35}$$

平行极化时介质板的电纳为

$$\frac{B(\theta)}{G_0}=\frac{2\pi}{\lambda_0}t(\varepsilon-1)\left(\cos\theta-\frac{\sin^2\theta}{\varepsilon\cos\theta}\right) \tag{10.36}$$

由上面两式可见，若把介质板置于平面阵前面，阵扫描时介质板的电纳随 θ 的变化正好与阵因子随 θ 的变化相反，从而实现相互补偿。应用这种方法可将介质板兼作天线罩使用，但介质板上可能产生慢表面波，使单元波瓣产生盲点。

2. 互耦问题的分析方法

关于相控阵天线元间的互耦问题，人们在理论及实践上都进行了大量的研究，但许多研究成果都与具体的阵元结构密切相关，涉及的内容较多。这里仅简单介绍一种用实验方法测量单元间耦合系数的散射矩阵法，它对任何形式的单元结构都适用，是一种比较实用的方法。

设有一 $M\times N$ 个单元的二维平面阵，阵中任一单元 ij 馈线上的入射波电压幅度为 a_{ij}，反射波电压幅度为 b_{ij}，它们之间的关系可用散射矩阵来描述：

$$[\boldsymbol{b}]=[\boldsymbol{S}][\boldsymbol{a}] \tag{10.37}$$

式中，$[\boldsymbol{b}]$和$[\boldsymbol{a}]$分别为表示反射和入射行波电压幅度的列向量，$[\boldsymbol{S}]$为 $MN\times MN$ 阶散射矩阵。该矩阵方程的典型元素为

$$b_{ij}=\sum_{k=0}^{M-1}\sum_{l=0}^{N-1}S_{ij,kl}a_{kl}\quad i=0,1,2,\cdots,M-1;\ j=0,1,2,\cdots,N-1 \tag{10.38}$$

$S_{ij,kl}$ 为第(i,j)单元和第(k,l)单元之间的耦合系数，也称为散射系数。显然$[\boldsymbol{S}]$是对称矩阵。

根据传输线理论：阵元的阻抗特性可由它的输入反射系数或输入阻抗来确定，第 ij 元的输入反射系数为 $\Gamma_{ij}=b_{ij}/a_{ij}$，输入阻抗为 $Z_{ij}=(1+\Gamma_{ij})/(1-\Gamma_{ij})$。利用上述公式计算必须首先确定散射系数 $S_{ij,kl}$。散射系数可用下述方法确定：设除 a_{mn} 外所有 a_{kl} 都为零，则式

(10.38)成为 $b_{ij}=S_{ij,kl}a_{kl}$，从而有

$$S_{ij,mn}=\frac{b_{ij}}{a_{mn}}\bigg|_{a_{kl}=0,\ kl\neq mn} \tag{10.39}$$

上式的物理意义是：散射系数 $S_{ij,mn}$ 表示所有其他单元入射电压为零的情况下，第 mn 单元耦合到第 ij 单元的电压与第 ij 单元的入射电压之比。使 $a_{kl}=0$，$kl\neq mn$ 的最简便方法是关闭所有连接到 $kl\neq mn$ 单元的信号源，但信号源仍接在该单元上，以保证非激励单元用匹配负载端接。这样在第 ij 单元的馈电端测得 b_{ij}，再由给定的 a_{mn} 即可计算 $S_{ij,mn}$。至于自耦合系数 $S_{ij,ij}$，只需将所有其他单元都端接匹配负载，测 ij 端的 b_{ij} 即可。

用实验方法确定散射系数后，通过上述公式即可求得任一单元的输入阻抗，这种方法不受单元形式的限制，是一种适用于小阵的有效方法(大阵的测量工作量太大)。

10.4 八木天线

引向天线(Yagi-Uda Antenna)是一个很好的阵列原理应用的例子。宇田新太郎(Uda)是日本东北大学的一名助理教授，1926 年，他从事寄生反射器与引向器研究时还不满 30 岁。他测量了各种情况下带有一根寄生反射器和多达 30 根引向器的波瓣图和增益，发现反射器的最佳长度约为$\frac{1}{2}\lambda$，与主振子相距约$\frac{1}{4}\lambda$，最佳引向器长度比$\frac{1}{2}\lambda$ 短约 10%，相距约$\frac{1}{3}\lambda$，并先后发表了 11 篇论文。八木秀次(Yagi)是日本东北大学的一名电工学教授，比宇田年长 10 岁。1926 年，他带着宇田到皇家学会(Imperial Academy)宣讲了题为“电波的最锐波束发射器(Projector of the Sharpest Beam of Electric Waves)”的论文，同年又在东京举行的第三届泛太平洋会议(the Third Pan-Pacific Congress)上宣讲了题为“论电波传输功率之可行性(On the Feasibility of Power Transmission by Electric Waves)”的论文，提出利用多引向器周期性结构的导向作用可以产生短波的窄波束，用于短波的功率传输，并由此设想了从空间站到地球的太阳能聚束传输。后来为了纪念他们的工作成就，就把这类天线称为“八木-宇田”天线。

10.4.1 结构

引向天线是一个紧耦合的寄生振子端射阵，其结构如图 10.28 所示，由一个(有时有两个)有源振子及若干个无源振子构成。有源振子近似为半波振子，主要作用是提供辐射能量；无源振子的作用是使辐射能量集中到天线的端向。其中稍长于有源振子的无源振子起反射能量的作用，称为反射器；较有源振子稍短的无源振子起引导能量的作用，称为引向器。无源振子起引向或反射作用的大小与它们的尺寸及其与有源振子的距离有关。

通常有几个振子就称为几单元或几元引向天线。例如，图 10.28 共有八个振子，就称为八元引向天线。

由于每个无源振子都近似等于半波长，中点为电压波节点；各振子与天线轴线垂直，它们可以同时固定在一根金属杆上，金属杆对天线性能影响较小；不必采用复杂的馈电网络，因而该类天线具有体积不大、结构简单、牢固、便于转动、馈电方便等优点。其增益可以达到十几分贝，具有较高增益；缺点是调整和匹配较困难，工作带宽较窄。

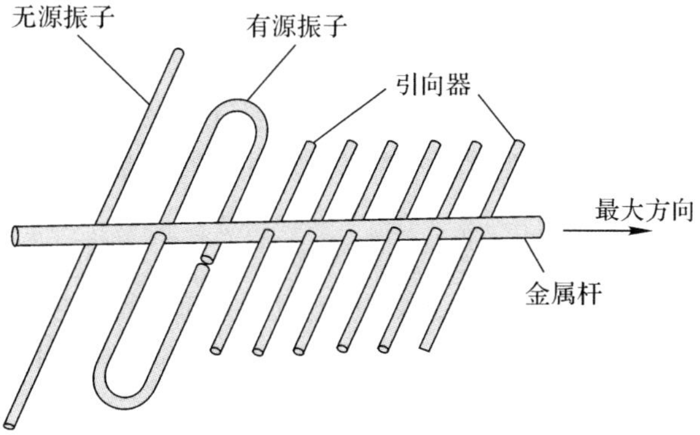

图 10.28　引向天线

10.4.2　原理

1. 二元引向天线(Dual Element Antenna)

为了分析产生“引向”或“反射”作用时振子上的电流相位关系，下面先观察两个有源振子的情况。

设有平行排列且相距 $\lambda/4$ 的两个对称振子，如图 10.29 所示。若两振子的电流幅度相等，但振子“2”的电流相位超前振子“1”的电流相位 90°，即 $I_2=I_1\mathrm{e}^{\mathrm{j}\pi/4}$，如图 10.29(a)所示。此时，在 $\varphi=0°$方向上，振子“2”的辐射场要比振子“1”的辐射场少走 $\lambda/4$ 路程，即由路程差引起的相位差，振子“2”超前振子“1”90°，同时，振子“2”的电流相位又超前振子“1”的电流相位 90°，则两振子辐射场在 $\varphi=0°$方向上的总相位差为 180°，因而合成场为零。反之，在 $\varphi=180°$方向上，振子“2”的辐射场要比振子“1”的辐射场多走 $\lambda/4$ 路程，相位落后 90°，但其电流相位却领先 90°，则两振子辐射场在该方向是同相叠加的，因而合成场强最大。在其他方向上，两振子辐射场的路程差所引起的相位差为$(\pi/2)\cos\varphi$，而电流相位差恒为 $\pi/2$，因而合成场强介于最大值与最小值(零值)之间，所以当振子“2”的电流相位领先于振子“1”的电流相位 90°，即 $I_2=I_1\mathrm{e}^{\mathrm{j}\pi/4}$时，振子“2”的作用好像把振子“1”朝它方向辐射的能量“反射”回去，故振子“2”称为反射振子(或反射器 Reflector)。如果振子“2”的馈电电流可以调节，使其相位滞后于振子“1”90°，即 $I_2=I_1\mathrm{e}^{-\mathrm{j}\pi/4}$，如图 10.29(b)所示，则其结果与上面相反，此时振子“2”的作用好像把振子“1”向空间辐射的能量引导过来，则振子“2”称为引向振子(或引向器 Director)。

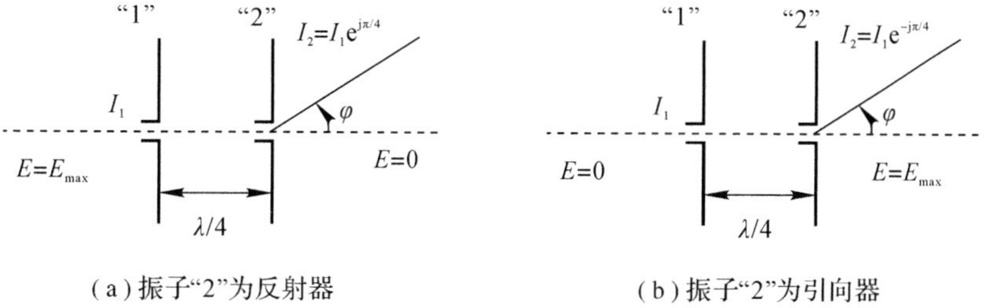

图 10.29　引向天线原理

现在继续分析这一问题。如果将振子“2”的电流幅度改变一下，例如减小为振子“1”的

1/2，它的基本作用会不会改变呢？此时，E_2 对 E_1 的相位关系并没有因为振幅的变化而改变，虽然在 $\varphi=0°$方向，$E=1.5E_1$，在 $\varphi=180°$方向，$E=0.5E_1$，但相对于振子“1”，振子“2”仍然起着引向器的作用。这一结果使我们联想到：在一对振子中，振子“2”起引向器或反射器作用的关键不在于两振子的电流幅度关系，而主要在于两振子的间距以及电流间的相位关系。

实际工作中，引向天线振子间的距离一般在 $0.1\lambda\sim0.4\lambda$ 之间，在这种条件下，振子“2”对振子“1”的电流相位差等于多少才能使振子“2”成为引向器或反射器呢？

下面作一般性分析。为了简化分析过程，我们只比较振子中心连线两端距天线等距离的两点 M 和 N 处辐射场的大小(见图 10.30)。若振子“2”所在方向的 M 点辐射场较强，则“2”为引向器；反之，则为反射器。设 $I_2=I_1e^{j\beta}$，间距 $d=0.1\lambda\sim0.4\lambda$，则在 M 点 E_2 对 E_1 的相位差 $\psi=kd+\beta$。根据 d 的范围，则 $36°\leqslant kd\leqslant144°$。如果 $0°<\beta<180°$，即 I_2 的初相超前于 I_1 时，在 N 点 E_2 对 E_1 超前的电流相位差将与落后的波程差有相互抵消的作用，辐射场较强，所以振子“2”起反射器的作用。如果 $-180°<\beta<0°$，即 I_2 落后于 I_1 时，则在 M 点 E_2 对 E_1 超前的波程差与落后的电流相位差相抵消，辐射场较强，振子“2”起引向器作用。

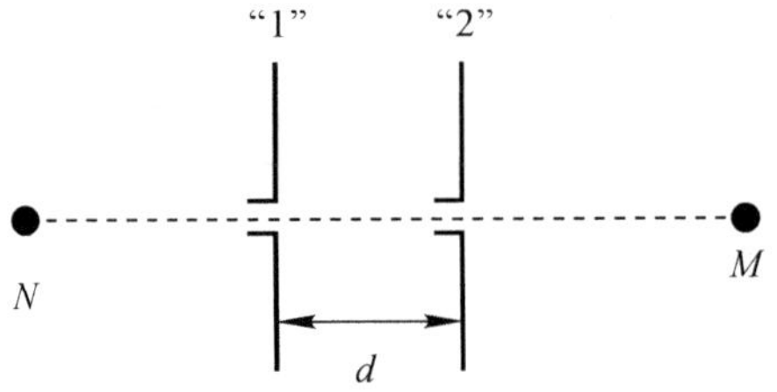

图 10.30　电流相位条件

由此可知，在 $d/\lambda\leqslant0.4$ 的前提下，振子“2”作为引向器或反射器的电流相位条件是

$$\left.\begin{aligned}&\text{反射器：}0°<\beta<180°\\&\text{引向器：}-180°<\beta<0°\end{aligned}\right\}\tag{10.40}$$

2. 多元引向天线(Multiple Element Antenna)

为了得到足够的方向性，实际使用的引向天线大多数是更多元数的，图 10.31(a)就是一个六元引向天线，其中有源振子是普通的半波振子。

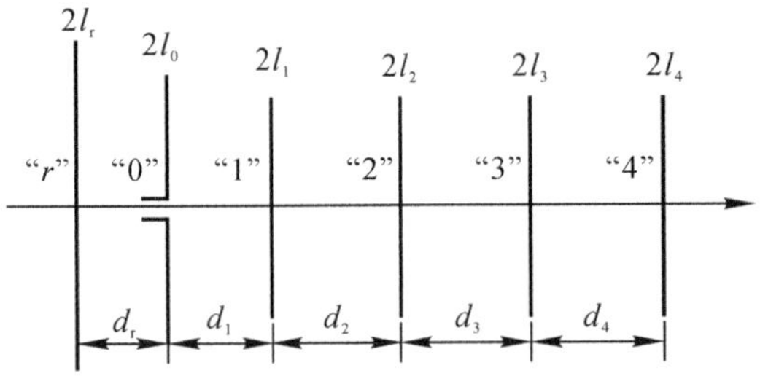

(a) 引向天线示意图

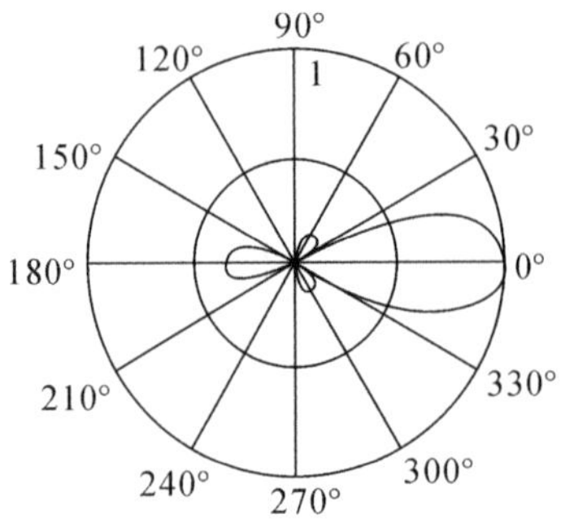

(b) E 面方向图

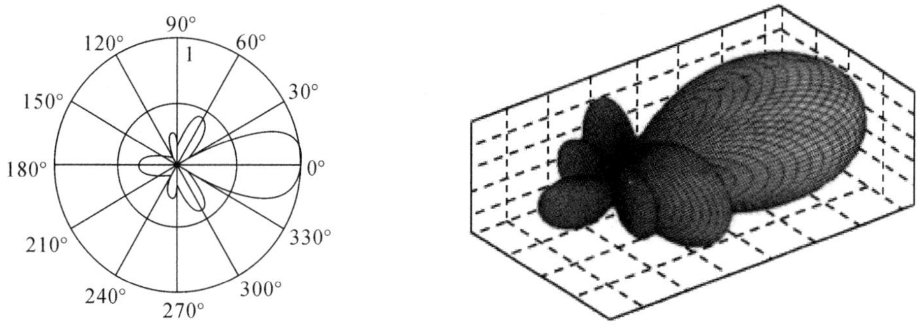

(c) H 面方向图　　　　(d) 立体方向图

图 10.31　某六元引向天线及其方向图

通过调整无源振子的长度和振子间的间距，可以使反射器上的感应电流相位超前于有源振子(满足式(10.40))；使引向器“1”的感应电流相位落后于有源振子；使引向器“2”的感应电流相位落后于引向器“1”；使引向器“3”的感应电流相位再落后于引向器“2”……，如此下去便可以调整得使各个引向器的感应电流相位依次落后下去，直到最末一个引向器落后于它前一个为止。这样就可以把天线的辐射能量集中到引向器的一边(z 方向，通常称 z 方向为引向天线的前向)，获得较强的方向性。图 10.31(b)、(c)、(d)给出了某六元引向天线($2l_r=0.5\lambda$，$2l_0=0.47\lambda$，$2l_1=2l_2=2l_3=2l_4=0.43\lambda$，$d_r=0.25\lambda$，$d_1=d_2=d_3=d_4=0.30\lambda$，$2a=0.0052\lambda$)的 E 面、H 面和立体方向图。

由于已经有了一个反射器，再加上若干个引向器对天线辐射能量的引导作用，在反射器一方(通常称为引向天线的后向)的辐射能量已经很弱，再加更多反射器对天线方向性的改善不是很大，通常只采用一个反射器就够了。至于引向器，一般来说数目越多，其方向性就越强，但是实验与理论分析均证明：当引向器的数目增加到一定程度以后，再继续加多，对天线增益的贡献相对较小。

图 10.32 给出了包括引向器、反射器在内的所有相邻振子间距都是 0.15λ，振子直径均

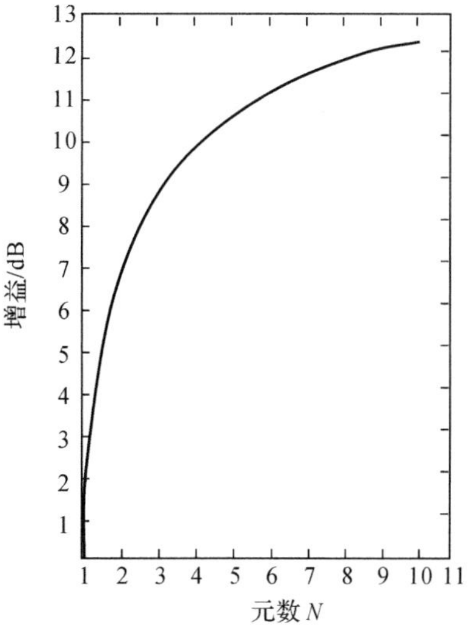

($d_r=d_1=d_2\cdots=0.15\lambda$，$2a/\lambda=0.0025$)

图 10.32　典型引向天线的增益与总元数的关系

为 0.0025λ 的引向天线增益与元数的关系曲线。由图可以看出，若采用一个反射器，当引向器由一个增加到两个时($N=3$ 增至 $N=4$)，天线增益大约增大 1 dB，而引向器个数由 7 个增至 8 个($N=9$ 增至 $N=10$)时，增益只能增加约 0.2 dB。不仅如此，引向器个数多了还会使天线的带宽变窄、输入阻抗减小，不利于与馈线匹配。加之从机械上考虑，引向器数目过多会造成天线过长，也不便于架设支撑，因此，在米波波段实际应用的引向天线引向器的数目通常很少超过十三四个。

习　题

10.1　两个垂直放置的半波天线组成同相二元阵，单元天线场强 $\boldsymbol{E}_0=100\ \mu\text{V/m}$，$d=\lambda/2$，试计算在相同距离下 $\varphi=0°$、$45°$、$60°$、$90°$时二元阵辐射的场强值，画出水平面方向图，并从概念上加以解释。

10.2　四个电基本振子排列如题 10.2 图所示，同相馈电，辐射功率相同，均为 0.15 W，求 $r=1$ km，$\alpha=45°$方向上观察点的场强。

10.3　同上题，但各振子的激励相位依图中所标序号依次为(1)e^{j0}，(2) $e^{j\pi/2}$，(3)$e^{j\pi}$和(4)$e^{j3\pi/2}$，试绘出 E 面和 H 面极坐标方向图。

10.4　两基本振子同相等幅馈电，其排列如题 10.4 图所示，画出(a)、(b)两种情况下 E 面和 H 面方向图。

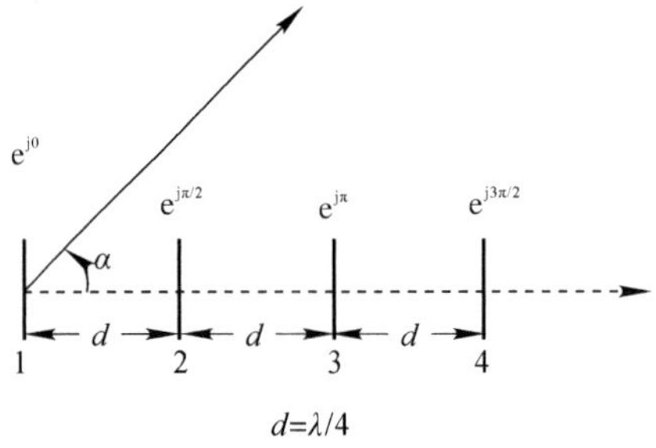

题 10.2 图

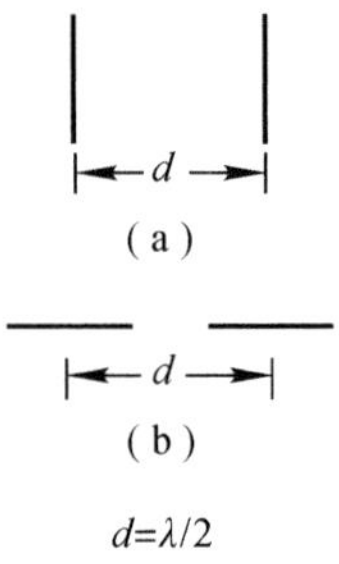

题 10.4 图

10.5　五个无方向性理想点源组成沿 z 轴排列的均匀直线阵。已知 $d=\lambda/4$，$\beta=\pi/2$，试应用归一化阵因子图绘出含 z 轴平面及垂直于 z 轴的方向图。

10.6　试画出半波天线($l=\lambda/4$)与地面垂直、水平、倾斜三种放置的镜像，如题 10.6 图所示。

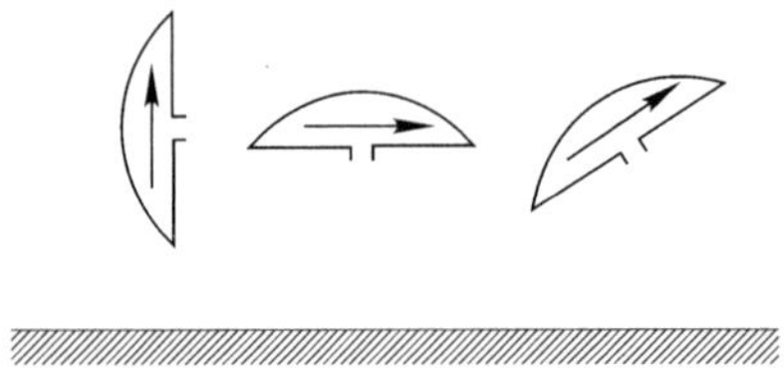

题 10.6 图

10.7　通过计算，画出水平架设高于地面 $H=\lambda/4$ 的对称振子的阵因子方向图。

10.8　两基本振子同相等辐馈电，其排列如题 10.8 图所示，画出(a)、(b)两种情况下

E 面和 H 面方向图。

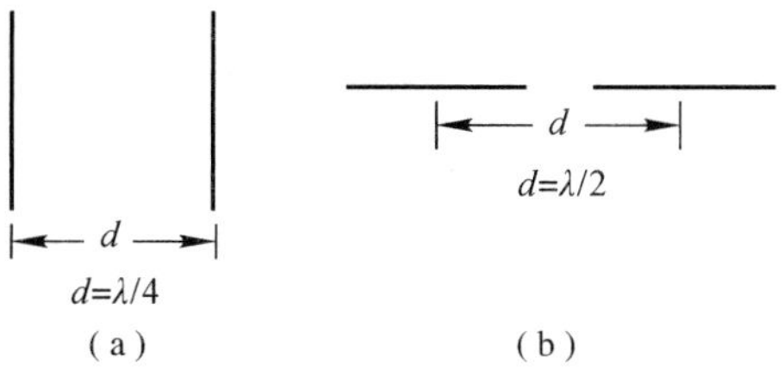

题 10.8 图

10.9　求题 10.9 图中各种二元阵的方向图函数并画出其 E 面和 H 面方向图(设全是半波对称振子)。

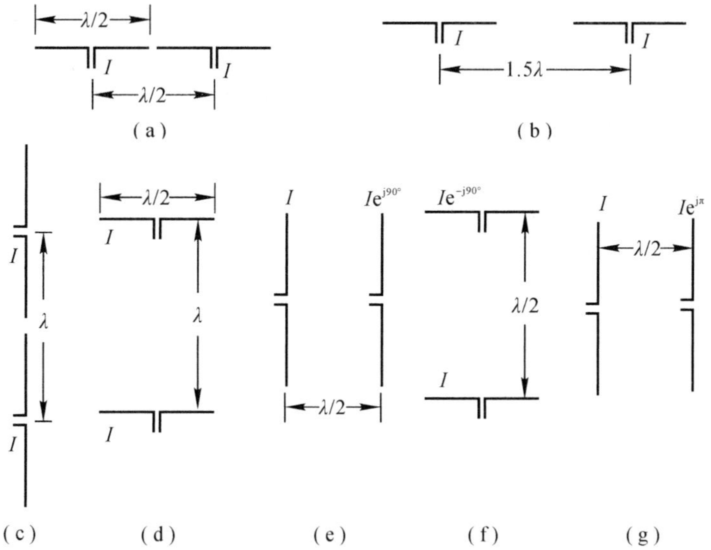

题 10.9 图

10.10　为何引向天线的引向器振子长度略小于半波长，而反射器振子长度略大于半波长?

参考文献

[1] 谢处方，饶克谨. 电磁场与电磁波. 北京：高等教育出版社，1989.
[2] 张厚，刘刚，鞠智芹，等. 电磁场与电磁波及其应用. 西安：西安电子科技大学出版社，2012.
[3] 童创明，梁建刚，鞠智芹，等. 电磁场微波技术与天线. 西安：西北工业大学出版社，2009.
[4] 宋铮，张建华，唐伟. 电磁场、微波技术与天线. 西安：西安电子科技大学出版社，2011.
[5] 钟顺时. 电磁场基础. 北京：清华大学出版社，2006.
[6] 周朝栋，王元坤，杨恩耀. 天线与电波传播. 西安：西安电子科技大学出版社，1994.
[7] 曹祥玉，高军，郑秋荣. 天线与电波传播. 北京：电子工业出版社，2015.
[8] 魏文元，宫德明，陈必森. 天线原理. 北京：国防工业出版社，1985.
[9] 钟顺时. 天线理论与技术. 2版. 北京：电子工业出版社，2015.
[10] WARREN L S，GARY A T. 朱守正，安同一，译. 天线理论与设计. 2版. 北京：人民邮电出版社，2006.
[11] JOHN D K，RONALD J M. 章文勋，译. 天线. 3版. 北京：电子工业出版社，2017.